电脑软硬件维修
从新手到高手

(图解视频版)

博智书苑 编著

北京日报出版社

图书在版编目（CIP）数据

电脑软硬件维修从新手到高手：图解视频版 / 博智书苑编著. -- 北京：北京日报出版社，2015.10（2022.10重印）
ISBN 978-7-5477-1791-2

Ⅰ. ①电… Ⅱ. ①博… Ⅲ. ①电子计算机—维修 Ⅳ. ①TP307

中国版本图书馆 CIP 数据核字(2015)第 215007 号

电脑软硬件维修从新手到高手：图解视频版

出版发行：	北京日报出版社
地　　址：	北京市东城区东单三条 8-16 号东方广场东配楼四层
邮　　编：	100005
电　　话：	发行部：（010）65255876
	总编室：（010）65252135
印　　刷：	北京市燕山印刷厂
经　　销：	各地新华书店
版　　次：	2015 年 10 月第 1 版
	2022 年 10 月第 4 次印刷
开　　本：	787 毫米×1092 毫米　1/16
印　　张：	22
字　　数：	456 千字
定　　价：	65.00 元　（附赠 DVD 光盘 1 张）

版权所有，侵权必究，未经许可，不得转载

前言 FOREWORD

内容导读

现在电脑维修行业已经非常成熟，但由于电脑软硬件维修是一项技术性很强的工作，致使很多想从事电脑维修的新手无从下手。为了帮助广大读者快速掌握此项技术，我们总结了多位电脑维修工程师的实践经验，精心编写了这本《电脑软硬件维修从新手到高手（图解视频版）》。

本书将理论知识、维修案例与经验技巧紧密结合，通过对本书的深入学习，读者不仅能提高电脑系统和硬件维修方面的理论知识水平，同时能大大增强动手能力和实战技能，快速成为具有专业水平的维修技术人员。

本书共分为 21 章，主要内容包括：

- ☑ 电脑快速维修预备知识
- ☑ 快速制作应急启动盘
- ☑ BIOS 设置与应用
- ☑ 硬盘分区与格式化
- ☑ Windows 系统安装轻松上手
- ☑ 电脑软硬件故障诊断方法
- ☑ 快速修复 Windows 系统故障
- ☑ 快速修复典型电脑故障
- ☑ 快速备份与恢复硬盘数据
- ☑ 快速备份与恢复系统
- ☑ 快速修复上网与局域网故障
- ☑ 快速诊断与修复主板故障
- ☑ 快速诊断与修复 CPU 故障
- ☑ 快速诊断与修复硬盘故障
- ☑ 快速诊断与修复内存故障
- ☑ 快速诊断与修复声卡故障
- ☑ 快速诊断与修复显卡和显示器故障
- ☑ 快速诊断与修复电源故障
- ☑ 快速诊断与修复键盘和鼠标故障
- ☑ 快速诊断与修复 U 盘故障
- ☑ 快速诊断与修复打印机故障

主要特色

本书是指导电脑维修人员快速掌握电脑软硬件维修技能的专业书籍，由资深电脑软硬件维修工程师以初学者的学习需求为切入点，采用理论与实践相结合、经验与技巧并举的形式精心策划编写而成，主要具有以下特色：

◎ 技术前沿，内容全面

本书信息量大，以市场上主流的电脑主板、硬盘、显示器以及 CPU、内存、显卡、电源等的常见故障为例，系统、全面地讲解了电脑故障的排查和解决方法，使读者快速掌握各种电脑软硬件故障的维修技术。

◎ 图解教学，以图析文

本书在介绍电脑故障排查和解决方法的过程中均附有对应的图片和注解，便于读者在学习过程中直观、清晰地看到操作过程，更易于理解和掌握，提升学习效果。

- 立足应用，实战性强

  本书立足于实际应用，针对电脑维修人员在工作中可能会遇到的各种故障逐一进行深入讲解，使读者能够有针对性地解决各种电脑软硬件故障。

- 边学边练，快速上手

  本书结合大量实战案例，详细讲解了各种故障发生的原因、现象以及排查方法，循序渐进、分析透彻，能使读者速查速用，快速上手。

光盘说明

本书随书赠送一张超长播放的多媒体 DVD 视听教学光盘，由专业人员精心录制了本书所有操作实例的实际操作视频，并伴有清晰的语音讲解，读者可以边学边练，即学即会。

光盘中还超值赠送了由本社出版的《Word/Excel/PowerPoint 2013 三合一办公应用从新手到高手（图解视频版）》和《Photoshop CC 数码摄影后期处理从新手到高手（图解视频版）》的多媒体光盘视频，一盘多用，超大容量，物超所值。

适用读者

本书适合电脑软硬件维修新手、爱好者、从业人员以及机关、企事业单位电脑设备维护维修人员阅读学习，也可作为职业培训机构、大中专院校、高职中职、劳动技校的电脑维修培训教材。

售后服务

如果读者在使用本书的过程中遇到问题或者有好的意见或建议，可以发送电子邮件（E-mail：bzsybook@163.com）联系我们，我们将及时予以回复，并尽最大努力提供学习上的指导与帮助。

希望本书能对广大读者朋友提高学习和工作效率有所帮助，由于编者水平有限，书中可能存在不足之处，欢迎读者朋友提出宝贵意见，在此深表谢意！

编　者

目录 CONTENTS

第1章 电脑快速维修预备知识

1.1 多核电脑的结构与外部设备 2
    1.1.1 认识多核电脑的结构 2
    1.1.2 认识电脑的常用外部设备 13
1.2 如何查看电脑的基本配置 17
    1.2.1 使用 DirectX 诊断工具查看电脑配置 17
    1.2.2 使用"鲁大师"快速查看电脑配置 18

第2章 快速制作应急启动盘

2.1 应急启动盘的作用 22
2.2 制作与使用 U 盘启动盘 22
    2.2.1 制作 U 盘启动盘 22
    2.2.2 按启动快捷键设置从 U 盘启动 24
2.3 安装硬盘版应急启动盘 25

第3章 BIOS 设置与应用

3.1 BIOS 快速入门 28
    3.1.1 认识 BIOS 28
    3.1.2 常见的 BIOS 种类 28
    3.1.3 BIOS 程序菜单介绍 29
3.2 BIOS 常用设置 30
    3.2.1 设置 CPU 超频 30
    3.2.2 设置内存超频 31
    3.2.3 设置电压 32
    3.2.4 设置芯片组 33
    3.2.5 设置内置设备 34
    3.2.6 设置 USB 设备 35
    3.2.7 设置设备启动顺序 36
    3.2.8 还原到默认设置 37

第4章 硬盘分区与格式化

4.1 硬盘分区 39
    4.1.1 了解硬盘分区表 39
    4.1.2 认识硬盘分区的形式 40
    4.1.3 硬盘分区的原则 40
4.2 硬盘格式化 41
    4.2.1 低级格式化 41
    4.2.2 高级格式化 41
4.3 硬盘分区实战案例 42
    4.3.1 使用 Disk Genius 进行硬盘分区 42
    4.3.2 使用系统自带程序调整分区 46
    4.3.3 使用 ADD 在系统中调整分区 49

第 5 章　Windows 系统安装轻松上手

- 5.1 Windows 系统的最低硬件配置 59
  - 5.1.1 Windows 7 操作系统的最低硬件配置 59
  - 5.1.2 Windows 10 操作系统的最低硬件配置 59
- 5.2 轻松安装 Windows 7/10 操作系统 60
  - 5.2.1 制作 U 盘系统安装盘 60
  - 5.2.2 使用 U 盘全新安装 Windows 7 操作系统 62
  - 5.2.3 使用 U 盘全新安装 Windows 10 操作系统 65
- 5.2.4 使用硬盘安装工具安装操作系统 70
- 5.2.5 在 Windows PE 系统下安装操作系统 71
- 5.3 安装多操作系统 75
  - 5.3.1 在不同分区安装多系统 75
  - 5.3.2 使用虚拟机安装系统 75
- 5.4 更新操作系统 80
- 5.5 安装硬件驱动程序 81
  - 5.5.1 获取驱动程序 81
  - 5.5.2 更新与安装驱动程序 81

第 6 章　电脑软硬件故障诊断方法

- 6.1 判断电脑故障的基本依据 84
  - 6.1.1 通过 BIOS 报警声诊断故障 84
  - 6.1.2 通过系统提示确定故障类型 85
- 6.2 电脑软硬件故障的分类及成因 85
  - 6.2.1 电脑硬件故障 85
  - 6.2.2 电脑软件故障 86
  - 6.2.3 引发电脑故障的常见原因 ... 87
- 6.3 电脑故障常用检测方法 89
  - 6.3.1 观察法 89
  - 6.3.2 清洁法 89
- 6.3.3 替换法 90
- 6.3.4 拔插法 90
- 6.3.5 最小系统法 90
- 6.3.6 逐步添加/去除法 90
- 6.3.7 BIOS 清除法 91
- 6.3.8 万用表测量法 91
- 6.3.9 查找病毒法 91
- 6.3.10 敲击法 92
- 6.4 电脑故障排查原则与流程 92
  - 6.4.1 排查电脑故障的原则 92
  - 6.4.2 排查电脑故障的流程 93
- 6.5 电脑维修前的准备工作 93
- 6.6 认识电脑硬件维修工具 94

第 7 章　快速修复 Windows 系统故障

- 7.1 Windows 7 系统常见故障分析与修复 99
  - 【故障维修 1】系统不稳定，有些系统自带功能不可用 99
- 【故障维修 2】开机提示未能连接一个 Windows 服务 99
- 【故障维修 3】电脑暂停使用一段时间就进入睡眠状态 100

【故障维修 4】登录系统时忘记
　账户登录密码.................... 101
【故障维修 5】任务栏和桌面图标
　消失............................ 104
【故障维修 6】搜索栏中包含很多
　旧的搜索历史记录 105
【故障维修 7】边听歌边聊天，
　聊天提示音一出现，歌曲
　音量就突然变小 106
【故障维修 8】打开"计算机"
　窗口后，磁盘卷标全都变
　成"未标记的卷" 106
【故障维修 9】安装系统更新后
　无法进入系统 107
7.2 Windows 10 系统常见故障
　　分析与修复 107
　【故障维修 1】系统无法进入
　　安全模式 107
【故障维修 2】Windows 10 系统
　无法关机 109
【故障维修 3】刚装了 Windows 10
　操作系统，却打不开摄像头 110
【故障维修 4】无法安装 Android
　MTP 驱动程序，提示"数据
　无效" 111
【故障维修 5】Windows 恢复环境
　启动失败 111
【故障维修 6】系统无法正常
　启动 113
【故障维修 7】更新系统时出现
　错误 115
7.3 系统维护工具的应用 116
　7.3.1 使用事件查看器 116
　7.3.2 使用任务管理器 118
　7.3.3 使用资源监视器 119
　7.3.4 使用 360 查杀电脑病毒 ... 121

第 8 章 快速修复典型电脑故障

8.1 电脑开机故障分析与修复 124
　8.1.1 引发电脑开机故障的
　　　　原因 124
　8.1.2 电脑开机故障维修实战 ... 124
【故障维修 1】每次开机时都提示
　信息，且必须先按【F1】键才
　能正常启动 124
【故障维修 2】电脑开机后电源
　指示灯不亮，电脑不启动 124
【故障维修 3】开机后屏幕上
　出现提示信息：Bootmgr
　is missing 125
【故障维修 4】电脑系统自动
　更新后无法启动 127
【故障维修 5】电脑启动后无
　任何反应 127
【故障维修 6】电脑启动后
　显示器无任何显示 128
8.2 电脑死机故障分析与修复 130
　8.2.1 引发电脑死机的原因 130
　8.2.2 如何预防电脑死机 131
　8.2.3 排查死机故障的方法 132
　8.2.4 电脑死机故障维修实战 ... 132
【故障维修 1】内存工作不稳定
　引起的死机 132
【故障维修 2】主板灰尘太多导致
　死机 133
【故障维修 3】主板与散热风扇
　共振引起死机 133
8.3 电脑蓝屏故障分析与修复 133
　8.3.1 引发电脑蓝屏的原因 133
　8.3.2 如何预防系统蓝屏 134
　8.3.3 电脑蓝屏故障维修实战 ... 135
【故障维修 1】电脑蓝屏死机，
　错误代码为 0x00000142 135
【故障维修 2】安装共享软件后
　电脑蓝屏 136
【故障维修 3】电脑在更新主板
　驱动程序后出现蓝屏 136

【故障维修4】安装创新声卡后
关机蓝屏，错误代码0X0A 137

8.4 电脑黑屏故障分析与修复 138

8.4.1 引发电脑黑屏的原因 138
8.4.2 电脑黑屏故障维修实战 138

【故障维修1】开机后黑屏，
显示器指示灯呈橘红色
或闪烁状态 138

【故障维修2】电脑开机黑屏
且无报警声，但屏幕上
显示No Signals信息 138

【故障维修3】电脑开机长鸣
报警，显示器黑屏不亮 139

【故障维修4】开机后主板电源
指示灯亮，电源正常，但屏
幕无显示 139

【故障维修5】重新将电脑硬件
安装到机箱后，开机黑屏 139

【故障维修6】电脑开机后
键盘NUM等指示灯不
亮，无法自检 139

【故障维修7】电脑开机后黑屏 140

第9章 快速备份与恢复硬盘数据

9.1 硬盘数据的备份与还原 142

9.1.1 备份与还原注册表 142
9.1.2 备份与还原网页收藏 143
9.1.3 备份与还原字体 145
9.1.4 使用系统备份和还原工具 145

9.2 硬盘数据的恢复 149

9.2.1 恢复误删文件的注意
事项 149
9.2.2 使用数据恢复软件
恢复数据 149

第10章 快速备份与恢复系统

10.1 找好备份系统的最佳时机 155

10.2 使用系统工具备份与恢复
系统 155

10.2.1 使用系统还原点
备份系统 155
10.2.2 创建系统映像恢复系统 ... 158

10.3 使用第三方软件备份与
恢复系统 161

10.3.1 使用Ghost备份与还原
系统 161
10.3.2 使用Onekey备份与还原
系统 165

第11章 快速修复上网与局域网故障

11.1 电脑上网常见故障分析
与修复 168

11.1.1 引发宽带上网故障的
原因 168
11.1.2 电脑上网故障维修
实战 168

【故障维修1】宽带拨号时出现
678错误提示 168

【故障维修2】网线没有问题，
网络依旧断开 168

【故障维修3】使用宽带拨号上网，
常常会掉线 169

【故障维修4】IE启动与运行
缓慢 169

【故障维修5】打开IE浏览器后，
稍等片刻就会停止响应 170

【故障维修6】浏览器上网
速度很慢 171

11.2 局域网常见故障分析与
修复 171

11.2.1 引发局域网故障的原因 .. 172
11.2.2 局域网的网络连接 172
11.2.3 局域网的文件共享 175
11.2.4 局域网故障常用维修
方法 179
11.2.5 常见局域网故障维修
实战 181

【故障维修1】电脑使用路由器
上网频繁掉线又自动重连 182
【故障维修2】电脑能够访问
局域网中的其他电脑，但
不能上网 183
【故障维修3】重置路由器后
无法上网 183

【故障维修4】任务栏网卡图标
一直显示正在进行网络地址
分配，网卡不能使用 183
【故障维修5】能够登录QQ，
却不能用IE浏览网页 184
【故障维修6】局域网内复制
文件出错而导致整个复制
任务失败 185
【故障维修7】局域网中的电
脑可以正常上网，但无法
被其他电脑访问 185
【故障维修8】访问局域网中
的电脑需要输入用户名和
密码 185
【故障维修9】局域网中共享的
文件不想被所有人都看到 188
【故障维修10】无线局域网中
不想让某个设备接入网络 190

第12章 快速诊断与修复主板故障

12.1 常见主板故障分析与检修 .. 192

12.1.1 了解主板的工作原理 192
12.1.2 了解主板上电原理 192
12.1.3 了解主板CPU供电
原理 193
12.1.4 主板开机触发电路
检修 194
12.1.5 主板时钟电路检修 196
12.1.6 主板复位电路检修 196
12.1.7 主板CMOS电路检修 198
12.1.8 主板故障分类与分析 199
12.1.9 主板维修的思路与
流程 200

12.2 常见主板故障维修实战 202

【故障维修1】启动时自检失败，
并且硬盘指示灯熄灭，出现
错误信息 202
【故障维修2】电脑一进入休眠
状态，就会出现死机现象 202

【故障维修3】电脑主板集成声
卡，重装系统后没有声卡设
备提示 202
【故障维修4】电脑在接通电源，
但未按主机开关的情况下自
行启动 202
【故障维修5】在主板上安装
一块独立网卡，但在系统
中无法找到 203
【故障维修6】主板系统时间
变慢，设置好之后下次开
机又会变慢 203
【故障维修7】CMOS电池不
能放电，总提示需要输入
密码 204
【故障维修8】开机报警，提示
CMOS settings Wrong CMOS
Date 204
【故障维修9】开机出现提示
信息停止，即插即用功能
设置不当 204

【故障维修10】在设置BIOS过程中，电脑发生死机 204
【故障维修11】更换主板之后出现显卡驱动程序不能正常安装 205
【故障维修12】主机连线和电源连接均正常，但电脑开机时无任何反应 205
【故障维修13】电脑重装系统后，经常发生死机现象 205
【故障维修14】电脑无法启动，但几分钟后系统恢复正常 205
【故障维修15】启动电脑后，主板不能识别内存 206
【故障维修16】电脑连续工作几个小时之后，突然黑屏 206
【故障维修17】玩某些游戏时系统声音不正常，退出游戏后恢复正常 206
【故障维修18】安装好主板和内存后，开机出现报警声，无法启动电脑 206
【故障维修19】开机后无任何反应 207
【故障维修20】主板与显卡驱动不兼容 207

第13章 快速诊断与修复CPU故障

13.1 常见CPU故障现象及原因分析 209
　13.1.1 CPU发生故障后的现象 .. 209
　13.1.2 引发CPU故障的原因 209
13.2 CPU维修技术分析与排查方法 210
　13.2.1 CPU故障检修方法 210
　13.2.2 CPU故障维修思路 211
13.3 常见CPU故障维修实战 212
　【故障维修1】电脑经常出现死机，CPU风扇转动时忽快忽慢 212
　【故障维修2】CPU风扇使用时间过长，发出异常声响 212
　【故障维修3】启动电脑后发出报警声，主板检测风扇转速为零 213
　【故障维修4】CPU相关参数显示不正确 213
　【故障维修5】CPU引脚损坏导致黑屏，无法进入系统 213
　【故障维修6】不慎将CPU散热片扣具弄掉又装上，电脑无缘无故不断自动重启 214
【故障维修7】CPU散热器温控线引起显示器蓝屏 214
【故障维修8】电脑运行一段时间后经常莫名其妙地自动重启 ... 214
【故障维修9】新换Core i7处理器，发现速度并没有同等配置的系统快 215
【故障维修10】CPU温度过高导致电脑自动热启动 215
【故障维修11】CPU超频后经常自动断电 216
【故障维修12】电脑超频后出现USB设备故障 216
【故障维修13】CPU超频之后，开机无法通过自检 216
【故障维修14】CPU超频后开机无任何响应，显示器进入节能模式 217
【故障维修15】CPU超频与内存冲突导致死机 217
【故障维修16】CPU供电不足导致电脑频繁死机 217
【故障维修17】开机提示CPU Fan Error 218
【故障维修18】CPU频率显示不正确 218

第14章 快速诊断与修复硬盘故障

14.1 常见硬盘故障分析与检修...220
14.1.1 常见的硬盘故障现象......220
14.1.2 硬盘故障的分类............220
14.1.3 硬盘故障的检测方法......221
14.1.4 硬盘故障的排查思路......222

14.2 常见硬盘故障维修实战......222
【故障维修1】使用分区软件调整硬盘分区时突然断电，导致硬盘分区表出错......223
【故障维修2】电脑开机后，无法引导进入系统......223
【故障维修3】系统启动后提示出现损坏文件，要求运行 Chkdsk 工具......224
【故障维修4】硬盘出现少量的物理坏道......225
【故障维修5】使用 HDTune 检测硬盘出现坏道，读写数据的速度非常慢......226
【故障维修6】系统无法检测到移动硬盘，且发出咔嚓的响声......228
【故障维修7】不能正常读取文件，同时硬盘会发出异样的杂音......229
【故障维修8】开机、关机或从睡眠状态恢复时，硬盘经常发出"咔"的声音......229
【故障维修9】硬盘出现大量的物理坏道......229
【故障维修10】硬盘分区表损坏..230
【故障维修11】无法使用 Ghost 备份系统......231

第15章 快速诊断与修复内存故障

15.1 常见内存故障现象及引发原因......233
15.1.1 常见的内存故障现象......233
15.1.2 引发内存故障的原因......233

15.2 内存维修技术分析与排查方法......234
15.2.1 内存维修技术分析与选择......234
15.2.2 内存故障排查方法......235

15.3 常见内存故障维修实战......235
【故障维修1】电脑启动后显示器无显示，机箱喇叭长鸣......235
【故障维修2】主板上安装了一条 4GB 内存，而在系统中却显示内存为 3.2GB......235
【故障维修3】内存条有灰尘造成死机，甚至自动重新启动......236
【故障维修4】电脑中新增了一条内存，启动电脑后显示器无任何显示......236
【故障维修5】电脑在运行时经常无缘无故地死机......236
【故障维修6】电脑运行不正常，开机出现黑屏故障......236
【故障维修7】系统经常出现"内存不可读"错误提示，随后死机......236
【故障维修8】电脑启动后，出现一长一短的报警声，无法启动系统......237
【故障维修9】为电脑清理灰尘后，系统频繁死机，且无法重装系统......237
【故障维修10】更换大功率风扇后系统总是频繁死机，重装系统也不能解决......237

【故障维修11】电脑开机启动后有时正常，有时不正常，无法进入系统 237

【故障维修12】系统运行一段时间后，经常出现非法操作提示 238

【故障维修13】优化 BIOS 后，频繁出现"非法操作"错误提示 238

【故障维修14】电脑安装了多条内存，启动后只显示单个内存的容量 238

【故障维修15】安装系统时，提示无法复制文件或文件不符 239

【故障维修16】电脑启动后经常自动进入安全模式 239

【故障维修17】系统在运行中经常提示 Windows 注册表损坏 239

第 16 章　快速诊断与修复声卡故障

16.1　常见声卡故障分析与检修 ... 241
  16.1.1　常见的声卡故障现象 241
  16.1.2　引发声卡故障的原因 241
  16.1.3　声卡故障维修的流程 241
16.2　常见声卡故障维修实战 242

【故障维修1】用耳机在电脑上听歌，两个耳塞的音量大小不同 242

【故障维修2】声卡驱动程序安装错误 243

【故障维修3】在安装声卡驱动程序时，弹出错误提示 245

【故障维修4】在安装声卡驱动过程中进度条呈白色条块，进而卡死 246

【故障维修5】在安装 Realtek 声卡时，弹出错误提示 246

【故障维修6】电脑无声音，在设备管理器中找不到声卡设备 246

【故障维修7】听歌或看电影时电脑出现瞬间卡死现象 246

【故障维修8】在玩游戏时，声音出现爆音 247

【故障维修9】电脑没有任何声音 248

【故障维修10】前置音频接口和后置音频接口不能同时发声 249

【故障维修11】使用 QQ 语音聊天，对方听不到自己的声音 251

【故障维修12】麦克风不小心被禁用 252

【故障维修13】使用麦克风录音时，声音较小 253

第 17 章　快速诊断与修复显卡和显示器故障

17.1　常见显卡故障现象及引发原因 255
  17.1.1　常见的显卡故障现象 255
  17.1.2　引发显卡故障的原因 255
17.2　显卡维修技术分析与排查方法 256
  17.2.1　显卡故障的维修方法 256
  17.2.2　常用的显卡维修工具 256
  17.2.3　显卡故障排查方法 256
17.3　常见显卡故障维修实战 257

【故障维修1】电脑显示颜色不正常，重新插拔信号线也没用 257

【故障维修2】电脑出现字符混乱显示问题，查看图形则出现花屏 257

【故障维修 3】更换显卡后，只要玩游戏或看蓝光碟片就出现花屏死机 257

【故障维修 4】开机时显示黑屏，并发出报警声，重启电脑后故障依旧 258

【故障维修 5】电脑在启动进入系统之前，出现不规则的字符 258

【故障维修 6】更换新显卡后，重启无法进入系统 258

【故障维修 7】更换显卡后，电脑经常无缘无故地死机 258

【故障维修 8】启动电脑后，显示器黑屏 259

【故障维修 9】安装显卡附带驱动后屏幕分辨率反而降低，玩游戏也很卡 259

【故障维修 10】显卡驱动程序经常自动丢失 259

【故障维修 11】升级显卡驱动后，桌面图标变小 259

【故障维修 12】安装显卡驱动时，提示"安装软件包故障" 260

【故障维修 13】出现 "kdbsync.exe 已停止工作" 的提示信息框 260

【故障维修 14】玩游戏时，提示"发生了未知的 directX 错误" 261

【故障维修 15】显示器屏幕突然黑屏一下，然后恢复正常 261

【故障维修 16】AMD 显卡驱动出现停止工作故障 262

【故障维修 17】安装显卡后发现无论怎么设置刷新率，屏幕闪烁得很厉害 263

【故障维修 18】显卡驱动经常丢失，导致只能使用 16 位色 263

【故障维修 19】显示器颜色显示不正常，且图像模糊 263

17.4 常见显示器故障现象及分类 264

17.4.1 常见的显示器故障现象 ... 264
17.4.2 显示器故障的分类 264

17.5 显示器故障的检测与排查 265

17.5.1 显示器故障的检测 265
17.5.2 显示器故障排查方法 268

17.6 常见显示器故障维修实战 269

【故障维修 1】开机后，显示器提示"超出频率范围" 269

【故障维修 2】打开显示器电源开关后，电源指示灯不亮 269

【故障维修 3】显示屏亮一下就黑屏，电源指示灯绿灯常亮 ... 270

【故障维修 4】液晶屏上出现亮点，影响正常使用 270

【故障维修 5】新买的液晶显示器屏幕显示有些模糊 270

【故障维修 6】液晶显示器屏幕出现重影，整体向右拉长 271

【故障维修 7】显示屏出现一条贯穿的亮线 271

【故障维修 8】液晶屏亮度偏低，使用按键调整效果不明显 271

【故障维修 9】液晶屏显示颜色不正常，出现偏色现象 271

【故障维修 10】液晶显示器出现花屏或白屏 272

【故障维修 11】液晶屏光线显示不均匀 273

【故障维修 12】观看灰色背景的图片时，发现边缘处出现水波纹 273

【故障维修 13】液晶显示器屏幕黑屏无背光，电源灯绿灯常亮 273

【故障维修 14】显示器开机后电源指示灯亮，但屏幕上无任何显示 273

【故障维修 15】液晶屏显示文字发虚，有严重拖尾现象 274

【故障维修16】通电后不按开关按键即白屏,按键后可正常显示 274

【故障维修17】液晶显示器开机无任何反应,整机无电 274

第18章 快速诊断与修复电源故障

18.1 常见电源故障分析与检修 277
  18.1.1 认识各色电源线的含义 277
  18.1.2 ATX电源的结构和工作原理 278
  18.1.3 认识电源各供电接口的用途 279
  18.1.4 常见的电源故障现象 282
  18.1.5 引发电源故障的原因 283
  18.1.6 电源故障的检测方法 284
  18.1.7 电源故障的排查与维修方法 285

18.2 常见电源故障维修实战 285

【故障维修1】电脑启动后工作不稳定,常常发生死机 285

【故障维修2】电脑无法正常关机 285

【故障维修3】电脑的休眠和唤醒功能不正常,不能进入休眠状态 286

【故障维修4】使用几年的电脑在升级主板后经常自动重启 ... 286

【故障维修5】电源负载能力差,不能正常工作 286

【故障维修6】电脑开机后频繁自动重启 286

【故障维修7】电源可以正常工作,开机后屏幕无任何显示 286

【故障维修8】开机后电源风扇转动,显示屏黑屏,主板不通电 287

【故障维修9】电脑不能通过自检,查看发现CPU风扇转数很低 287

【故障维修10】系统运行一段时间后电源突然关闭,重启电脑后故障依旧 287

【故障维修11】开机后电脑显示器屏幕出现上下抖动的小条纹 287

【故障维修12】电源不工作,无直流电压输出 288

【故障维修13】开机后电源风扇噪声很大,但关机重启后噪声消失 288

第19章 快速诊断与修复键盘和鼠标故障

19.1 引发键盘与鼠标故障的原因 290
  19.1.1 常见的键盘故障现象 290
  19.1.2 常见的鼠标故障现象 290

19.2 常见键盘故障维修实战 290

【故障维修1】按键盘上的一个按键,打出来两个字符 290

【故障维修2】不小心把水洒到了键盘中,导致键盘无法使用 ... 291

【故障维修3】电脑插上USB接口键盘后,键盘无法正常使用 291

【故障维修4】按键盘上的任意一个按键,电脑立刻就会死机 292

【故障维修5】电脑在使用过程中突然死机,重新启动后出现黑屏 292

【故障维修6】键盘上的一些键不起作用，有的键按后弹不起来 292

【故障维修7】按键盘上的某些键输入文字时，屏幕无反应 293

19.3 常见鼠标故障维修实战 293

【故障维修1】在电脑运行过程中插拔PS/2鼠标和键盘，关机后键盘灯仍亮 293

【故障维修2】USB鼠标插入电脑后，拖动鼠标没有任何反应 294

【故障维修3】在使用鼠标的过程中，出现系统不能识别鼠标的情况 294

【故障维修4】鼠标按键出现失灵的现象，失去控制性 294

【故障维修5】鼠标指针上下左右跳动，速度很快，无法指定目标 295

【故障维修6】使用光电鼠标出现时动时停或移动不同步的现象 295

【故障维修7】光电鼠标指针位置不定，或经常无故发生飘移 295

【故障维修8】在使用鼠标的过程中，经常出现鼠标指针"僵死"现象 295

【故障维修9】只要移动鼠标，指针就会自动跳动，更新驱动也没有作用 296

【故障维修10】当移动光电鼠标时反应迟钝，不听指挥，灵敏度变差 296

【故障维修11】鼠标拖动操作释放鼠标按键后不能取消 297

【故障维修12】单击鼠标左键没有任何反应 298

【故障维修13】双击鼠标左键无效，系统响应与单击鼠标左键效果一样 298

【故障维修14】使用鼠标时每移动一个位置，都出现一串鼠标指针 298

【故障维修15】开机拔下鼠标后，重新连接并重启电脑后无法识别鼠标 299

【故障维修16】只要打开"计算机"窗口，就会异常断电关闭电脑 299

【故障维修17】每次用鼠标打开文件或文件夹时，便会异常断电关闭电脑 299

第20章 快速诊断与修复U盘故障

20.1 U盘故障分析与检修 301
20.1.1 引发U盘故障的原因 301
20.1.2 U盘故障的检修方法 301

20.2 常见U盘故障维修实战 302

【故障维修1】将U盘插入电脑，提示U盘加载速度慢 303

【故障维修2】摔过的U盘插到主机的USB接口后无任何反应 303

【故障维修3】U盘不慎掉进污水中 304

【故障维修4】连接电脑时U盘指示灯不亮，也不能正常使用 304

【故障维修5】将U盘插入电脑后有时会导致电脑黑屏 305

【故障维修6】将U盘插入电脑后，提示"无法识别的设备" 305

【故障维修7】将U盘插到主机后面的USB口后无任何反应 .. 305

【故障维修8】用完U盘后，安全删除时提示"无法停止该设备" 306

【故障维修9】将U盘插入主机后，系统提示"此设备可提高性能" 306

【故障维修10】系统能够识别U盘，但在打开时提示"磁盘还没有格式化" 307

【故障维修11】U盘无法格式化，提示"这张磁盘有写保护" ... 307

【故障维修12】无法删除U盘启动盘数据 309

第21章 快速诊断与修复打印机故障

21.1 常见打印机故障分析与检修 312

21.1.1 了解激光打印机的工作原理 312
21.1.2 激光打印机故障检修方法 312
21.1.3 了解喷墨打印机的工作原理 315
21.1.4 喷墨打印机故障检修方法 316
21.1.5 了解针式打印机的工作原理 318
21.1.6 针式打印机故障检修方法 318

21.2 激光打印机故障维修实战 320

【故障维修1】无法在网络中找到共享的打印机 321

【故障维修2】按打印机面板上的开机键，打印机无反应 ... 322

【故障维修3】打印时提示被程序占用或打印端口出错，无法打印 323

【故障维修4】执行打印操作时，总是一次送入多张打印纸 323

【故障维修5】激光打印机在打印时经常会卡纸 323

【故障维修6】在打印时出现间断现象 324

【故障维修7】激光打印机在打印时输出空白纸张 324

【故障维修8】激光打印机打印内容不完整，同一位置总有竖直空条 324

【故障维修9】激光打印机打印时整体发黑，白纸几乎变成灰纸 324

【故障维修10】打印时出现白色条纹，许多内容显示不出 325

【故障维修11】激光打印机输入字迹偏淡 325

【故障维修12】打印机打印时会多夹带纸张，导致卡纸 325

21.3 喷墨打印机故障维修实战 .. 325

【故障维修1】打印机开机后所有指示灯交替闪烁，不能正常工作 325

【故障维修2】打印机打印速度很慢，实际打印速度每分钟只有十几页 326

【故障维修3】喷墨打印机不上纸，进纸灯和电源灯同时闪烁 326

【故障维修4】打印机有纸，但系统提示缺纸 326

【故障维修5】喷头硬性堵头堵塞，不能正常打印 327

【故障维修6】喷头软性堵头堵塞，不能正常打印 327

【故障维修7】喷墨打印机打印时墨迹稀少，字迹无法辨认 328

【故障维修8】在喷墨打印机上打印照片时，出现白色条纹 ... 328

【故障维修9】更换其他品牌墨盒后，打印总是出现断线情况 328

【故障维修10】使用注墨后的墨盒后，出现断线、堵头、色度不准 329

【故障维修11】使用喷墨打印机进行打印时，精度明显变差 ... 329

【故障维修12】开机时墨盒里有墨，但打印机提示墨已经用完 ... 329

【故障维修13】喷墨打印机打印时精度出现偏差 ... 330

21.4 针式打印机故障维修实战 ... 330

【故障维修1】针式打印机在打印时没有任何反应 ... 330

【故障维修2】使用针式打印机打印文档时，经常出现断针 ... 330

【故障维修3】使用针式打印机打印文件时，打印的文字字迹很浅 ... 331

【故障维修4】针式打印机打印文本或图片的过程中出现水平的白线 ... 331

【故障维修5】针式打印机在使用过程中突然卡纸 ... 331

Chapter 01 电脑快速维修预备知识

电脑硬件经过快速的发展,现在已经进入高性能时代。电脑中的各个部件不断地更新换代,性能也越来越高,如电脑的核心 CPU,已经发展到了双核、四核、八核技术,目前四核 CPU 已经开始普及。本章将重点介绍多核时代的电脑组成,以及如何查看电脑配置。

本章要点

- 多核电脑的结构与外部设备
- 如何查看电脑的基本配置

知识等级

中级读者

建议学时

建议学习时间为 50 分钟

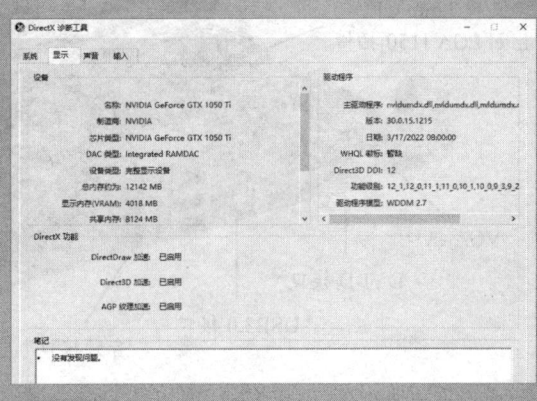

1.1 多核电脑的结构与外部设备

电脑硬件由运算器、控制器、存储器、输入系统和输出系统五大部分构成。从外观上看，硬件由主机、显示器、键盘、鼠标和音箱等设备构成。

1.1.1 认识多核电脑的结构

一般把硬件系统的运算器、控制器和存储器统称为主机，其他各种类型的输入/输出设备称为外设。主机是电脑的中心，由许多部件组成，如主板、CPU、内存、显卡、硬盘和电源等。

1. 主板

主板（Main board）是一块由大规模集成电路组成的多层印刷电路板（PCB），是主机中最大的一块板卡，它是电脑的核心部件，为CPU、内存、显卡、硬盘及外部设备提供接口及插座，同时协调各部件稳定地工作。主板上最多的就是各种芯片组以及各个设备的接口插槽，它们是主板的重要组成部分，其作用就是向其他设备提供接口。下图所示为支持Intel处理器的主板。

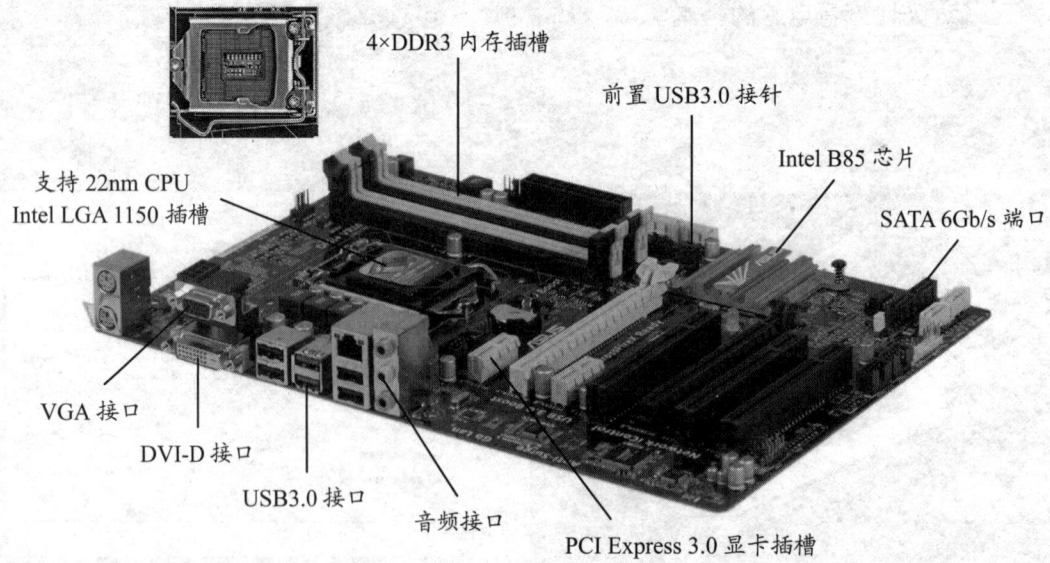

主板主要由以下部件构成：

（1）主板芯片

电脑的各种功能都要有主板上相应芯片的支持才能实现。主板的芯片主要有主芯片组、BIOS芯片、CMOS芯片及其他功能控制芯片。

① 主芯片组

主板上有两块较大的芯片，这两块芯片一般被称为主芯片组。芯片组的类型决定了主板所支持CPU的类型。

主板上的芯片组分为北桥芯片和南桥芯片，一般离 CPU 较近，通常带用散热片的称为北桥芯片，如下图（左）所示。靠近 PCI 扩展槽的另一个芯片称为南桥芯片。北桥芯片主要负责控制 CPU、内存和显卡这些高速设备，而南桥芯片则负责控制输入/输出等相对低速的外围设备。

由于北桥芯片影响电脑的核心部分，对主板性能的影响举足轻重，因此是决定主板性能的主要部分。通常用北桥芯片的型号来区分主板的种类，如"P45 主板"就是指采用 Intel P45 芯片组作为北桥芯片的主板。下图（右）所示为 Intel P45 北桥芯片和 Intel ICH10 南桥芯片。

目前新的 Intel 主板均采用 PCH 芯片，由于 Intel 的 Core i7 和 i5 系列将原来的 MCH（北桥芯片）全部移到 CPU 内，支持它们的主板上只留下 PCH（平台管理控制中心）芯片。PCH 芯片具有原来 ICH（南桥芯片）的全部功能，又具有原来 MCH 的管理引擎功能，把它称之为北桥也行，称之为南桥也行。

② BIOS 和 CMOS 芯片

BIOS（Basic Input-Output System）即基本输入/输出系统，它是一种程序，被做成集成电路芯片固化在主板上，负责电脑启动过程的初始化和设备的管理工作，能够识别硬件，设置引导的设备等。现在的 BIOS 大部分采用 EEPROM 存储器，也叫 Flash ROM 闪速存储器。下图（左）所示为 BIOS 芯片。

CMOS（Complementary Metal Oxide Semiconductor，互补金属氧化物半导体），是主板上一块可读写的 RAM 芯片，用于保存当前系统的硬件配置参数和在 BIOS 中设置的各种参数，它的特点是可读可写，掉电时信息会丢失。为了避免断电后数据丢失，主板上的电池主要用于给 CMOS 供电。下图（右）所示为主板 CMOS 电池。

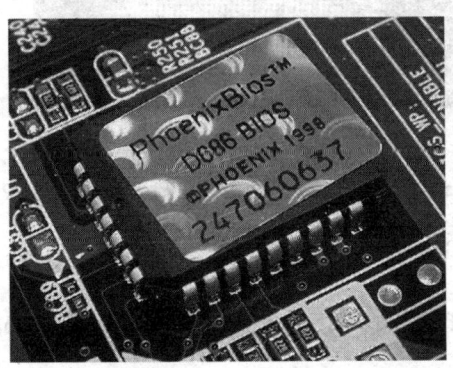 

③ 网络芯片

现在很多主板内建了 1000MB/s 的网络芯片，这为用户方便地连接局域网、以太网提供了方便，如下图（左）所示。

④ 音效芯片

目前市场上的主板大都集成有声卡，集成声卡一般分"软"声卡和"硬"声卡。"软"声卡通常被称为 AC'97（Audio Codec'97）声卡，是一种音频电路系统标准，如下图（右）所示。"软"声卡的音效芯片只负责处理基本的数/模转换，将声音处理的大部分运算交给 CPU 处理，也就是说"软"声卡要占用 CPU 资源，而"硬"声卡音效芯片是集成在主板上的，不占用 CPU 资源。

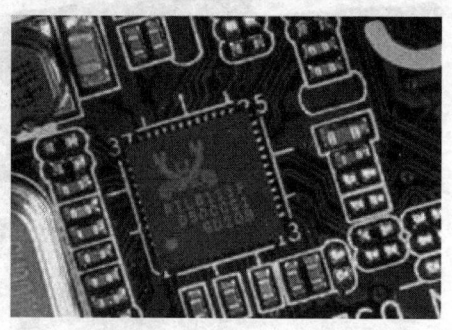 

（2）主板上的插槽

① CPU 插槽

CPU 的插槽是主板连接 CPU 的装置，CPU 插槽的类型决定了这块主板能够使用的 CPU 的类型。根据 CPU 引脚不同，主板的 CPU 插槽有很多种，目前主流 Intel 系列 CPU 的插槽类型为 LGA1150、LGA1151、LGA1200，如下图（左）所示。AMD 系列主流 CPU 接口主要为 Socket FM2、AM3、AM4，如下图（右）所示。

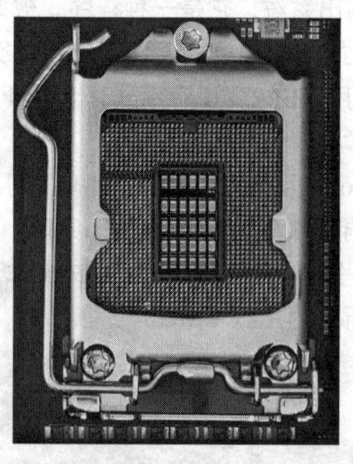 

② 电源插座

电源插座是为电脑主板供电的接口，目前主流的电源为 ATX 电源，ATX 是双列直插的 24 孔的长方形插座，如下图（左）所示。

③ 内存插槽

内存上一般都有 2~4 个内存插槽，按其使用的内存类型，分为 DDR 插槽、DDR2

插槽和 DDR3 插槽。当前，主流的主板都支持 DDR2 内存和 DDR3 内存。下图（右）所示为主板 DDR3 内存插槽。

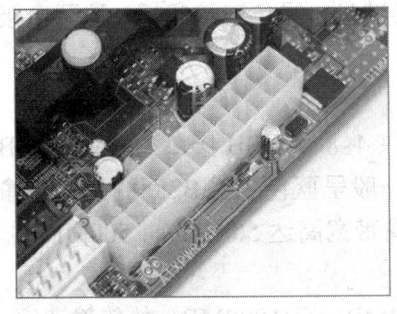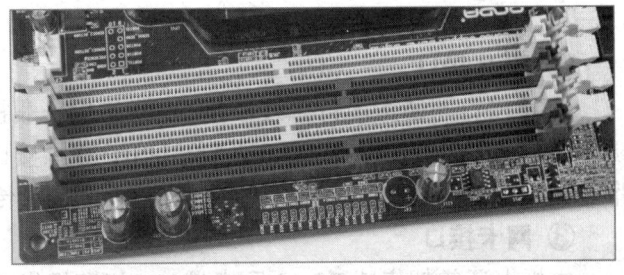

④ 总线扩展槽

主板上占用最多空间的是总线扩展槽，总线扩展槽主要用来安装显卡、声卡等扩展卡，其主要类型为 PCI-Express 插槽，PCI-Express 是一种串行总线，是目前传输速率最快的总线接口，采用点对点串行连接技术方式实现数据传输的高速化。PCI-Express 接口包括×1、×4、×8 和×16，如下图（左）所示。PCI-Express 最高能够提供 8GB/s 的带宽。

⑤ SATA（串行 ATA 接口）

SATA 接口主要用来连接硬盘、光驱或刻录机，采用点对点的传输方式，具有较高的传输速率，SATA3.0 传输速率可以达到 600MB/s。SATA 接口采用 7 针数据电缆，如下图（右）所示。

（3）主板上的外设接口

主板的外设接口主要用来连接外部输入/输出设备，如键盘、鼠标、显示器、U 盘、打印机等，如下图所示。

主板 I/O 接口主要有以下几种接口：

① **PS/2 接口**

主板上一般有两个 PS/2 接口，一般紫色接口连接键盘，绿色连接鼠标，这两个接口一样，但不能互换。

② **USB 接口**

USB 接口即通用串行总线接口，现代主板一般提供 4~8 个 USB 接口，主板的 USB 接口可分为 USB2.0 和 USB3.0 两种。USB3.0 的接口一般呈蓝色。USB2.0 的最大传输带宽为 480Mbit/s（即 60MB/s），而 USB3.0 的最大传输带宽高达 5.0Gbit/s（500MB/s）。

③ **网卡接口**

主板上通常都集成 RJ-45 网卡接口，能够提供 100MB/s 至 1000MB/s 的传输速率。

④ **音频接口**

很多主板都集成有声卡，甚至是集成多声道的声卡，主板集成声卡已经成为标配。

⑤ **视频接口**

主板上集成的视频接口主要包括 VGA 接口、DVI 接口、HDMI 接口等三种类型，用于连接显示器。

2. CPU

CPU 即中央处理器（Central Processing Unit），是电脑的核心硬件，它的性能基本上反映了电脑数据处理的能力，所以 CPU 的型号很大程度上决定了整个电脑系统的性能和档次，通常所说的多核电脑就是具有双核心以上的 CPU。下图所示为 AMD 八核 CPU 的背面和正面。

 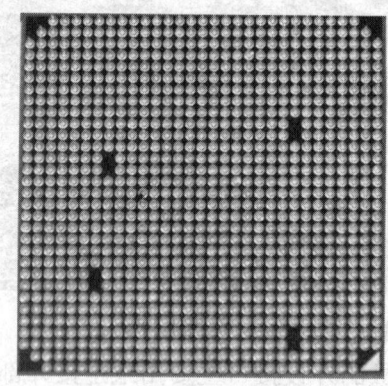

（1）内核

CPU 从外形上看形似矩形，中间凸起的一片为 CPU 内核，CPU 的内核集成有数以亿计的晶体管。

（2）基板

基板是承载 CPU 内核所用的材料，它负责与外界的连接。CPU 基板把 CPU 内部数据传输到针脚上，基板的背面为 CPU 针脚，CPU 针脚数决定着主板的型号。

（3）填充物

由于 CPU 核心工作强度大，散热量较大，核心温度可以达到上百摄氏度，在 CPU 内核与基板之间添加了一个金属盖，目的是增加散热面积及最大程度地保护核心安全。

（4）散热器

为了散热安全，在 CPU 上一般都加装了散热器。散热器通常由一个合金散热片和一个散热风扇组成，盒装 CPU 都会自带原装散热器。

（5）封装

CPU 插槽是 CPU 与主板连接的接口，目前 Intel 生产的 CPU 主要采用 LGA 封装（Land Grid Array，触点阵列封装），AMD 生产的 CPU 采用 Socket（插槽）封装。

Intel 的 LGA 封装主要有 LGA1150、1151、1155、1156、1200 和 1700 等，LGA 封装的 CPU 底部没有针脚，只有一排排整齐排列的金属触电，如下图（左）所示。因此，CPU 不用针脚进行固定，需要使用主板插槽上的安装扣架来固定，使 CPU 可以正确地压在 LGA 插槽上的弹性触须上。

AMD 的 Socket 封装主要有 SocketAM2、AM3 和 AM4 等。Socket 封装的 CPU 仍然为传统的针脚式，如下图（右）所示，插到主板上的 Socket 零拔力（ZIF）插槽上，通过压杆使 CPU 的引脚与插槽紧密地接触。

3．内存

内存（Memory）是内存器的简称，内存当中存储的是电脑当前正在运行的指令或数据，电脑工作时会将需要的指令或数据从外存储器调入内存，然后由 CPU 与内存交换数据进行数据处理，并将处理结果送入外存储器，内存的传输速率及容量直接影响到整个电脑的性能。内存当中的数据断电后会丢失，内存的接口类型决定主板型号。下图所示为一款金士顿 8GB DDR4 内存条。

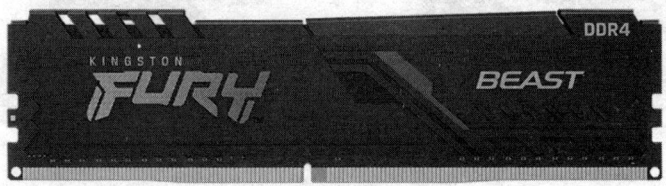

内存条主要由内存芯片、SPD（Serial Presence Detect，串行存在检测）芯片、少量电阻等辅助元件及 PCB（Printed circuit board，印刷电路板）组成。

（1）印刷电路板（PCB）

PCB 印刷电路板是内存构成的基础，采用多层设计，常见的有 4 层和 6 层，理论上 6 层 PCB 板比 4 层 PCB 性能要稳定，一般用于服务器的内存多采用 6 层 PCB 板。

（2）金手指

金手指是内存与主板插槽接触的部分，数据就是通过金手指进行传输的。

（3）内存芯片

内存芯片是内存的核心，内存的性能、速度和容量都是由内存芯片决定的。

（4）SPD 芯片

SPD 是内存上面的一个可擦写的 ROM，里面记录了该内存的许多重要信息，诸如内存的芯片及模组厂商、工作频率、工作电压、速度、容量、电压与行、列地址带宽等参数。SPD 信息一般都是在出厂前由内存模组制造商根据内存芯片的实际性能写入到 ROM 芯片中。SPD 芯片一般位于内存脚缺口的附近位置。

目前市场上台式机的内存类型主要为 DDR 内存，它经历了 DDR、DDR2、DDR3 和 DDR4 四代。当下主流的内存为 DDR3 1600 和 DDR4 2666 内存，新一代 DDR4 内存功耗更低、频率更高。需要注意的是，由于 DDR4 内存接口有所改动，是不能与 DDR3 内存通用的，且需要与支持 DDR4 的主板搭配。

4. 主机电源

台式机电脑使用的电源为 ATX 电源，ATX 规范是 1995 年 Intel 公司制定的主板及电源结构标准。ATX 电源规范经历了 ATX 1.1、ATX 2.0、ATX 2.01、ATX 2.02、ATX 2.03 和 ATX 12V 等阶段。目前市场上流行的是 ATX12V 标准，它又可分为 ATX12V1.2、ATX12V1.3、ATX12V2.0 等多个版本，如下图（左）所示。

还有一类适用于迷你小机箱的 Micro ATX 电源，是为了降低成本对 ATX 电源进行改进后得到的一种新标准的电源，其最显著的变化就是体积减小、功率降低，如下图（右）所示。

5. 显卡

显卡又名视频显示适配器，是电脑处理和传输图像信号的输出设备。CPU 进行数字信号处理，而显卡则承担将图像处理、加工及转换为模拟信号的工作，并通过数据线为显示器提供显示信号。电脑中显卡主要可分为三种类型：核芯显卡、集成显卡和独立显卡。

（1）核芯显卡

核芯显卡就是指集成在 CPU 内部的显卡，通常称为核心显卡，如 Intel 酷睿 i3、i5、i7 系列处理器，以及 AMD APU 系列处理器中多数都集成了显卡。处理器架构这种设计上的整合大大缩减了处理核心、图形核心、内存及内存控制器间的数据周转时间，有效提升处理效能并大幅降低芯片组整体功耗。

高性能也是它的优势之一，核芯显卡拥有诸多优势技术，可以带来充足的图形处理能力。例如，核芯显卡可支持 DX10/DX11、SM4.0、OpenGL2.0，以及全高清 Full HD MPEG2/H.264/VC-1 格式解码等技术，即将加入的性能动态调节更可以大幅提升核芯显卡的处理能力，令其完全满足于普通用户的需求。

（2）集成显卡

集成显卡是将显示芯片、显存及其相关电路都集成在主板上，与其融为一体的元件。集成显卡的显示芯片有单独的，但大部分都集成在主板的北桥芯片中。一些主板集成的显卡也在主板上单独安装了显存，但其容量较小，集成显卡的显示效果与处理性能相对较弱，不能对显卡进行硬件升级，但可以通过 CMOS 调节频率或刷入新 BIOS 文件实现软件升级来挖掘显示芯片的潜能。集成显卡拥有功耗低、发热量小的优点，部分集成显卡的性能已经可以媲美入门级的独立显卡。

（3）独立显卡

独立显卡是指将显示芯片、显存及其相关电路单独做在一块电路板上，自成一体而作为一块独立的板卡存在，它需占用主板的扩展插槽。它单独安装、有显存，一般不占用系统内存，在技术上也较集成显卡先进得多，容易进行显卡的硬件升级。但是，独立显卡的功耗和发热量较大，需要额外花费购买显卡的资金。下图所示为独立显卡的正面和背面结构。

 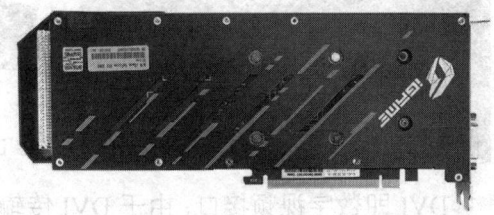

独立显卡的基本结构如下：

① **显示芯片**

显示芯片是显卡的核心，其性能在很大程序上决定了显卡的性能，主要负责图形数据的处理，如下图（左）所示。3D 显示芯片将三维图像和特效处理功能集中在显示芯片内部，从而减轻了 CPU 处理图形数据的负担。

② **显存**

显存在 CPU 和图形芯片的数据交换过程中，用来存储要处理的图形的数据信息，如下图（右）所示。如果说显卡的性能主要由显示芯片决定，那么显存的性能直接决定显示芯片能够发挥出多大的性能。

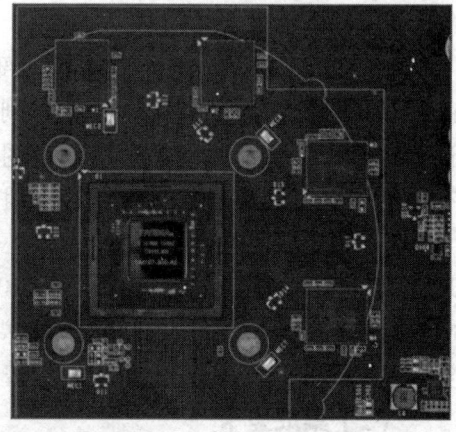

③ 显卡 BIOS 芯片

显卡 BIOS 芯片中主要存储显示芯片和驱动之间的控制程序，另外还有显卡型号、规格等产品标识，现在的显卡 BIOS 芯片都可采用专用程序进行升级，如下图（左）所示。

④ 显卡接口

所有图像信息经过显卡处理后最终都要输出到显示器上，显卡的输出接口就是显卡与显示器之间的桥梁，它负责向显示器输出相应的图像信号。现在显卡的接口主要有 DVI 接口、HDMI 接口和 DP 接口，如下图（右）所示。

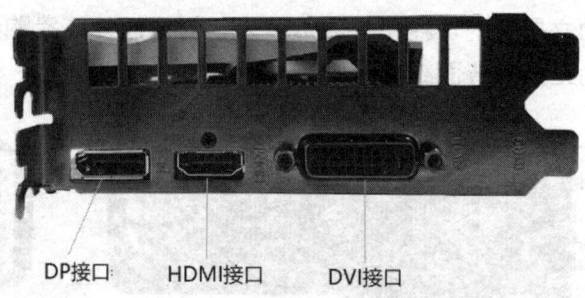

DVI 即数字视频接口，由于 DVI 传输的是数字信号，数字图像信息不需经过转换，直接被传送到液晶显示器上，显示效果更纯净、更逼真。DVI 接口的缺点也比较明显，就是不支持传输音频信号，并且接口的体积较大。

HDMI（High Definition Multimedia Interface，高清晰度多媒体接口）是一种数字化视频/音频接口技术，是适合影像传输的专用型数字化接口。HDMI 相比 DVI 接口支持了音频的输出，并且有着更高的带宽，它是目前主流的视频输出接口，被广泛应用于电视机、显示器、笔记本电脑等设备上。

DP（DisplayPort）与目前主流的 HDMI 接口均属于数字高清接口，都支持一根信号线同时传输视频和音频信号，同时 DP 接口支持更高的分辨率和刷新率。它支持单通道、单向、四线路连接，足以传送未经压缩的视频和相关音频，还支持 1Mbps 的双向辅助通道，供设备控制之用。

⑤ 总线接口

总线接口是指显示卡和主板连接时采用的接口形式，目前的显卡采用 PCI-Express 总线接口，PCI-Express×16 接口最高可以提供 8GB/s 的带宽，是当前主流显卡总线接口方式。

6. 硬盘

硬盘是电脑中最重要的外部存储设备，是电脑的重要组成，包括操作系统在内的各种软件、程序、数据都需要保存到硬盘上。电脑硬盘的种类并不多，目前主要有传统的机械式硬盘和新兴的固态硬盘两种类型。

（1）机械式硬盘

传统硬盘即机械硬盘（Hard Disk Drive 硬盘驱动器，HDD），它是一种磁表面存储器，是在非磁性的合金材料表面涂上一层很薄的磁性材料，通过磁层的磁化来存储信息。机械硬盘内部结构主要包括磁头、盘片、控制电路、主轴电机和磁头臂等，如下图（左）所示。

从外观上看硬盘主要包括盖板、接口和控制电路板。硬盘的金属盖板是保护硬盘的主要部件之一，用于保护硬盘内部的盘片及各机械部件不受损坏。一般在硬盘盖板上标注了硬盘的各种参数，主要包括硬盘品牌、编号、容量、接口类型、序列号、生成日期、产地及跳线示意图等信息，如下图（右）所示。

硬盘接口包括电源插口和数据接口两部分，其中电源插口与主机电源相联，为硬盘工作提供电力保证。数据接口则是硬盘数据和主板控制器之间进行传输交换的纽带。目前硬盘使用的数据接口为 SATA 接口（即串口），如下图（左）所示。

硬盘的电路板是与主板数据交换的中介，它将接口传送过来的电信号转换为磁信号记录到硬盘中，当硬盘进行读写操作时，电路板又将硬盘盘片上的信息转化为电信号，然后将信息传送到硬盘接口。硬盘电路板上的元件很多，多采用贴片式元件焊接，包括主轴调速电路、磁头驱动与伺服定位电路、读写电路、控制与接口电路等，如下图（右）所示。

数据接口

在电路板上还有一块高效的单片机 ROM 芯片，其固化的软件可以进行硬盘的初始化，执行加电和启动主轴电机，加电初始寻道、定位及故障检测等操作。在电路板上还装有容量不等的高速缓存芯片。

（2）固态硬盘

固态硬盘（即 Solid State Drives 硬盘驱动器，SSD）由控制单元和存储单元组成，简单地说是用固态电子存储芯片阵列制成的硬盘，如下图（左）所示。其内部构造十分简单，固态硬盘内主体是一块 PCB 板，而这块 PCB 板上最基本的配件就是控制芯片、缓存芯片和用于存储数据的闪存芯片，如下图（右）所示。

固态硬盘依靠其闪存芯片可以准确地访问驱动器的任何位置，有着机械硬盘无可比拟的极致速度。它能使电脑的启动、软件的加载等一切涉及读取和写入的操作变得更快。一般机械硬盘的数据读取速度为 150MB/s，而固态硬盘的最高读取速度可以达到 3500MB/s 以上。固态硬盘内部不存在任何机械活动部件，不会发生机械故障，也不怕碰撞、冲击、振动。但是，固态硬盘也有缺点，如相比相同价位的机械硬盘固态硬盘的容量较小；固态硬盘损坏后，其中存储的数据难以恢复；在相同的应用环境下，固态硬盘的硬件寿命低于机械硬盘，一般由其闪存颗粒的"写入次数"决定。

市场上常见的固态硬盘一般采用三种接口类型：SATA 接口、PCI-E 接口和 M.2 接口。SATA 接口的固态硬盘（2.5 寸规格）通过 SATA 硬盘数据线与主板上的 SATA 接口相连，该接口最大的优势是产品成熟，兼容的设备多，普及程度较高，但该接口的传输速度较慢，不会超过 600MB/s。PCI-E 接口是一个全能的通信接口，既可用于连接显卡、声卡和网卡，也可用于连接 PCI-E 接口的固态硬盘，如下图（左）所示。

M.2 接口的固态硬盘是目前市场上的主流，如下图（右）所示。它支持 NVMe 协议，并且走 PCI-E×4 通道，理论带宽能够达到 32Gbps，读写速度高达 3.5GB/s，是传 SATA 接口固态硬盘的 7 倍。

7. 机箱

机箱是电脑主要部件存在的容器，它不仅仅是硬件的容器，还是一个散热设备，一个噪音屏蔽器，一个能提升整个平台性价比的配件。

根据价位的不同，机箱的做工质量也不一样，一般两三百元价格的机箱性价比最高。机箱可以分为 ATX 机箱和迷你机箱两种类型，如下图所示。

1.1.2 认识电脑的常用外部设备

除主机以外的大部分硬件设备都可称作外部设备，又称外围设备，简称外设。计算机系统没有输入/输出设备，就如同计算机系统没有软件一样，是毫无意义的。下面将详细介绍电脑必备的外设，其中包括显示器、键盘、鼠标和其他外设。

1. 显示器

显示器是计算机的主要输出设备，是用户与电脑沟通的主要渠道。显示器的主要功能是把电脑处理过的结果以图像的形式显示出来。

目前电脑显示器都是 LED 液晶显示器，如下图所示。LED 显示屏是一种通过控制半导体发光二极管的显示方式，用于显示文字、图形、图像、动画、行情、视频、录像信号等各种信息的显示屏幕。

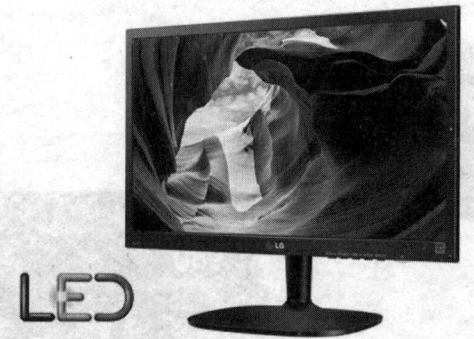

2．键盘和鼠标

键盘和鼠标是电脑系统中最基本也是最常用到的输入设备，用户通过键盘和鼠标操作向电脑输入各种指令。

（1）键盘

键盘是电脑中最早的输入设备，也是电脑的标准输入设备，在文字录入、电脑的基本设置和实现一些特殊功能上，键盘有着不可替代的优势，如下图所示。

（2）鼠标

随着 Windows 操作系统图形界面的出现及广泛应用，鼠标在电脑的使用过程中显得越来越重要，上网、3D 游戏和图形图像设计等都离不开鼠标。

鼠标按连接方式可以分为 PS/2 鼠标、USB 接口鼠标和无线鼠标，如下图所示。

  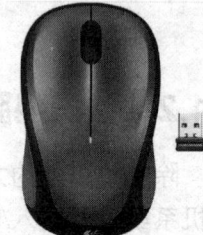

PS/2 接口鼠标　　　　　USB 接口鼠标　　　　　无线鼠标

3．其他外设

常用的电脑外设还有音箱、打印机、扫描仪、独立声卡、有线网卡和无线网卡、游戏控制器、可移动存储设备等，下面将分别对其进行简要介绍。

（1）音箱

音箱是将音频信号还原成声音信号的一种装置，是电脑上重要的学习和娱乐设备。音箱按声道可以分为 2.0 音箱、2.1 音箱、4.1 音箱和 5.1 音箱等，如下图所示。

2.1 声道有源音箱

5.1 声道有源音箱

（2）打印机

打印机是办公场所的必备设备之一，它是电脑中经常使用的外部设备。目前市场上主要是针式打印机、喷墨打印机和激光打印机占有主流地位。

① **针式打印机**

针式打印机广泛应用在票据打印上，目前越来越多的商业企业以及银行、邮局、医院等都需要进行票据打印，如右图所示。

② **喷墨打印机**

喷墨打印机是在针式打印机之后发展起来的，比较适合家庭使用，它能把墨盒中的各种颜色的墨喷打在纸上形成文字或图像，如下图（左）所示。

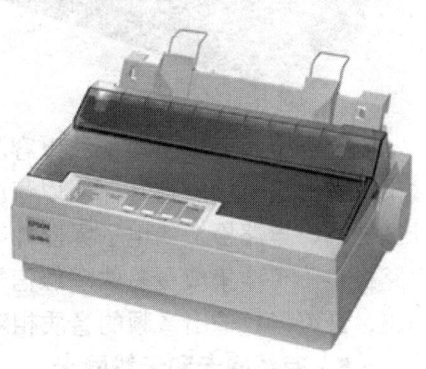

③ **激光打印机**

激光打印机是利用电子成像技术来打印的，如下图（右）所示。它通过调制激光束在硒鼓上进行沿轴扫描，使鼓面上的各点带上负电荷，当经过带正电的墨粉时这些点就会吸附墨粉，从而转印在纸上，形成一个个色点，然后按照点阵组字的原理，这些色点就形成了文字和图形。

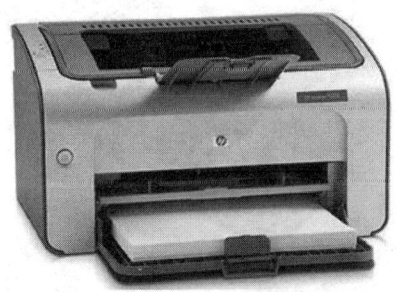

（3）扫描仪

扫描仪是继键盘和鼠标之后主要的电脑输入设备，它能将图像、文字等各种文档输入电脑，可以利用 OCR 文字识别功能将原稿扫进电脑，省去了输入操作。目前扫描仪已经广泛应用于办公、广告、装饰、摄影等领域，如下图（左）所示。

（4）独立声卡

目前独立声卡大都是针对音乐发烧友以及其他特殊场合而量身定制的，如下图（右）所示。它对电声中的一些技术指标有着相当苛刻的要求，达到精益求精的程度，再配合出色的回放系统，给人以很好的听觉享受。

独立声卡拥有更多的滤波电容及功放管，经过数次级的信号放大，降噪电路，使输出音频的信号精度提升，所以音质输出效果较好。集成声卡因受到整个主板电路设计的影响，电路板上的电子元器件在工作时容易形成相互干扰及电噪声的增加，而且电路板也不可能集成更多的多级信号放大元器件及降噪电路，所以会影响音质信号的输出，最终导致输出音频的音质相对较差。

（5）有线网卡和无线网卡

网卡主要分为有线网卡和无线网卡，有线网卡通过网线接入局域网，无线网卡是通过无线电波来接收无线信号，从而与无线网络连接。

有线网卡又称网络适配器，它是构成网络的基本器件，目前电脑网卡一般都集成在了主板上。

根据接口的不同，无线网卡又分为 PCMCIA 无线网卡、PCI 无线网卡、MiniPCI 无线网卡、USB 无线网卡和 CF/SD 无线网卡等，如下图所示。

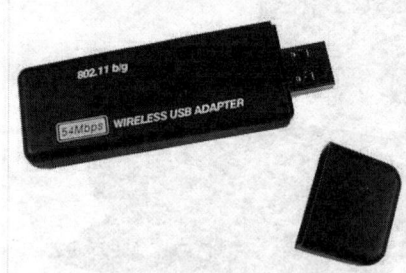

（6）游戏控制器

"工欲善其事，必先利其器"，要想玩好电脑游戏，体验电脑游戏的快乐，游戏控制器是游戏玩家必不可少的标准配置，如下图所示。可以说游戏控制器是每一位电脑游戏发烧友都必不可少的外设，在大多数动力竞技类游戏如"极品飞车"中，游戏控制器的作用是不能低估的，它可以让游戏效果有大幅度的提高。

（7）可移动存储设备

目前市场上常见的移动存储设备主要有 U 盘和移动硬盘等。由于这些设备具有体积小、重量轻、携带方便、使用简单等优点，从而受到用户的欢迎。

① **U 盘**

U 盘采用的介质为闪存颗粒，通过 USB 口与电脑相连接，支持热插拔和即插即用功能，是当前比较流行的移动存储设备，如下图（左）所示。

② **移动硬盘**

移动硬盘相比 U 盘来说具有更大的存储空间，可以满足需要更大存储用户的需求，如下图（右）所示。

1.2 如何查看电脑的基本配置

> 了解了多核电脑的硬件组成后，怎样才能查看自己电脑的配置呢？用户可利用系统自带程序或安装硬件检测软件来查看电脑配置，下面进行详细介绍。

1.2.1 使用 DirectX 诊断工具查看电脑配置

DirectX 诊断工具是 Windows 系统自带程序，用于对电脑硬件进行测试、诊断并进行修改，也可以使用它查看电脑硬件信息，具体操作方法如下：

01 输入命令　按【Windows+R】组合键，打开"运行"对话框，输入 dxdiag 命令，单击"确定"按钮，如下图所示。

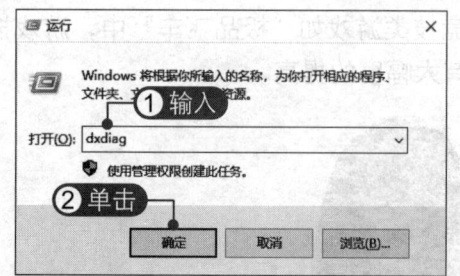

02 查看系统配置信息　打开窗口，在"系统"选项卡下可以查看操作系统类型、BIOS 版本、处理器信息、内存容量和虚拟内存等信息，如下图所示。

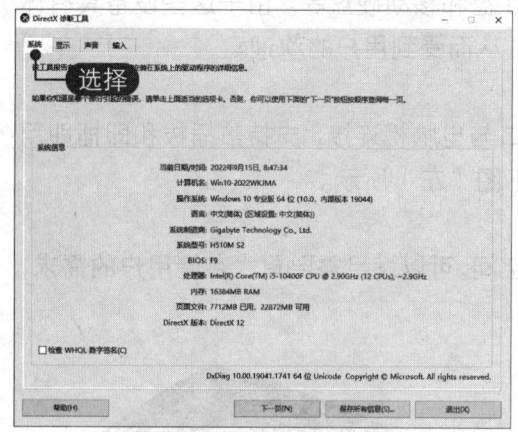

03 查看显示配置信息　选择"显示"选项卡，从中可以查看显卡名称、制造商、芯片类型、显示内存、监视器及驱动程序等信息，如下图所示。

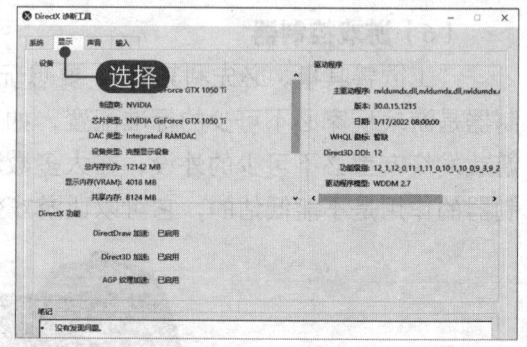

04 查看声音配置信息　选择"声音"选项卡，从中可以查看设备名称、制造商及驱动等信息，如下图所示。

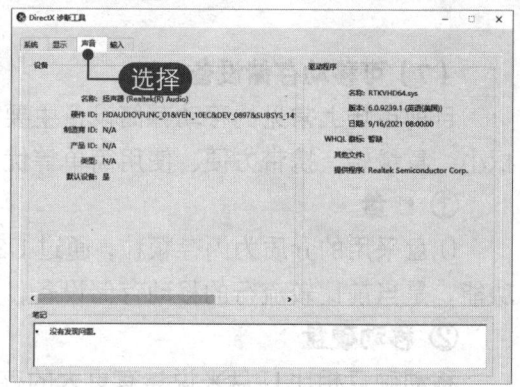

05 查看输入设备信息　选择"输入"选项卡，从中可以查看连接到电脑的输入设备，如键盘、鼠标，如下图所示。

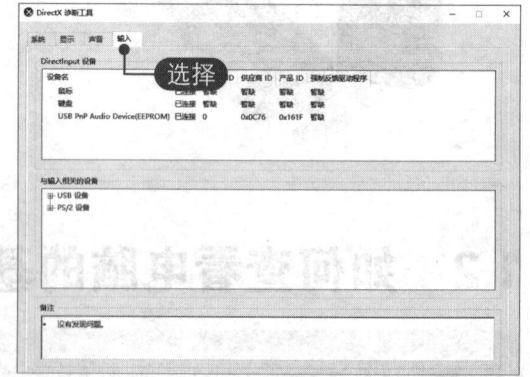

1.2.2　使用"鲁大师"快速查看电脑配置

若要查看电脑硬件的详细信息，需要借助工具软件。一般的系统维护工具都提供了硬件检测功能，最常用的有"鲁大师""腾讯电脑管家""360 安全卫士"等。下面以"鲁大师"为例进行介绍，具体操作方法如下：

01 查看电脑硬件信息　启动鲁大师程序，单击"硬件检测"按钮，自动扫描硬件信息，显示电脑型号和操作系统，并以列表形式列出了电脑中的主要硬件信息，如下图所示。

02 查看硬件健康信息　选择"硬件健康"选项，可以查看电脑中硬件的制造日期、使用时间等，以判断电脑的新旧程度，如下图所示。

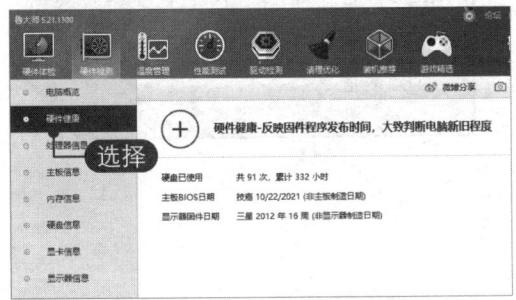

03 查看处理器信息　选择"处理器信息"选项，可以查看 CPU 型号、核心参数、插槽类型等，如下图所示。检测到的电脑硬件品牌，其品牌或厂商图标显示在页面右上方。

04 查看主板信息　在左侧选择"主板信息"选项，可以查看主板型号、芯片组型号、序列号、板载设备、BIOS 版本信息和制造日期等，如下图所示。

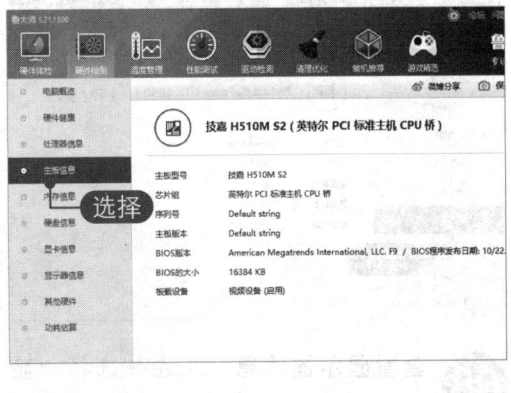

05 查看内存信息　在左侧选择"内存信息"选项，可以查看内存型号、序列号、当前频率等信息，如下图所示。

06 查看硬盘信息　在左侧选择"硬盘信息"选项，可以查看硬盘的品牌、大小、转速、型号、缓存、使用时间、接口、传输率及支持技术特性等信息，如下图所示。

07 查看显卡信息 在左侧选择"显卡信息"选项,可以查看显卡品牌、型号、显存、驱动版本等信息,如下图所示。

09 查看其他硬件信息 在左侧选择"其他硬件"选项,可以查看网卡、声卡、键盘和鼠标等信息,如下图所示。

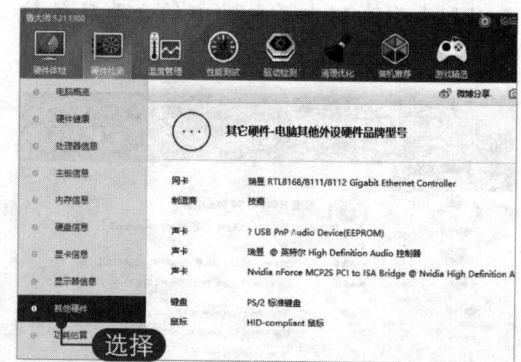

08 查看显示器信息 在左侧选择"显示器信息"选项,可以查看显示器的名称、品牌、制造日期、尺寸、图像比例及当前分辨率等信息,如下图所示。

知识加油站

打开"系统"窗口,从中可以查看处理器、内存及系统类型信息。在左窗格中单击"设备管理器"超链接,在打开的窗口中可以查看电脑配置信息。

Chapter 02 快速制作应急启动盘

> 在使用电脑的过程中,一旦硬盘出现故障,经常会造成电脑不能从硬盘启动。要检查故障必须进入操作系统,因此常备一个完整的系统应急启动盘是非常必要的。本章将详细介绍如何制作 U 盘启动盘和安装硬盘版应急启动盘。

本章要点

- 应急启动盘的作用
- 制作与使用 U 盘启动盘
- 安装硬盘版应急启动盘

知识等级

初级读者

建议学时

建议学习时间为 40 分钟

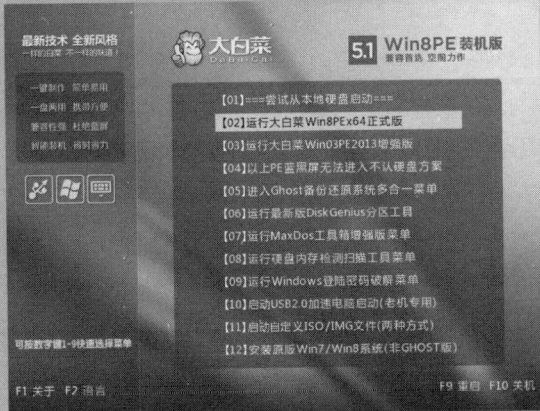

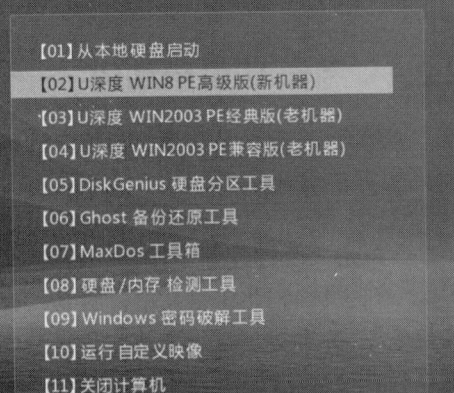

2.1 应急启动盘的作用

应急启动盘是用来启动电脑的盘，这个盘可以是光盘、U 盘或其他盘，现在一般使用的启动盘主要以 U 盘居多。正常状况下，电脑都是从硬盘启动的，不会用到应急启动盘。应急启动盘只有在装机或系统崩溃，修复系统或备份系统损坏的电脑中的数据时才会使用，即它的主要用处就是安装系统和维护系统。

应急启动盘的作用主要有以下几点：

（1）在系统崩溃时，启动系统恢复被删除或被破坏的系统文件等。

（2）感染了不能在 Windows 正常模式下清除的病毒后，用启动盘启动电脑彻底删除这些顽固病毒。

（3）用启动盘启动系统，然后测试一些软件等。

（4）用启动盘启动系统，然后运行硬盘修复工具，解决相关硬盘错误问题。

2.2 制作与使用 U 盘启动盘

现在制作启动盘的软件很多，只需在搜索引擎中搜索"U 盘启动盘"，便会出现很多的结果，如 U 盘魔术师、老毛桃 U 盘启动盘、大白菜 U 盘启动盘、通用 PE 工具箱、U 启动、深度 U 盘启动盘等。这些软件的使用方法大都雷同，下面以"大白菜 U 盘启动盘制作工具"为例介绍启动盘的制作方法。

2.2.1 制作 U 盘启动盘

从网上下载"大白菜 U 盘启动盘制作工具"，并将其安装到电脑中，然后按照以下步骤进行操作。

01 **单击"个性设置"按钮** 将 U 盘插到主机的 USB 插口中，启动"大白菜超级 U 盘启动盘制作工具"程序，此时程序将自动检测到 U 盘。电脑中存在多个 USB 设备，在"请选择"下拉列表框中选择目标 U 盘，在左侧单击"个性设置"按钮，如下图所示。

02 **取消复选框** 打开"个性设置"界面,对启动界面的背景、字体、标题和等待时间等项目进行自定义设置。在右下方的"大白菜赞助商"选项区中取消选择相应的复选框,在弹出的提示信息框中输入取消密码 winbaicai.com,然后单击"确定"按钮,如下图所示。

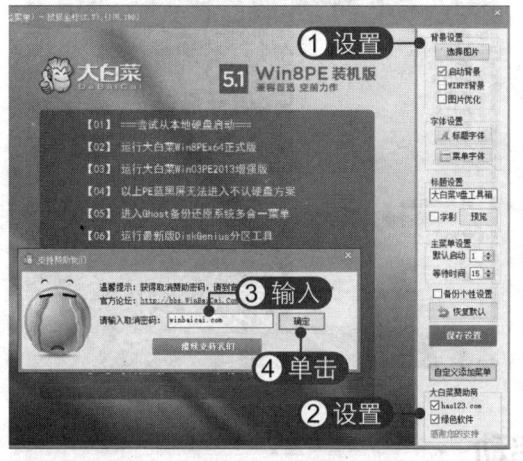

03 **保存设置** 设置完成后单击"保存设置"按钮,在弹出的提示信息框中单击"确定"按钮,如下图所示。

04 **确认操作** 弹出提示信息框,提示"保存操作完成",单击"是"按钮,如下图所示。

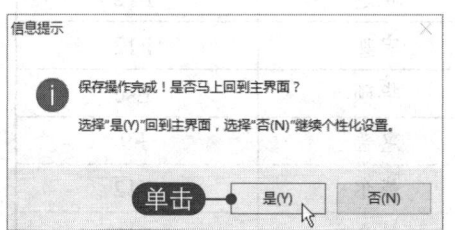

05 **单击制作启动盘按钮** 返回大白菜程序主界面,单击"一键制作 USB 启动盘"按钮,如下图所示。

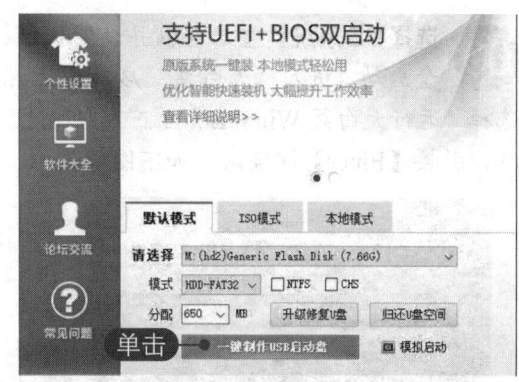

06 **确认操作** 弹出提示信息框,提示本操作将删除U盘上的所有数据,且不可恢复,单击"确定"按钮,如下图所示。

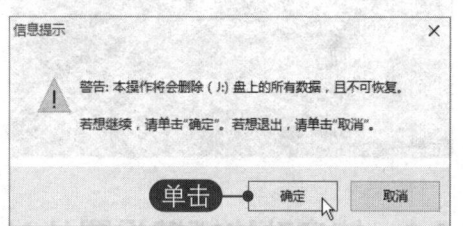

07 **开始制作U盘启动盘** 开始向U盘写入数据,如下图所示。此过程需要持续1分钟左右,期间不可拔出U盘。

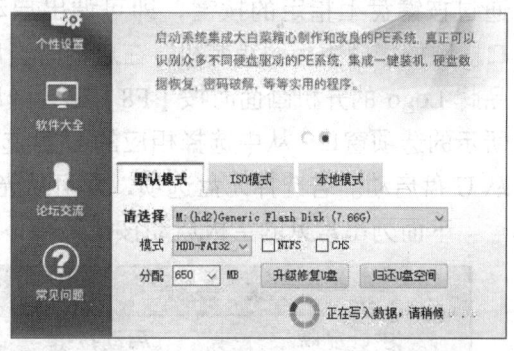

08 **确认操作** 弹出提示信息框,提示启动U盘制作完成。单击"是"按钮,可以对制作好的U盘启动盘进行模拟测试,如下图所示。

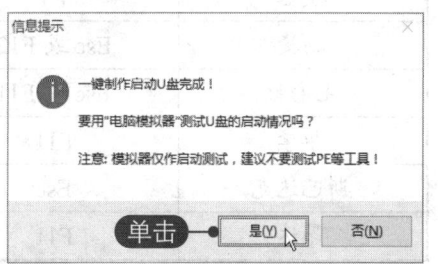

09 **选择PE系统** 重启电脑并设置从U盘启动，进入"大白菜"启动界面，选择"运行大白菜Win8PE x64正式版"选项，并按【Enter】键确认，如下图所示。

10 **查看系统维护工具** 进入PE系统桌面，单击"开始"按钮，在弹出的菜单中可以看到其中提供了多款系统维护工具，如下图所示。

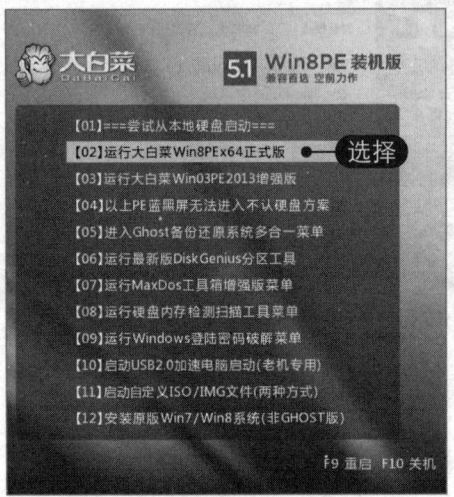

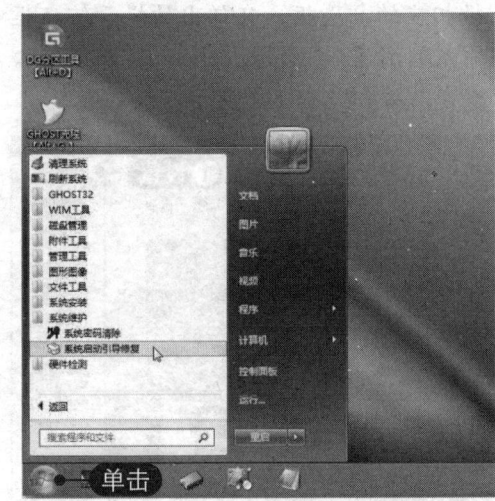

2.2.2 按启动快捷键设置从U盘启动

用户可以通过设置BIOS程序从U盘启动电脑，也可通过按启动快捷键来设置从U盘启动。不同品牌、不同类型的电脑，在启动时通过按键盘上指定的按键，即可调出启动选项窗口。例如华硕主板的组装机，在启动时当出现带有品牌Logo的开机画面时按【F8】键会弹出如右图所示的选项窗口，从中选择相应的U盘选项，即可从U盘启动。若选择光盘选项，即可从光盘启动电脑。

下面列出常见的主板启动按键清单，详见下表。

组装机主板		品牌笔记本电脑	
主板品牌	启动按键	笔记本电脑品牌	启动按键
华硕	F8	联想	F12
技嘉	F12	宏碁	F12
微星	F11	华硕	Esc
映泰	F9	惠普	F9
梅捷	Esc 或 F12	戴尔	F12
七彩虹	Esc 或 F11	神舟	F12
华擎	F11	东芝	F12
斯巴达克	Esc	三星	F12
昂达	F11	IBM	F12

续表

组装机主板		品牌笔记本电脑	
主板品牌	启动按键	笔记本电脑品牌	启动按键
双敏	Esc	富士通	F12
翔升	F10	海尔	F12
精英	Esc 或 F11	方正	F12
冠盟	F11 或 F12	清华同方	F12
富士康	Esc 或 F12	微星	F11
顶星	F11 或 F12	明基	F9
铭瑄	Esc	技嘉	F12
盈通	F8	Gateway	F12
捷波	Esc	eMachines	F12
Intel	F12	索尼	Esc
杰微	Esc 或 F8	苹果	长按 Option 键
致铭	F12		
磐英	Esc		
磐正	Esc		
冠铭	F9		

2.3 安装硬盘版应急启动盘

若用户身边没有用于制作启动盘的 U 盘，还可以在电脑中安装硬盘版的 PE 工具箱。当电脑出现问题时，直接从硬盘启动 PE 系统来维护电脑。下面以安装"U 深度急救系统"为例进行介绍。

01 **设置本地模式** 启动 U 深度 U 盘启动盘制作工具，单击"本地模式"按钮，设置启动等待时间，单击"开始制作"按钮，如下图所示。

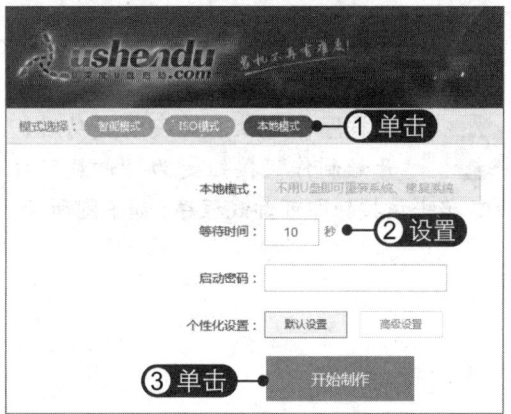

02 确认安装急救系统 弹出提示信息框，单击"确定"按钮，如下图所示。

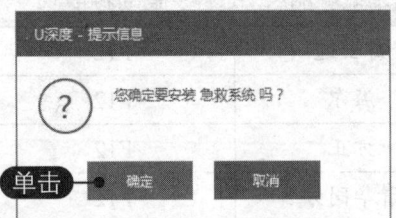

03 开始安装急救系统 开始安装硬盘版急救系统，需要稍等片刻，如下图所示。

04 急救系统安装成功 弹出提示信息框，单击"确定"按钮，如下图所示。

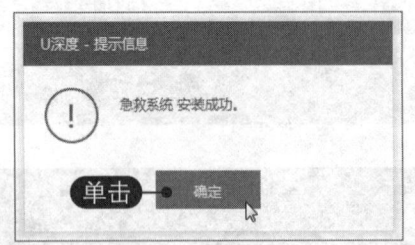

05 卸载程序 急救系统安装成功后，"开始制作"按钮变为"卸载"按钮，单击该按钮即可卸载程序，如下图所示。

06 选择启动菜单 重启电脑，将出现启动菜单，选择"U深度急救系统"选项，并按【Enter】键确认，如下图所示。

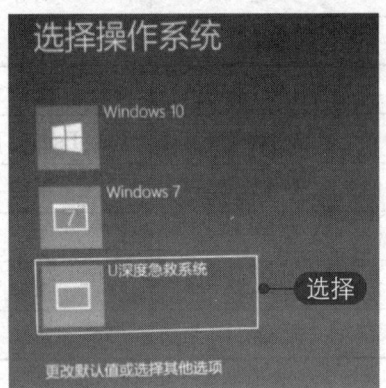

07 选择 PE 系统 进入 U 深度启动界面，选择"【02】U 深度 WIN8 PE 标准版（新机器）"选项，并按【Enter】键确认，即可进入 PE 系统，如下图所示。

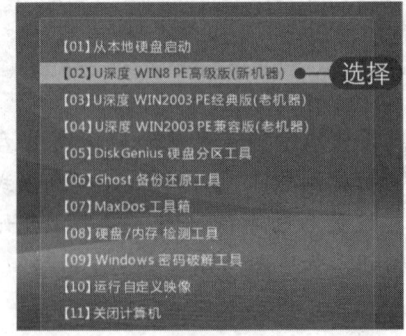

Chapter 03

BIOS 设置与应用

电脑在启动之前首先要检查 BIOS，它是计算机最底层的模块，任何高级软、硬件都建立在这个基础之上。BIOS 在计算机系统中起着非常重要的作用。一块主板性能优越与否，很大程度上取决于主板上的 BIOS 管理功能是否先进。BIOS 设置程序是储存在 BIOS 芯片中的，只有在开机时才可以进行设置。本章将介绍 BIOS 的设置与应用知识。

本章要点

- BIOS 快速入门
- BIOS 常用设置

知识等级

中级读者

建议学时

建议学习时间为 45 分钟

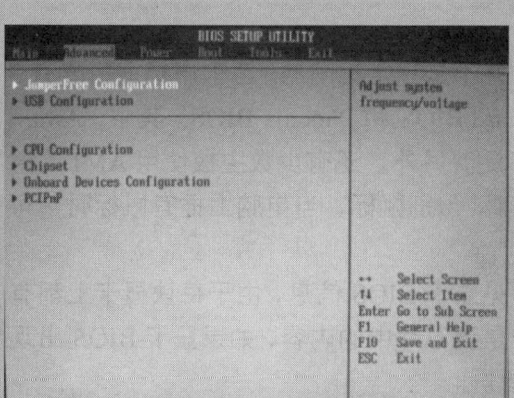

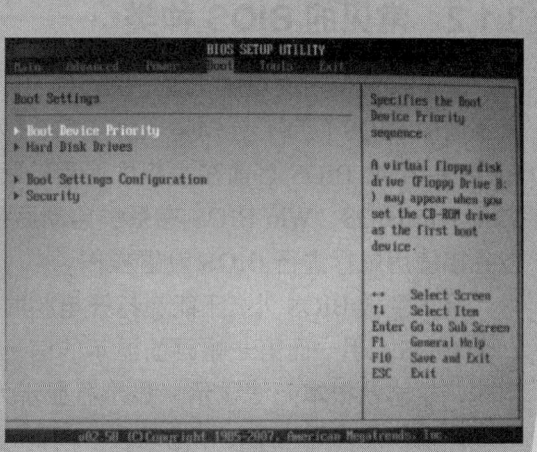

3.1 BIOS 快速入门

BIOS 是电脑操作的基础,一块主板或一台电脑性能的优越与否在很大程度上取决于主板上的 BIOS 管理功能是否先进。下面将对 BIOS 的基础知识进行介绍。

3.1.1 认识 BIOS

BIOS(Basic Input-output System,基本输入/输出系统)负责开机时对系统的各项硬件进行初始化设置和测试,以确保系统能够正常工作。若硬件不正常,则立即停止工作,并把出错的设备信息反馈给用户。BIOS 包含系统加电自检(Power On System Test, POST)程序模块、系统启动自检程序模块,这些程序模块主要负责主板与其他电脑硬件设备通信。

电脑的很多设备上都有 BIOS,如系统 BIOS(即常说的主板 BIOS)、显卡 BIOS 和其他设备(如硬盘、SCSI 卡或网卡等)的 BIOS。BIOS 实际就是被"固化"在电脑硬件中的一组程序,它为电脑提供最低级、最直接的硬件控制。

BIOS 相当于电脑硬件与软件程序之间的一座桥梁,其本身是一个程序,也可以说是一个软件。我们对它最直观的认识就是 POST 功能,当电脑接通电源后,BIOS 将对其内部所有设备的自检进行检验,包括对 CPU、内存、只读存储器、系统主板、CMOS 存储器、并行和串行通信子系统、硬盘子系统及键盘进行测试。自检测试完成后,系统将在指定的驱动器中寻找操作系统,并向内存中装入操作系统。

3.1.2 常见的 BIOS 种类

对于日常使用的电脑来说,采用的 BIOS 并不是完全相同的。目前市场上主要有 3 家不同的 BIOS 厂商,分别是 AMI BIOS、Award BIOS 和 Phoenix BIOS。其中,Award BIOS 和 AMI BIOS 目前在主板中使用较为广泛。另外,还有少数主板使用 AMI 的窗口化 Win BIOS,Win BIOS 在系统启动后会自动识别鼠标,当电脑上插有鼠标时,可以直接使用鼠标进行 BIOS 设置操作。

除了主板 BIOS 外,还能在打开电脑时看见显卡 BIOS 信息,由于每块显卡上都有一个 BIOS 芯片,而第一幅画面显示的信息就是该芯片中的内容,如果显卡 BIOS 出现问题,机器就根本无法显示,显示器显示为黑屏。

开机以后,显卡 BIOS 信息会一闪而过,显示时间非常短暂(通常在 2 秒左右)。这时按下键盘上的【Pause】键,可以暂停主板的自检,如下图所示。

```
NVIDIA 9400GT GDDR2 BIOS
Version 60.86.37.00.94
Copyright (C) 1996-2006 NVIDIA Corp.
512MB RAM (1GB Memory)
```

其中,第一行"NVIDIA 9400GT GDDR2 BIOS"表示目前显卡所用的芯片情况,它由厂商名称、芯片型号两部分组成。从图中可以看出,这是一款基于 NVIDIA 的 9400GT 芯片的显卡。第二行"Version 60.86.37.00.94"表示显卡 BIOS 的版本号。第

三、四行表示显卡芯片的授权日期和显存的大小。芯片的授权日期意义不大，但显存的大小直接关系到显卡的显示速度，该显卡的显存是 512MB。

3.1.3　BIOS 程序菜单介绍

大部分台式机进入 BIOS 的快捷键都是【Del】键，个别兼容机和大部分品牌机是【F1】或【F2】键。根据笔记本电脑品牌的不同，其快捷键有【F2】、【F10】和【F12】等，用户要根据不同类型的电脑按不同的键，才能顺利进入 BIOS 进行设置。

电脑开机后将出现启动画面，一般在下方显示提示信息，如按什么键进入 BIOS，按什么键跳过自检。一般情况下，台式机进入 BIOS 要按【Delete】键，笔记本电脑一般按【F1】键。进入 BIOS 后，将显示如下图所示的界面。

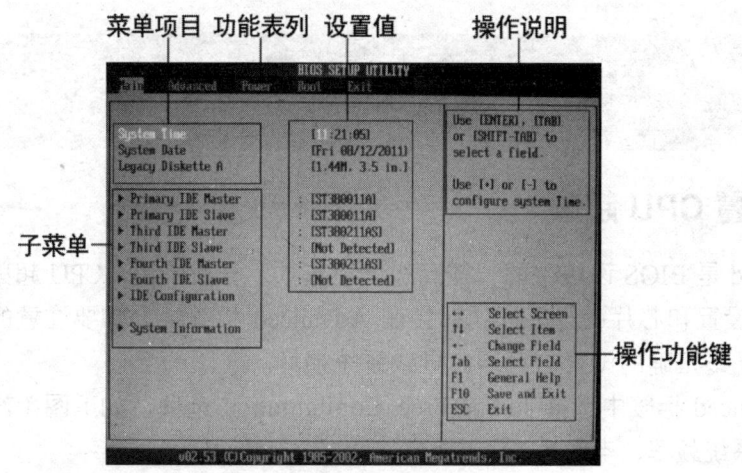

（1）功能列表说明

BIOS 设置程序最上方各菜单功能介绍见下表。

BIOS	设置程序最上方菜单说明
Main	系统基本设置
Advanced	系统高级功能设置
Power	电源管理模式设置
Boot	系统启动设置
Tools	特殊功能设置
Exit	退出 BIOS 设置

使用方向键【←】、【→】移动各选项，可以切换至相应的菜单界面。

（2）操作功能键说明

在菜单界面右下方为操作功能键说明，可参照功能键说明来选择及改变各项功能。

（3）菜单项目

在功能表列选定选项时，被选择的功能将会反白显示，并在菜单项目区域内出现相应的项目。

（4）子菜单

在菜单界面中，若功能选项前面有一个小三角形标记，则代表此选项包含子菜单，用户可以使用方向键来选择项目，并按【Enter】键确认进入子菜单。

（5）设置值

此区域显示菜单项目的设置值。这些项目中，有的功能选项仅为告知用户目前运行状态，并无法更改，此类项目会以淡灰色显示。而可更改的项目使用方向键移动时，被选择的项目将以反白显示。设置值被选择后，以反白显示。要改变设置值，可以在选择该项目后按【Enter】键确认，这时将显示设置值列表。

3.2　BIOS 常用设置

下面将介绍 BIOS 中的常用设置，如设置 CPU 超频、内存超频、电压、芯片组、内置设备、USB 设备、设备启动顺序、还原到默认设置等。

3.2.1　设置 CPU 超频

Advanced 是 BIOS 设置中的一些高级调节选项。一般来说，CPU 超频调节、内存调节、USB 设置和芯片设置等选项都会在 Advanced 标签中。需要注意的是，在此标签下若进行了不正确的设置，可能会导致系统损坏。

在 Advanced 标签中选择 JumperFree Configuration 选项，如下图（左）所示。此项用于设置系统频率、电压等。

按【Enter】键确认，进入 Configure System Frequency/Voltage 界面，选择 AI Overclocking 选项并按【Enter】键确认，打开其设置列表，如下图（右）所示。其中，各选项的含义如下：

- **Manual**：自行设置超频参数。
- **Auto**：载入系统的最佳设置。
- **Overclock Profile**：载入最佳参数超频文件，在超频时得到系统稳定性。
- **Test Mode**：负载带有扩谱的超频（超频 5%）。

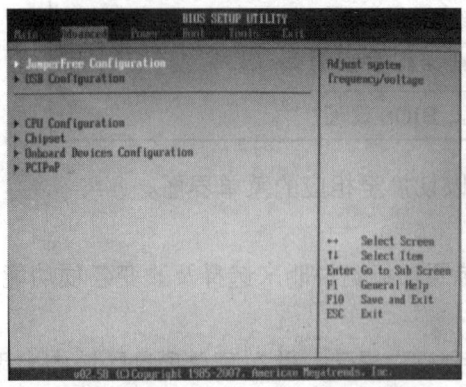
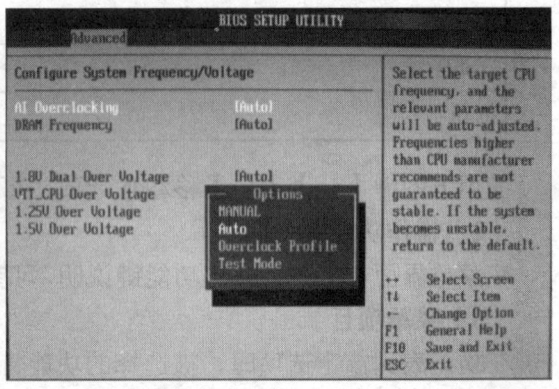

将 AI Overclocking 设置为[Manual]，就会出现 CPU Frequency 菜单，此项显示出

CPU 的外频，BIOS 将自动侦测到该值，如下图（左）所示。用户可以直接输入想要的 CPU 频率，或者按【+】或【-】键调节 CPU 频率，有效范围为 200MHz~800MHz。正确的前端总线与 CPU 外频如下图（右）所示。

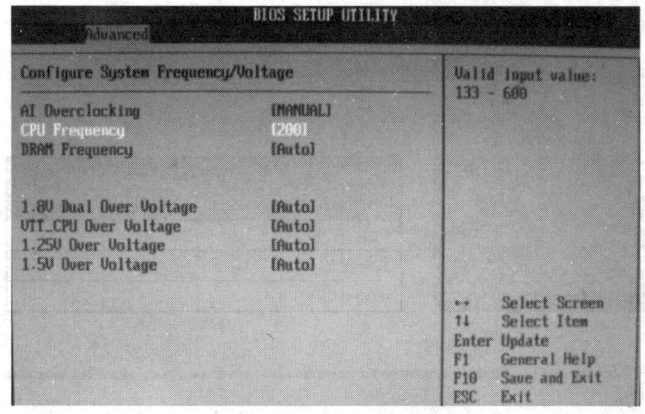

前端总线	CPU外频
FSB1333	333MHz
FSB1066	266 MHz
FSB800	200 MHz

将 AI Overclocking 设置为[Overclock Profile]，此时将出现 Overclock Options 菜单。选择 Overclock Options 选项并按【Enter】键确认，在弹出的列表中可以选择所需的超频选项，如下图所示。

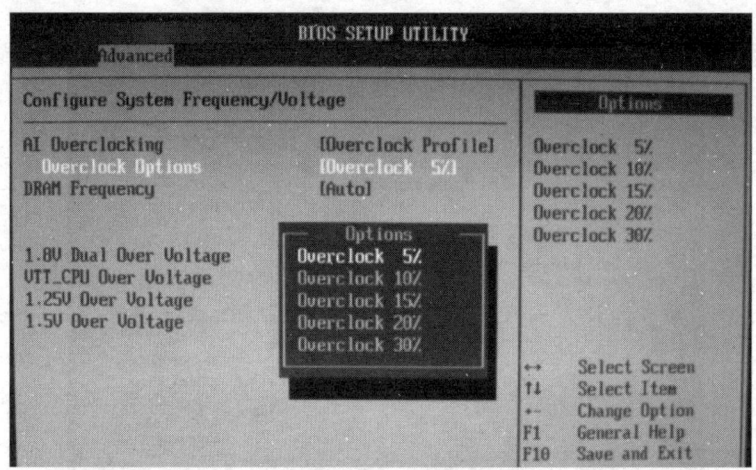

3.2.2 设置内存超频

在 Configure System Frequency/Voltage 界面中选择 DRAM Frequency 选项，可以设置 DDR3 的运行频率，如下图（左）所示，设置值有[Auto]、[800MHz]、[1067MHz]和[1333MHz]。内存超频设置主要是为了辅助 CPU 的超频，CPU 的设置不同，其值也会不同。

下图（右）所示列出了当前端总线值分别为 1333、1066 和 800 时相对应的 DRAM 频率的设置值。需要注意的是，设置过高的 DRAM 频率可能会导致系统变得不稳定，若出现这种情况应及时将其恢复为默认值。

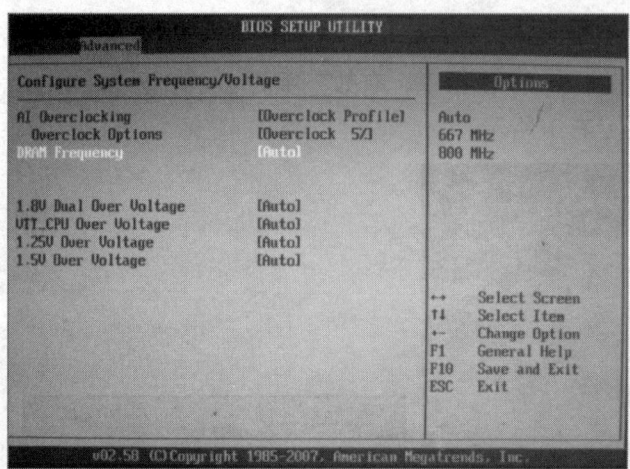

FSB	DRAM 频率			
	Auto	800MHz	1066MHz	1333MHz
1333	√	√	√	√
1066	√	√	√	
800	√	√		

3.2.3 设置电压

Configure System Frequency/Voltage 界面下方的选项用于进行电压设置，如下图所示。在电脑设置了超频后，硬件默认的额定电压可能并不足以满足超频后硬件的需求，此时可以分析主板供电设计，调整主板电压来满足硬件的需求，从而提高超频的成功率。

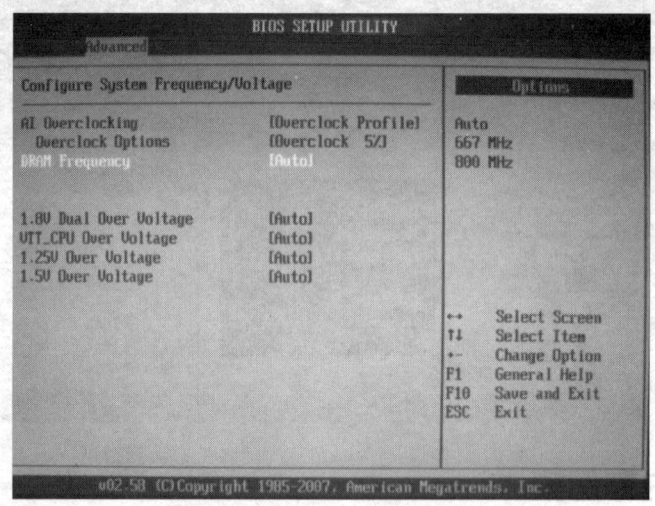

其中，各设置选项的含义分别如下：

- ◇ **1.8V Dual Over Voltage [Auto]**：用于手动设置内存电压，设置值有[Auto]、[1.80V]、[2.00V]和[2.25V]。
- ◇ **VTT_CPU Over Voltage [Auto]**：用于手动设置系统总线电压，设置值有[Auto]、[1.2V]和[1.3V]。
- ◇ **1.25V Over Voltage [Auto]**：用于手动设置北桥芯片组电压，设置值有[Auto]、[1.25V]和[1.4V]。
- ◇ **1.5V Over Voltage [Auto]**：用于手动设置南桥芯片组电压，设置值有[Auto]、[1.5V]和[1.6V]。

3.2.4 设置芯片组

在 Advanced 标签中选择 Chipset 选项,如下图(左)所示。此选项用于更改芯片组的高级设置。

按【Enter】键确认,进入 Advanced Chipset settings 设置界面,如下图(右)所示。其中,North Bridge Configuration 菜单用于北桥芯片设置,South Bridge Configuration 菜单用于南桥芯片设置。

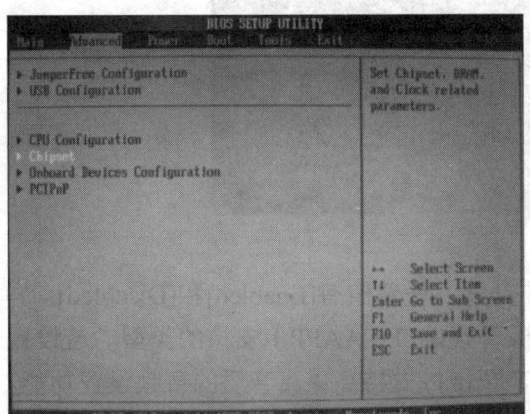 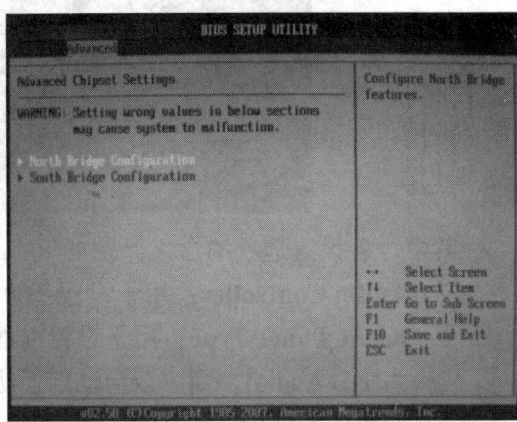

选择 North Bridge Configuration 选项并按【Enter】键确认,进入北桥芯片设置界面,如下图所示。

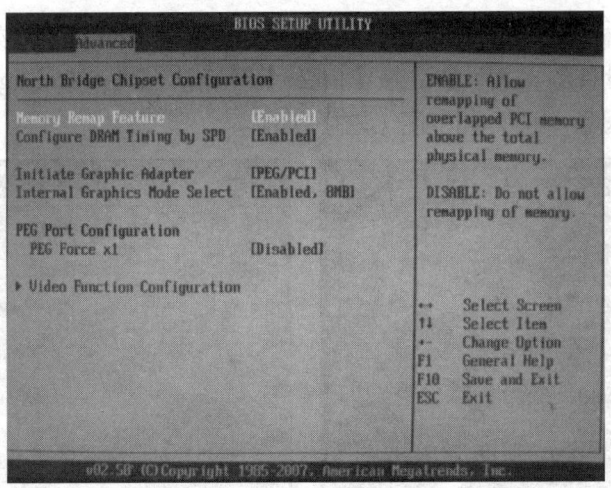

其中,各设置选项的含义分别如下:

- **Memory Remap Feature**:用于开启或关闭内存地址重映功能。当安装了 64 位操作系统时,建议将本项目设置为[Enabled]。设置值有[Disabled]和[Enabled]。
- **Configure DRAM Timing by SPD**:用于开启或关闭由 SPD 决定设置内存时钟,设置值有[Disabled]和[Enabled]。
- **Initiate Graphic Adapter**:用于设置作为优先启动的绘图显示控制器,设置值有[PCI/PEG]和[PEG/PCI]。

选择 South Bridge Configuration 选项并按【Enter】键确认，进入南桥芯片设置界面，如下图所示。

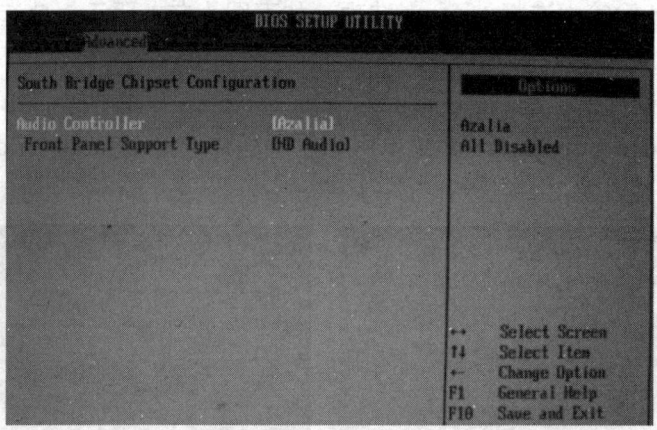

其中，各设置选项的含义分别如下：
- **Audio Controller**：用于设置音频控制器，设置值有[Enabled]和[Disabled]。
- **Front Panel Type**：用于设置前面板音频接口（AAFP）支持的类型。若设置为[HD Audio]，则可以启动前面板音频接口支持高保真音质的音频设置功能。设置值有[AC97]和[HD Audio]。

3.2.5 设置内置设备

在 Advanced 标签中选择 Onboard Devices Configuration 选项，如下图（左）所示。此选项用于主板设备的相关设置。按【Enter】键确认，进入 Configure Win627DHG-A Super IO Chipset 设置界面，如下图（右）所示。

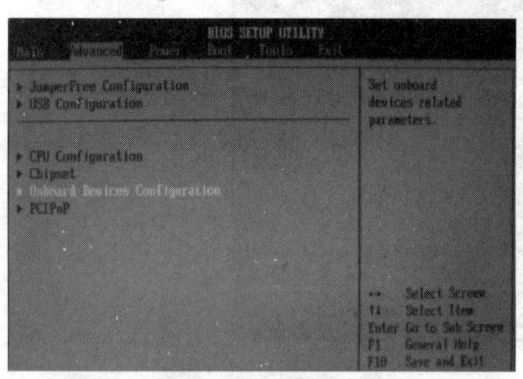 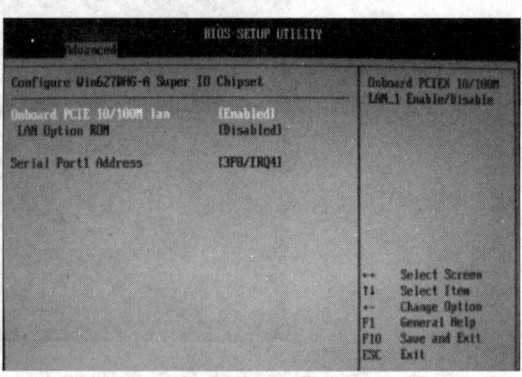

其中，各设置选项的含义分别如下：
- **Onboard PCIE 10/100M LAN**：用于开启或关闭内置 LAN 控制器，设置值有[Enabled]和[Disabled]。
- **LAN Option ROM**：用于开启或关闭主板内置网络控制器。只有当内置 LAN 设置为[Enabled]时，该选项才会出现，设置值有[Enabled]和[Disabled]。
- **Serial Port1 Address**：用于设置串口 1 的基地址，设置值有[Disabled]、[3F8/IRQ4]、[2F8/IRQ3]、[3E8/IRQ4]和[2E8/IRQ3]。

3.2.6 设置 USB 设备

在 Advanced 标签中选择 USB Configuration 选项，如下图（左）所示。此选项用于更改 USB 设备的相关设置。按【Enter】键确认，进入 USB Configuration 设置界面，如下图（右）所示。在 Module Version 和 USB Devices Enabled 选项中会显示自动检测到的 USB 设备，若没有连接任何设备，将显示为[None]。

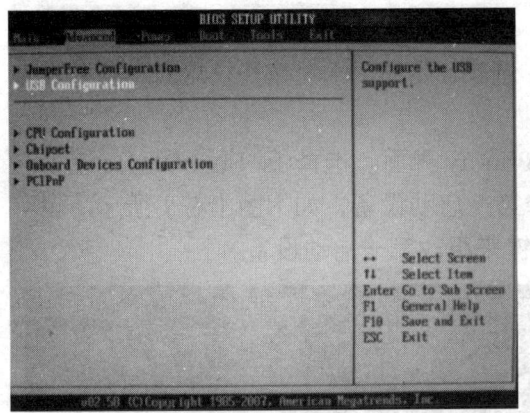 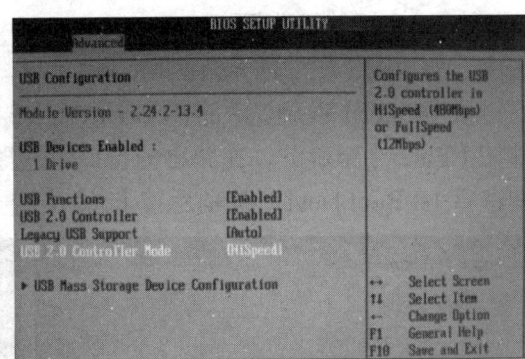

其中，各设置选项的含义分别如下：

- **USB Functions**：用于开启或关闭 USB 功能，设置值有[Disabled]和[Enabled]。
- **USB 2.0 Controller**：用于开启或关闭 USB 2.0 控制器，设置值有[Disabled]和[Enabled]。
- **Legacy USB Support**：用于开启或关闭支持 Legacy USB 设备功能，包括 USB 闪存盘与 USB 硬盘。当设置为默认值[Auto]时，系统可以在开机时自动检测是否有 USB 设备存在，若有则启动 USB 控制器，反之则不会启动。设置值有[Auto]、[Disabled]和[Enabled]。
- **USB 2.0 Controller Mode**：用于将 USB 2.0 控制器设置为 HiSpeed（高速模式，速度为 480Mbps）或 Full Speed（全速模式，速度为 12Mbps）。

当电脑中插入 USB 设备后，会在 USB Configuration 界面中显示 USB Mass Storage Device Configuration 选项，选择此选项并按【Enter】键确认，进入其设置界面，如下图所示。

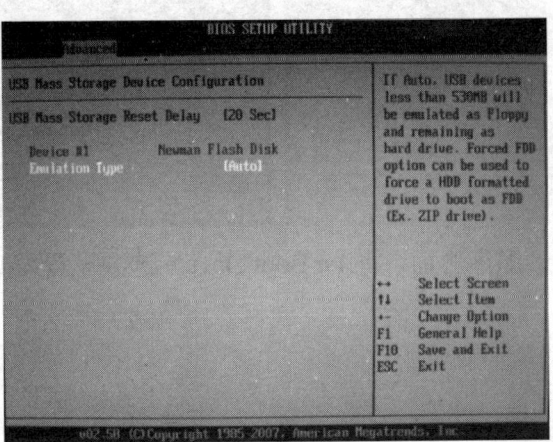

其中，各设置选项的含义分别如下：

- **USB Mass Storage Reset Delay**：用于设置 USB 存储设备初始化时在 BIOS 的等待时间，设置值有[10 Sec]、[20 Sec]、[30 Sec]和[40 Sec]。
- **Emulation Type**：用于将 USB 设备设置为软驱或硬盘等类型，设置值有[Auto]、[Floppy]、[Forced FDD]、[Hard Disk]和[CDROM]。

3.2.7 设置设备启动顺序

在 Boot 标签下选择 Boot Device Priority 选项，此项用于设置开机启动设备及设备顺序，如下图（左）所示。

按【Enter】键确认，进入 Boot Device Priority 界面。选择 1st Boot Device 选项，并按【Enter】键确认，在弹出的窗口中选择第一启动设备，如下图（右）所示。也可在选择 1st Boot Device 选项后按【+】【-】键来更改第一启动设备。

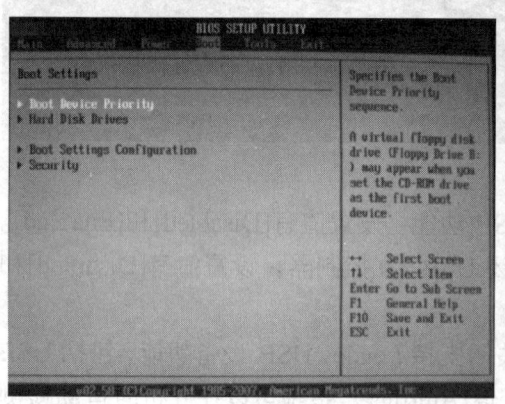
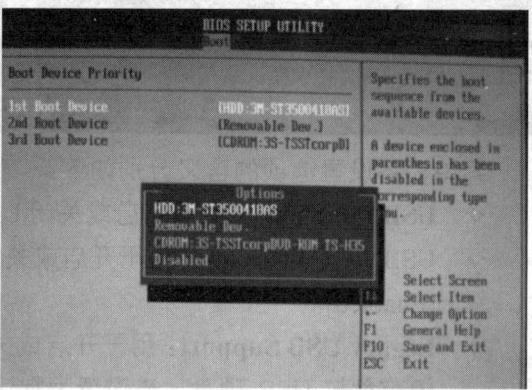

若要设置从 U 盘启动电脑，需先将 U 盘插入电脑的 USB 接口中，然后重启电脑进入 BIOS 程序。在 Boot 标签下选择 Hard Disk Drives 选项，如下图（左）所示。按【Enter】键确认，进入 Hard Disk Drives 界面，从中将 1st Drive 选项设置为 USB 设备，如下图（右）所示。

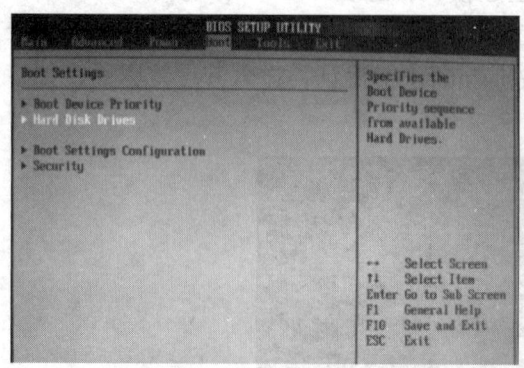
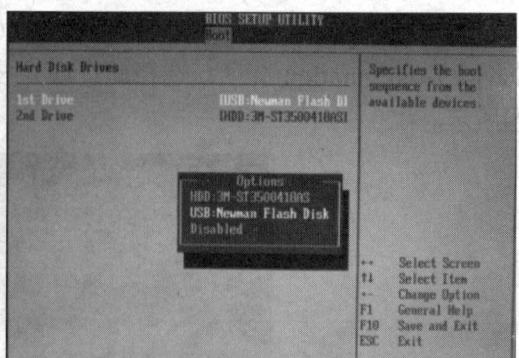

进入设置设备启动顺序界面，将 1st Boot Device 选项设置为 USB 设备即可，如下图所示。

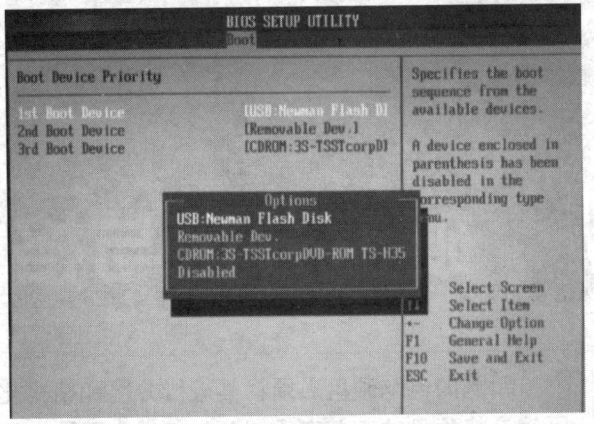

3.2.8 还原到默认设置

Exit 标签用于退出 BIOS 设置程序，或者还原到默认设置，如下图所示。

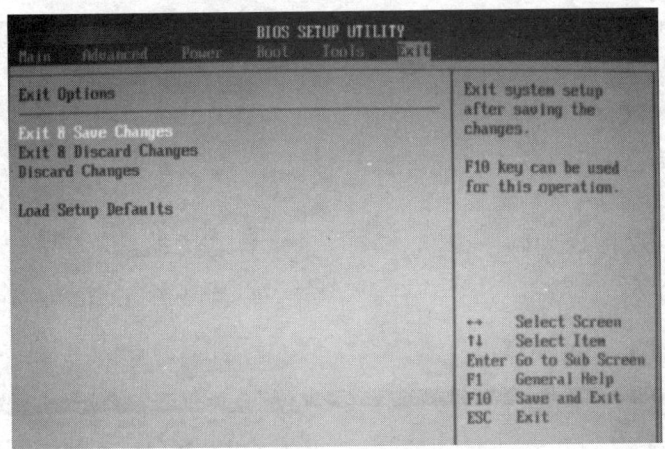

其中，各设置选项的含义分别如下：

- **Exit & Save Changes**：保存所有设置并退出 BIOS 程序，选择此选项后将弹出询问窗口，选择[OK]以确认。
- **Exit & Discard Changes**：放弃所有设置并退出 BIOS 程序。除了 System Date、System Time 与 Password，若在其他选项中作了更改，BIOS 将弹出确认对话框。
- **Discard Changes**：放弃所有更改，并恢复到原来保存的设置值。选择此项后，将弹出一个确认窗口，选择[OK]即可放弃所有设置，并恢复到原来的设置值。
- **Load Setup Defaults**：放弃所有设置，并将设置值更改为出厂默认值。选择此选项后将弹出询问窗口，选择[OK]以确认。也可在任何一个菜单下按【F5】键，恢复到默认设置。

Chapter 04 硬盘分区与格式化

新购的电脑硬盘必须将其进行分区和格式化后才可以使用。分区就是将硬盘的存储空间划分为若干个区域,即 C、D、E、F 等分区。用户也可以根据需要对硬盘现有的分区进行重新划分或调整,以更方便、更有效地存储数据。本章将详细介绍如何对硬盘进行分区与调整。

本章要点

- 硬盘分区
- 硬盘格式化
- 硬盘分区实战案例

知识等级

高级读者

建议学时

建议学习时间为 90 分钟

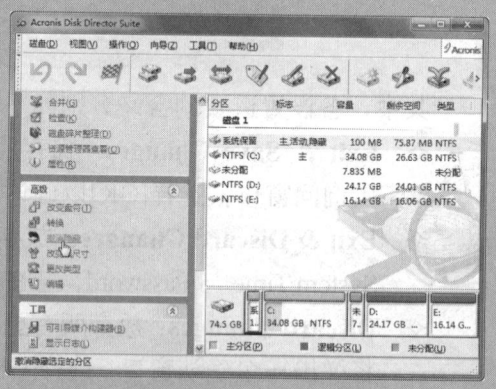

4.1 硬盘分区

> 硬盘分区是指把硬盘的物理存储空间划分为多个逻辑区域，各个区域之间相互独立。硬盘分区是安装系统前的必要操作，把硬盘根据不同的用途划分成几个分区，并且根据分区用途的不同格式化成不同的文件系统，可以使用户在使用过程中更方便、更安全。

4.1.1 了解硬盘分区表

硬盘分区表可以说是支持硬盘正常工作的骨架。操作系统正是通过它把硬盘划分为若干个分区，然后在每个分区里面创建文件系统，写入数据文件。

分区表一般位于硬盘某柱面的 0 磁头 1 扇区，而第 1 个分区表（即主分区表）总是位于硬盘的 0 柱面，1 磁头，1 扇区，剩余的分区表位置可以由主分区表依次推导出来。

硬盘的 0 柱面 0 磁头 1 扇区为主引导记录，它主要由三部分组成：主引导记录、硬盘分区表和结束标志。主引导记录占据 446 个字节，用于检查分区表是否正确，且在系统硬件完成自检后将控制权交给硬盘上的引导程序。它不依赖任何操作系统，且启动代码也是可以改变的，从而实现多系统引导。结束标志字为 AA55，存储时低位在前，高位在后，即看上去是 55AA（偏移 1FEH～偏移 1FFH），最后两个字节是检验主引导记录是否有效的标志。

硬盘分区表占据主引导扇区的 64 个字节（偏移 01BEH～偏移 01FDH），占据其所在扇区的 441~509 字节。要判定是不是分区表，就看其后紧邻的两个字节（即 510~511）是不是 55AA，若是则为分区表。

可以对四个分区的信息进行描述，其中每个分区的信息占据 16 个字节。例如，某一分区在硬盘分区表的信息如下：

80 01 01 00 0B FE BF FC 3F 00 00 00 7E 86 BB 00

从中可以看到，最前面的"80"是一个分区的激活标志，表示系统可引导[1]；"01 01 00"表示分区开始的磁头号为 1，开始的扇区号为 1，开始的柱面号为 0；"0B"表示分区的系统类型是 FAT32，其他比较常用的有 04（FAT16）、07（NTFS）；"FE BF FC"表示分区结束的磁头号为 254，分区结束的扇区号为 63，分区结束的柱面号为 764；"3F 00 00 00"表示首扇区的相对扇区号为 63；"7E 86 BB 00"表示总扇区数为 12289662。

硬盘分区表每个字节的定义见下表。

偏移	长度（字节）	意义
00H	1	分区状态：00 代表非活动分区；80 代表活动分区；其他数值没有意义
01H	1	分区起始磁头号（HEAD），用到全部 8 位
02H	2	分区起始扇区号（SECTOR），占据 02H 的位 0~5；该分区的起始磁柱号（CYLINDER），占据 02H 的位 6~7 和 03H 的全部 8 位

续表

偏移	长度（字节）	意义
04H	1	文件系统标志位
05H	1	分区结束磁头号（HEAD），用到全部 8 位
06H	2	分区结束扇区号（SECTOR），占据 06H 的位 0~5；该分区的结束磁柱号（CYLINDER），占据 06H 的位 6~7 和 07H 的全部 8 位
08H	4	分区起始相对扇区号
0CH	4	分区总的扇区数

4.1.2　认识硬盘分区的形式

硬盘有 4 种分区形式，分别是主分区、扩展分区、逻辑分区和活动分区。下面分别对它们进行介绍。

1．主分区

主分区是用于安装操作系统的分区，其中包含操作系统启动时所必需的文件和数据，系统启动时必须通过它才能启动。要在硬盘上安装操作系统，该硬盘上至少要有一个主分区，并且设置为活动分区来引导启动系统。由于分区表的限制，一个硬盘最多只能划分 4 个主分区。

2．扩展分区

由于最多只能创建 4 个主分区，用户在创建 4 个以上的分区时则需要使用扩展分区了。扩展分区是不能直接用于存储数据的，而只是用于划分逻辑分区。扩展分区下可以包含多个逻辑分区，可以为其逻辑分区进行高级格式化，并为其分配驱动器号。

例如，当想为硬盘创建 5 个分区时，如果都将其创建为主分区，系统只能认出 4 个，这不能满足我们的需求，此时就可以创建 3 个主分区，再创建一个扩展分区，然后在扩展分区下创建 2 个逻辑分区。

3．逻辑分区

逻辑分区是从扩展分区划分出来的，主要用于存储数据。在扩展分区中最多可以创建 23 个逻辑分区，各逻辑分区可以获得唯一的由 D 到 Z 的盘符。

4．活动分区

活动分区是用于加载系统启动信息的分区。主分区需要激活为活动分区后，才能正常地启动操作系统。如果硬盘中没有一个主分区被设置为活动分区，则该硬盘将无法正常启动。

4.1.3　硬盘分区的原则

随着科技的发展，硬盘的容量越来越大，市场上 1TB 或 2TB 的大容量硬盘已经很常见。大容量硬盘给用户提供更多的存储空间的同时，也使得在创建硬盘分区之前，好好地规划硬盘分区的方案成为必要。

在创建分区时，需要先创建一个主分区用于安装操作系统（C 盘），Windows 10 以下系统建议分区容量预留 60GB 以上，Windows 10 以上建议分区容量预留 80GB 以上。如果要安装多操作系统，则需要为每个系统单独创建一个分区。逻辑分区大小的设置则相对自由一些，在分区划分上建议至少保留一个大容量（100GB 以上）的分区用于储存大型文件。同时，可以在硬盘上专门分一个区作为备份盘，用于存储重要文档备份、系统资料备份和系统镜像文件等。

如果主机采用固态硬盘和机械硬盘双硬盘组合，则固态硬盘用于安装操作系统，机械硬盘用于存储数据，固态硬盘若非必要可以不进行分区。

4.2 硬盘格式化

> 硬盘格式化，就是为磁盘建立磁道和扇区，将磁盘划分成一个个小区域并编号，供电脑存储、读取数据。没有这个工作，电脑就不知在哪里写、从哪里读。

格式化操作可以分为低级格式化和高级格式化，一块新硬盘一般要经过低级格式化、分区、高级格式化操作后才能使用。这里用一个形象的比喻：假如硬盘是一间大的毛坯房，我们把它隔成三居室（分成 3 个区）；但我们还不能马上入住，之前还必须对每个房间进行清洁和装修，那么这里的格式化就是"清洁和装修"这一步了。

另外，硬盘使用前的高级格式化还能识别硬盘磁道和扇区有无损伤，如果格式化过程畅通无阻，硬盘一般无大碍。

4.2.1 低级格式化

低级格式化针对硬盘的磁道为单位来工作，这个格式化动作是在硬盘分区和高级格式化之前做的，通常一般的使用者并不会去做这个动作。低级格式化会将空白的磁盘划分出柱面和磁道，再将磁道划分为若干个扇区，每个扇区又划分出标识部分 ID、间隔区 GAP 和数据区 DATA 等。

低级格式化是高级格式化之前的一件工作，它只能在 DOS 环境来完成。而且低级格式化只能针对一块硬盘而不能支持单独的某一个分区。每块硬盘在出厂时已由硬盘生产商进行低级格式化，所以通常使用者无须再进行低级格式化操作。

4.2.2 高级格式化

高级格式化是硬盘分区后必须进行的一步重要操作，其功能就是清除硬盘上的数据、生成引导区信息、初始化 FAT 表、标注逻辑坏道等，一般我们重装系统时都是高级格式化。根据作用的不同，高级格式化又可分为完全格式化和快速格式化两种。

（1）完全格式化

执行这种格式化操作后，格式化程序会在当前分区的文件分配表中将分区的每个扇区标记为可用，并对硬盘进行扫描，以检测是否有坏扇区。由于需要对坏道进行检查，所以需要花费较长时间。

（2）快速格式化

与完全格式化相比，快速格式化并没有真正地抹去硬盘中的数据，只从文件分配表中做删除标记，不会对磁盘的坏道进行检查，其格式速度非常快。只有在硬盘以前曾被格式化过并且在能确保硬盘没有损坏的情况下，才可以使用快速格式化。

4.3 硬盘分区实战案例

用户可以使用多种方法对硬盘进行分区，对硬盘进行分区后，还可以根据需要对分区进行大小、格式等调整，如扩大或减小分区容量、切分与合并分区、转换分区类型、隐藏分区等。

4.3.1 使用 Disk Genius 进行硬盘分区

Disk Genius 是一款多功能的数据恢复与磁盘分区软件，它具有强大的分区格式化功能，还具有已删除文件恢复、分区复制、分区备份、硬盘复制、数据恢复等功能。Disk Genius 分为 DOS 版和 Windows 版，下面以 DOS 版的 Disk Genius 程序为例，详细介绍其强大的硬盘分区功能。

1. 快速硬盘分区

使用 Disk Genius 的快速分区功能可以对新硬盘进行一步到位的分区操作。快速分区功能也可以用于对已存在分区的硬盘进行完全地重新分区。下面将介绍如何对硬盘进行快速分区，具体操作方法如下：

01 选择运行菜单　使用 PE 系统盘启动电脑，在启动菜单中选择"运行 MaxDos 工具箱增强版菜单"选项，如下图所示。

02 选择运行工具箱　进入所选菜单的子菜单，选择"运行 MaxDos9.3 工具箱增强版 G"选项，如下图所示。

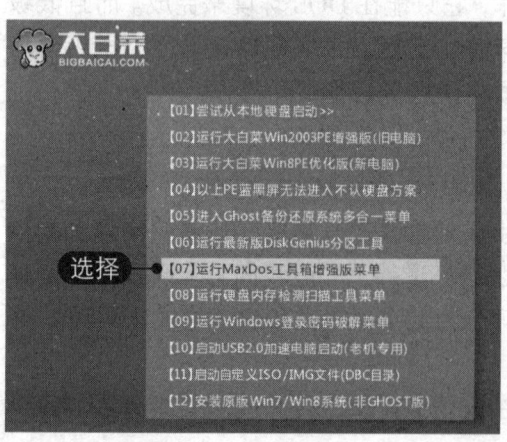
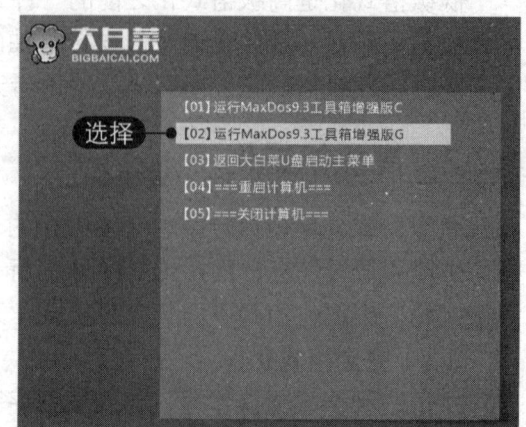

03 **选择硬盘分区工具** 进入DOS工具箱主菜单界面，使用鼠标选择"2.硬盘……分区工具"选项，如下图所示。

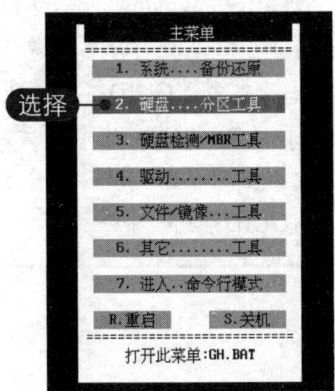

04 **选择分区工具** 进入分区工具界面，使用鼠标选择"1.Diskgen…分区工具"选项，如下图所示。

05 **单击"快速分区"命令** 启动DiskGenius DOS版程序，在菜单栏中单击"硬盘"|"快速分区"命令，如下图所示。

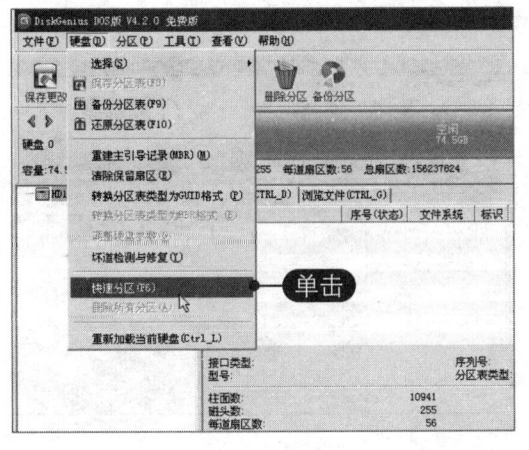

06 **设置快速分区** 弹出"快速分区"对话框，在左侧选择分区数目，在右侧"高级设置"选项区中设置分区大小，然后单击"确定"按钮，如下图所示。

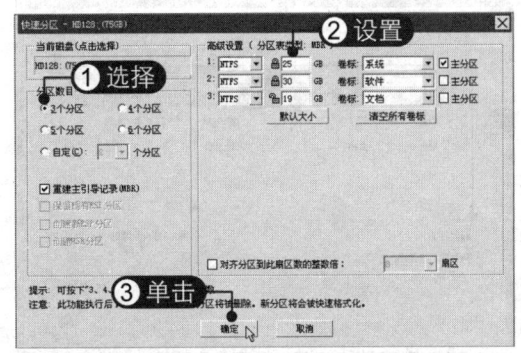

07 **开始快速分区和格式化** 此时，开始对磁盘进行快速分区和格式化操作，如下图所示。

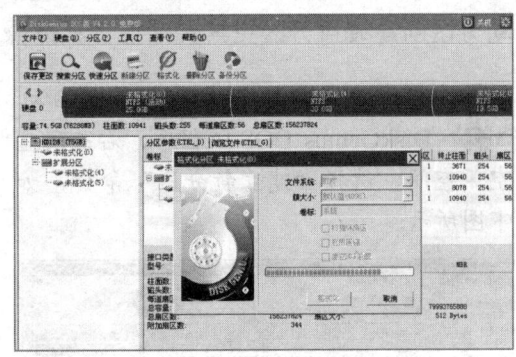

08 **查看分区效果** 分区完成后，即可查看分区效果。若要手动创建分区，可单击"硬盘"|"删除所有分区"命令将磁盘分区删除，然后进行手动分区，如下图所示。

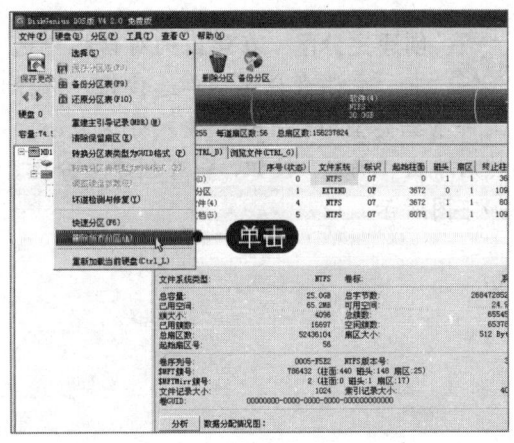

09 **选择系统分区** 分区完成后，在安装 Windows 操作系统时直接选择系统分区进行安装即可，如下图所示。

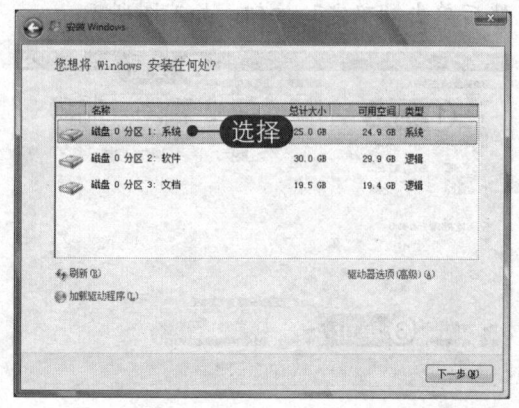

知识加油站

如果安装 Windows 8版本以上的操作系统，在进行分区时建议转换分区表类型为GUID格式，方法为：在DiskGenius中选中硬盘后，在菜单栏单击"硬盘"|"转换分区表类型为GUID格式"命令。

2．手动分区

手动分区就是使用创建分区命令逐步创建主分区、扩展分区及逻辑分区，使用手动分区创建硬盘分区更具灵活性，具体操作方法如下：

01 **选择"建立新分区"命令** 启动 DiskGenius DOS 版程序，右击磁盘空闲空间，选择"建立新分区"命令，如下图所示。

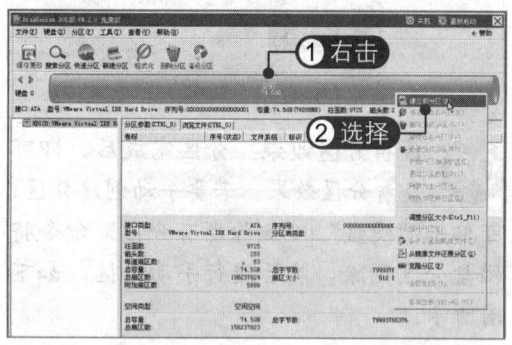

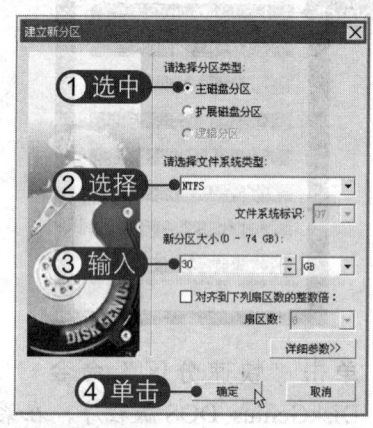

02 **创建主分区** 在弹出的对话框中选中"主磁盘分区"单选按钮，选择文件系统类型为 NTFS，输入分区大小，然后单击"确定"按钮，即可创建主分区，如下图所示。

03 **单击"新建分区"按钮** 选择"空闲"空间，在工具栏中单击"新建分区"按钮，如下图所示。

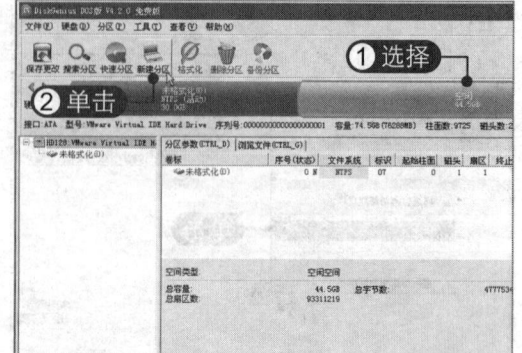

04 设置分区大小 在弹出的对话框中选中"扩展磁盘分区"单选按钮,输入分区大小,然后单击"确定"按钮,如下图所示。

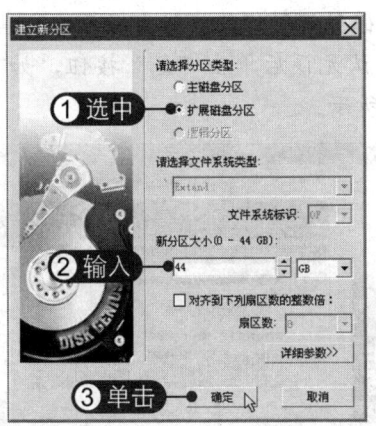

05 成功创建分区 此时即可在硬盘中创建扩展分区,如下图所示。扩展分区是不能直接用于存储数据的,它用于划分逻辑分区。

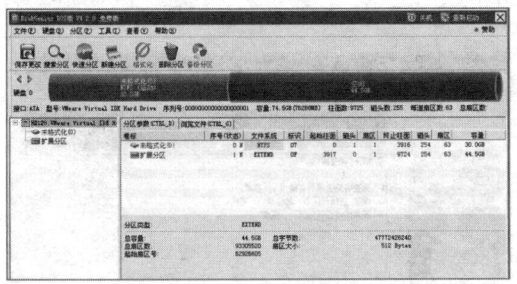

06 单击"新建分区"按钮 选择扩展分区中的"空闲"区域,在工具栏中单击"新建分区"按钮,如下图所示。

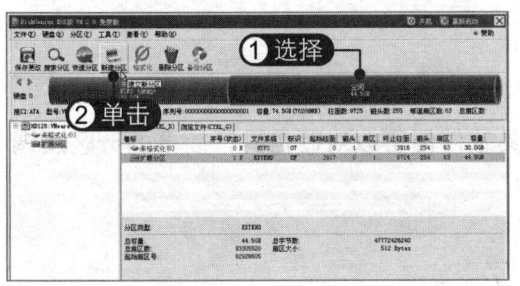

07 创建逻辑分区 弹出对话框,选中"逻辑分区"单选按钮,选择 NTFS 文件系统类型,输入分区大小,然后单击"确定"按钮,即可创建逻辑分区,如下图所示。

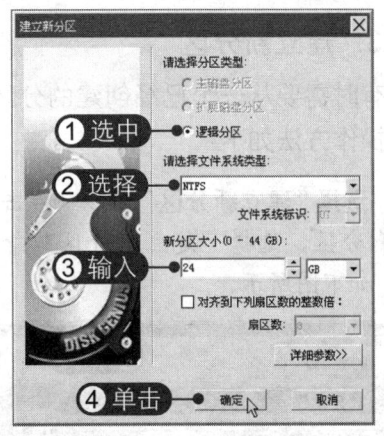

08 单击"保存更改"按钮 采用同样的方法继续创建逻辑分区,创建完成后在工具栏中单击"保存更改"按钮,弹出提示信息框,单击"是"按钮,如下图所示。

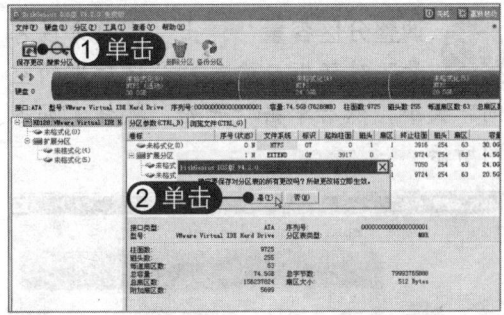

09 确认格式化操作 弹出提示信息框,单击"是"按钮,如下图所示。

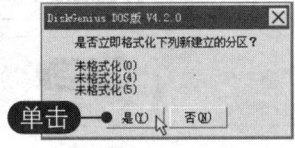

10 格式化分区 开始对分区进行格式化操作,等待格式化完成即可,如下图所示。

3. 建立新分区

有时需要从一个已经创建的分区上建立新分区，使用 Disk Genius 可以轻松实现，具体操作方法如下：

01 选择"建立新分区"命令　右击逻辑分区，选择"建立新分区"命令，如下图所示。

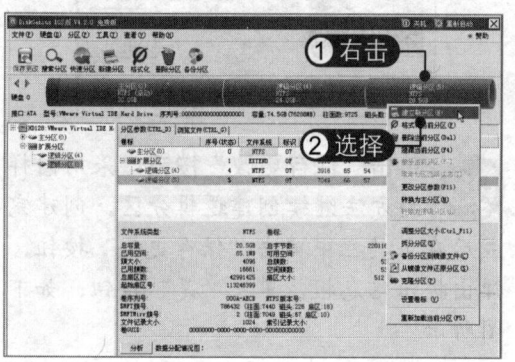

02 调整分区容量　弹出"调整分区容量"对话框，输入"分区后部的空间"大小，然后单击"开始"按钮，如下图所示。

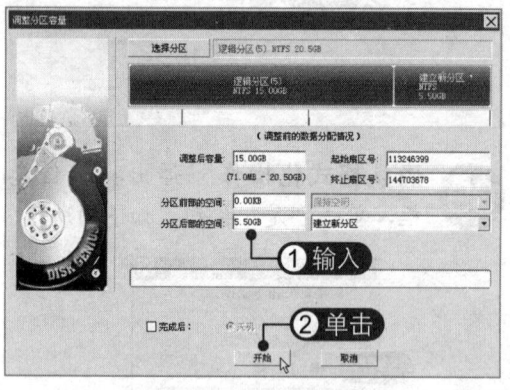

03 确认调整操作　弹出提示信息框，确认无误后单击"是"按钮，如下图所示。

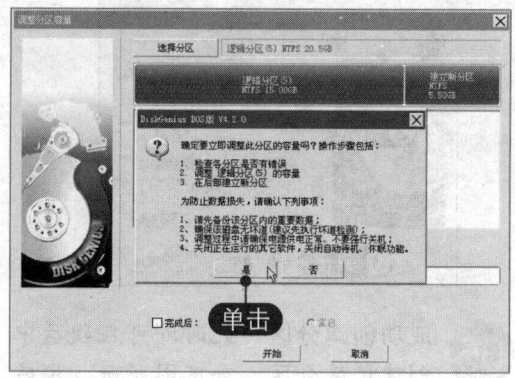

04 创建新分区　开始调整分区容量，并在分区后部创建新分区，结束后单击"完成"按钮即可，如下图所示。

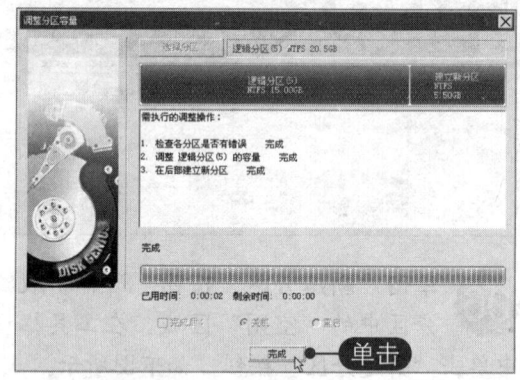

4.3.2　使用系统自带程序调整分区

在 Windows 系统中，无须借助第三方工具软件便可以对硬盘进行简单的分区及调整操作，下面将对其进行详细介绍。

1. 格式化分区

格式化分区用于对磁盘中的分区进行初始化，这将删除该分区内的所有文件。使用 Windows 系统命令便可对磁盘分区进行格式化操作，具体操作方法如下：

01 选择"格式化"命令　打开"计算机"窗口，右击要格式化的磁盘，选择"格式化"命令，如下图所示。

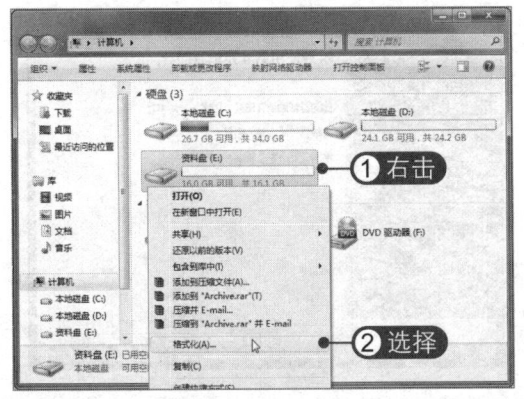

03 确认格式化操作　弹出警告信息框，提示"格式化将删除磁盘上的所有数据"，单击"确定"按钮，如下图所示。

04 完成分区格式化　等待格式化完毕后，单击"确定"按钮即可，如下图所示。

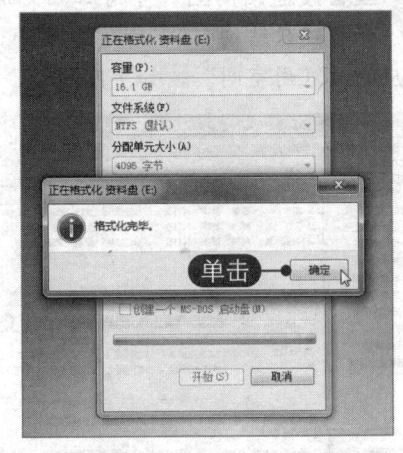

02 选中"快速格式化"复选框　弹出格式化磁盘对话框，保持默认"分配单元大小"不变，选中"快速格式化"复选框，单击"开始"按钮，如下图所示。

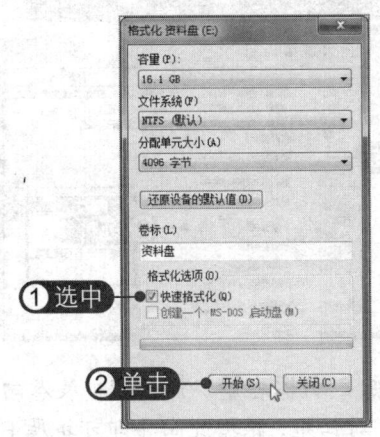

2. 使用"磁盘管理"功能调整分区

使用系统自带的"磁盘管理"功能可以对硬盘分区进行创建、扩展、缩小和删除等操作，下面以减小硬盘分区为例进行介绍，具体操作方法如下：

01 选择"管理"命令　右击"计算机"图标，选择"管理"命令，如下图所示。

在右窗格中右击 E 盘，选择"压缩卷"命令，如下图所示。

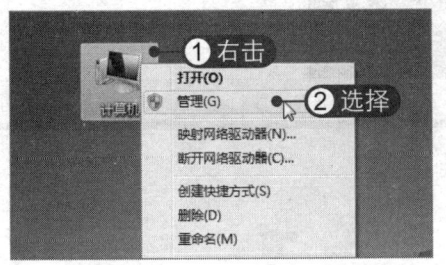

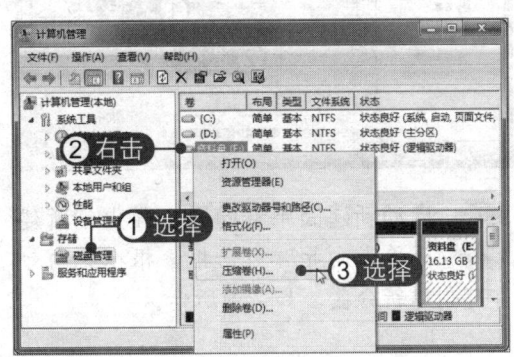

02 选择"压缩卷"命令　在弹出窗口的左窗格中选择"磁盘管理"选项，

03 **设置压缩磁盘** 弹出压缩磁盘对话框，输入要减小的容量，然后单击"压缩"按钮，如下图所示。

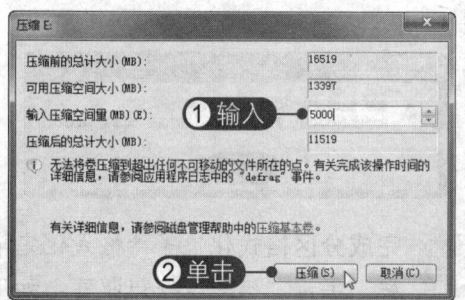

04 **查看硬盘结构图** 等待压缩完成后查看硬盘结构图，E盘容量变小，出现相应的"可用空间"，如下图所示。

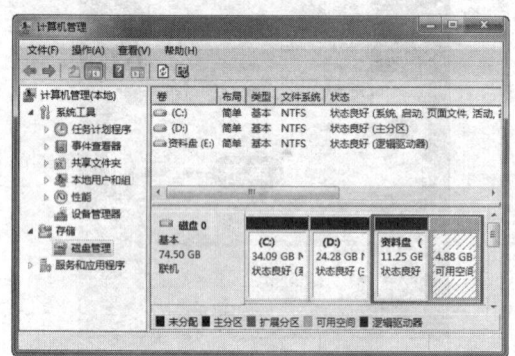

05 **选择"新建简单卷"命令** 右击"可用空间"分区，选择"新建简单卷"命令，如下图所示。

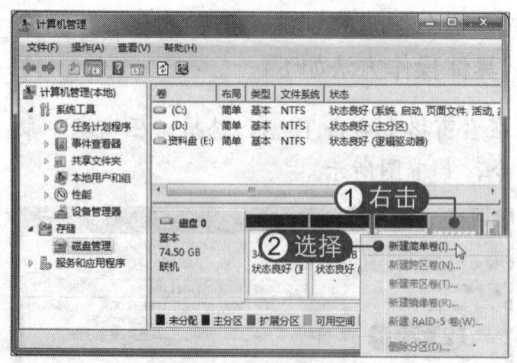

06 **启动新建简单卷向导** 弹出"新建简单卷向导"对话框，根据此向导即可创建新分区，如下图所示。

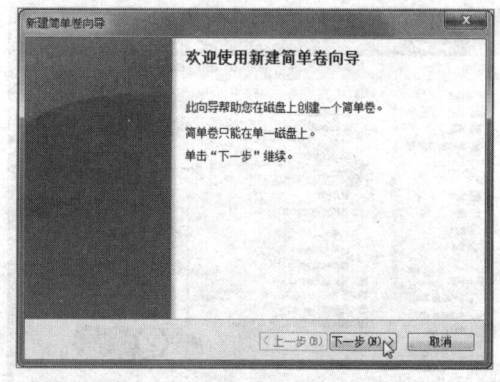

07 **选择"扩展卷"命令** 由于E分区右侧有了"可用空间"，右击E分区，"扩展卷"命令变得可用，选择该命令，如下图所示。

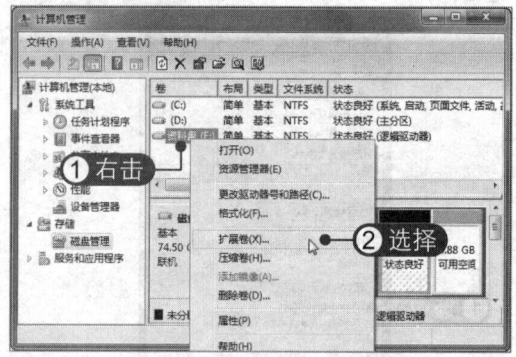

08 **扩展E分区容量** 弹出"扩展卷向导"对话框，根据此向导即可扩展E分区容量，如下图所示。

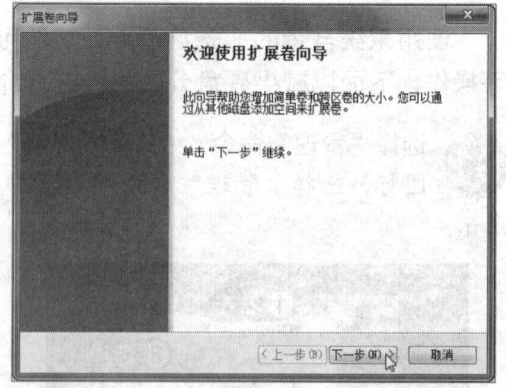

4.3.3 使用 ADD 在系统中调整分区

下面将介绍如何在 Windows 系统下调整硬盘分区。在此需要借助一款分区软件——Acronis Disk Director（简称 ADD），它是 Acronis 公司出品的一款功能强大的硬盘分区工具，通过它可以轻松分割磁盘分区并改变分区容量大小，关键是能够做到"无损操作"，不会遗失任何数据。

1. 调整分区容量

下面将介绍如何使用 Acronis Disk Director 程序调整硬盘分区大小，例如通过减小 E 分区大小来增大系统分区的大小，具体操作方法如下：

01 单击"重新调整"超链接　启动程序，切换到"手动模式"视图，查看当前硬盘分区的结构图。在右侧的磁盘分区中选择 E 分区，在左侧任务窗格中单击"重新调整"超链接，如下图所示。

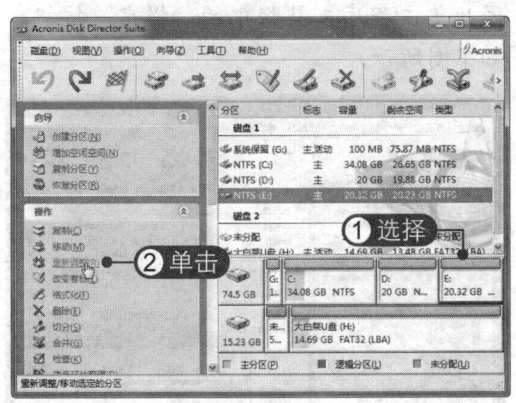

02 减小分区容量　弹出对话框，将鼠标指针置于分区图示的左侧边界，当其变成双向箭头时向右拖动，减小分区容量，单击"确定"按钮，如下图所示。也可在"未分配空间之前于"文本框中直接输入要减小的容量。

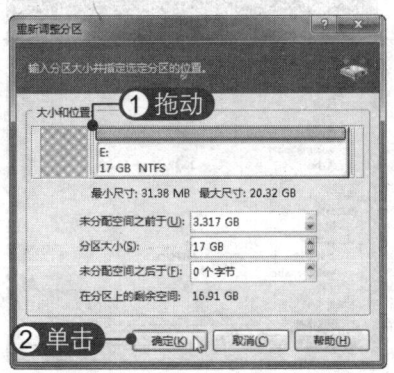

03 单击"重新调整"超链接　返回程序主界面，在分区结构图中可以看到 E 分区左侧出现了"未分配"空间。选择 D 分区，在左窗格中单击"重新调整"超链接，如下图所示。

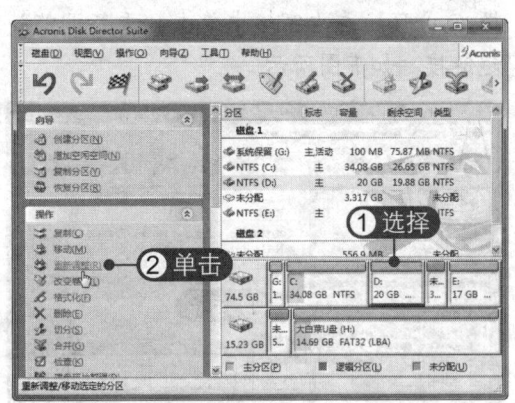

04 重新调整分区　弹出"重新调整分区"对话框，将鼠标指针置于分区图示上，当其变为 ✥ 形状时单击并向右拖动，如下图所示。

05 确认分区设置　将 D 分区拖至最右侧，单击"确定"按钮，如下图所

示。通过拖动分区图示可以轻松地调整其位置，通过拖动分区图示的左、右边界可以调整其大小。

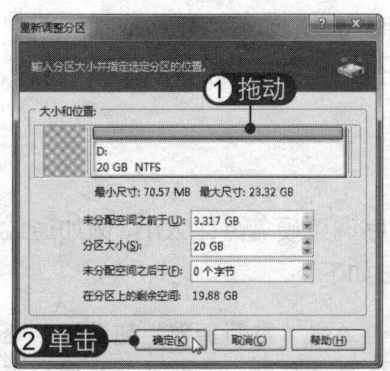

06 单击"重新调整"超链接　此时，在分区结构图中可以看到"未分配"空间位置移到了系统分区C盘的右侧，选择C分区，在左窗格中单击"重新调整"超链接，如下图所示。

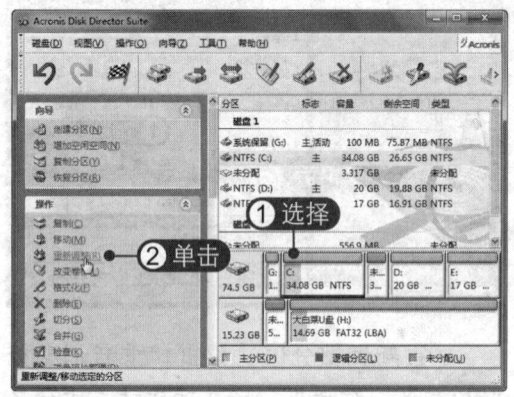

07 调整C分区大小　弹出"重新调整分区"对话框，将鼠标指针置于分区图示右侧的边界上，当其变为双向箭头时向右拖动鼠标，调整C分区大小，如下图所示。

08 确认分区设置　分区大小调整完毕后单击"确定"按钮，如下图所示。

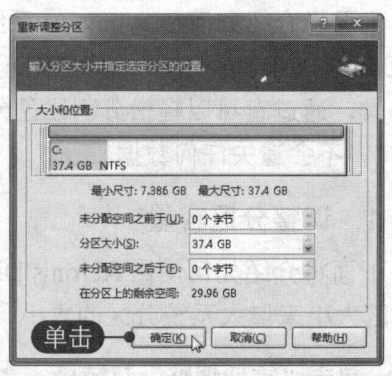

09 单击"提交"按钮　查看此时的硬盘分区结构图，可以看到C分区的容量已经扩大。需要注意的是，此时的分区表只是在内存中暂存，并未保存到硬盘，因此单击程序工具栏中的"提交"按钮，如下图所示。

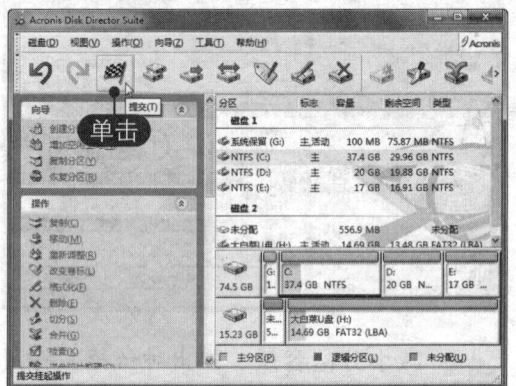

10 查看操作信息　在弹出的操作提示信息框中查看将要完成的操作，单击"继续"按钮，如下图所示。

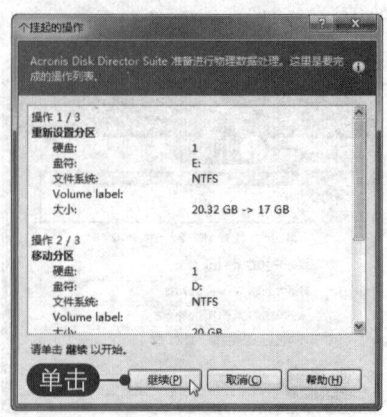

11 单击"重新启动"按钮　开始进行调整分区操作，完成后弹出警告信息框，单击"重新启动"按钮，如下图所示。一般情况下，系统分区的调整操作无法直接在 Windows 系统中完成，需要重启电脑后在 DOS 下完成。

12 自动调整分区　在重启电脑过程中自动进入 DOS 界面，等待程序完成调整分区的操作，需要耐心等待几分钟，完成后将自动进入 Windows 7 系统，如下图所示。在程序调整分区过程中不能关闭或重启电脑，否则将导致分区无法打开。

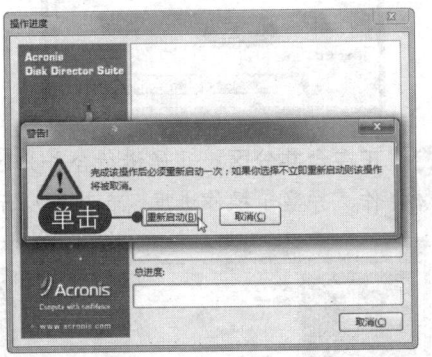

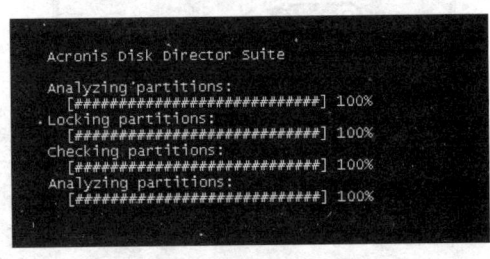

 知识加油站

若硬盘中存在重要文件，在分区前应先将其备份到其他位置，以免文件丢失。

2. 合并相邻分区

使用 Acronis Disk Director 程序可以将相邻的两个分区合并为一个分区，而不会损坏分区中原有的数据。例如，将 E 分区合并到 D 分区中，具体操作方法如下：

01 新建并重命名文件夹　在 D 盘上新建一个文件夹并将其重命名为 e，如下图所示。

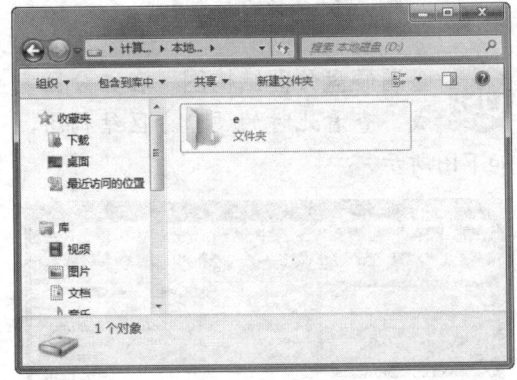

02 单击"合并"超链接　启动 Acronis Disk Director 程序，选择 E 分区，在左窗格中单击"合并"超链接，如下图所示。

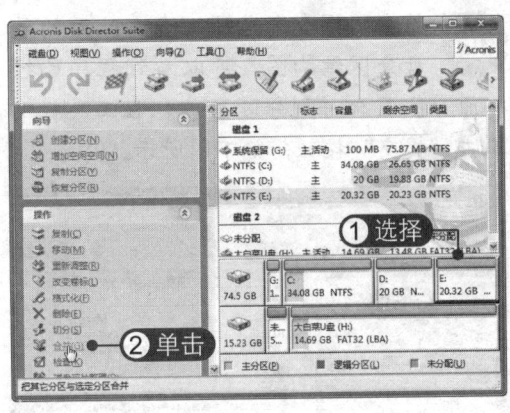

03 选择合并分区　弹出"合并分区"对话框，选择要合并到的分区，在此选择 D 分区，然后单击"下一步"按钮，如下图所示。

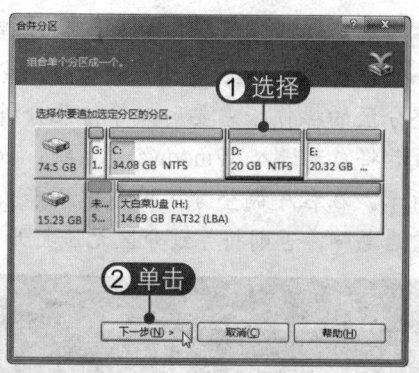

04 **选择文件夹** 选择分区D，在其目录层次图中选择第1步中新建文件夹e，单击"确定"按钮，如下图所示。也可在此对话框中单击"新建"按钮，新建一个用来包含被合并分区的文件夹。

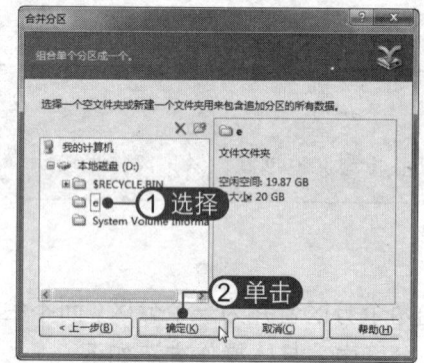

05 **单击"提交"按钮** 查看此时的硬盘分区结构图，可以看到程序已经将原分区E合并到分区D中，在工具栏中单击"提交"按钮，如下图所示。

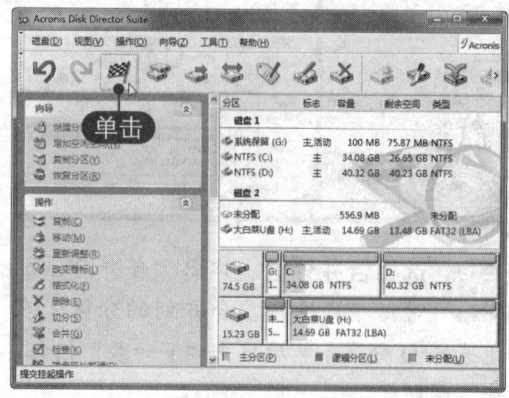

06 **查看操作信息** 在弹出的对话框中查看要完成的操作，单击"继续"按钮，如下图所示。

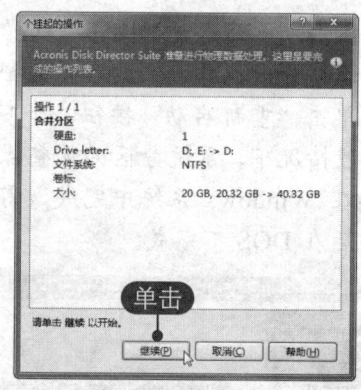

07 **正在合并分区** 开始进行合并分区操作，并显示操作进度，如下图所示。

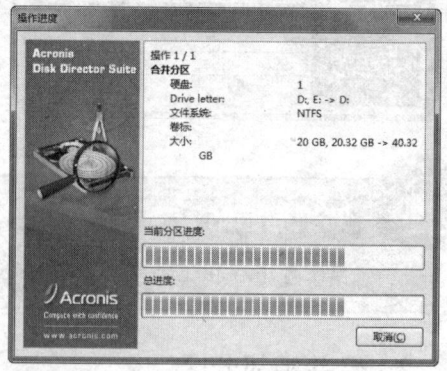

08 **完成合并分区** 合并分区完成后会弹出提示信息框，单击"确定"按钮，如下图所示。

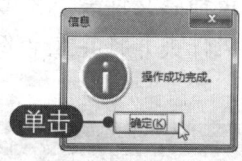

09 **查看硬盘分区结构图** 合并分区完成，查看此时的硬盘分区结构图，如下图所示。

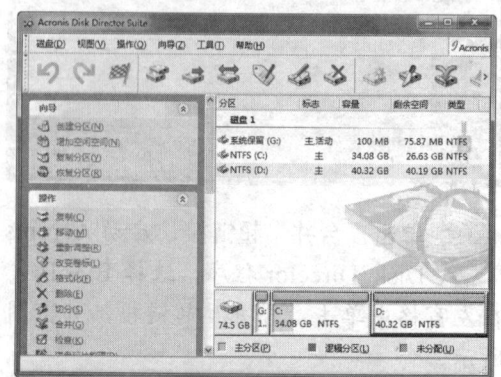

3. 切分分区

使用 Acronis Disk Director 程序可以将一个分区切分为两个或多个，可以通过两种方法切分分区，一是在现有分区上新建分区，二是使用"切分"命令。例如，下面将 D 分区切分为两个分区，在操作前请备份好重要数据，最好重启一次电脑。

（1）通过"创建分区"切分

使用 Acronis Disk Director 程序可以将现有分区的空闲空间创建为新的分区，从而达到切分分区的目的，具体操作方法如下：

01 单击"创建分区"超链接 启动 Acronis Disk Director 程序，在左窗格中单击"创建分区"超链接，如下图所示。

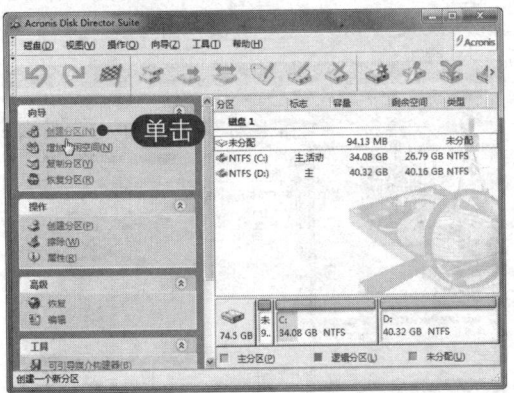

02 选择创建分区方法 弹出"创建分区向导"对话框，选中"既有分区空闲空间"单选按钮，单击"下一步"按钮，如下图所示。

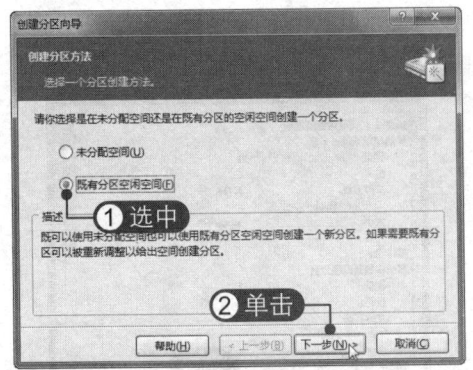

03 选择分区 选中要取走空闲空间的分区，然后单击"下一步"按钮，如下图所示。

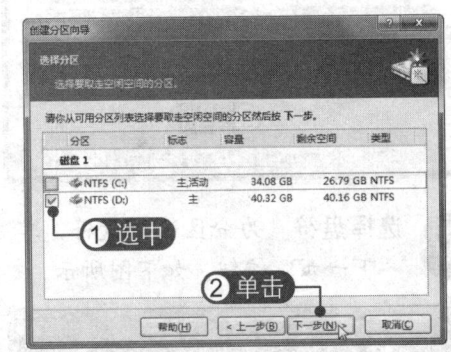

04 指定分区大小 通过拖动滑块或输入分区大小指定要创建分区的大小，然后单击"下一步"按钮，如下图所示。

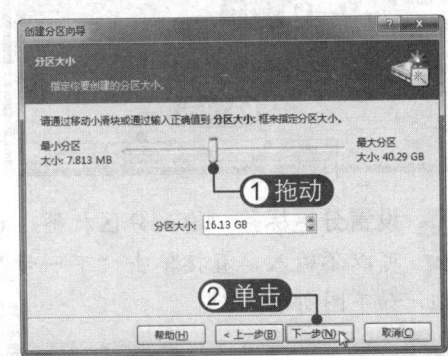

05 选择分区类型 选择分区类型，在此选中"逻辑分区"单选按钮，然后单击"下一步"按钮，如下图所示。

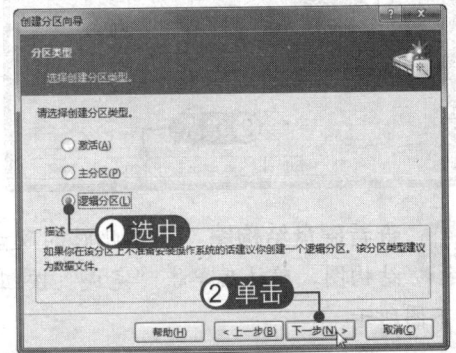

06 选择文件系统　选择分区文件系统格式，在此选择 NTFS 选项，然后单击"下一步"按钮，如下图所示。

07 选择盘符　为分区选择盘符，单击"下一步"按钮，如下图所示。

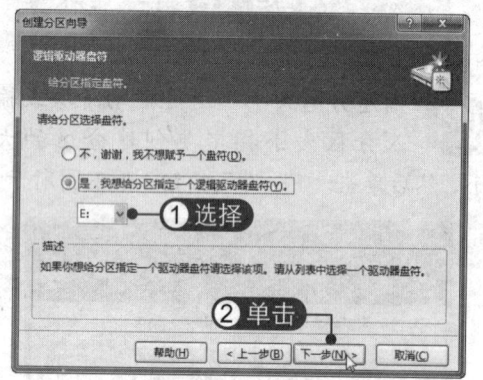

08 设置分区标签　输入分区标签，也可以不输入，直接单击"下一步"按钮，如下图所示。

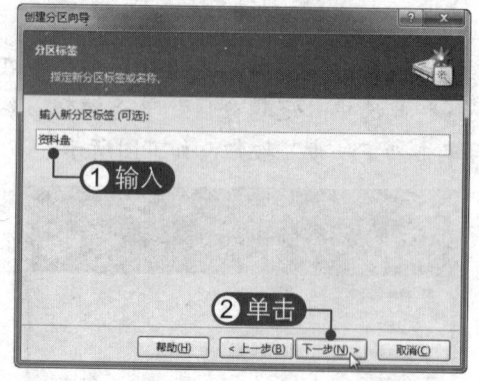

09 查看硬盘结构图　查看此时的硬盘结构图，确认后单击"完成"按钮，如下图所示。

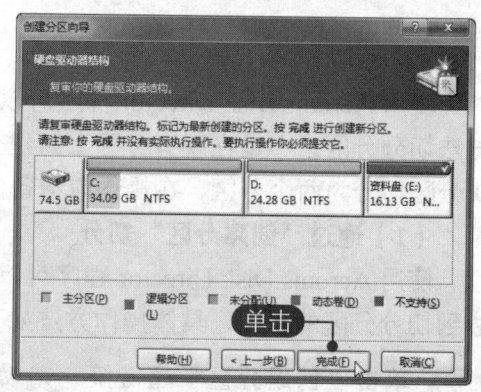

10 单击"提交"按钮　返回 Acronis Disk Director 程序主界面，在工具栏中单击"提交"按钮，如下图所示。

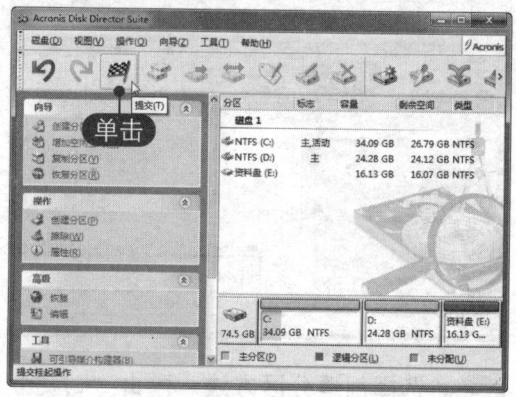

11 查看操作列表　在弹出的提示信息框中查看要进行的操作，单击"继续"按钮，如下图所示。

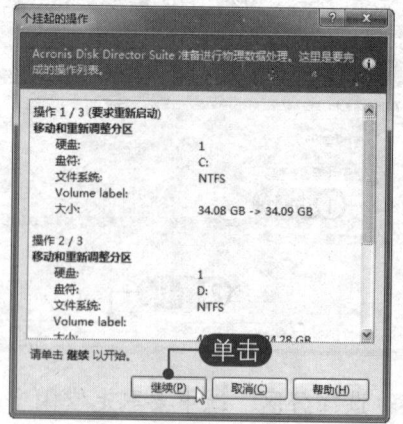

12 单击"重新启动"按钮　弹出警告信息框，单击"重新启动"按钮重启电脑，如下图所示。

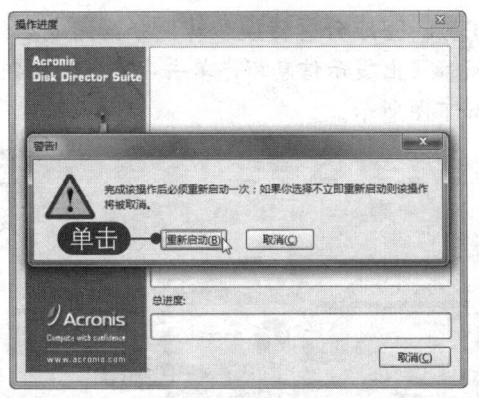

13 **执行新建分区操作** 在重启电脑过程中开始执行新建分区的操作,等待操作完成即可,如下图所示。

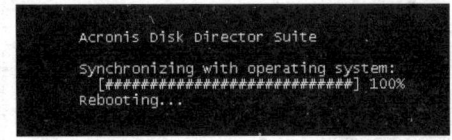

4. 转换分区

使用 Acronis Disk Director 程序可以将主分区和逻辑分区相互转换。下面以将主分区转换为逻辑分区为例进行介绍,具体操作方法如下:

01 **单击"转换"超链接** 在转换分区前先重启电脑,然后启动 Acronis Disk Director 程序。在左窗格中可以看到 D 分区为主分区,要将其转换为逻辑分区,可选中 D 分区后在左窗格中单击"转换"超链接,如下图所示。

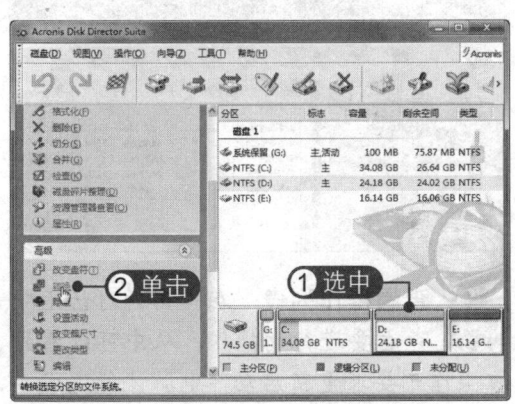

02 **设置转换分区** 弹出"转换分区"对话框,选择"逻辑分区"选项,然后单击"确定"按钮,如下图所示。

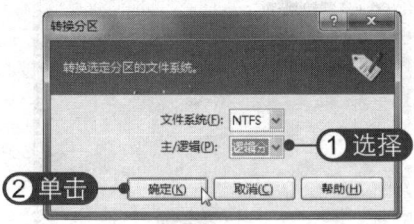

03 **单击"提交"按钮** 在分区图示中可以看到 D 分区的图示颜色变为蓝色,单击"提交"按钮,如下图所示。

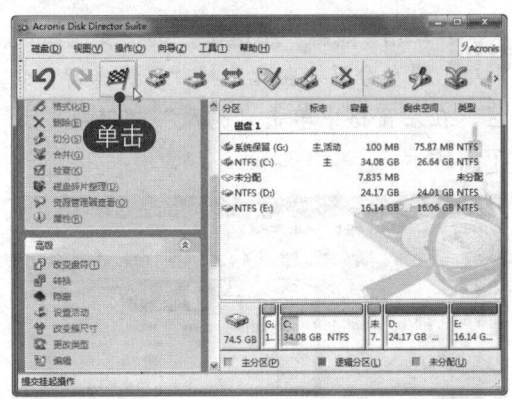

04 **查看操作列表** 在弹出的对话框中查看要进行的操作,单击"继续"按钮,如下图所示。

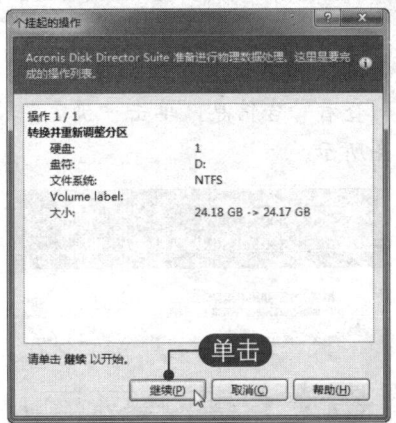

05 开始转换分区 开始进行转换分区类型并显示进度,如下图所示。

06 完成分区转换 转换分区完成后弹出提示信息框,单击"确定"按钮,如下图所示。

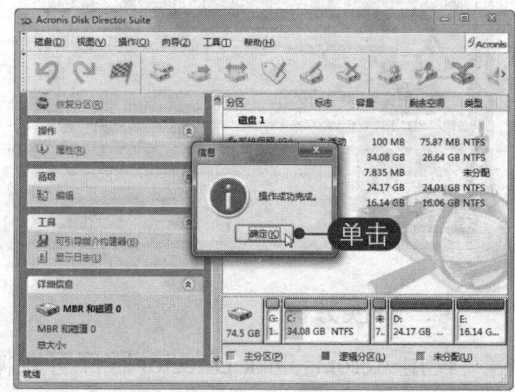

5. 隐藏分区

使用 Acronis Disk Director 程序可以将指定的磁盘分区隐藏起来,使其不在资源管理器中显示。隐藏分区的具体操作方法如下:

01 单击"隐藏"超链接 选择要隐藏的磁盘分区,在此选择"系统保留"分区,在左窗格中单击"隐藏"超链接,如下图所示。

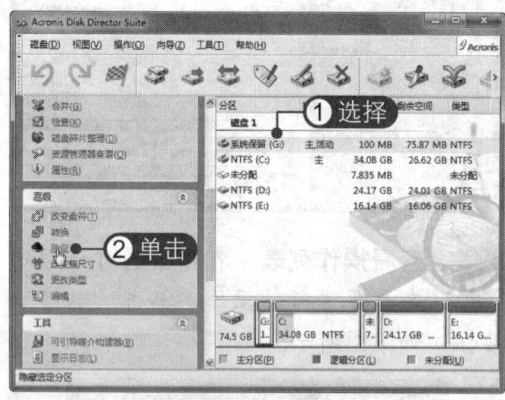

02 确认隐藏分区 弹出提示信息框,查看警告信息,单击"确定"按钮,如下图所示。

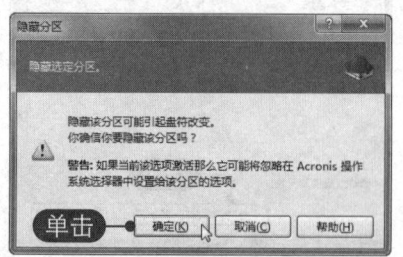

03 单击"提交"按钮 在程序工具栏中单击"提交"按钮,如下图所示。

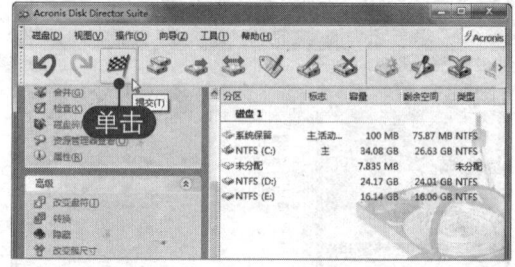

04 查看操作列表 在弹出的对话框中查看要进行的操作,从中可以看到该操作"要求重新启动"电脑才能完成,单击"继续"按钮,如下图所示。

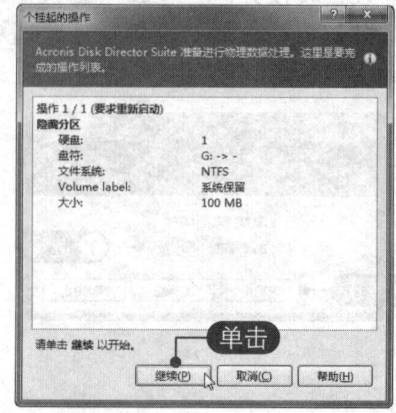

05 单击"重新启动"按钮 弹出警告信息框,单击"重新启动"按钮,如下图所示。

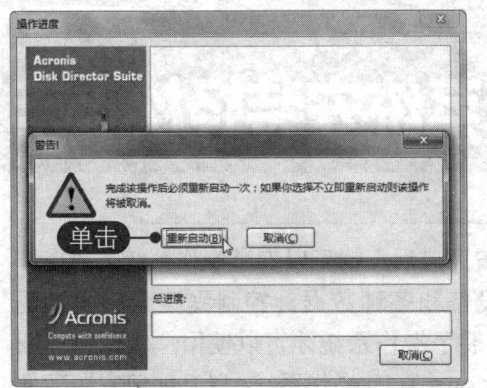

分区。启动 Acronis Disk Director 程序,可以看到系统保留分区已被隐藏,要重新显示该分区,可在左窗格中单击"撤销隐藏"超链接,如下图所示。

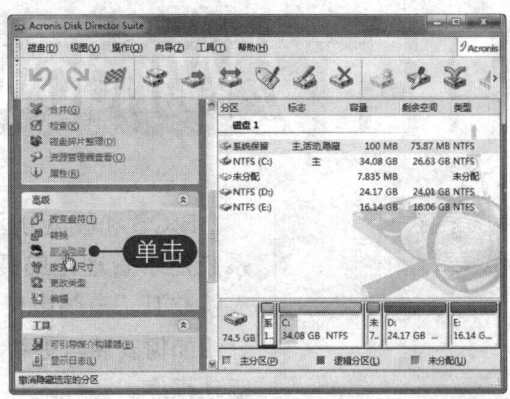

06 查看设置效果 重启电脑后,在"计算机"窗口中将看不到"系统保留"

Chapter 05 Windows 系统安装轻松上手

BIOS 和硬盘分区设置完成后,就可以安装操作系统了。操作系统用于管理电脑硬件设备和各种数据、控制程序运行和实现人机交互。电脑中只有安装了操作系统才可以使用,本章将详细介绍如何安装与更新 Windows 7/10 操作系统,以及如何安装硬件驱动程序。

本章要点

- Windows 系统的最低硬件配置
- 轻松安装 Windows 7/10 操作系统
- 安装多操作系统
- 更新操作系统
- 安装硬件驱动程序

知识等级

中级读者

建议学时

建议学习时间为 150 分钟

5.1 Windows 系统的最低硬件配置

为了使操作系统能够流畅地运行，需要电脑硬件的支持，不同版本的系统对于电脑硬件有着不用的配置要求，下面将进行详细介绍。

5.1.1 Windows 7 操作系统的最低硬件配置

在安装 Windows 7 操作系统前，需要了解 Windows 7 系统所需的电脑硬件配置要求，以免电脑某些硬件因未能达到要求而无法完成安装，或者安装后系统运行缓慢。Windows 7 操作系统对电脑硬件的配置要求见下表。

安装 Windows 7 最低配置	CPU：1000MHz 及以上 CPU 内存：1GB 及以上，安装识别的最低内存是 512MB，如果小于 512MB 会提示内存不足 硬盘：16GB 以上可用空间 显卡：集成显卡 64MB 以上 其他设备：DVD R/RW 驱动器
安装 Windows 7 推荐配置	CPU：2.0GHz 及以上 内存：2G DDR2 以上 硬盘：40GB 以上可用空间 显卡：显卡支持 DirectX 9/WDDM1.1 或更高版本 其他设备：DVD R/RW 驱动器

5.1.2 Windows 10 操作系统的最低硬件配置

Windows 10 对系统配置要求不是特别高，因为 Windows 10 是针对大多数平台进行设计的操作系统，对高中低档配置都有兼顾。下表列出的是 Windows 10 对系统的最低配置要求。

安装 Windows 10 最低配置	处理器：1GHz 或更高 内存：1GB（32 位）或 2GB（64 位） 可用硬盘空间：16GB（32 位）或 20GB（64 位） 显卡：带有 WDDM 驱动程序的 Microsoft DirectX 9 图形设备

32 位系统和 64 位系统一般是指 CPU 的通用寄存器位宽，所以 64 位的 CPU 位宽增加一倍。64 位操作系统的设计初衷是满足机械设计和分析、三维动画、视频编辑和创作，以及科学计算和高性能计算应用程序等领域中需要大量内存和浮点性能的客户需求。简言之，它们是高科技人员使用本行业特殊软件的运行平台，而 32 位操作系统是为普通用户设计的。

简单地说，x86 代表 32 位操作系统，x64 代表 64 位操作系统。如果 CPU 是双核以上，则支持 64 位操作系统。如果电脑内存大于 4GB，则推荐使用 64 位的系统。因为 32 位的 Windows 操作系统最大都只支持 3.25GB 的内存，而 64 位的系统最大支持 128GB 的内存。32 位系统和 64 位系统需要安装支持相应系统模式下的驱动软件，也就是 32 位只能安装 32 位软件，64 位安装 64 位的软件。64 位系统虽可兼容 32 位运算，但其性能将大打折扣。也就是说，32 位的应用软件在 32 位操作系统的应用下性能更强。

5.2 轻松安装 Windows 7/10 操作系统

安装操作系统的方法很简单且有多种方法，常规的安装方法是使用操作系统的安装光盘进行安装，由于目前的电脑主机很少配置光驱，此时可以借助第三方工具软件安装操作系统。下面将详细介绍如何使用 U 盘、硬盘来全新安装 Windows 7 和 Windows 10 操作系统，使读者全面了解其安装过程。

5.2.1 制作 U 盘系统安装盘

下面将介绍如何使用光盘映像制作工具 UltraISO（软碟通）制作 U 盘系统安装盘，在制作前需将原版操作系统映像文件保存到磁盘中，具体操作方法如下：

01 单击"打开"按钮　启动 UltraISO 程序，在工具栏中单击"打开"按钮，如下图所示。

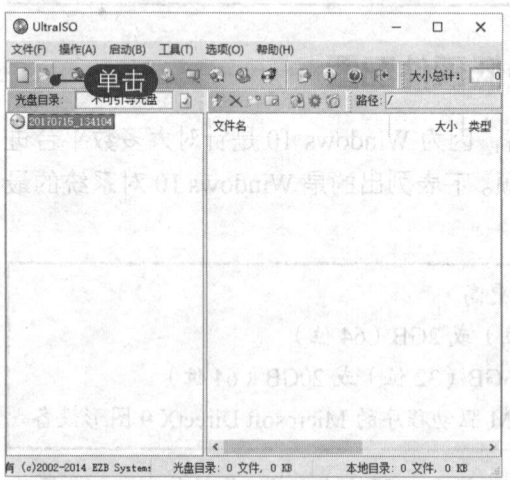

02 选择系统文件　弹出"打开 ISO 文件"对话框，选择 Windows 10 操作系统光盘映像文件，单击"打开"按钮，如下图所示。

03 单击"写入硬盘映像"命令　返回 UltraISO 程序，单击"启动"菜单项，选择"写入硬盘映像"命令，如下图所示。

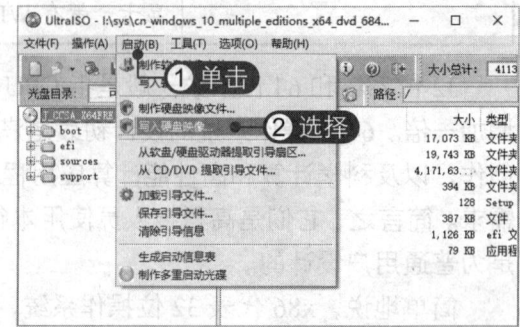

04 **单击"写入"按钮** 弹出"写入硬盘映像"对话框,在"硬盘驱动器"下拉列表框中选择U盘盘符,然后单击"写入"按钮,如下图所示。

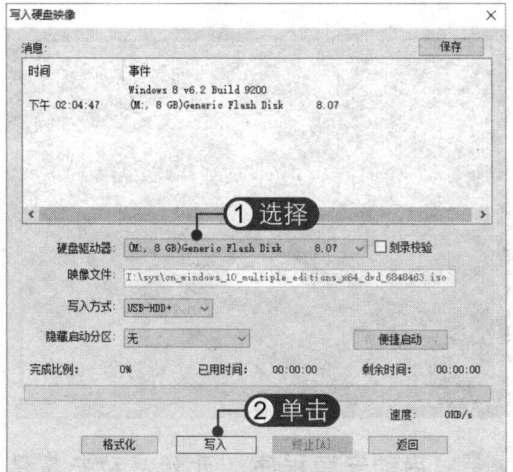

05 **格式化U盘** 弹出提示信息框,单击"是"按钮确认格式化U盘,如下图所示。

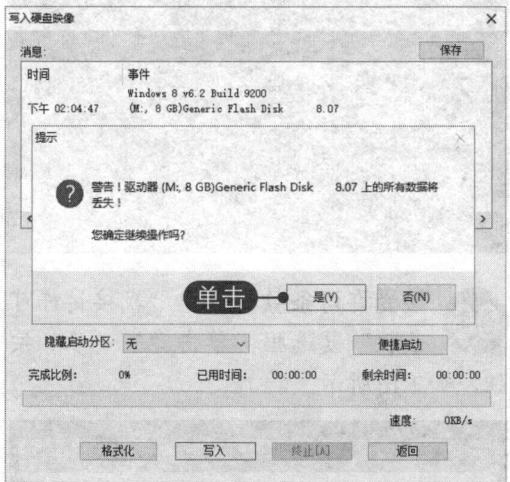

06 **写入系统映像** 格式化U盘完毕后,开始向U盘写入Windows 10系统映像,如下图所示。

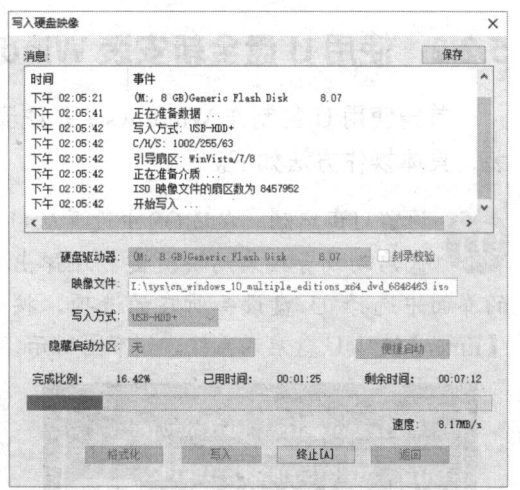

07 **写入完成** 写入完成,提示"刻录成功!",关闭对话框,如下图所示。

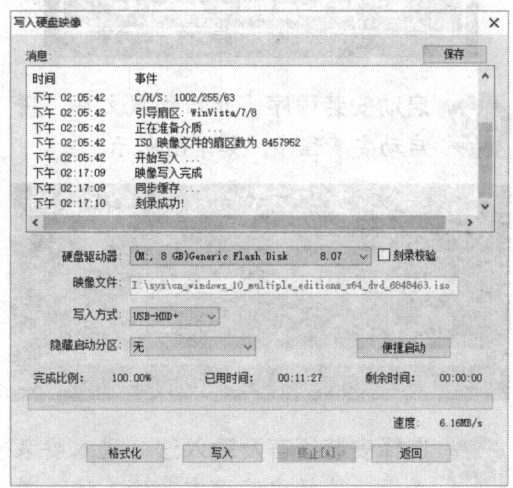

08 **查看映像文件** 打开"计算机"窗口,可以看到U盘中已写入系统映像文件,如下图所示。

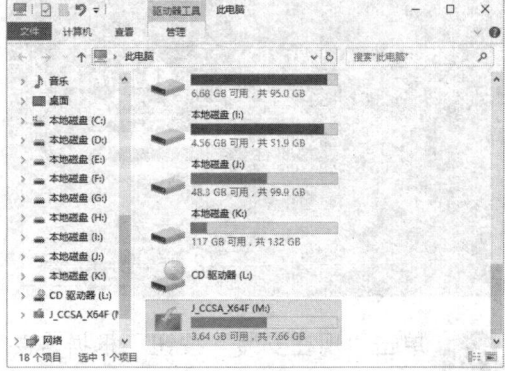

5.2.2 使用U盘全新安装Windows 7操作系统

首先使用U盘制作Windows 7系统安装盘，然后重启电脑进行Windows 7系统安装，具体操作方法如下。

01 设置U盘启动 在BIOS中设置从U盘启动或者按启动快捷键，在弹出的界面中选择U盘设备所在的选项，按【Enter】键从U盘启动系统，如下图所示。

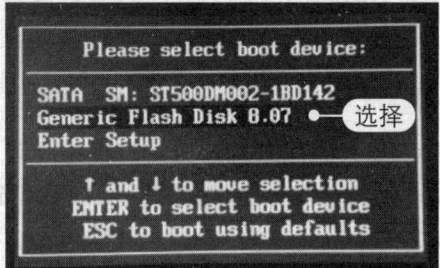

02 启动安装程序 开始加载文件，并启动安装程序，如下图所示。

03 选择安装语言及输入法 进入安装界面，选择安装语言及输入法，单击"下一步"按钮，如下图所示。

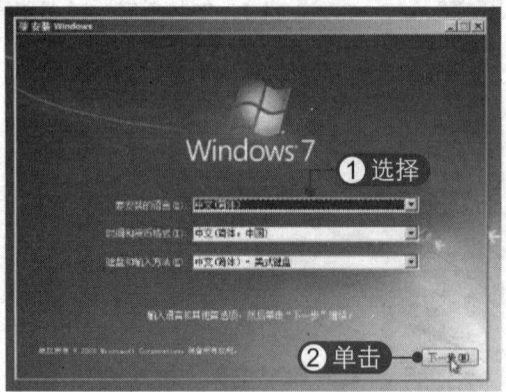

04 单击"现在安装"按钮 根据需要查看安装须知或修复系统，在此单击"现在安装"按钮，如下图所示。

05 启动安装程序 开始启动安装程序，此时需稍等片刻，如下图所示。

06 接受许可条款 选中"我接受许可条款"复选框，单击"下一步"按钮，如下图所示。

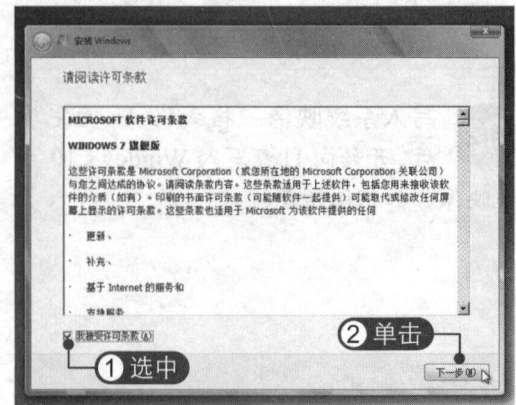

07 **选择自定义安装** 选择安装类型，在此选择"自定义（高级）"安装类型，如下图所示。

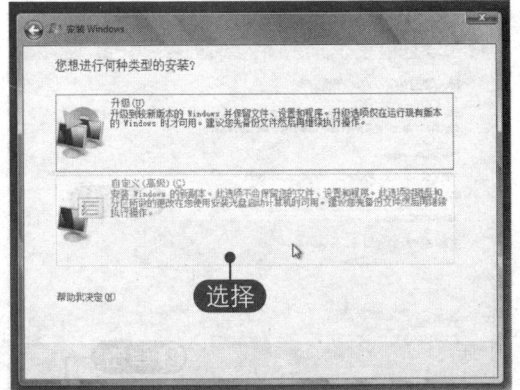

08 **选择分区** 选择要安装 Windows 7 系统的分区，单击"下一步"按钮，如下图所示。

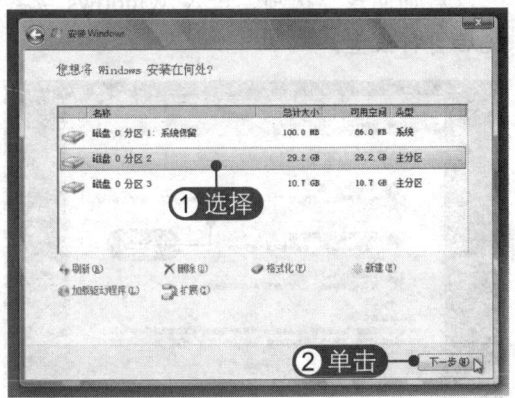

09 **安装系统** 开始安装系统，要经过复制 Windows 文件、展开 Windows 文件、安装功能、安装更新等过程，需要等待一段时间，如下图所示。

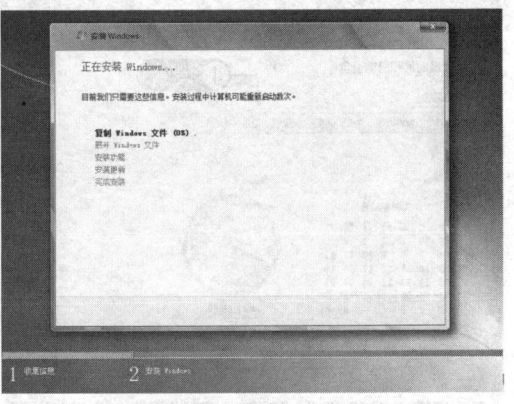

10 **单击"立即重新启动"按钮** 待安装完成后自动重启电脑，也可单击右下方的"立即重新启动"按钮，如下图所示。

11 **进入启动界面** 重启电脑后继续安装，进入 Windows 7 系统启动界面，如下图所示。

12 **正在安装** 继续安装 Windows 7 操作系统，等待完成安装，如下图所示。

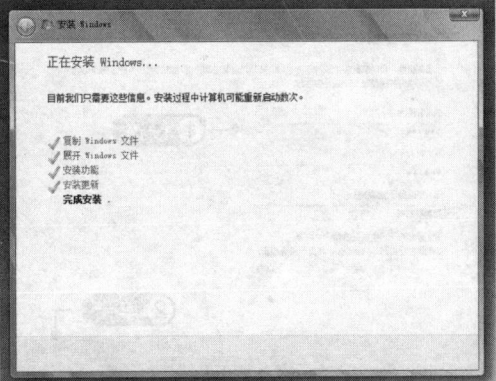

13 进入准备界面 安装程序再次自动重启电脑,并进入准备界面,如下图所示。

14 设置名称 设置用户名和计算机名称,单击"下一步"按钮,如下图所示。

15 设置密码 设置账户密码,单击"下一步"按钮,如下图所示。

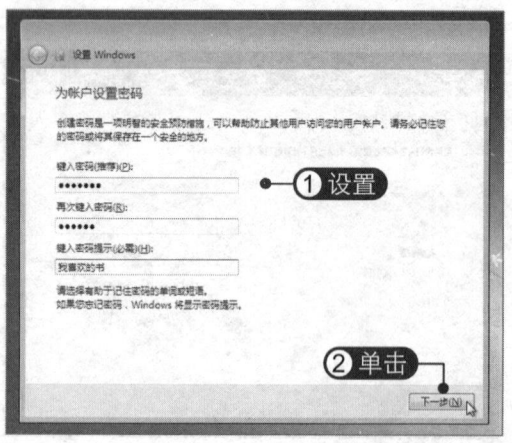

16 输入密钥 输入产品密钥(也可暂时不输入密钥,并取消选择复选框),单击"下一步"按钮,如下图所示。

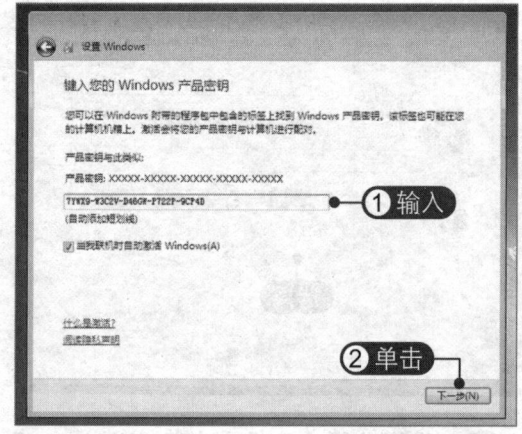

17 使用推荐设置 选择"使用推荐设置"选项,如下图所示。也可选择"以后询问我"选项,进入 Windows 7 系统后自行设置。

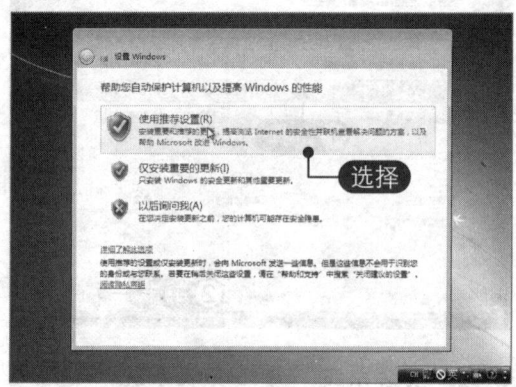

18 设置时间和日期 设置时间和日期,单击"下一步"按钮,如下图所示。

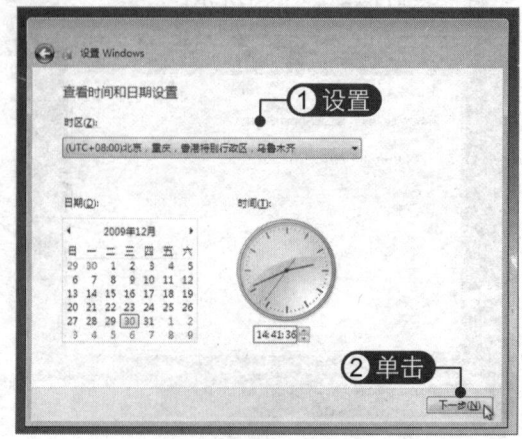

19 选择"工作网络"选项 根据需要选择网络环境，系统会自动应用相应的网络设置，在此选择"工作网络"选项，如下图所示。

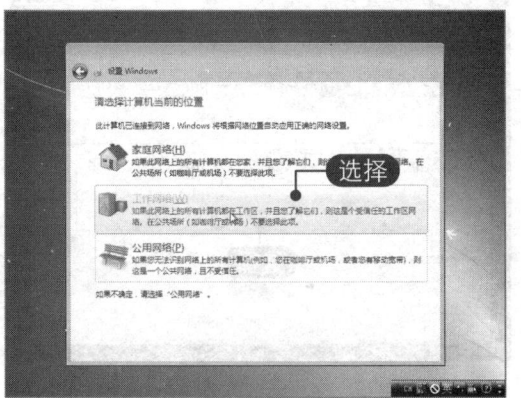

20 进入系统桌面 进入 Windows 7 系统桌面，至此 Windows 7 系统安装完成，如下图所示。

5.2.3 使用 U 盘全新安装 Windows 10 操作系统

首先使用 U 盘制作 Windows 10 系统安装盘，然后重启电脑进行 Windows 10 系统安装，具体操作方法如下。

01 设置U盘启动 在 BIOS 中设置从 U 盘启动或者按启动快捷键，在弹出的界面中选择 U 盘设备所在的选项，按【Enter】键从 U 盘启动系统，如下图所示。

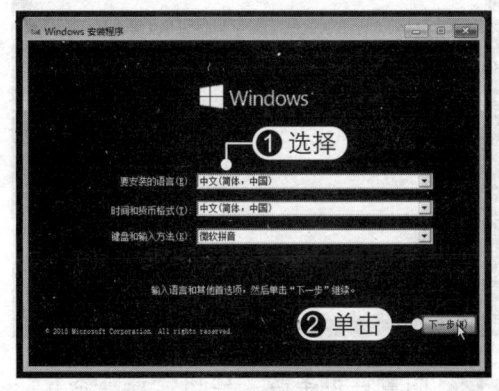

02 设置安装语言 等待片刻，顺利启动安装程序后弹出"Windows 安装程序"窗口，选择输入语言及其他首选项，单击"下一步"按钮，如下图所示。

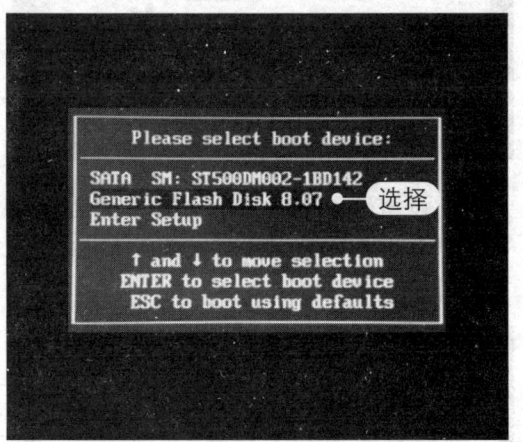

03 单击"现在安装"按钮 打开开始安装窗口，单击"现在安装"按钮，如下图所示。

04 **单击"跳过"超链接** 输入产品密钥以激活系统，单击"下一步"按钮。也可单击"跳过"超链接（如下图所示），待系统安装完成后再进行激活操作。

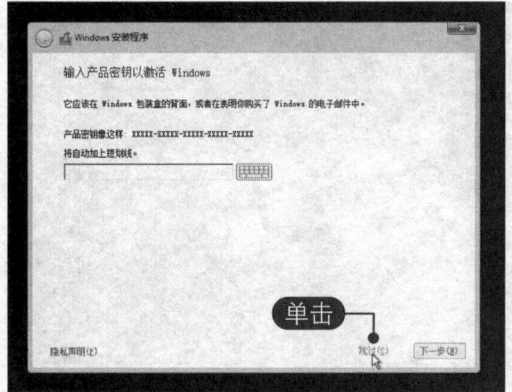

05 **选择系统版本** 选择系统版本，在此选择"Windows 10 专业版"选项，单击"下一步"按钮，如下图所示。

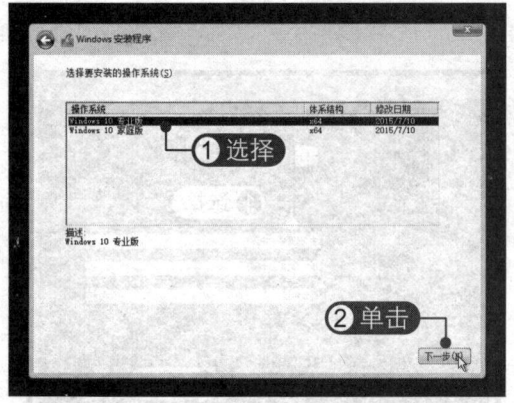

06 **同意许可条款** 弹出"许可条款"对话框，选中"我接受许可条款"复选框，单击"下一步"按钮，如下图所示。

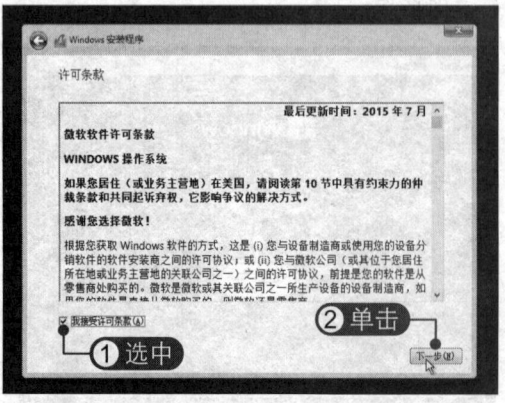

07 **选择"自定义"选项** 弹出安装类型对话框，从中选择"自定义"选项，如下图所示。

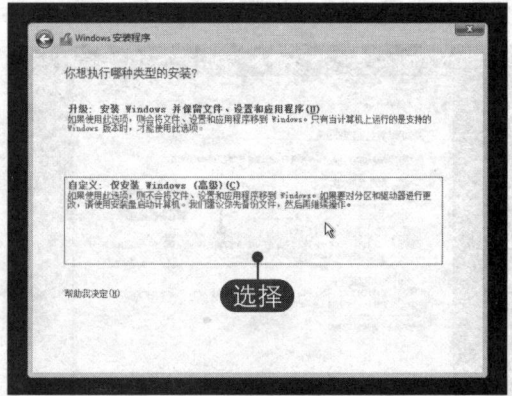

08 **单击"新建"超链接** 选择要将系统安装到硬盘的哪个分区。若硬盘还未分区，可在此对硬盘进行分区操作。选择硬盘，单击"新建"超链接，如下图所示。

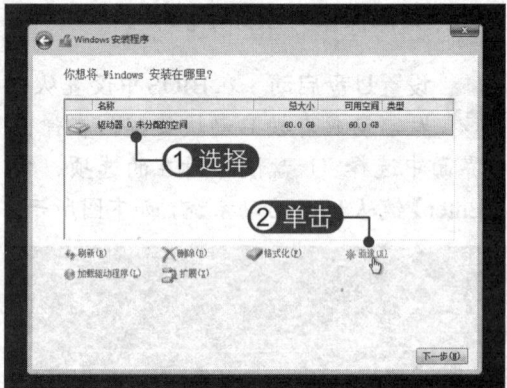

09 **设置硬盘分区大小** 输入硬盘分区大小，然后单击"应用"按钮，如下图所示。

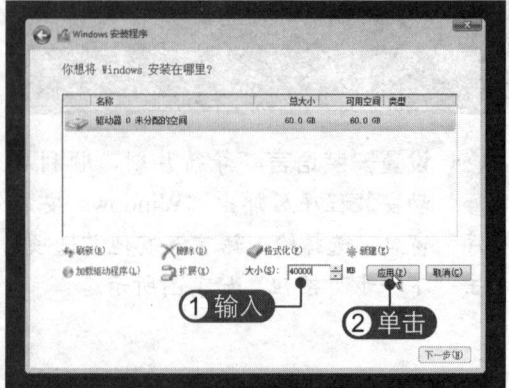

⑩ **确定分区** 弹出提示信息框，提示系统会创建额外的分区，单击"确定"按钮，如下图所示。此时，在 Windows 10 系统中会创建 500MB 大小的系统保留分区，主要用于系统启动及系统恢复，该分区在系统中为隐藏状态。

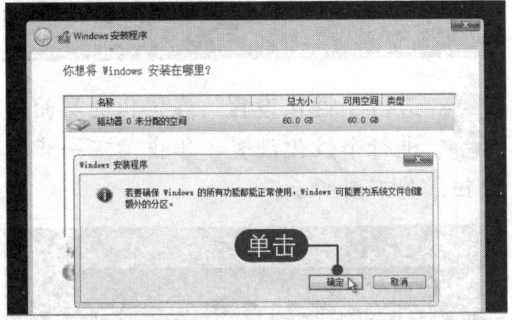

⑪ **继续创建分区** 选择硬盘中未分配的空间，单击"新建"超链接，如下图所示。

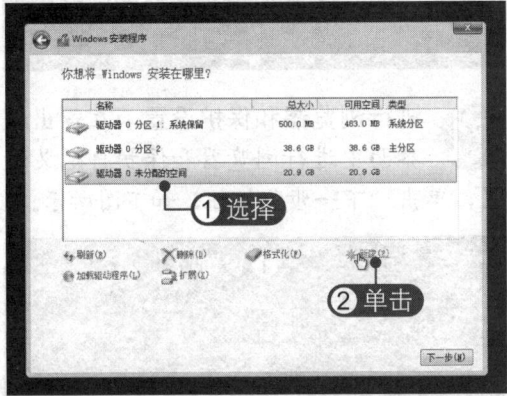

⑫ **输入分区大小** 输入分区大小，单击"应用"按钮，创建第 2 个分区，如下图所示。

⑬ **选择安装分区** 选择要安装 Windows 10 操作系统的分区，单击"下一步"按钮，如下图所示。

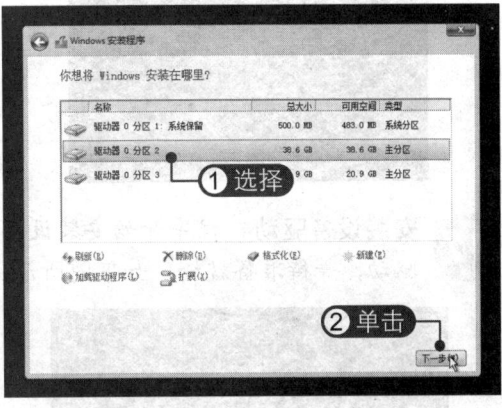

⑭ **开始安装系统** 开始安装 Windows 10 操作系统，等待安装完成，如下图所示。

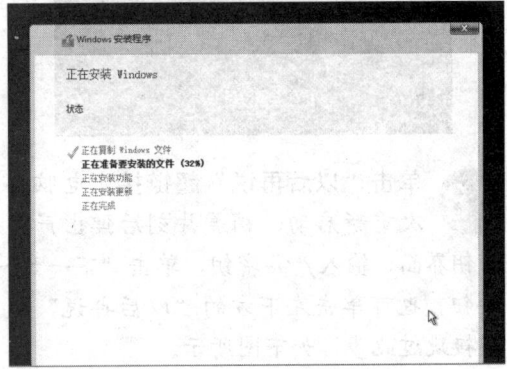

⑮ **重启电脑** 安装完成后，程序开始自动重启电脑，如下图所示。

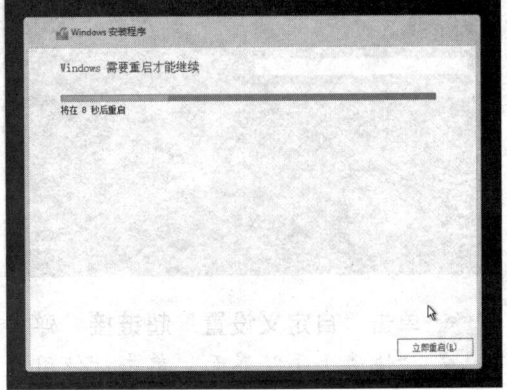

⑯ **显示 Windows 徽标** 电脑重启后显示 Windows 10 徽标，如下图所示。

17 安装设备驱动　程序开始安装设备驱动，等待准备就绪，如下图所示。

18 单击"以后再说"超链接　电脑再次重新启动，稍等片刻后弹出产品密钥界面，输入产品密钥，单击"下一步"按钮。也可单击左下方的"以后再说"超链接跳过此步，如下图所示。

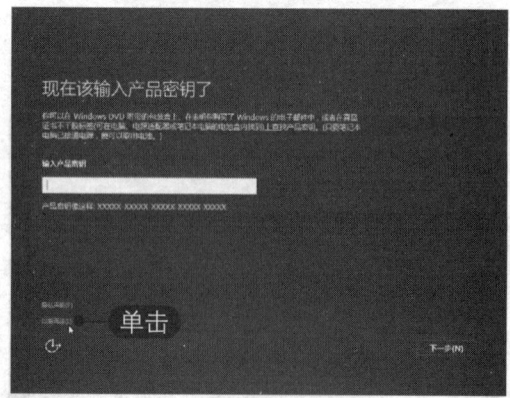

19 单击"自定义设置"超链接　弹出"快速上手"界面，单击"使用快速设置"按钮，应用快速设置。也可单击"自定义设置"超链接自行配置相关选项，如下图所示。

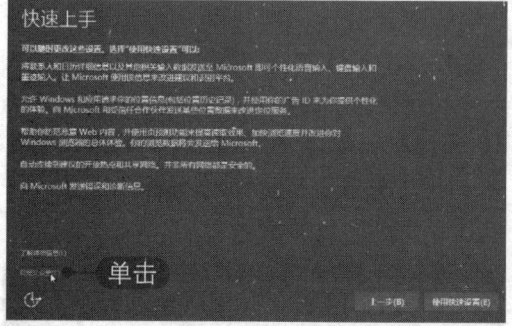

20 进行个性化设置　在弹出的界面中进行个性化设置，单击"下一步"按钮，如下图所示。

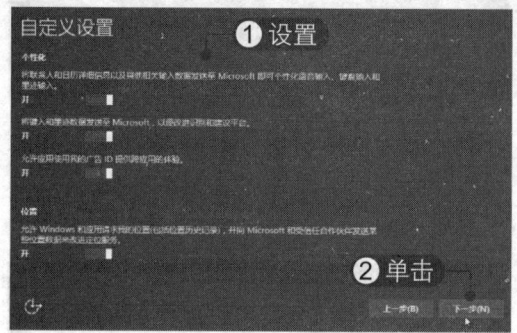

21 进行浏览器和保护设置　在弹出的界面中进行浏览器和保护自定义设置，单击"下一步"按钮，如下图所示。

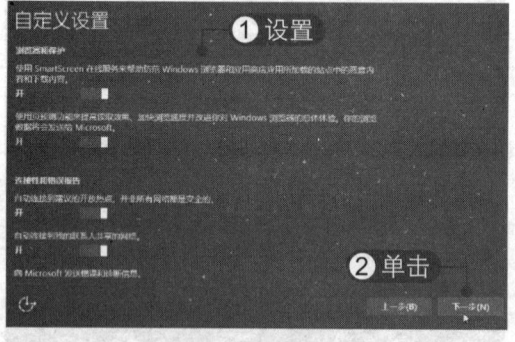

22 开始获取更新　开始自动下载系统关键更新，需要等待一段时间，如下图所示。

㉓ **开始安装更新** 程序正在安装系统更新，需等待准备就绪，如下图所示。

㉔ **选择所有者** 弹出"谁是这台电脑的所有者"界面，选择"我拥有它"选项，单击"下一步"按钮，如下图所示。

㉕ **输入 Microsoft 账户** 若拥有微软账户，则输入账户名称和密码，单击"登录"按钮，也可单击"创建一个"超链接创建微软账户。要使用本地账户登录，则单击"跳过此步骤"超链接，如下图所示。

㉖ **设置账户和密码** 输入账户和密码，单击"下一步"按钮，如下图所示。

㉗ **开始应用设置** 更新完成，程序开始自动应用设置，如下图所示。

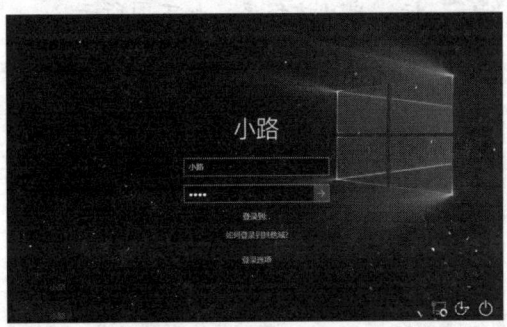

㉘ **进行最后配置** 应用设置完成后，程序开始进行最后的配置准备，如下图所示。

㉙ **登录系统桌面** 稍等片刻即可进入 Windows 10 系统桌面，至此 Windows 10 系统安装完成，如下图所示。

5.2.4 使用硬盘安装工具安装操作系统

若要不借助 U 盘，像安装软件似的安装操作系统，可以使用硬盘安装器 NT6 HDD Installer 进行安装，具体操作方法如下：

01 解压系统文件 将 Windows 10 操作系统映像文件解压到某个分区的根目录下（要安装系统的分区除外），在此将其解压到 E 盘，如下图所示。

02 双击启动程序 双击 nt6 hdd 程序图标，启动该程序，如下图所示。

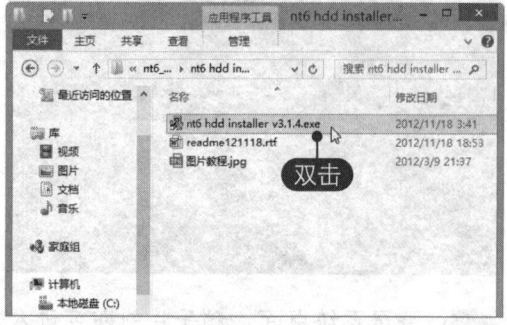

03 安装程序 单击"【1.安装】"按钮或按数字键【1】，安装该程序，如下图所示。

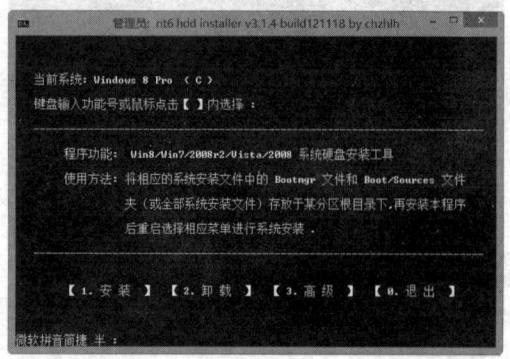

04 安装成功 在打开的界面中提示在 E 盘发现系统安装文件，nt6 hdd 安装成功。按数字键 2，重启电脑，如下图所示。

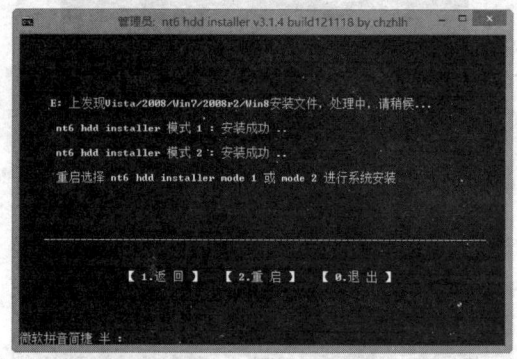

05 选择启动项 重启电脑后，进入"Windows 启动管理器"界面，从中可以看到多出两个启动项，在此选择 nt6 hdd installer mode 1 选项，如下图所示。

06 安装操作系统 启动 Windows 10 安装程序，如下图所示。后面的安装操作与前面介绍的方法相同，在此不再赘述。

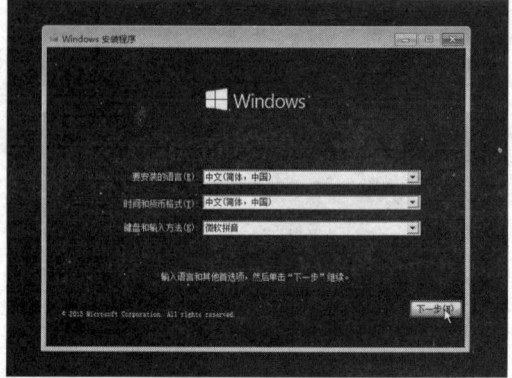

5.2.5 在 Windows PE 系统下安装操作系统

当磁盘中无操作系统或无法正常进入系统时，可以使用 U 盘启动盘进入 Windows PE 系统。此类 PE 系统中大都附带了多种安装系统的工具，下面以安装 Windows 7 64 位系统为例介绍其操作方法。

方法一：使用 Imagex Onkey 安装系统

ImageX Onekey 一键恢复是基于微软封装工具 ImageX 的系统备份与恢复工具，下面将介绍如何使用该工具安装 Windows 7 系统，具体操作方法如下：

01 双击工具图标　将 Windows 7 64 位操作系统镜像文件存放到磁盘中，在此将其存放到了 D 盘。进入 Windows PE 系统，双击桌面上的 PE 装机工具图标，如下图所示。

02 选择镜像文件　启动装机程序，选中"还原分区"单选按钮，在"映像路径"下拉列表中选择 Windows 7 镜像文件，如下图所示。程序将自动搜索磁盘中的系统镜像文件，并将其添加到列表中，若搜索不到可单击"打开"按钮，手动选择系统镜像文件。

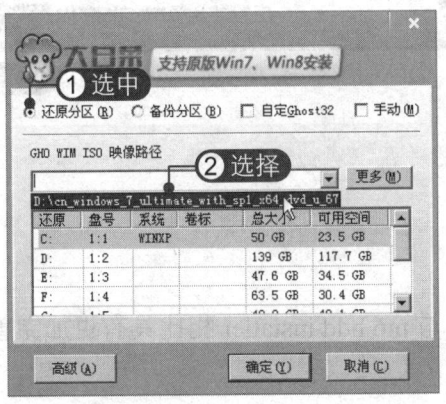

03 选择系统版本　再次单击"映像路径"下拉按钮，在弹出的列表中选择操作系统版本，如下图所示。

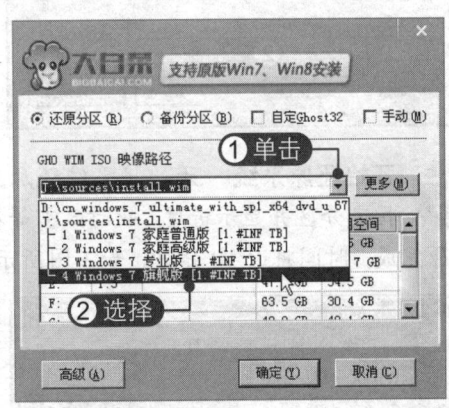

04 选择分区　选择要安装系统的分区，在此选择 I 盘，单击"确定"按钮，如下图所示。

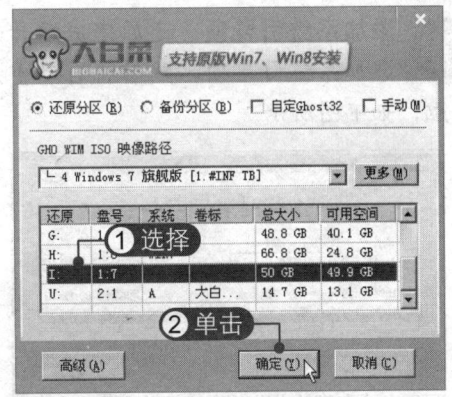

05 选择分区格式　弹出 OneKey Imagex 对话框，单击"分区格式"下拉按钮，选择"自动 NTFS"选项，如下图所示。

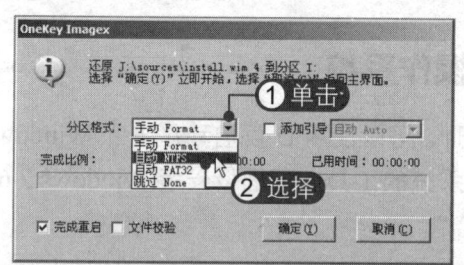

06 **选择添加引导** 选中"添加引导"复选框，然后单击"确定"按钮，如下图所示。

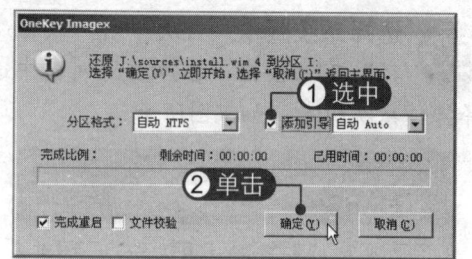

07 **开始还原系统** 开始将系统还原到指定分区并显示进度，此时只需等待还原完成，时间将近10分钟，如下图所示。

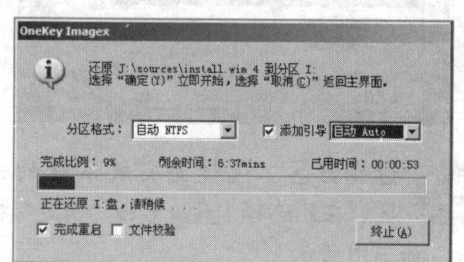

08 **添加系统引导项** 还原完成后开始添加系统引导项，然后将自动重启电脑，如下图所示。

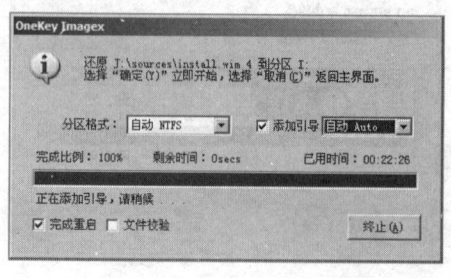

09 **选择系统选项** 重启后显示系统启动菜单（此时需先将电脑主机上的引导U盘拔除），选择 Windows 7 Ultimate x64 选项（即要安装的系统），按【Enter】键确认继续，如下图所示。系统开始启动 Windows，并自动进行更新注册表、启动服务、安装设备、应用系统设置等操作。这些操作完成后将自动重启电脑，再次选择 Windows 7 Ultimate x64 选项。

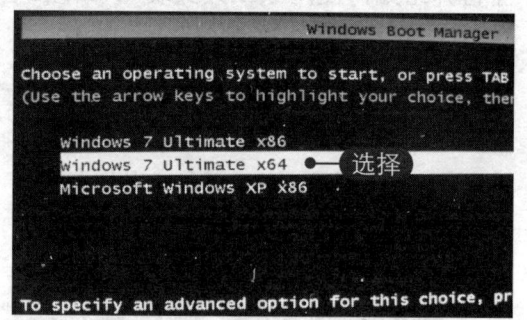

10 **设置系统信息** 系统开始检查视频性能，然后弹出"设置 Windows"对话框，单击"下一步"按钮，如下图所示。设置 Windows 用户名、密码、时间和日期等，最后登录 Windows 7 桌面，在此不再赘述。

方法二：使用 WinNTSetup 安装系统

WinNTSetup 是一款强大的系统安装器，它与 nt6 hdd installer 相比具有更加完善、友好的用户界面，具体使用方法如下：

01 选择加载命令 右击系统镜像文件，选择"加载 ImDisk 虚拟磁盘"命令，如下图所示。

02 确认加载操作 弹出"装载虚拟磁盘"对话框，单击"确定"按钮，如下图所示。

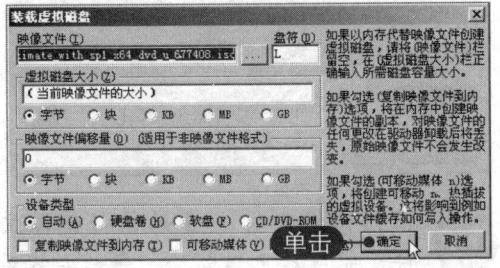

03 完成加载操作 打开"我的电脑"，可以看到已将系统镜像文件加载到了 L 盘，如下图所示。

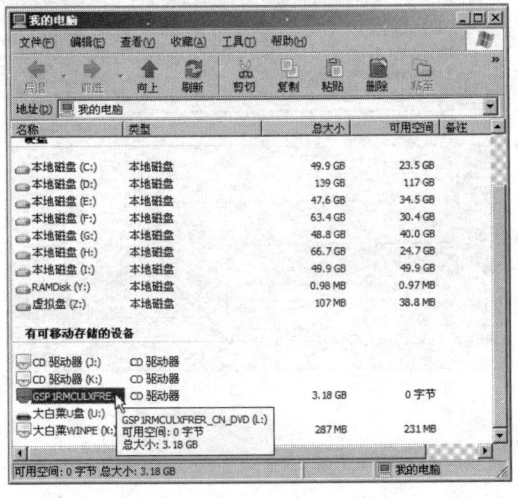

04 双击安装图标 双击桌面上的"Windows 安装"图标，如下图所示。

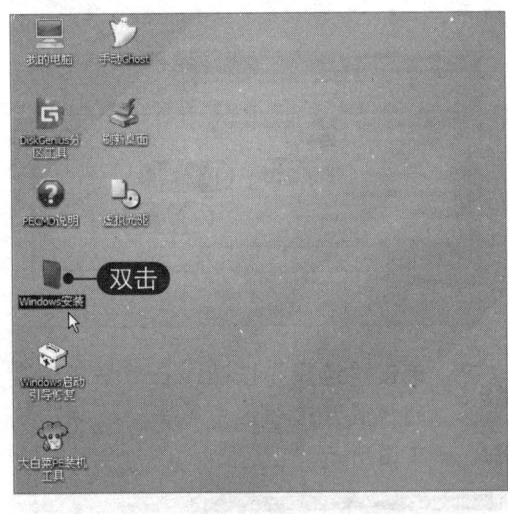

05 单击"选择"按钮 启动 WinNTSetup 程序，选择 Windows Vista/7/8/2008/2012 选项卡，单击"选择"按钮，如下图所示。

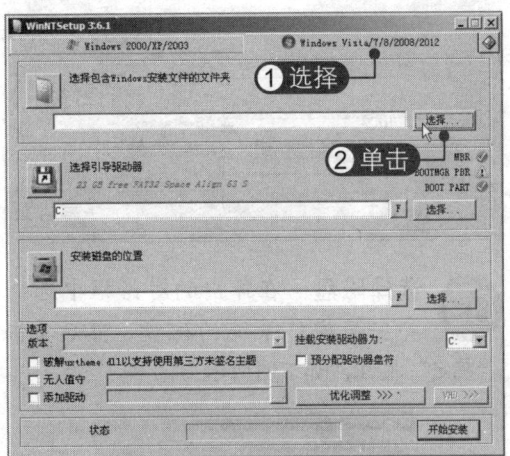

06 双击文件夹 在弹出的对话框中选择系统安装文件所在的 L 盘，双击 Sources 文件夹将其打开，如下图所示。

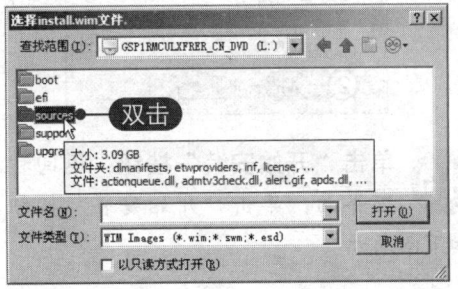

07 选择打开文件 选择 install.wim 文件，单击"打开"按钮，如下图所示。

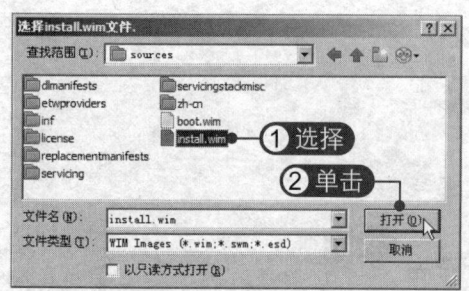

08 单击"选择"按钮 在"安装磁盘的位置"选项区中单击"选择"按钮，如下图所示。

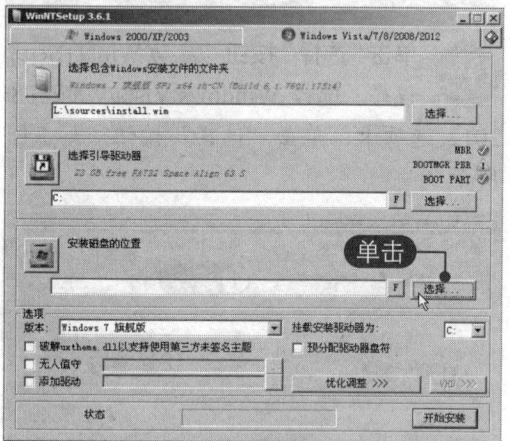

09 选择磁盘 在弹出的对话框中选择要安装操作系统的磁盘，然后单击"确定"按钮，如下图所示。

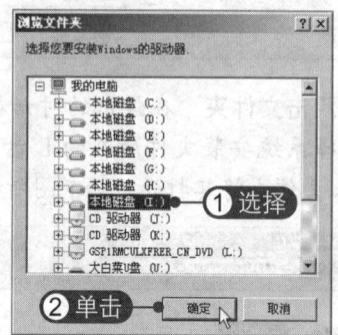

10 单击"开始安装"按钮 返回程序主界面，单击"开始安装"按钮，如下图所示。

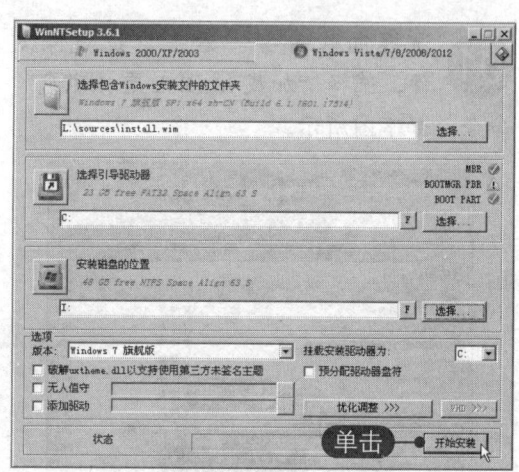

11 查看安装信息 弹出"都准备好了吗"窗口，从中查看安装信息，确认无误后单击"确定"按钮，如下图所示。

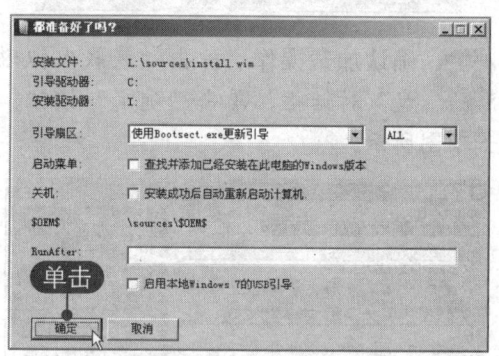

12 运行镜像文件 开始运行镜像文件，完成后重启电脑，开始安装系统，如下图所示。

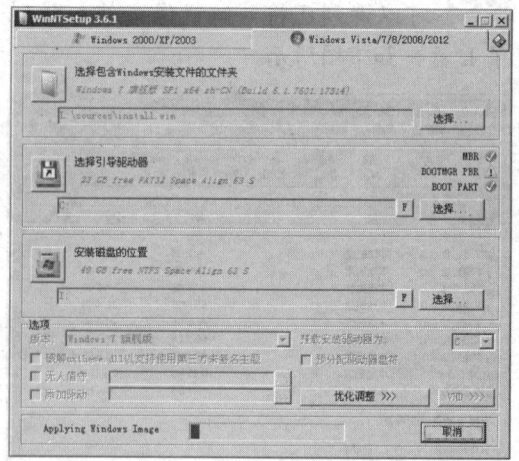

5.3 安装多操作系统

> 为了便于体验或使用不同操作系统的不同功能，可以在一台电脑安装多个操作系统，方法就是将不同的操作系统安装到不同的分区中，还可以根据需要使用虚拟机软件安装系统。

5.3.1 在不同分区安装多系统

多操作系统有两种安装方式，包括在单个硬盘上安装和在多个硬盘上安装，下面将分别对其进行介绍。

一般来说，普通用户的电脑只有一块硬盘，若要在一块硬盘上安装多个操作系统，可以将多个操作系统安装到不同的分区中，然后通过多系统启动菜单来选择要进入哪个系统。

例如，电脑中原来装有 Windows 7 系统，又想要体验 Windows 10 操作系统，则只需在系统中格式化一个分区或创建一个新分区，然后按照前面介绍的方法将 Windows 10 操作系统安装到该分区中。在安装过程中选择分区时，选择要装系统的分区即可，如下图（左）所示。系统安装完成后重启电脑，将显示"选择操作系统"界面，选择要进入的系统即可，如下图（右）所示。

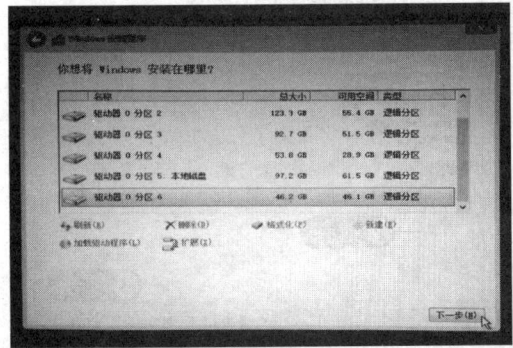 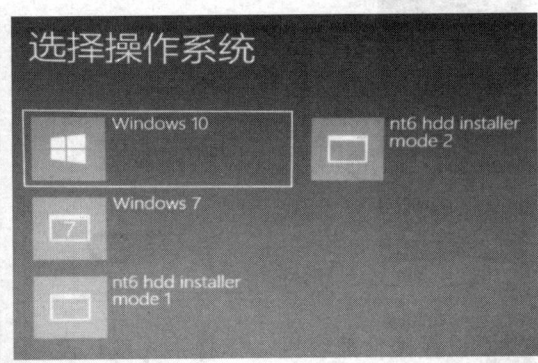

若电脑有两个以上的硬盘，则可以将不同的操作系统安装到不同的硬盘上。安装完成后，只需在 BIOS 中设置启动哪个硬盘的系统即可。由于操作系统之间互不影响，所以这种方法完全不受兼容性等其他因素的影响。

5.3.2 使用虚拟机安装系统

在不同的分区安装多操作系统，电脑一次只能运行一个系统，而使用虚拟机则可以同时运行多个系统。

VMware 虚拟机是一款专业的桌面虚拟软件，通过软件模拟出具有完整功能的操作系统。VMware 虚拟机系统是运行在一个完全隔离环境中的完整计算机系统，在实体电脑中能够完成的工作在虚拟机中都能实现。

01 **新建虚拟机** 运行Vmware Workstation虚拟机程序,单击"创建新的虚拟机"按钮,如下图所示。

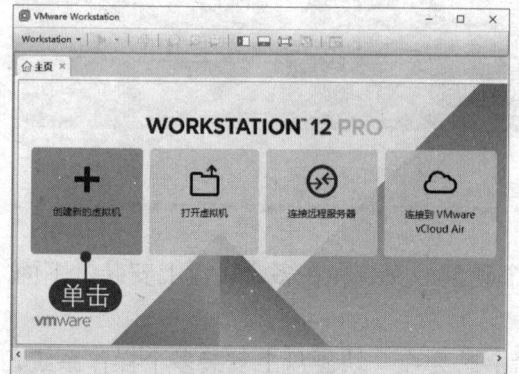

02 **自定义配置类型** 弹出"新建虚拟机向导"对话框,选中"自定义(高级)"单选按钮,单击"下一步"按钮,如下图所示。

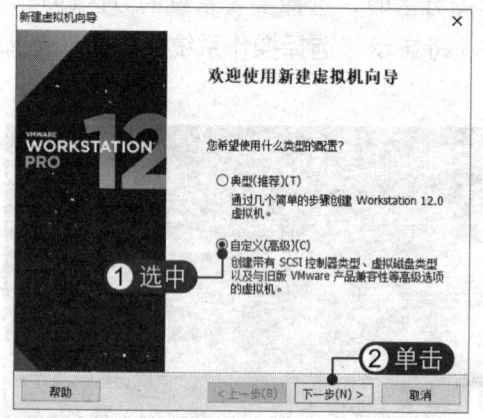

03 **设置硬件兼容性** 保持系统默认设置不变,单击"下一步"按钮,如下图所示。

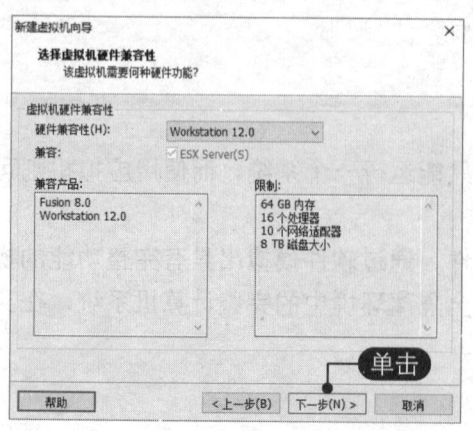

04 **设置安装来源** 选中"稍后安装操作系统"单选按钮,单击"下一步"按钮,如下图所示。

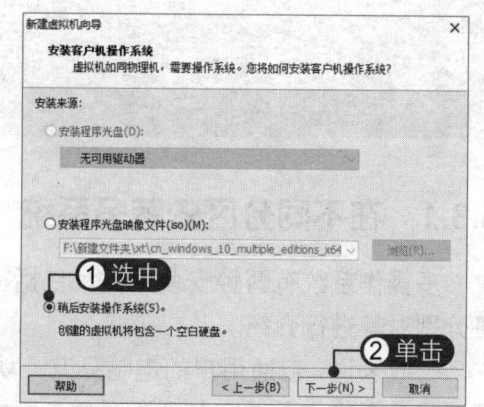

05 **选择操作系统** 选中Microsoft Windows单选按钮,在"版本"下拉列表框中选择要安装的系统版本,在此选择Windows 10 x64选项,单击"下一步"按钮,如下图所示。

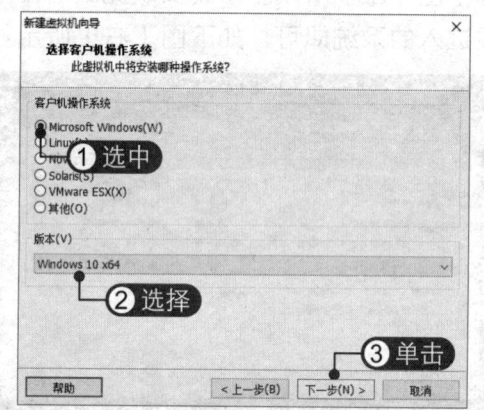

06 **命名虚拟机** 输入虚拟机名称,单击"浏览"按钮,如下图所示。

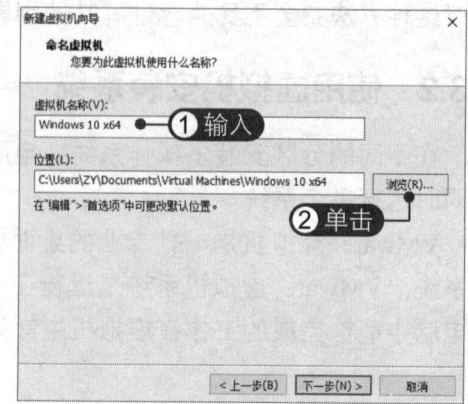

07 **选择虚拟机位置** 弹出"浏览文件夹"对话框,选择要保存虚拟机的位置,单击"确定"按钮,如下图所示。

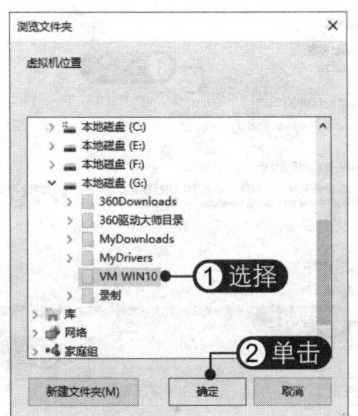

08 **完成位置设置** 返回"新建虚拟机向导"对话框,可以看到"位置"路径已改变,单击"下一步"按钮,如下图所示。

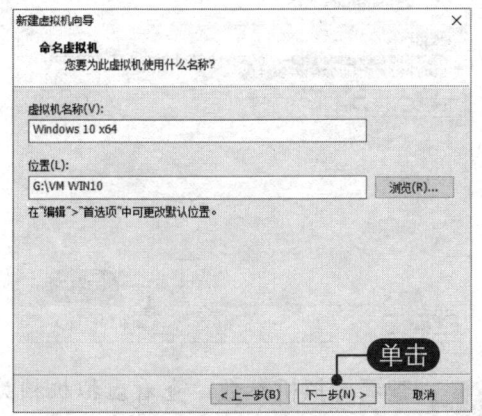

09 **选择固件类型** 选中 BIOS 单选按钮,单击"下一步"按钮,如下图所示。

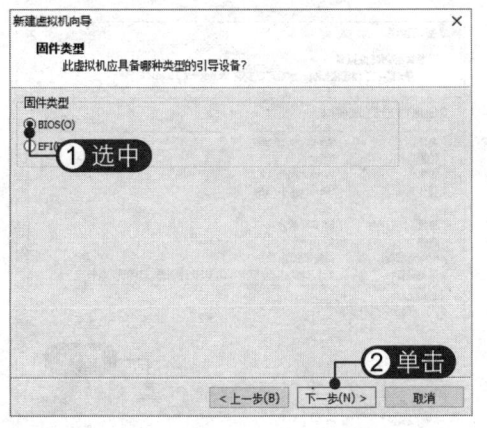

10 **设置处理器** 选择处理器数量及每个处理器的核心数量,单击"下一步"按钮,如下图所示。

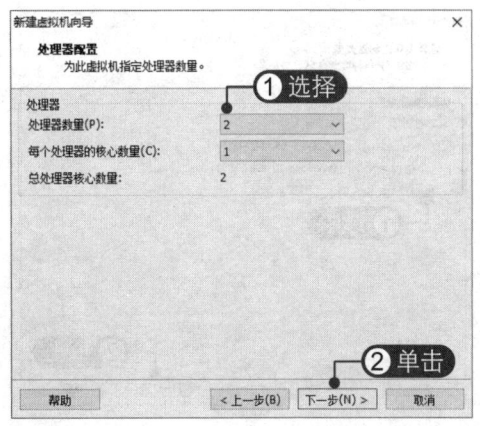

11 **设置内存大小** 设置虚拟机的内存大小,单击"下一步"按钮,如下图所示。

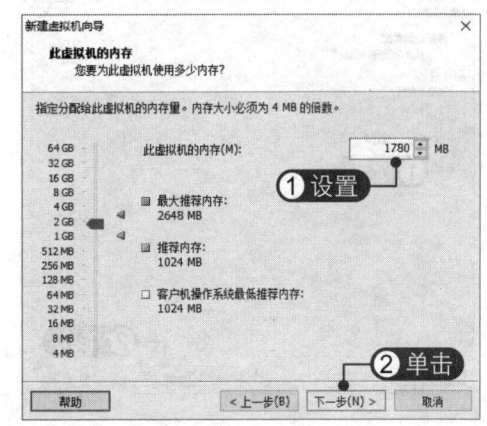

12 **选择网络类型** 选中"使用桥接网络"单选按钮,单击"下一步"按钮,如下图所示。

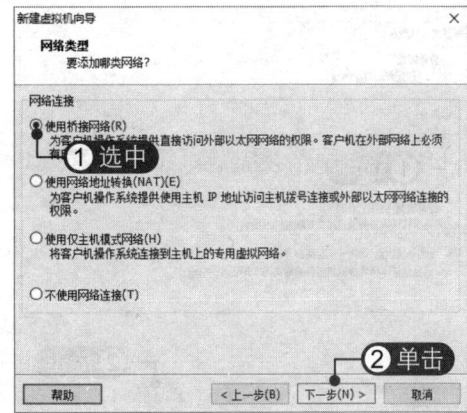

13 选择I/O控制器类型 选择I/O控制器类型，单击"下一步"按钮，如下图所示。

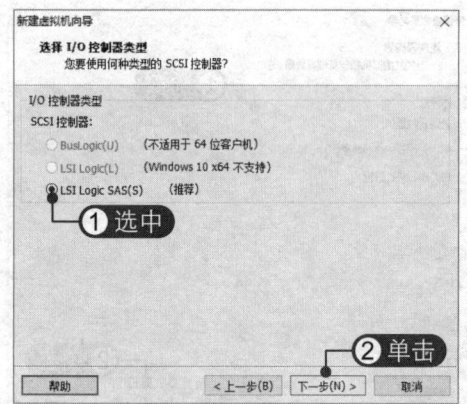

14 选择磁盘类型 选择虚拟磁盘类型，单击"下一步"按钮，如下图所示。

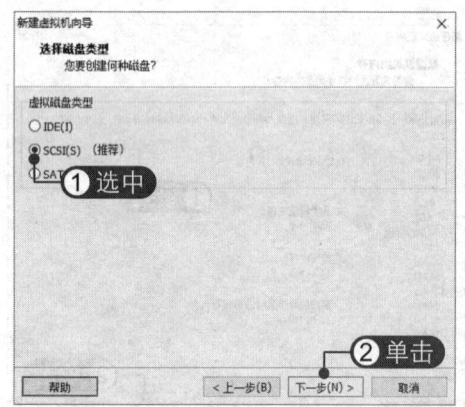

15 选择磁盘 选中"创建新虚拟磁盘"单选按钮，单击"下一步"按钮，如下图所示。

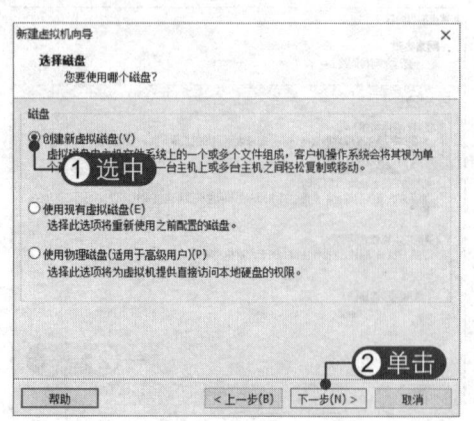

16 设置磁盘容量 设置最大磁盘大小，选中"将虚拟磁盘拆分成多个文件"单选按钮，单击"下一步"按钮，如下图所示。

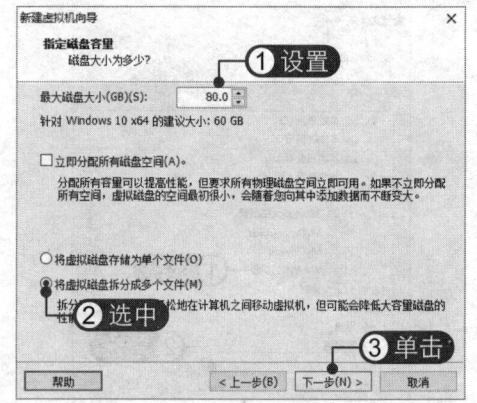

17 设置磁盘文件保存位置 在此保持默认设置不变，单击"下一步"按钮，如下图所示。

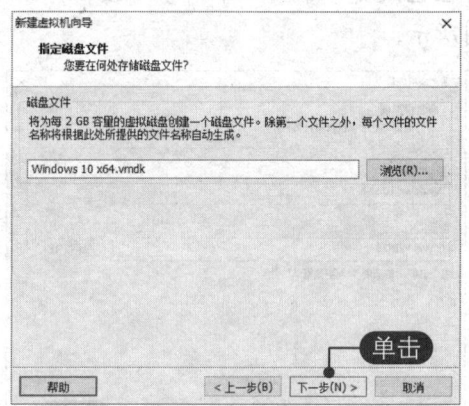

18 查看虚拟机参数 查看虚拟机相关参数，若设置有误，可单击"上一步"按钮返回上一设置界面修改设置，在此单击"完成"按钮，如下图所示。

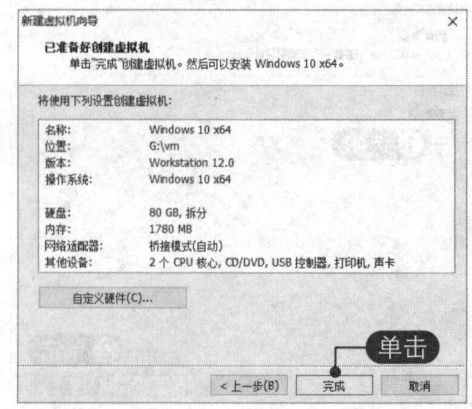

19 单击"编辑虚拟机设置"超链接 虚拟机创建完成，查看相关配置，单击"编辑虚拟机设置"超链接，如下图所示。

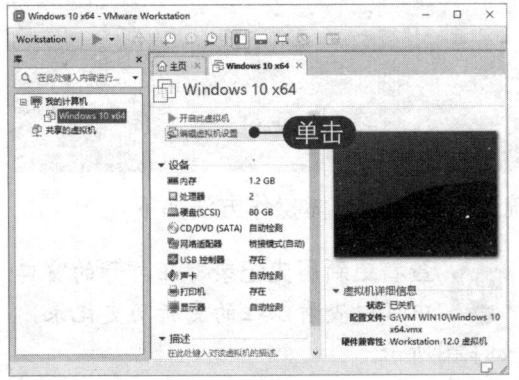

20 单击"浏览"按钮 弹出"虚拟机设置"对话框，在左侧选择 CD/DVD 选项，在右侧选中"使用 ISO 映像文件"单选按钮，单击"浏览"按钮，如下图所示。

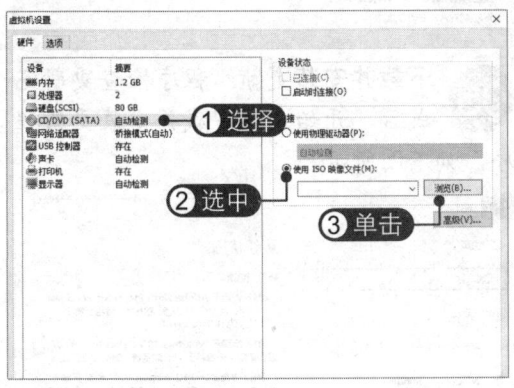

21 选择系统文件 弹出"浏览 ISO 映像"对话框，选择 Windows 10 系统安装映像文件，单击"打开"按钮，如下图所示。

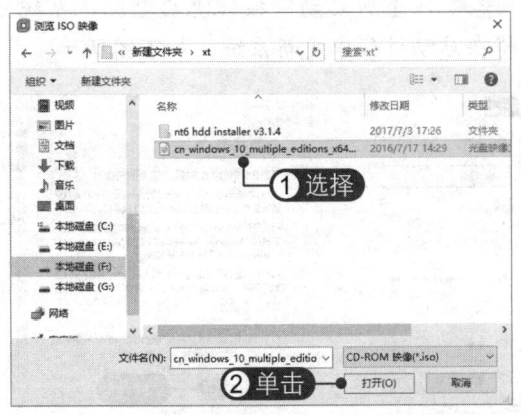

22 设置启动时连接 返回"虚拟机设置"对话框，选中"启动时连接"复选框，单击"确定"按钮，如下图所示。

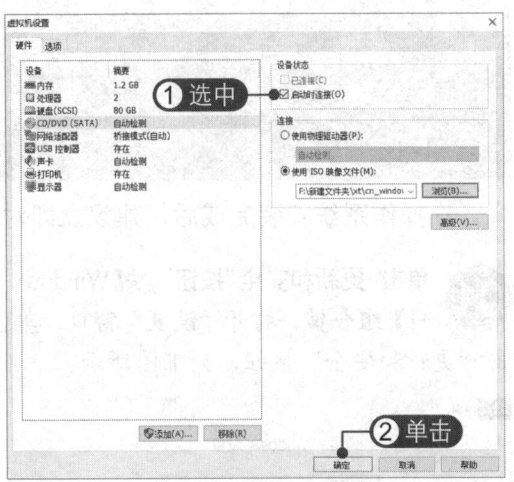

23 启动虚拟机 单击"显示或隐藏库"按钮，显示"库"窗格，单击"开启此虚拟机"超链接，如下图所示。

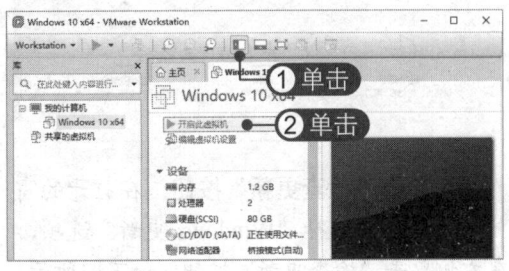

24 自动安装系统 启动虚拟机，开始自动安装 Windows 10 操作系统，如下图所示。

5.4 更新操作系统

系统漏洞是操作系统软件或应用软件在逻辑设计上的缺陷或在编写时产生的错误，这些缺陷或错误可以被不法者或电脑黑客利用而使系统遭到攻击。微软每隔一段时间都会发布系统更新文件，以修复系统漏洞，完善和加强系统功能，提高系统的安全性。

在操作系统安装完成后，建议立即对系统进行更新，具体操作方法如下：

01 单击"更新和安全"按钮 按【Windows+I】组合键，打开"设置"窗口，单击"更新和安全"按钮，如下图所示。

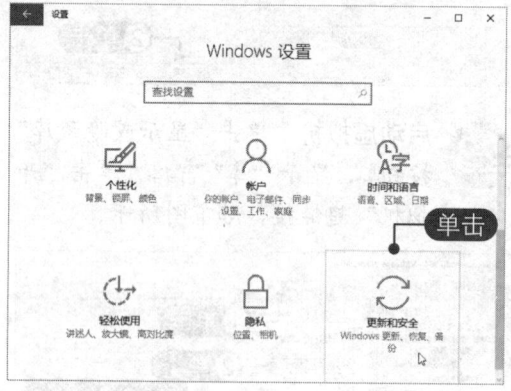

02 单击"检查更新"按钮 在打开的窗口左侧选择"Windows 更新"选项，在右侧单击"检查更新"按钮，如下图所示。

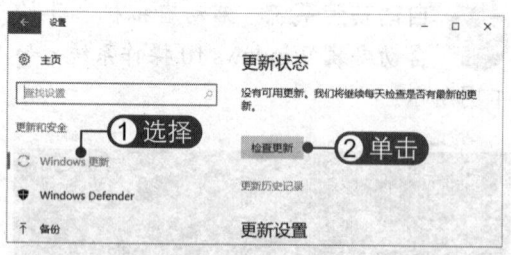

03 开始检查更新 此时需稍等片刻，单击"更新历史记录"超链接，如下图所示。

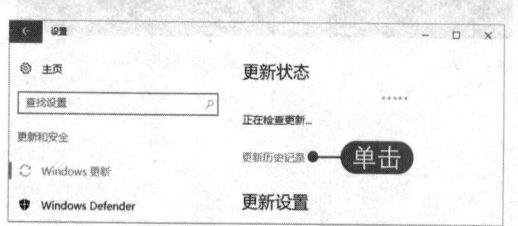

04 查看更新历史记录 在打开的窗口中可以查看以往的更新历史记录，如下图所示。

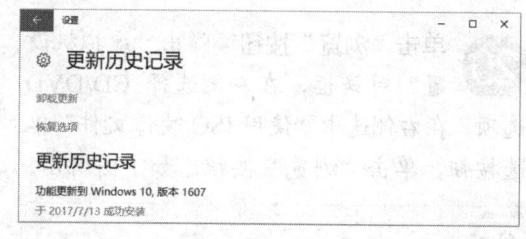

05 下载并安装更新 程序检查更新完成后，开始自动下载并安装更新程序，如下图所示。

06 重启电脑 更新安装完成，单击"立即重新启动"按钮重启电脑，系统将在启动过程中更新系统，如下图所示。

5.5 安装硬件驱动程序

安装操作系统之后，要想使显卡、网卡和声卡等设备发挥出最大的性能，就需要安装为这些硬件安装驱动程序。不同型号的硬件都有其专门的驱动程序，只有是这一型号或这一系列的型号才能使用该驱动。下面将介绍获取驱动程序的途径，以及如何安装与更新驱动程序。

5.5.1 获取驱动程序

在为安装做准备获取驱动程序前，首先需要了解电脑中各个硬件设备的型号，清楚了硬件设备的型号，就可以寻找相应的驱动程序，一般可以从以下三个途径来获取驱动程序。

（1）系统自动提供

安装的操作系统几乎包含了绝大多数硬件的驱动程序，而且操作系统的版本越高，兼容的硬件设备也就越多。不过硬件的更新总是领先于操作系统版本的更新，所以操作系统包含的驱动程序版本一般较低，不能完全发挥硬件的性能和提高其兼容性。因此，一般只有在无法通过其他途径获得驱动程序的情况下，才使用操作系统提供的驱动程序。

（2）网络下载

新驱动的发布都是通过网络进行的，所以这是最为便捷的获取驱动程序的方式。用户可以从硬件厂商官方网站下载相应的驱动程序，如下图（左）所示。还可使用搜索引擎搜索驱动程序，或者到专业驱动下载网站进行下载。下图（右）所示为使用百度搜索显卡的驱动程序。

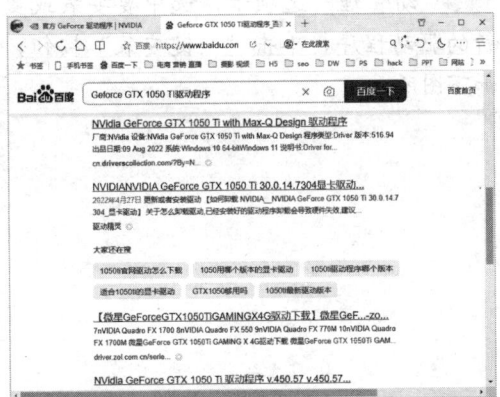

5.5.2 更新与安装驱动程序

"驱动精灵"是一款专业的驱动程序的维护程序，可以实现智能驱动匹配、安装、更新与备份等功能，下面将详细介绍如何使用"驱动精灵"安装与更新驱动程序，具体操作方法如下：

01 单击"立即检测"按钮 启动"驱动精灵"程序，在主界面中单击"立即检测"按钮，如下图所示。

02 查看检测结果 开始检测系统中存在的问题，检测完成后查看检测结果，如下图所示。

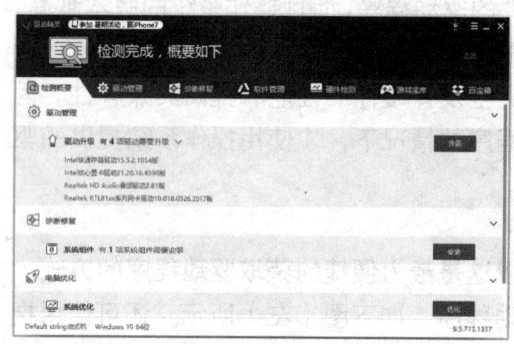

03 单击"一键安装"按钮 选择"驱动管理"选项卡，选中要安装或更新的驱动程序，单击"一键安装"按钮，如下图所示。

04 开始下载驱动程序 驱动精灵开始下载并安装驱动程序，如下图所示。

05 安装驱动程序 驱动程序下载完成后，即可自动开始安装，并弹出驱动程序的安装对话框，根据安装向导安装驱动程序即可，如下图所示。

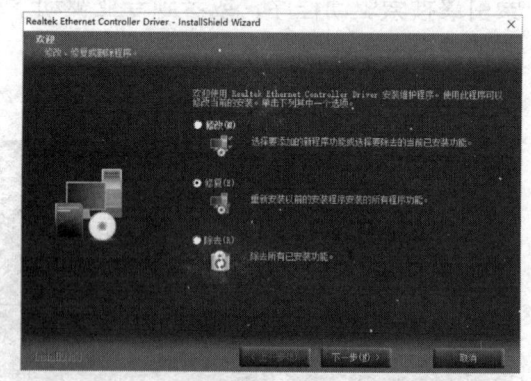

Chapter 06 电脑软硬件故障诊断方法

电脑故障分为硬件故障和软件故障,无论哪种故障都会影响电脑的正常运行。虽然电脑故障无法彻底杜绝,但如果做好了预防措施,很多故障还是可以避免的。本章将详细介绍电脑常见故障的诊断与维修方法。

本章要点

- 判断电脑故障的基本依据
- 电脑软硬件故障的分类及成因
- 电脑故障常用检测方法
- 电脑故障排查原则与流程
- 电脑维修前的准备工作
- 认识电脑硬件维修工具

知识等级

中级读者

建议学时

建议学习时间为 50 分钟

6.1 判断电脑故障的基本依据

电脑故障潜伏在电脑中,随时会发生。非法操作、硬件老化、设置错误、超频使用、病毒感染……都可能使无孔不入的故障找上门。这时千万不要惊慌失措,首先要做的就是保持镇定,通过各种方法判断属于哪类故障,并逐渐缩小故障的范围,最后找出故障原因。

6.1.1 通过 BIOS 报警声诊断故障

有些故障发生时会发出相应的报警声,通过系统报警声初步判断故障所在位置是一种快捷的诊断方式。下表列出了常见的几种 BIOS 报警声及说明,以帮助读者通过报警声判断故障的原因。

Award BIOS 报警声及说明

报警声	说明	报警声	说明
1 短	系统正常启动	1 长 9 短	主板 BIOS 损坏
2 短	常规错误,只需进入 CMOS 设置中修改	不断的长声响	内存有问题
1 长 1 短	内存或主板错误	不断的短声响	电源、显示器或显卡没连接好
1 长 2 短	键盘控制器错误	重复短声响	电源故障
1 长 3 短	显卡或显示器错误		

AMI BIOS 报警声及说明

报警声	说明	报警声	说明
1 短	内存刷新失败	7 短	系统实模式错误,无法切换到保护模式
2 短	内存 ECC 校验错误	8 短	显示内存错误
3 短	640KB 常规内存检查失败	9 短	BIOS 检测错误
4 短	系统时钟出错	1 长 3 短	内存错误
5 短	CPU 错误	1 长 8 短	显示测试错误

Phoenix BIOS 报警声及说明

报警声	说明	报警声	说明
1 短	系统正常启动	3 短 1 短 1 短	第一个 DMA 控制器或寄存器出错
3 短	POST 自检失败	3 短 1 短 2 短	第二个 DMA 控制器或寄存器出错
1 短 1 短 2 短	主板错误	3 短 1 短 3 短	主中断处理寄存器错误
1 短 1 短 3 短	主板没电或 CMOS 错误	3 短 1 短 4 短	副中断处理寄存器错误

续表

报警声	说明	报警声	说明
1短1短4短	BIOS检测错误	3短2短4短	键盘时钟错误
1短2短1短	系统时钟出错	3短3短4短	显示内存错误
1短2短2短	DMA通道初始化失败	3短4短2短	显示测试错误
1短2短3短	DMA通道寄存器出错	3短4短3短	未发现显卡BIOS
1短3短1短	内存通道刷新错误	4短2短1短	系统实时时钟错误
1短3短2短	内存损坏或RAS设置有误	4短2短2短	BIOS设置不当
1短3短3短	内存损坏	4短2短3短	键盘控制器开关错误
1短4短1短	基本内存地址错误	4短2短4短	保护模式中断错误
1短4短2短	内存ECC校验错误	4短3短1短	内存错误
1短4短3短	EISA总线时序器错误	4短3短3短	系统第二时钟错误
1短4短4短	EISA NMI口错误	4短3短4短	实时时钟错误
2短1短1短	基本内存检验失败	4短4短1短	串口故障

6.1.2 通过系统提示确定故障类型

除了BIOS报警声外，电脑还会通过一些信息来提示故障的出现原因，这种提示信息比BIOS报警声更准确、更详细。例如，CMOS checksum error的含义是CMOS信息校验错误，需要检查BIOS电池是否没电，并进行重置。

这类提示信息一般以英文的形式出现，所以为了方便对提示信息的了解，还需要多了解一些与电脑有关的专业英语。

6.2 电脑软硬件故障的分类及成因

电脑故障虽然有很多种，但根据故障发生的位置，可以将电脑故障做一个简单的分类，下面将分别对其进行介绍。

6.2.1 电脑硬件故障

硬件故障是指与电脑的硬件有关，由于主机和外设硬件系统使用不当或硬件物理损坏而引起的故障。例如，主板芯片损坏、显示器指示灯无电源显示、键盘的按键不灵、电源被烧毁等都属于硬件故障。硬件故障又可分为"真"故障和"假"故障两种。

1. "真"故障

"真"故障是指主机和外设硬件系统使用不当或硬件物理损坏所造成的故障，它属于硬件的物理性损坏，如电脑的元器件出现电气故障或机械故障、电源烧毁、主板电容烧毁等都属于"真"故障。

以下几种情况可能导致"真"故障的发生：

（1）操作不当

带电维修电脑极有可能导致电脑元器件被烧毁。

（2）外界环境

天气过热、离电场、磁场过近等都可能导致元器件损坏，尤其是在空气潮湿的环境下很可能导致元器件受潮损坏。

（3）产品质量低劣或硬件自然老化

一个劣质的电源可能导致硬盘不能启动。

2."假"故障

"假"故障是指因用户误操作、硬件安装和设置不当或外界环境等因素而导致电脑不能正常工作。"假"故障并不是真正的故障，有些是一些初学者一看到电脑工作不正常就以为是故障。例如，键盘和鼠标接头插错了位置导致它们无反应、主板电源虚接导致开机无反应等，都属于"假"故障。

以下几种情况就属于"假"故障：

（1）操作者粗心

因为粗心连电源都没有接好，就大呼："糟了，我的电脑开机没有反应了！"

（2）对于电脑的设置和特性不熟悉

不小心将鼠标设为右手习惯，于是发现双击怎么也打不开文件，反而不断弹出快捷菜单，还以为电脑中病毒了。

电脑故障还有其他的分类方法，例如，按故障的影响范围可分为局部性故障和全局性故障，按故障的影响程度可分为独立型故障和相关型故障等。

6.2.2 电脑软件故障

软件故障与电脑软件有关，是由于相关参数设置或软件出现故障而导致电脑不能正常工作。例如，BIOS 设置错误导致电脑无法顺利启动，由于误删文件导致程序无法卸载等。

引起软故障的主要原因有：

（1）内存管理设置错误

如内存管理冲突、内存空间不足等。

（2）病毒感染

病毒显示异常、鼠标失灵、软件使用不正常、电脑反应慢等。

（3）产品质量低劣或硬件自然老化

劣质的电源可能导致硬盘不能启动。

（4）垃圾文件过多

操作系统存在的垃圾文件过多，造成系统瘫痪。

（5）驱动程序安装不正确

系统设备的驱动程序安装不正确，造成设备无法使用或功能不完全。

6.2.3 引发电脑故障的常见原因

电脑故障产生的原因很多,大致可以分为硬件引起的故障和软件引起的故障。

1. 由硬件引起的故障

电脑的硬件故障主要是指物理硬件的损坏、CMOS 参数设置不正确、硬件之间不兼容等引起的电脑不能正常使用的现象,硬件故障产生的原因主要来自于内存不兼容或损坏、CPU 引脚问题、硬盘损坏、机器磨损、静电损坏、用户操作不当和外部设备接触不良等。

虽然硬件故障产生的原因很多,但归纳起来有以下几种:

(1)非正常使用

当电脑出现故障时,如果用户在电脑运行的情况下乱动机箱内部的硬件或连线,很容易造成硬件的损坏。例如,当在运行 Windows 7 系统时,如果用户直接把硬盘卸掉,很容易直接造成数据的丢失,或者造成硬盘的物理坏道,这主要是因为硬盘此时正在高速运转。

(2)硬件的不兼容

硬件之间在相互搭配工作的时间需要具有共同的工作频率,同时由于主板对各个硬件的支持范围不同,所以硬件之间的搭配显得尤其重要。例如,在升级内存时,如果主板不支持,将造成无法开机的故障。如果插入两个内存,就需要尽量让它们是同一型号的产品,否则也会出现这样或那样的硬件故障现象。

(3)灰尘太多

灰尘一直是硬件的隐形杀手,机箱内灰尘过多会引起硬件故障,如光驱激光头沾染过多灰尘后会导致读写错误,严重的会引起电脑死机。另外,对于潮湿天气还会造成电路短路现象,灰尘对电脑的机械部分也有极大影响,造成运转不良,以致不能正常工作。例如,灰尘过多导致 CPU 散热不良,从而造成电脑不断死机,如下图所示。

(4)硬件和软件不兼容

每个版本的操作系统或软件都会对硬件有一定的要求,如果不能满足要求,也会产生电脑故障。例如,一些三维软件和一些特殊软件,由于对内存的空间要求比较大,当内存空间较小时,Windows 7 系统下载会出现死机等故障现象。

（5）CMOS 设置不当

CMOS 设置的有关参数需要和硬件本身相符合，如果设置不当会造成系统故障，如硬盘参数设置、模式设置、内存参数设置不当，从而导致电脑无法启动。例如，将无 ECC 功能的内存设置为具有 ECC 功能，这样就会因内存错误而造成死机。

（6）周围的环境

电脑周围的环境主要包括电源、温度、静电和电磁辐射等因素的影响。过高过低或忽高忽低的交流电压都将对电脑系统造成很大危害。如果电脑的工作环境温度过高，对电路中的元器件影响最大，首先会加速其老化损坏的速度，其次过热会使芯片引脚焊点脱焊。由于目前电脑采用的芯片仍为 CMOS 电路，从而环境静电会比较高，这样很容易造成电脑内部硬件的损坏。另外，电磁辐射也会造成电脑系统的故障，所以电脑应该远离冰箱、空调等电气设备，不要与这些设备共用一个插座。

2. 由软件引起的故障

软件在安装、使用和卸载的过程中也会引起故障，主要有以下几个方面原因：

（1）系统文件误删除

由于 Windows 操作系统启动需要有 Command.com、Io.sys、Msdos.sys 等文件，如果这些文件遭到破坏或被误删除，就会引起电脑不能正常使用。

（2）病毒感染

电脑感染病毒后会出现很多种故障现象，如显示内存不足、死机、重启、速度变慢、系统崩溃等现象，这时可以使用杀毒软件如腾讯电脑管家、360 杀毒、火绒安全软件、金山毒霸等来进行全面查毒和杀毒，并定时升级杀毒软件。

（3）动态链接库文件（DLL）丢失

在 Windows 操作系统中还有一类文件也相当重要，这就是扩展名为 DLL 的动态链接库文件，这些文件从性质上来讲属于共享类文件，也就是说一个 DLL 文件可能会有多个软件在运行时需要调用它。如果在删除一个应用软件时，该软件的反安装程序会记录它曾经安装过的文件并准备将其逐一删去，这时就容易出现被删掉的动态链接库文件，同时还会被其他软件用到的情形，如果丢失的链接库文件是比较重要的核心链接文件，那么系统就会出现死机，甚至导致系统崩溃。

（4）注册表损坏

在 Windows 操作系统中，注册表主要用于管理系统的软件、硬件和系统资源。有时用户操作不当、黑客的攻击、病毒的破坏等原因会造成注册表的损坏，也会造成电脑故障。

（5）软件升级故障

大多数人可能认为软件升级是不会有问题的，事实上在升级过程中都会对其中共享的一些组件也进行升级，但其他程序可能不支持升级后的组件，从而导致电脑出现故障。

（6）非法卸载软件

不要把软件安装所在的目录直接删掉，如果直接删掉，注册表及 Windows 目录中会有很多垃圾存在，时间长了系统也会不稳定，以致出现电脑故障。

6.3 电脑故障常用检测方法

电脑故障有许多种,单凭系统警报和提示信息只能了解电脑故障发生的大致位置和原因,所以还需要对故障进行检测,进一步确定电脑故障。下面将详细介绍维修电脑故障的常用方法。

6.3.1 观察法

观察法可以用4种方式来完成,分别为"听、闻、摸、看"。

(1)听

当电脑出现故障时,通常会伴有报警声或异常响声。如果硬盘出现"咔咔"的声音,可能是硬盘出现了坏道。总之,通过"听"机箱喇叭的声音可以发现一些故障隐患。

(2)闻

"闻"是指电脑出现故障时能够闻到一些异常气味。如果闻到烧焦的味道,可能是电脑部件烧毁了。

(3)摸

"摸"是指通过手触摸电脑的部件,查看是否有过热的部件,或者利用专业工具查看是否漏电或出现松动现象。

(4)看

"看"是指通过眼睛观察,检查出现异常的地方。观察法适合于有明显现象的故障,如检查主机内部故障,如右图所示。

① 查看电脑元器件上是否有腐蚀或氧化现象发生。
② 查看元器件的引脚部分,是否有引脚倾斜或断裂。
③ 查看连接电缆以及插头与电源线是否插紧。
④ 查看是否有污垢或异物。

6.3.2 清洁法

灰尘对电脑硬件的影响很大,很多故障都是由于灰尘太多造成静电或短路现象。电脑工作环境应该保持干净,对电脑进行清洁可以排除元器件老化、短路和接触不良等常见故障。

对电脑清洁主要包括以下两个方面:

(1)除尘

对电脑各个硬部件所散布的灰尘进行吹扫或吸尘,如下图(左)所示。

(2)除氧化

最好的方法是使用专业的清洁剂进行清除,如果没有清洁剂,也可以用橡皮擦对氧化部分进行擦拭来去除氧化层,如下图(右)所示。

6.3.3 替换法

替换法是故障排除的常用方法，是指将功能与型号相同或相近的部件进行替换来判断此部件是否存在故障。

如果怀疑电脑部件有故障，可以将其拆卸下来安装到正常的电脑上，开机检测看是否能正常使用。如果能正常工作，说明此部件不存在故障，继续测试其他部件，直到找到有问题的部件。

将正常的电脑中功能相似的部件拆卸下，安装到有故障的电脑中，检查电脑是否还有故障。如果没有，则说明不是拆卸下来的部件出故障了；如果有，则说明此部件是出现故障的原因。

6.3.4 拔插法

如果诊断依然没有头绪，不知道到底是哪里出现故障时，可以采用拔插法来查找故障原因。拔插法就是通过在关机断电后将主机内的部件设备拔下或插上的方式来判断故障的位置。例如，将某一设备拔下后，开机检测故障消失，就可以断定是此设备出现问题了。

6.3.5 最小系统法

当电脑出现故障时，可以采用最小系统法排查故障。最小系统法是指保留系统能运行的最小环境，把其他电脑配件及输入/输出接口设备从系统扩展槽中暂时卸下，再加电观察最小系统能否正常启动运行。

电脑硬件最小系统由电源、主板、CPU 和内存组成，其中没有任何信号线的连接，只有电源到主板的电源连接。在判断电脑故障的过程中，通过声音来判断这一核心组成部分是否正常工作。

6.3.6 逐步添加/去除法

逐步添加法以最小系统为基础，每次只向系统添加一个部件/设备或软件来检查故障现象是否消失或发生变化，以此来判断并定位故障部位。

逐步去除法正好与逐步添加法的操作相反。逐步添加/去除法一般要与替换法配合，才能较为准确地定位故障部位。

6.3.7 BIOS 清除法

在设置 BIOS 时，可能将某些重要参数设置错误而造成电脑硬件无法正常工作，此时可以通过 BIOS 清除法来将 BIOS 设置恢复到默认值。方法有两种：一种是进入 BIOS 界面，对相应的选项进行恢复设置；二是通过对 BIOS 放电，以将其恢复为默认设置。

6.3.8 万用表测量法

在排除故障时，对电压和电阻进行测量也是判断相应部件是否存在故障的常用方法。使用万用表对元器件的电压和电阻进行测量，如果出现电压或电阻异常，则可能是此元器件出现了故障，如下图所示。

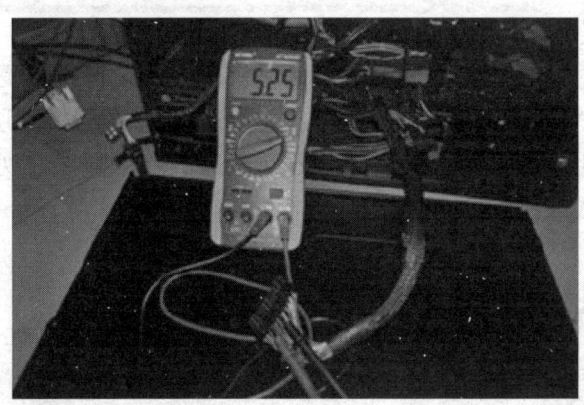

6.3.9 查找病毒法

病毒也是引起电脑故障的重要因素，可以通过查杀病毒来排除故障。下列情况就可能是由于病毒引起的电脑故障。

（1）系统无法正常启动

病毒修改了硬盘的引导信息，或者删除了某些启动文件，如引导型病毒引导文件损坏、硬盘损坏或参数设置不正确、系统文件非人为地被删除等。

（2）经常死机

病毒打开了许多文件或占用了大量内存，系统不稳定（如内存质量差，硬件超频性能差等），运行了大容量的软件占用了大量的内存和磁盘空间，使用了一些测试软件，硬盘空间不够等。运行网络上的软件时经常死机也许是由于网络速度太慢，所运行的程序太大，或者自己的电脑硬件配置太低。

（3）文件打不开

病毒修改了文件格式或文件链接位置；文件损坏、硬盘损坏、文件快捷方式对应的链接位置发生了变化，原来编辑文件的软件删除了；如果在局域网中，多表现为服务器中文件存放位置发生了变化，而工作站没有及时刷新服务器的内容。

（4）系统运行速度慢

病毒占用了内存和 CPU 资源，在后台运行了大量非法操作。硬件配置低，打开的程序太多或太大，系统配置不正确。如果运行的是网络上的程序时，多数是由于电脑配置太低造成的。也有可能此时网络正忙，有许多用户同时打开一个程序。还有一种可能就是电脑硬盘空间不够用来运行程序时作临时交换数据用。

（5）出现大量来历不明的文件

可能病毒复制了文件，也可能是一些软件安装中产生的临时文件，还可能是一些软件的配置信息及运行记录。

（6）键盘或鼠标无故锁死

病毒作怪，特别要留意木马。键盘或鼠标损坏，主板上键盘或鼠标接口损坏，运行了某个键盘或鼠标锁定程序。所运行的程序太大，长时间系统很忙，表现为按键盘或鼠标不起任何作用。

6.3.10 敲击法

有时电脑运行时好时坏，出现了故障之后等段时间又自行恢复了。出现这种情况可能是由于内部元器件出现虚焊或接触不良造成的，这时可以采用敲击法进行检查。关机后拆开机箱，用橡皮锤轻轻敲击或按压可能有故障的部件，观察系统是否恢复正常，然后进一步将故障排除即可。

6.4 电脑故障排查原则与流程

排查故障的方法很多，切不可随意乱用，在排查故障之前应该掌握其基本的处理原则。

6.4.1 排查电脑故障的原则

一般情况下，排查电脑故障的原则如下：

（1）先分析

遇到电脑故障时，首先根据故障现象大致分析该故障是硬件故障还是软件故障，应该采用哪种诊断方法。

（2）判断真伪

有些故障只是一些"假"故障，如接触不良、安装不紧等。有些故障是"真"故障，确实是硬件或软件损坏了，所以要仔细辨别。

（3）先软后硬

电脑故障主要是硬件故障和软件故障，在处理故障时应先排查软件故障，很多故障是软件故障造成的，在确定不是软件故障后再排查硬件故障。

（4）由外到内

诊断故障时应遵循"由外到内，由大到小"的原则逐步缩小排查范围，最终找到故障点。先从故障设备的外表查看是否存在异常，再到部件内部排查，直到找到故障点。

（5）从简单到复杂

在遇到电脑故障时应从最简单的方法做起，比如主机不亮，首先应该想到是否是灰尘太多造成主板接触不良或产生静电，如果清洁灰尘后故障依旧，再去查找一些更复杂的原因。

6.4.2 排查电脑故障的流程

当电脑出现故障时，首先判断是硬件故障还是软件故障，再利用排除法进行诊断与排查。下图列出了诊断故障的基本步骤。

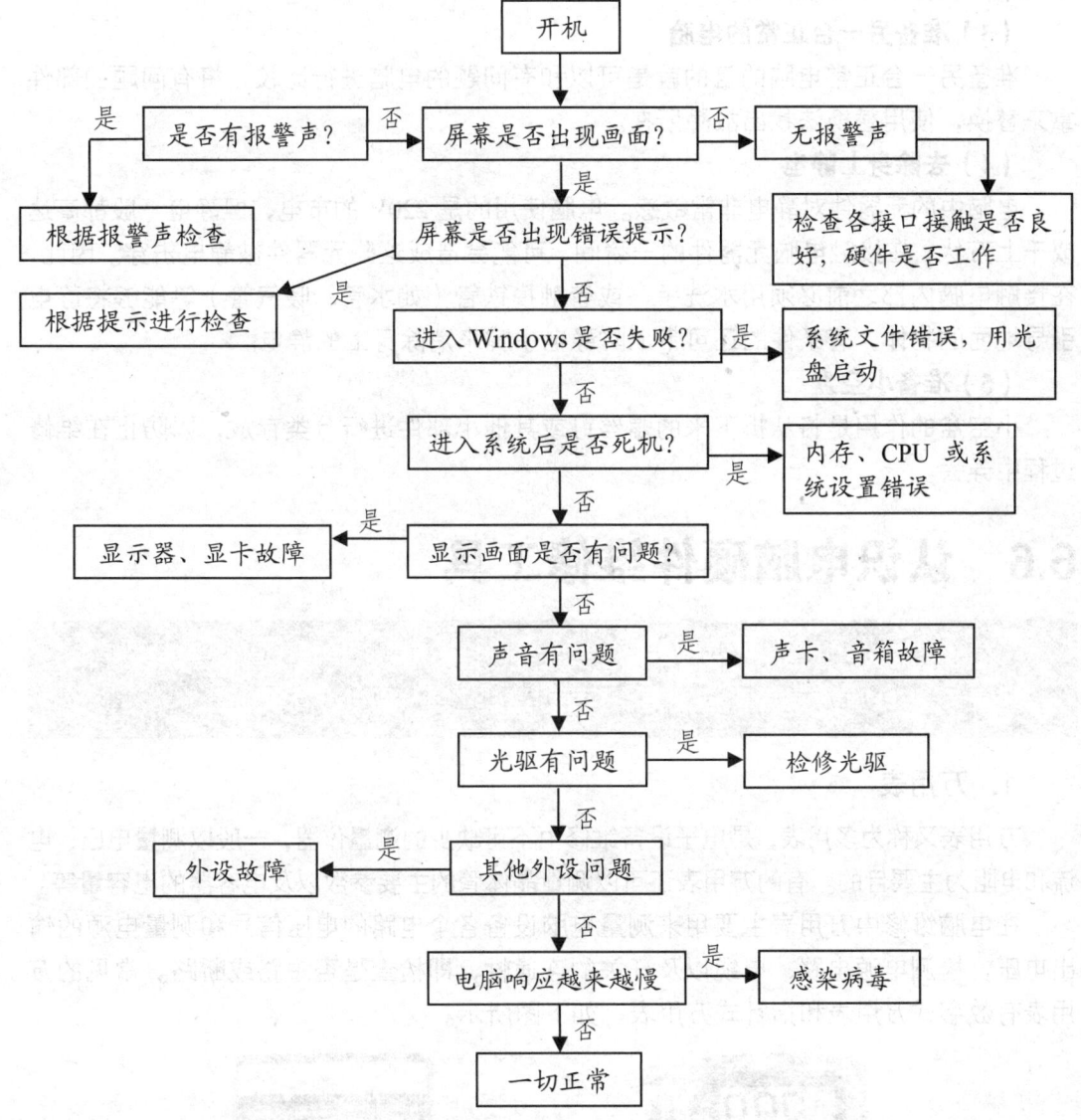

6.5 电脑维修前的准备工作

在进行电脑维修前，要做好一些必要的准备工作，以便维修工作能够顺利完成。

（1）断开电脑电源

在拆装电脑部件时，应先断开电脑电源，不要直接插拔，以免伤害人体或烧坏电脑。

（2）准备维修工具

维修电脑的工具分为硬件工具和软件工具两类。硬件工具主要包括常用的螺丝刀、镊子、尖嘴钳、万用表、诊断卡、打阻值卡、电烙铁、吸锡器、除尘毛刷、吹起球及小空盒等；软件工具主要包括 U 盘急救盘、分区软件、数据恢复软件、硬件检测软件、系统维护软件、杀毒软件等。

（3）准备另一台正常的电脑

准备另一台正常电脑的目的就是可以和有问题的电脑进行比较，将有问题的部件拿来替换，使用替换法找出故障所在。

（4）去除身上静电

电脑中的元器件对静电非常敏感。电脑使用的是 220V 的市电，但静电一般都高达成千上万伏，在接触电脑元器件的一瞬间，可能会造成这些元器件被静电击穿。因此，在接触电脑内部之前必须用水洗手，或者触摸铁管（如水管、暖气管）等能够将静电引导地面的物体，有条件的还可带上防静电手腕来消除身上的静电。

（5）准备小空盒

小空盒的作用是将从拆下来的螺丝钉或其他小部件进行分类存放，以防止在维修过程中弄丢。

6.6 认识电脑硬件维修工具

在维修电脑时，常用的硬件维修工具主要包括万用表、焊接工具、主板诊断卡、打阻值卡、CPU 假负载及清洁工具，下面对这些工具分别进行简单介绍。

1．万用表

万用表又称为多用表，是电子设备维修中不可缺少的测量仪器，一般以测量电压、电流和电阻为主要目的。有的万用表还可以测量晶体管的主要参数以及电容器的电容量等。

在电脑维修中万用表主要用来测量电脑设备各个电路的电压信号和测量电源的输出电压，检测电源电路、电缆以及开关的连通性，即检查是否短路或断路。常见的万用表有数字式万用表和指针式万用表，如下图所示。

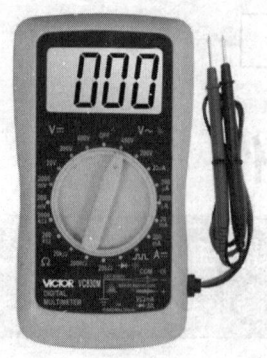

2. 焊接工具

电脑维修中常用的焊接工具有电烙铁、热风枪、热风焊台、吸锡器和锡炉等，下面将分别进行简要介绍。

（1）电烙铁

电烙铁主用于焊接元器件及导线，分为外热式和内热式两种。内热式的电烙铁发热效率较高，且更换烙铁头较方便，体积小，价格便宜，已成为一般用户维修的最佳选择。

内热式电烙铁由连接杆、手柄、弹簧夹、烙铁芯、烙铁头（也称铜头）5个部分组成，如下图（左）所示。烙铁芯安装在烙铁头的里面（发热快，热效率高达85%以上），采用镍铬电阻丝绕在瓷管上制成，一般功率在20W~50W之间。

外热式电烙铁一般由烙铁头、烙铁芯、外壳、手柄和插头等部分组成，如下图（右）所示。烙铁头安装在烙铁芯内，用热传导性好的铜为基体的铜合金材料制成。外热式电烙铁的特点是功率高，一般在45W~100W，可以焊接一些比较大的元器件，通常在专业加工和批量焊接时使用。

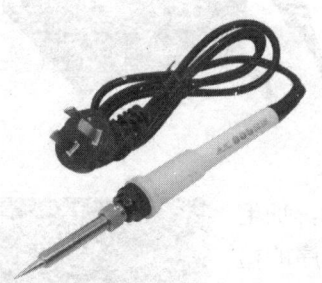 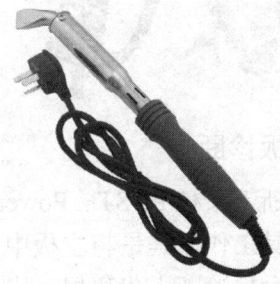

电烙铁在使用时放在烙铁架上，并使用耐热海绵来擦洗烙铁头，如下图（左）所示。在焊接时，还需要使用吸锡器来收集拆卸焊接电子元器件时融化的焊锡，如下图（右）所示。

（2）焊锡和助焊剂

在焊接时还需要焊锡和助焊剂。在焊接电子元器件时，一般采用有松香芯的焊锡丝。这种焊锡丝熔点较低，而且内含松香助焊剂，使用极为方便，如下图（左）所示。

常用的助焊剂是松香或松香水（将松香溶于酒精中），如下图（右）所示。使用助焊剂可以帮助清除金属表面的氧化物，利于焊接，又可以保护烙铁头。焊接较大元器件或导线时，也可以采用焊锡膏，但它有一定的腐蚀性，焊接后应及时清除残留物。

（3）热风枪/热风焊台

热风枪主要是利用发热电阻丝的枪芯吹出的热风来对元器件进行焊接与摘取。热风枪用来拆焊小型贴片元器件和贴片集成电路，主要由气泵、气流稳定器、线性电路板、手柄和外壳等基本组件构成，如下图（左）所示。而使用热风焊台则可以根据被修电路的特点调整热风枪的风度和温度，如下图（右）所示。

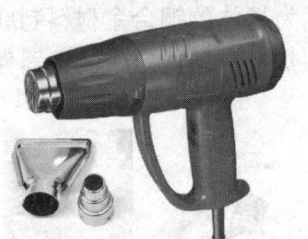

3. 主板诊断卡

主板诊断卡又称 POST（Power On Self Test，加电自检）卡，其工作原理是将主板中 BIOS 内部程序的检测结果通过主板诊断卡代码显示出来。结合诊断卡的代码含义速查表就能快速知道电脑故障所在，尤其在电脑不能引导操作系统、黑屏或喇叭不叫时，使用主板诊断卡相当方便，如右图所示。

4. 打阻值卡

在电脑维修过程中，需要用万用表测量主板上的各个测试点的电压及电阻，但这些测试点的分布很分散，不容易记忆且测试比较繁琐，此时可以使用打阻值卡进行测试。打阻值卡分为 CPU 打值卡、内存打值卡、PCI 打值卡、PCI-E 打值卡、PS/2 打值卡、USB 打值卡等，在打阻值卡上面一般标有时钟、复位、电压等信号，分别测量相应插口的电压、电阻、时钟、复位，方便维修时准确地找到各个测试点。下图所示为内存打阻值卡。

5. CPU 假负载

CPU 假负载是维修主板必备的工具，主要用于测量 CPU 的各个点与电压是否正常，以避免装上真的 CPU 时被烧坏，也可以用于测量 CPU 通向北桥或其他通道的 64 根数据线和 32 根地址线是否正常，如下图所示。

6. 清洁工具

常用的清洁工具有清洁剂、毛刷、吹气囊、电脑吹风机及橡皮擦等。

（1）专用清洁剂

电脑专用清洁剂用来清除电脑上的静电污渍，如下图（左）所示。其带有喷嘴，使用时只要将清洁剂喷洒在电脑、打印机等设备的外壳上，然后用海绵涂抹均匀，等待几分钟后再用海绵或清洁布轻轻抹掉上面的污渍即可。在清洁电脑显示器、键盘等设备时，必须使用这类清洁剂，否则很难清除设备外壳上的污渍。

（2）除尘毛刷

在清洁风扇及板卡上的灰尘时，往往不能直接用抹布来清扫，必须要借助毛刷，才能在不损坏元器件的前提下将附着在元器件上的灰尘清扫掉，如下图（右）所示。

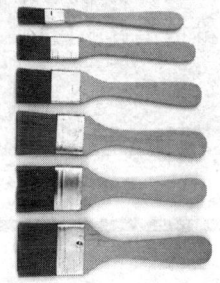

（3）吹气囊或电脑吹风机

对于有些灰尘，是不便于用刷子来刷的，必须通过空气"吹掉"，这时最好用吹气囊（俗称"皮老虎"）来吹，如下图（左）所示，或者用专业的电脑吹风机吹也可以，如下图（右）所示。

除了上述维修工具外，还要准备抹布、螺丝刀、镊子和橡皮擦等工具。其中橡皮擦是必备的工具，尤其是清除金手指的氧化物时很管用。

Chapter 07 快速修复 Windows 系统故障

本章将学习 Windows 操作系统在运行过程中常见故障的排除方法，如电脑运行缓慢、某些功能无法使用等，其中包括 Windows 7 和 Windows 10 操作系统常见故障的诊断与排除方法，以及如何对系统进行安全防护设置。

本章要点

- Windows 7 系统常见故障分析与修复
- Windows 10 系统常见故障分析与修复
- 系统维护工具的应用

知识等级

中级读者

建议学时

建议学习时间为 90 分钟

7.1 Windows 7 系统常见故障分析与修复

下面将对 Windows 7 操作系统常见故障的诊断与排除方法进行详细介绍。

【故障维修 1】系统不稳定，有些系统自带功能不可用

故障描述：系统变得不稳定，有些系统自带功能变得不可用。

故障查找与维修：此故障可能是由于系统文件遭到破坏引起的，可以通过 sfc 命令来修复系统错误，sfc 命令的作用为扫描系统文件的完整性并修复受损的系统文件。使用 sfc 命令扫描系统文件的具体操作方法如下：

01 执行 sfc 命令 打开命令提示符窗口，输入 sfc /scannow 命令，如下图所示。

02 扫描系统文件 按【Enter】键确认，开始扫描系统文件并显示进度，如下图所示。

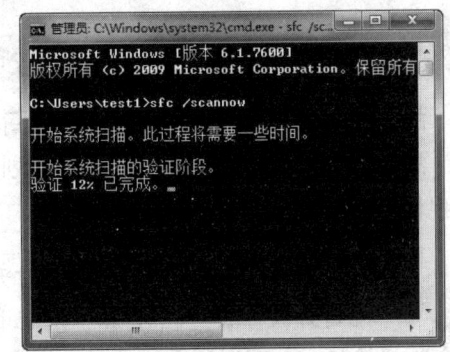

sfc 命令的具体用法如下：

用法：sfc[/scannow][/scanonce][/scanboot][/revert][/purgecache][/cachesize=x][/?]
参数说明如下：

- /scannow 立即扫描所有受保护的系统文件。
- /scanonce 一次扫描所有受保护的系统文件。
- /scanboot 每次重启电脑时扫描所有受保护的系统文件。
- /revert 将扫描返回到默认操作。
- /purgecache 立即清除"Windows 文件保护"文件高速缓存，并扫描所有受保护的系统文件。
- /cachesize=x 设置"Windows 文件保护"文件高速缓存的大小，单位为 MB。
- /? 显示该命令的帮助信息。

【故障维修 2】开机提示未能连接一个 Windows 服务

故障描述：电脑开机后，在任务栏右侧弹出提示"Windows无法连接到System Event Notification Service 服务"，如下图（左）所示。

故障维修：重启电脑，按【F8】键，然后选择"安全模式"登录系统。打开"运

行"对话框，输入 netsh winsock reset catalog 命令，然后单击"确定"按钮，然后重启电脑即可，如下图（右）所示。

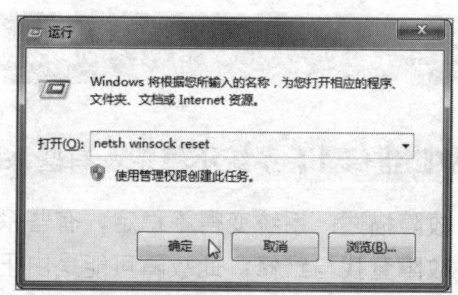

Winsock 是 Windows 网络编程接口，Winsock 工作在应用层，它提供与底层传输协议无关的高层数据传输编程接口，netsh winsock reset 命令的含义是把它恢复到默认状态，以解决由于软件冲突、病毒等原因造成的参数错误问题。

如果一台电脑上的 Winsock 协议配置有问题，将会导致网络连接问题，此时就需要用 netsh winsock reset 命令来重置 Winsock 目录，借以恢复网络。

【故障维修3】电脑暂停使用一段时间就进入睡眠状态

故障描述：电脑暂停使用一段时间就进入睡眠状态。

故障维修：可以通过更改电源计划来更改电脑进入睡眠状态的等待时间或者取消睡眠状态，具体操作方法如下：

01 **单击"系统和安全"超链接** 打开"控制面板"窗口，单击"系统和安全"超链接，如下图所示。

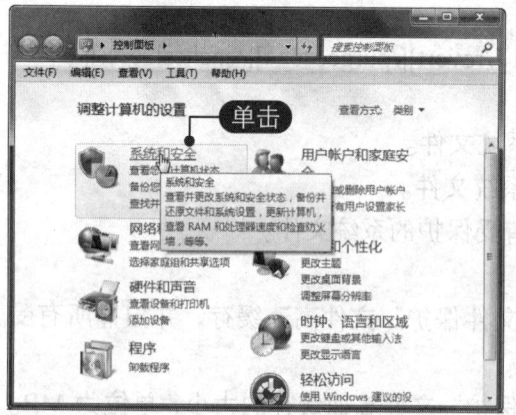

02 **单击"更改计算机睡眠时间"超链接** 在打开的"系统和安全"窗口中单击"更改计算机睡眠时间"超链接，如下图所示。

03 **编辑计划设置** 在打开的窗口中单击"使计算机进入睡眠状态"下拉按钮，选择合适的时间即可，如下图所示。若选择"从不"选项，将会取消电脑睡眠功能。

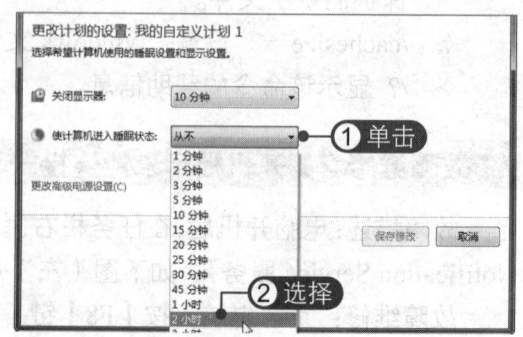

【故障维修 4】登录系统时忘记账户登录密码

故障描述： 登录 Windows 7 系统时忘记用户登录密码，无法进入系统。

故障维修： 遇到这种情况，可以通过以下两种方法登录系统。

1. 使用 U 盘急救盘清除账户密码

使用 U 盘急救盘来清除账户密码的具体操作方法如下：

01 单击"Windows 密码清除器"命令 使用 U 盘启动盘进入 PE 系统，单击"开始"|"程序"|"密码管理"|"Windows 密码清除器"命令，如下图所示。

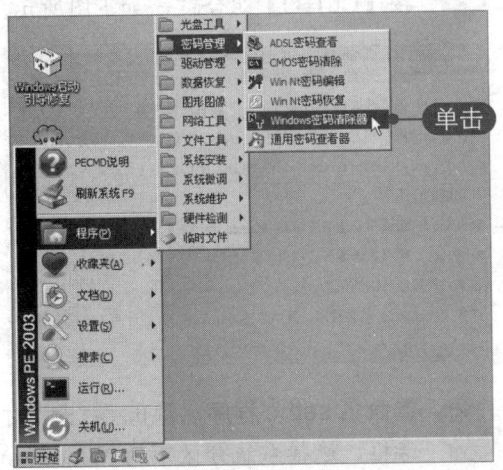

02 查看 SAM 文件路径 启动密码清除器程序，程序自动给出了 SAM 文件路径，如下图所示。SAM 文件是 Windows NT 用户账户数据库，所有用户的登录名和密码信息都会保存在这个文件中。

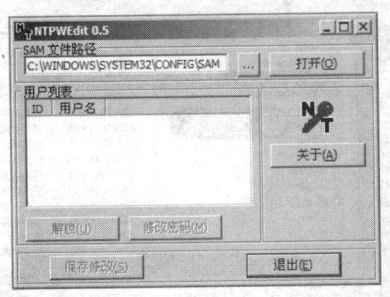

03 更改 SAM 文件路径 由于电脑安装了双系统，Windows 7 系统在 I 盘目录下，在此将 SAM 文件路径的 C 改为 I，然后单击"打开"按钮，即可显示出 Windows 7 系统用户列表，如下图所示。

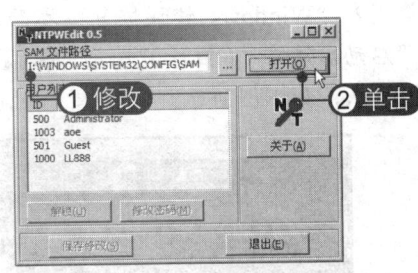

04 单击"修改密码"按钮 选择要清除密码的用户，单击"修改密码"按钮，如下图所示。

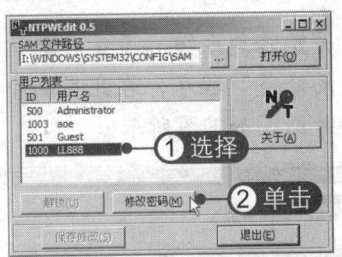

05 清空用户密码 在弹出的对话框中可设置新密码，直接单击"确认"按钮可清空用户密码，如下图所示。

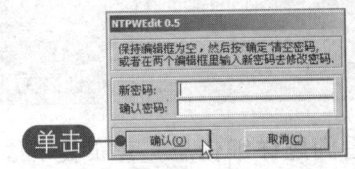

06 单击"保存修改"按钮 密码修改完毕后，单击"保存修改"按钮，然后退出程序即可，如下图所示。

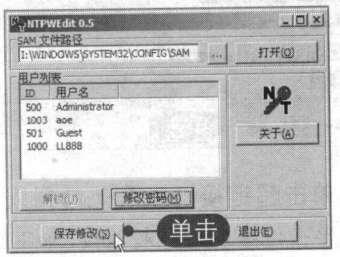

2. 使用启动修复重置账户登录密码

若忘记了账户登录密码，身边又没有应急启动盘，可以在不借助破解工具的情况下重置账户登录密码，具体操作方法如下：

01 设置启动修复 在开机时当出现 Windows 徽标画面时按机箱上的电源键使电脑强制重启，当再次启动电脑时将进入"Windows 错误恢复"界面，选择"启动启动修复(推荐)"选项，并按【Enter】键确认，如下图所示。

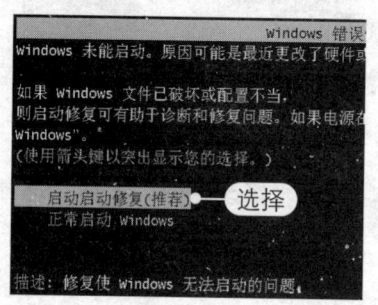

02 开始修复系统 系统开始运行"启动修复"程序，在此界面中需要耐心等待片刻，如下图所示。

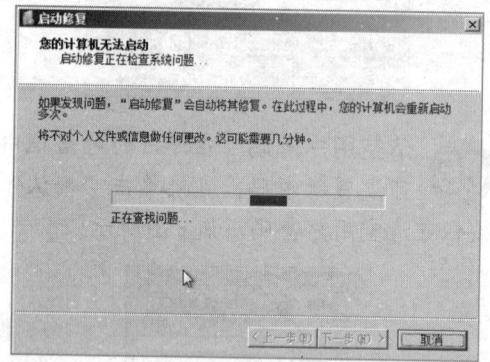

03 查看问题详细信息 弹出提示信息框，提示"无法自动修复此计算机"，单击"查看问题详细信息"选项，如下图所示。

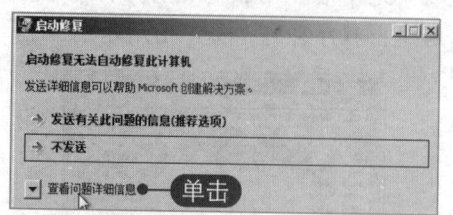

04 单击超链接 在展开的列表框下方单击记事本文件超链接，如下图所示。

05 打开记事本程序 打开记事本程序，按【Ctrl+O】组合键，如下图所示。

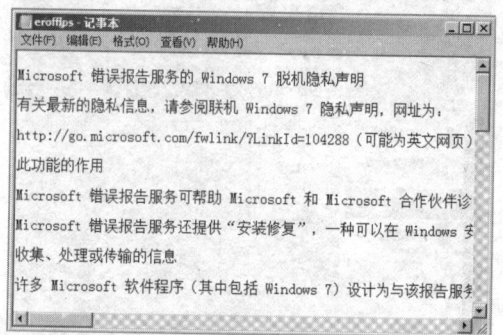

06 重命名 sethc 程序 弹出"打开"对话框，选择系统分区下的 Windows\System32 目录，在"文件类型"下拉列表框中选择"所有文件"选项，找到 sethc 程序（即粘滞键功能），将其重命名为任意名称，如下图所示。

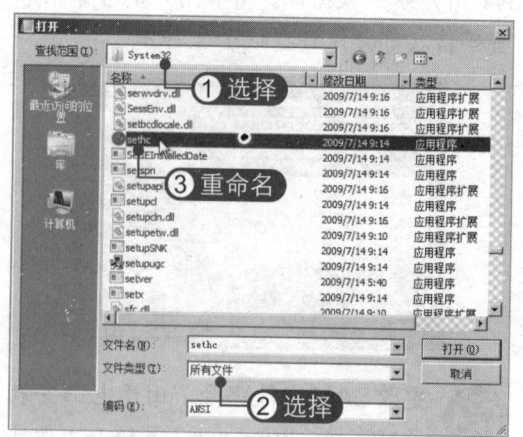

07 重命名 cmd 程序 找到 cmd 程序，将其重命名为 sethc，单击"取消"按钮，关闭对话框，如下图所示。

08 输入命令 关闭所有对话框，并正常启动电脑。进入用户登录界面后连续按 5 次【Shift】键，弹出命令提示符窗口（因为上一步将命令提示符改为了粘滞键功能），输入 control userpasswords2 命令，并按【Enter】键确认，如下图所示。

09 单击"重置密码"按钮 弹出"用户账户"对话框，选择用户，单击"重置密码"按钮，如下图所示。

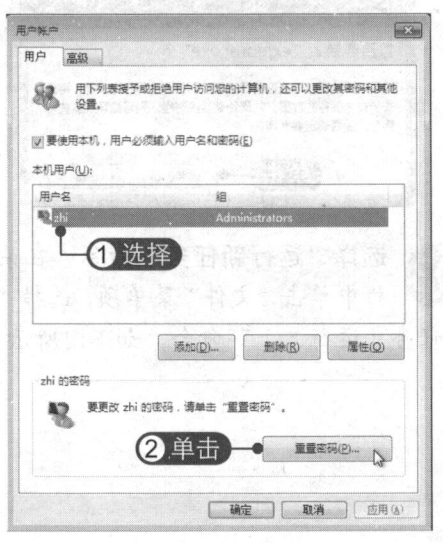

10 设置账户密码 弹出"重置密码"对话框，输入并确认新密码，单击"确定"按钮，如下图所示。

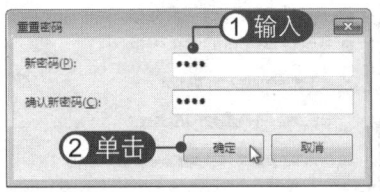

11 创建新账户 除了修改账户密码外，还可创建新的账户，绕过原有账户使用新账户登录系统。在命令提示符窗口中输入 net user yun 123 /add 命令，即可创建一个名为 yun 密码为 123 的新账户，如下图所示。

12 查看修改效果 重启电脑，进入账户登录界面，可以查看修改效果，如下图所示。

13 查看轻松访问 在账户登录界面中单击"轻松访问"按钮，在弹出的对话框中可以看到能从登录界面启动的相关程序。若将 cmd 程序重命名为 magnify（即放大镜工具），也可在登录界面打开命令提示符窗口，以修改密码或新建账户。

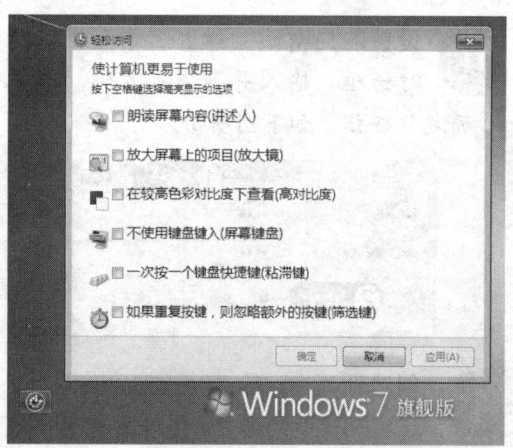

使用 net user 命令管理账户的具体方法如下：

（1）net user fei 1234 /add（创建一个名为 fei，密码为 1234 的账户）；

（2）net user fei（查看 fei 账户的配置信息）；

（3）net user fei /active:no（禁用 fei 账户）；

（4）et user xiaofei /delete（删除 fei 账户）。

还可以使用 net localgroup 命令可快速添加、显示或更改本地组，例如：

- net localgroup（查看系统中包含哪些组）；
- net localgroup administrators fei /add（将 fei 账户添加到管理员组中）；net localgroup users fei /delete（将 fei 账户从 users 组删除）。

【故障维修 5】任务栏和桌面图标消失

故障描述：启动 Windows7 系统后，看不到桌面图标和任务栏。

故障维修：系统在运行时后台有许多进程在运行，以保证电脑正常工作。其中 explorer.exe 进程用于管理 Windows 图形壳，包括"开始"菜单、任务栏、桌面和文件管理等。

若电脑运行的程序过多或系统发生错误，将导致 explorer 进程无法响应，任务栏和桌面图标都将消失不见，此时可以按照以下方法解决故障。

01 结束进程 按【Ctrl+Shift+Esc】组合键，打开"Windows 任务管理器"窗口，选择"进程"选项卡，选择 explorer.exe 进程并右击，选择"结束进程"命令，如下图所示。

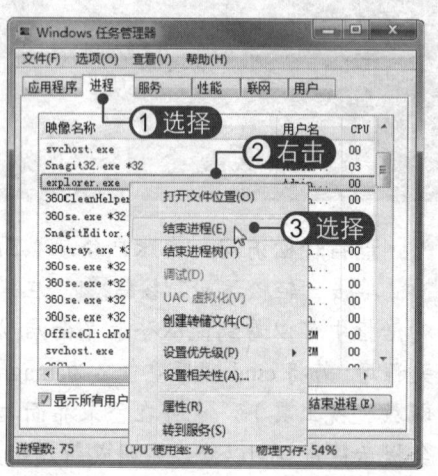

02 单击"结束进程"按钮 弹出提示信息框，单击"结束进程"按钮结束该进程，如下图所示。

03 选择"运行新任务"命令 在菜单栏中单击"文件"菜单项，选择"新建任务（运行...）"命令，如下图所示。

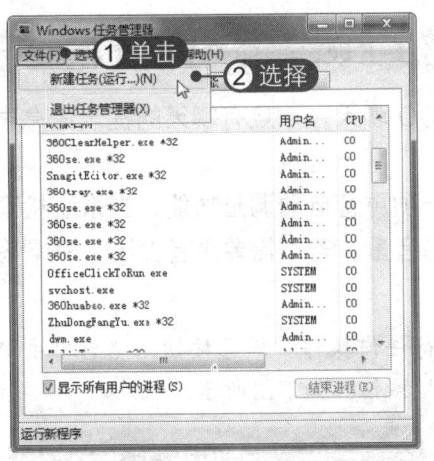

04 **运行命令** 弹出"创建新任务"对话框,在"打开"文本框中输入 explorer 命令,然后单击"确定"按钮,重新加载该进程即可,如下图所示。

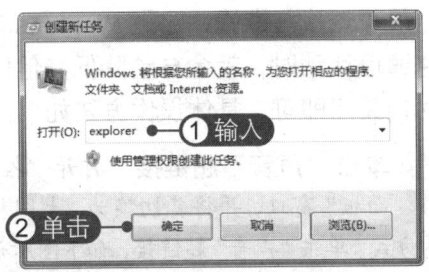

【故障维修6】搜索栏中包含很多旧的搜索历史记录

故障描述:Windows 7 搜索栏中包含很多旧的搜索历史记录。

故障维修:Windows 7 的搜索功能非常强大,也很智能,在电脑上搜索资料后会在搜索栏中留下记录,这样就有可能泄露个人隐私,可以通过修改组策略的方法禁止其留下搜索记录,具体操作方法如下:

01 **执行命令** 打开"运行"对话框,输入 gpedit.msc 命令,然后单击"确定"按钮,如下图所示。

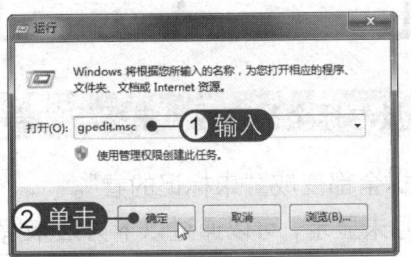

02 **双击资源管理器选项** 在打开窗口的左窗格中展开"用户配置"|"管理模板"|"Windows 组件"选项,在右窗格中双击"Windows 资源管理器"选项,如下图所示。

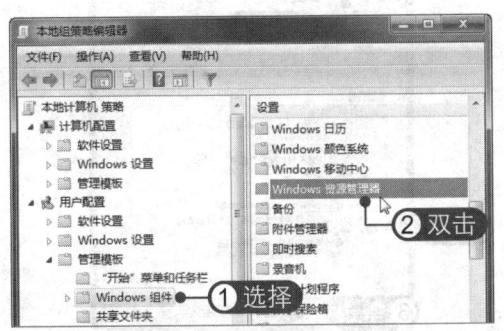

03 **双击组策略选项** 在右窗格中双击"在 Windows 资源管理器搜索框中关闭最近搜索条目的显示"选项,如下图所示。

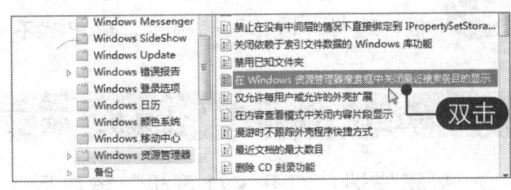

04 **启用组策略** 在打开的策略属性窗口中选中"已启用"单选按钮,然后单击"确定"按钮即可,如下图所示。

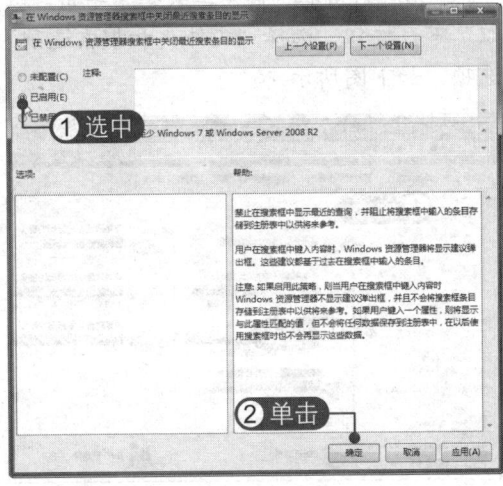

【故障维修7】边听歌边聊天，聊天提示音一出现，歌曲音量就突然变小

故障描述：使用 Windows 7 系统边听歌边 QQ 聊天，一旦有聊天的提示信息声音出现，歌曲声音的音量就会突然变小。

故障查找与维修：这是 Windows 7 系统的一项声音自动调整功能，当系统检查到网络通信活动时，就会自动降低其他所有声音的音量。若不需要声音变小，只需将该项功能关闭即可，具体操作方法如下：

01 单击"声音"超链接 打开"控制面板"窗口，并将其切换为"大图标"查看方式，单击"声音"超链接，如下图所示。

02 设置系统声音 弹出"声音"对话框，选择"通信"选项卡，选中"不执行任何操作"单选按钮，然后单击"确定"按钮，如下图所示。

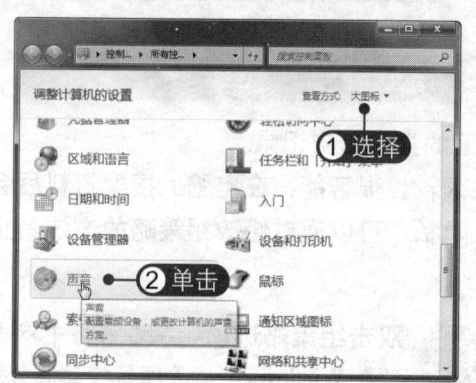

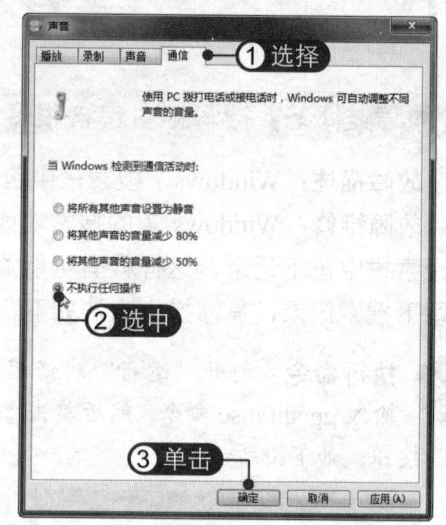

【故障维修8】打开"计算机"窗口后，磁盘卷标全都变成"未标记的卷"

故障描述：打开"计算机"窗口后，磁盘卷标全都变成"未标记的卷"。

故障查找与维修：出现此故障是因为驱动器号未显示，可以通过以下方法来解决。

01 选择"文件夹和搜索选项"选项 在"计算机"窗口工具栏中单击"组织"下拉按钮，选择"文件夹和搜索选项"选项，如下图所示。

02 显示驱动器号 弹出对话框，选择"查看"选项卡，在"高级设置"列表框中选中"显示驱动器号"复选框，单击"确定"按钮，如下图所示。

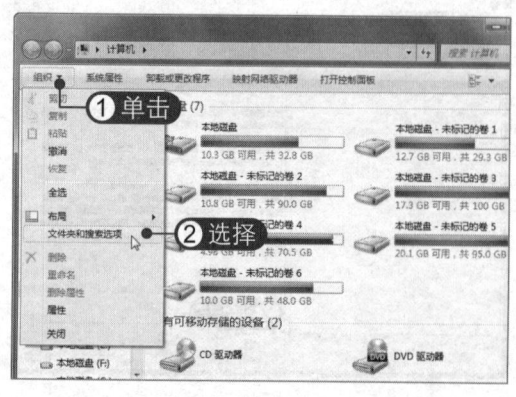

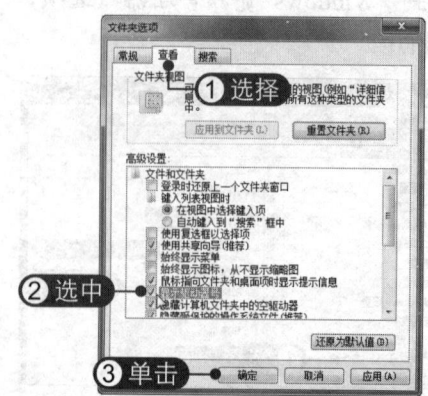

【故障维修9】安装系统更新后无法进入系统

故障描述：对系统进行更新后无法进入系统，或者在启动过程中直接黑屏。

故障查找与维修：此故障可能是由于更新的驱动程序与系统不兼容或错误引起的，可以通过以下方法来解决。

重启电脑，并在启动时按【F8】键，此时将打开"高级启动选项"界面，选择"最近一次的正确配置（高级）"选项启动电脑，将电脑恢复到系统更新前的状态即可，如下图所示。

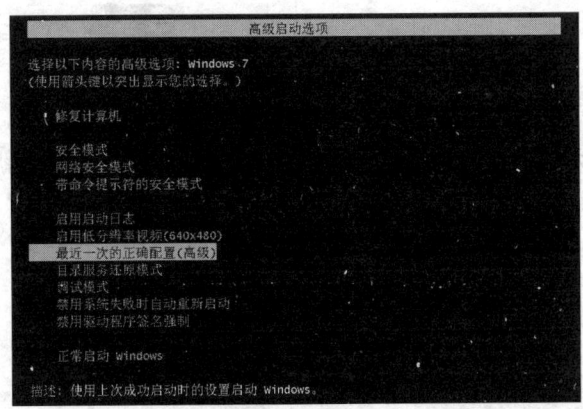

如果知道由于哪个驱动程序不兼容造成无法进入系统（多为显卡驱动），可以选择"安全模式"选项直接进入安全模式，将此驱动程序禁用或删除后重启电脑，然后重装驱动程序即可。

7.2 Windows 10 系统常见故障分析与修复

下面将对 Windows 10 操作系统常见故障的诊断与排除方法进行详细介绍。

【故障维修1】系统无法进入安全模式

故障描述：系统经常蓝屏，想进入安全模式进行杀毒，在电脑启动后按【F8】键无法进入。

故障维修：可以通过以下三种方法进入 Windows 10 系统的安全模式。

（1）通过"系统配置"进入安全模式

01 **执行 msconfig 命令** 按【Windows+R】组合键，打开"运行"对话框，输入 msconfig 命令，然后单击"确定"按钮，如下图所示。

02 **设置安全引导** 在弹出的对话框中选择"引导"选项卡，选择 Windows 10 操作系统，在"引导选项"选项区中选中"安全引导"复选框，单击"确定"按钮，然后重启电脑即可，如下图所示。

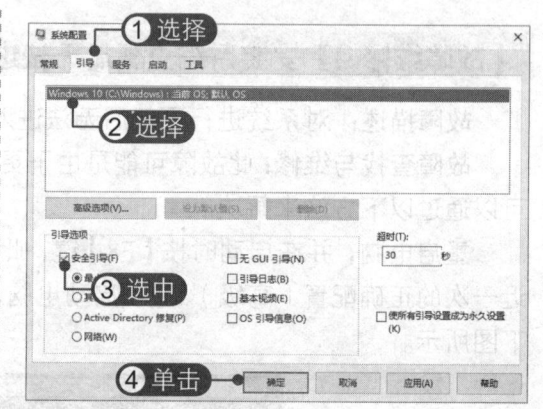

（2）通过"高级启动"进入安全模式

01 选择"更新和安全"选项 按【Windows+I】组合键，打开"设置"窗口，选择"更新和安全"选项，如下图所示。

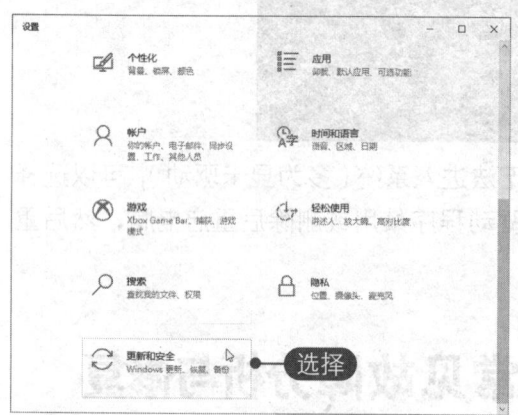

02 单击"立即重新启动"按钮 在左侧选择"恢复"选项，在右侧"高级启动"选项中单击"立即重新启动"按钮即可，如下图所示。

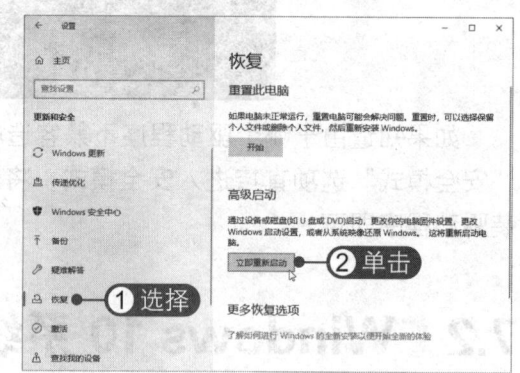

（3）通过【Shift】键进入安全模式

01 按住【Shift】键重启电脑 打开"开始"菜单，单击"电源"按钮，在弹出的菜单中按住【Shift】键选择"重启"选项，如下图所示。

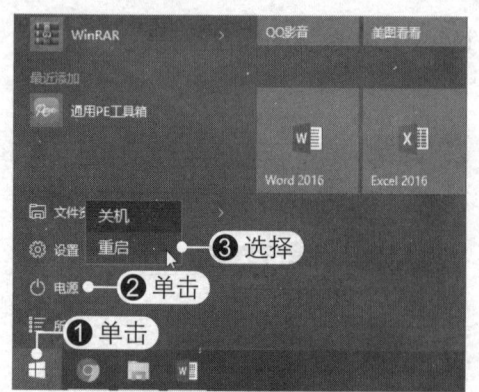

02 选择"疑难解答"选项 重启电脑后进入"选择一个选项"界面，选择"疑难解答"选项，如下图所示。

03 选择"高级选项"选项　进入"疑难解答"界面，选择"高级选项"选项，如下图所示。

04 选择"启动设置"选项　进入"高级选项"界面，选择"启动设置"选项，如下图所示。

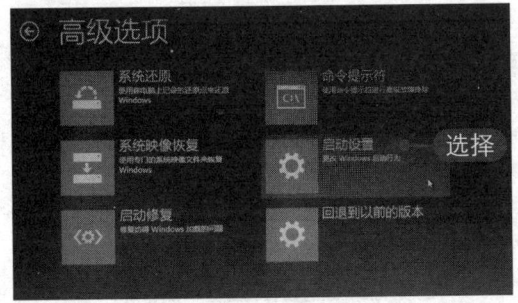

05 单击"重启"按钮　进入"启动设置"界面，单击右下方的"重启"按钮，如下图所示。

06 按【F4】键　在打开的界面中选择所需的启动选项，在此按【F4】键即可选择"启用安全模式"选项，如下图所示。

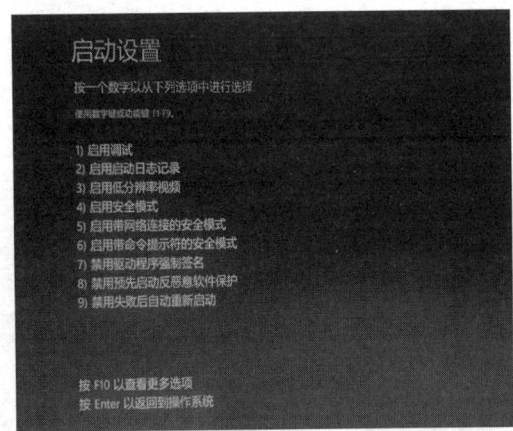

07 进入系统安全模式　电脑再次重启后，即可进入 Windows 10 系统安全模式，如下图所示。

【故障维修2】Windows 10 系统无法关机

故障描述：Windows 10 系统无法关机。

故障查找与维修：出现这种故障，可能是由于启用了"快速启动"功能所导致。快速启动是一项帮助电脑在关机后更快启动的设置。原理是：系统在关机时将系统信息保存到硬盘中，生成一个指定的文件，而当用户再次开机时，内存则会直接读取该文件中的数据来快速恢复系统，而不是重新启动电脑，避免了逐一加载电脑硬件驱动及软件程序、服务等过程。该功能会增加硬盘的读写次数，如果电脑配置了固态硬盘，可以将此功能关闭。

关闭快速启动功能的具体操作方法如下：

01 单击"系统和安全"超链接 打开"控制面板"窗口，单击"系统和安全"超链接，如下图所示。

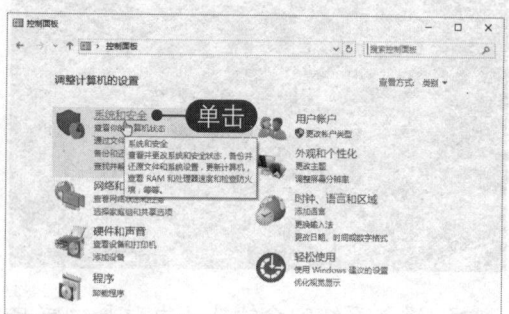

02 更改电源按钮的功能 打开"系统和安全"窗口，在"电源选项"组中单击"更改电源按钮的功能"超链接，如下图所示。

03 更改当前不可用设置 打开"系统设置"窗口，单击"更改当前不可用的设置"超链接，如下图所示。

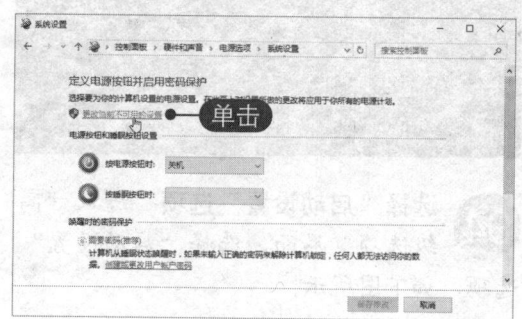

04 取消启用快速启动 在"关机设置"组中取消选择"启用快速启动（推荐）"复选框，然后单击"保存修改"按钮即可，如下图所示。

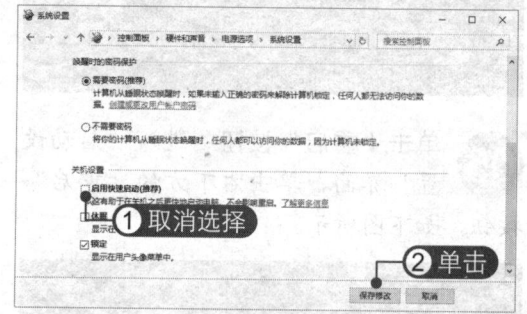

【故障维修3】刚装了 Windows 10 操作系统，却打不开摄像头

故障描述：刚装了 Windows 10 操作系统，不知道从哪里打开电脑中配置的摄像头。

故障维修：可以按照以下方法来打开摄像头：

01 选择"相机"应用程序 打开"开始"菜单，从中选择"相机"应用程序，如下图所示。

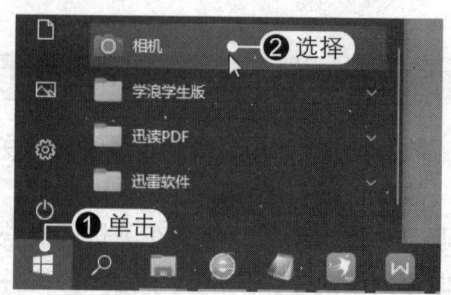

02 **拍摄照片** 此时即可打开摄像头，单击"视频"按钮可以录制视频，单击"照片"按钮可以进行拍照，如下图所示。

03 **设置相机** 单击"设置"按钮，在弹出的界面中可以设置"分帧网格""照片质量""视频质量"等参数，如下图所示。

【故障维修4】无法安装 Android MTP 驱动程序，提示"数据无效"

故障描述：在 Windows 10 系统下无法安装 Android MTP 驱动程序，提示"数据无效"。

故障维修：可以通过以下方法来排除故障：

01 **执行 services.msc 命令** 按【Windows+R】组合键，打开"运行"对话框，输入 services.msc 命令，然后单击"确定"按钮，如下图所示。

Setup Manager 这两个服务，若没有启动，则启动这两个服务，如下图所示。

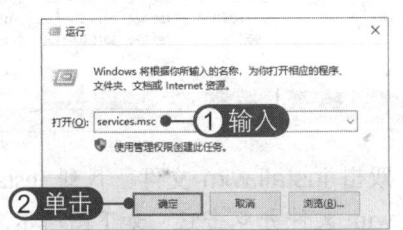

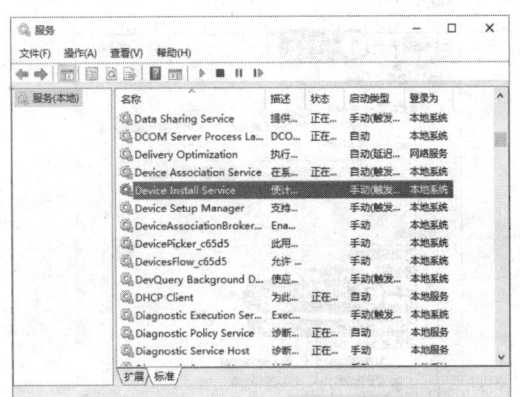

02 **启动两个服务** 打开"服务"窗口，找到 Device Install Service 和 Device

【故障维修5】Windows 恢复环境启动失败

Windows 恢复环境（即 WinRE）是包含一系列高级恢复工具的微型操作系统，可以使用它来修复一些系统故障，它随操作系统默认安装到电脑中。使用它可以在电脑启动时进入高级启动选项，主要包含系统还原、系统映像恢复、启动修复、命令提示符等。WinRE 文件丢失后则无法启动 Windows 恢复，也无法创建恢复驱动器。

遇到此类问题可以从系统原版 ISO 镜像中获取 WinRE.wim 映像,手动创建恢复环境映像目录,具体操作方法如下:

01 **单击"选项"按钮** 打开 C 盘,选择"查看"选项卡,单击"选项"按钮,如下图所示。

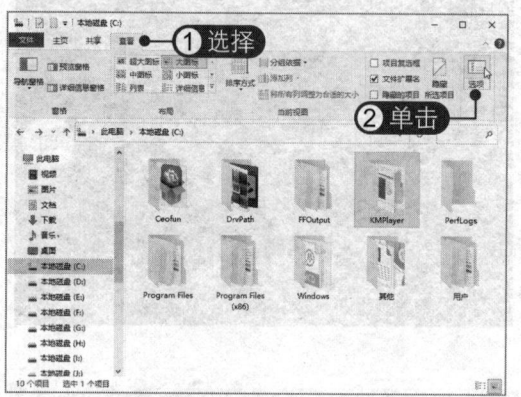

02 **设置显示隐藏文件** 弹出"文件夹选项"对话框,选择"查看"选项卡,在"高级设置"列表中选中"显示隐藏的文件、文件夹和驱动器"单选按钮,取消选择"隐藏受保护的操作系统文件(推荐)"复选框,然后单击"确定"按钮,如下图所示。

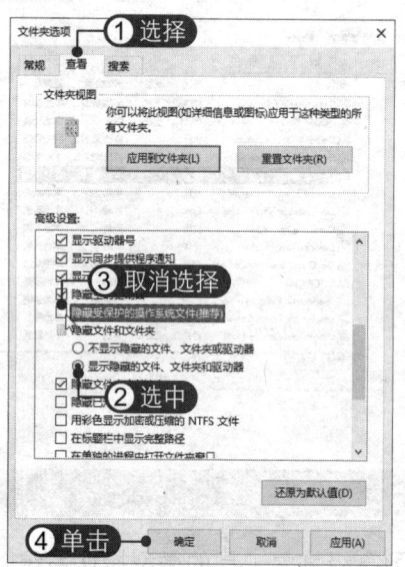

03 **创建映像目录** 在 C 盘找到并打开 Recovery 文件夹,从中新建 WindowsRE 文件夹,如下图所示。

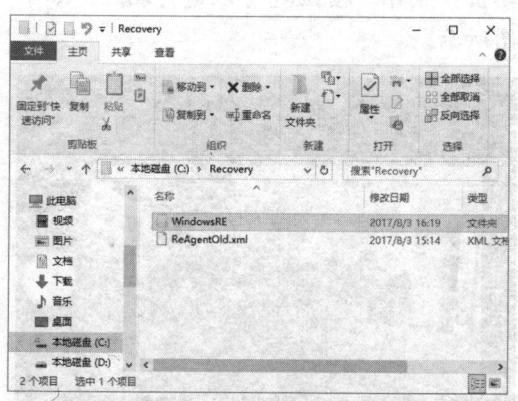

04 **打开安装镜像文件** 在电脑上安装 7Z 压缩软件,右击 Windows 10 系统安装镜像文件,选择 7-Zip|"打开压缩包"命令,打开系统镜像文件,双击 sources 文件夹,如下图所示。

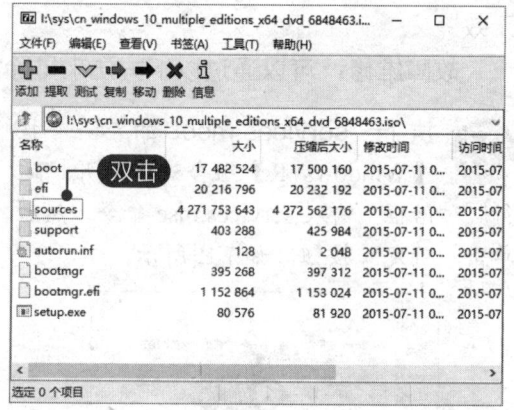

05 **双击 install.wim 文件** 找到 install.wim 文件并双击它,如下图所示。

06 **单击"提取"按钮** 在打开的文件夹中打开 windows/system32/recovery 目录,选择 winre.wim 文件,在工具栏中单击"提取"按钮■,如下图所示。

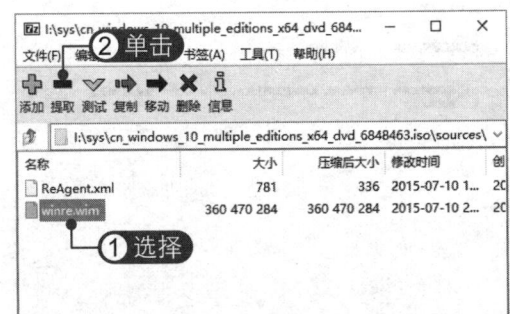

07 **提取文件** 在弹出的对话框中单击"确定"按钮,将 winre.wim 文件解压到当前目录,如下图所示。

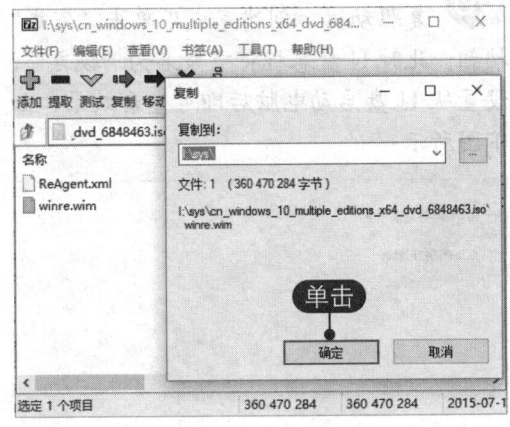

08 **复制文件** 将 winre.wim 文件复制到第 1 步中创建的目录中,如下图所示。

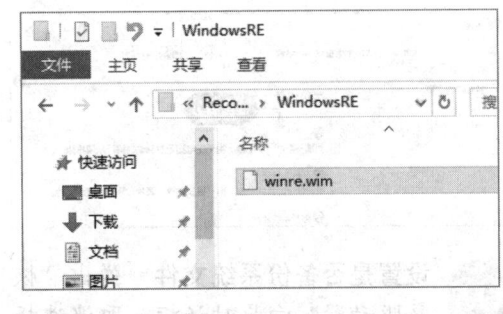

09 **执行命令** 以管理员身份运行命令提示符程序,执行 reagentc/enable 命令,启用恢复环境,如下图所示。

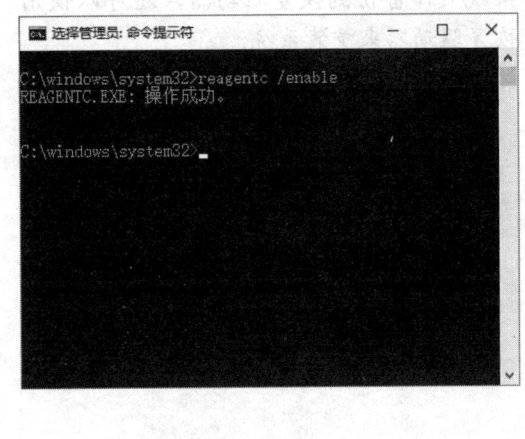

【故障维修6】系统无法正常启动

故障描述:系统无法正常启动,进不到系统桌面。

故障维修:当 Windows 10 系统无法启动时,可以借助恢复驱动器来重置电脑或进行故障排除,具体操作方法如下:

01 **单击"恢复"超链接** 打开"控制面板"窗口,单击"恢复"超链接,如下图所示。

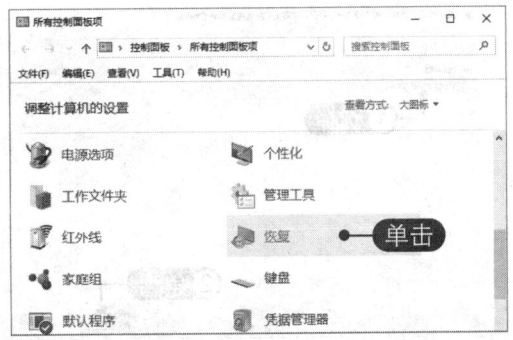

02 创建恢复驱动器 打开"恢复"窗口，单击"创建恢复驱动器"超链接，如下图所示。

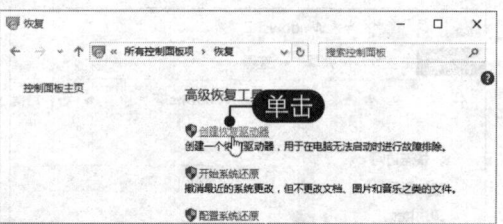

03 设置是否备份系统文件 弹出"恢复驱动器"向导对话框，取消选择"将系统文件备份到恢复驱动器"复选框，单击"下一步"按钮，如下图所示。若将系统文件备份到恢复驱动器，还可以使用恢复驱动器来重装系统。

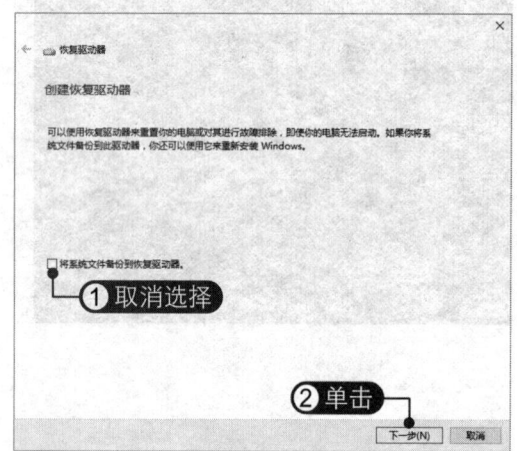

04 选择 U 盘 选择要创建恢复驱动器的 U 盘，单击"下一步"按钮，如下图所示。

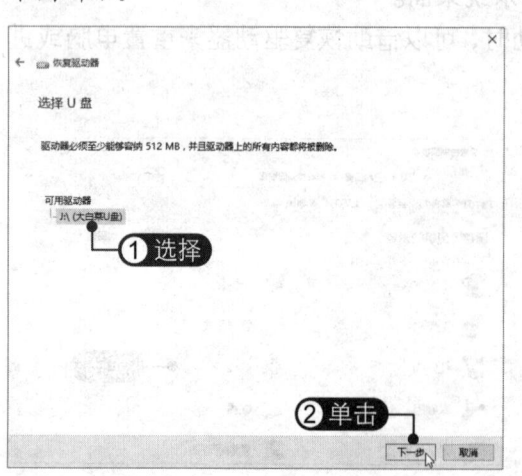

05 单击"创建"按钮 在打开的界面中查看提示信息，单击"创建"按钮，如下图所示。

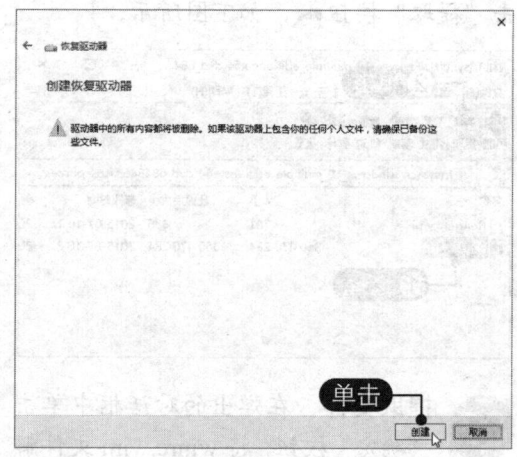

06 恢复驱动器创建完成 开始创建恢复驱动器，创建完成后单击"完成"按钮。此时 U 盘卷标将重命名为"恢复"，设置从 U 盘启动电脑后即可查看效果，如下图所示。

07 查看 U 盘 打开"此电脑"窗口，可以看到 U 盘卷标更改为"恢复"，如下图所示。

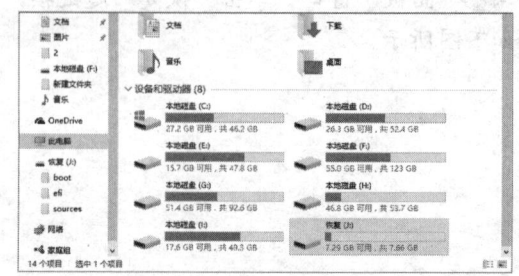

08 **设置从 U 盘启动电脑** 从 BIOS 中设置 U 盘启动，或在电脑开机时按启动快捷键（如华硕主板的启动键为【F8】键），在打开的列表中的选择 USB 选项，并按【Enter】键确认，如下图所示。

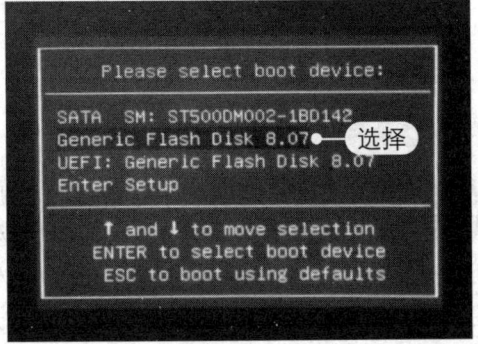

09 **选择键盘布局** 进入"选择键盘布局"界面，选择"微软拼音"选项，并按【Enter】键确认，如下图所示。

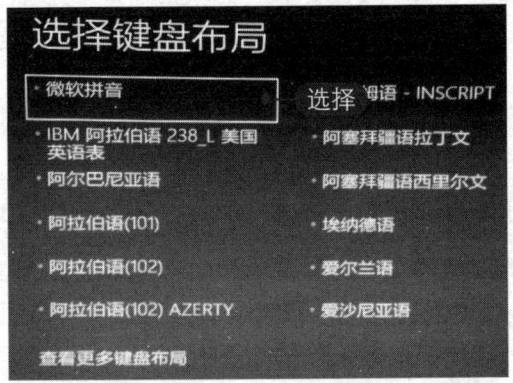

10 **选择"疑难解答"选项** 在打开的界面中选择"疑难解答"选项，并按【Enter】键确认，如下图所示。

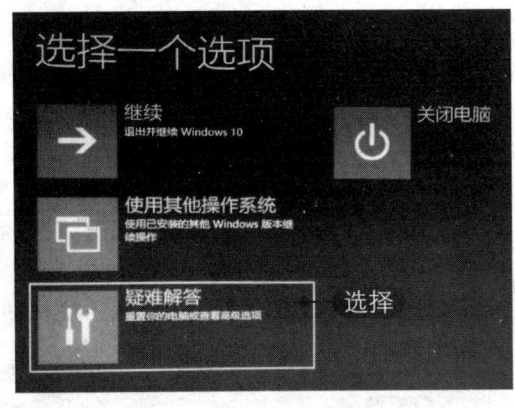

11 **选择操作** 进入"疑难解答"界面，选择"重置此电脑"选项，开始重置电脑。选择"高级选项"选项，可在打开的界面中选择其他恢复工具，如下图所示。

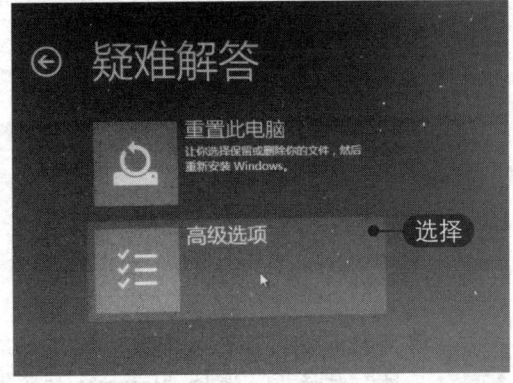

【故障维修 7】更新系统时出现错误

故障描述：更新系统时出现错误，错误代码 0x80244021。

故障维修：可以通过修改 DNS 服务器地址来解决此问题，方法如下：

01 **单击"更改适配器选项"超链接** 打开"网络和 Internet"设置窗口，在左侧选择"以太网"选项，在右侧单击"更改适配器选项"超链接，如下图所示。

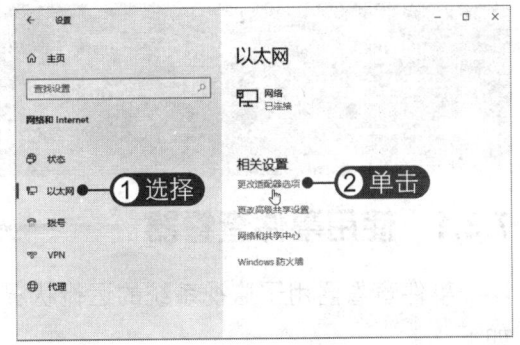

02 双击"以太网"图标 打开"网络连接"窗口,双击"以太网"图标,如下图所示。

03 单击"属性"按钮 弹出"以太网状态"对话框,单击"属性"按钮,如下图所示。

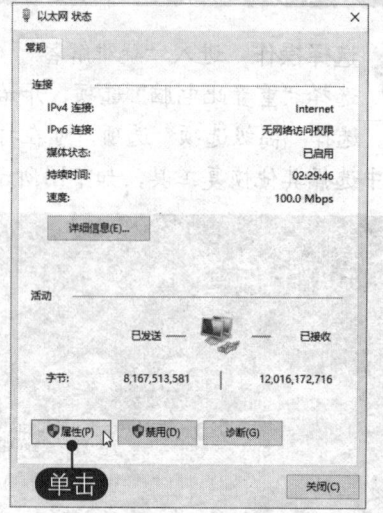

04 单击"属性"按钮 打开"以太网属性"对话框,选择"Internet 协议版本 4(TCP/IPv4)"选项,单击"属性"按钮,如下图所示。

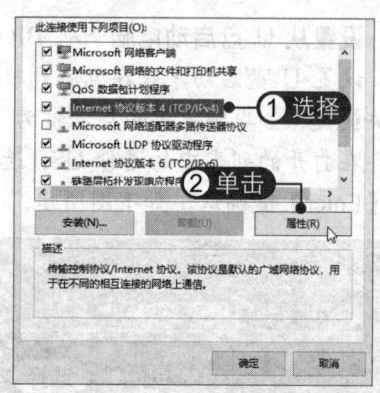

05 修改 DNS 地址 在弹出的对话框中将首选 DNS 服务器地址修改为 4.2.2.1,将备用 DNS 服务器地址修改为 4.2.2.2,单击"确定"按钮,如下图所示。这两个 DNS 地址是微软提供的公共 DNS 服务器地址。当遇到微软账号登录不上的情况也可以通过这种方法来解决问题。

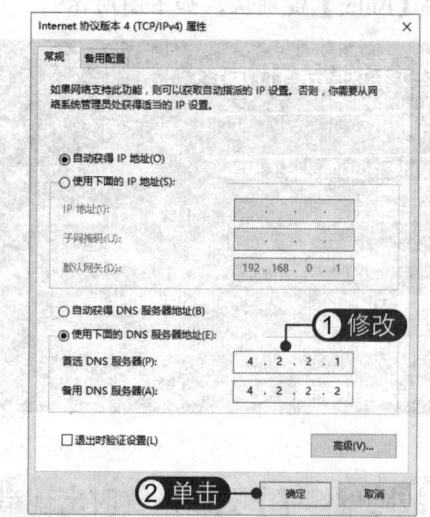

7.3 系统维护工具的应用

系统中附带了许多系统管理工具,如事件查看器、任务管理器、资源监视器等,使用这些工具可以帮助用户更好地判断和解决系统故障,还可以使用第三方维护软件维护系统安全,如 360 安全卫士、电脑管家等。

7.3.1 使用事件查看器

事件查看器用于监视系统的运行状况,可用于浏览和管理事件日志,其使用方法如下:

01 **执行命令** 打开"运行"对话框，输入 eventvwr 命令，单击"确定"按钮，如下图所示。

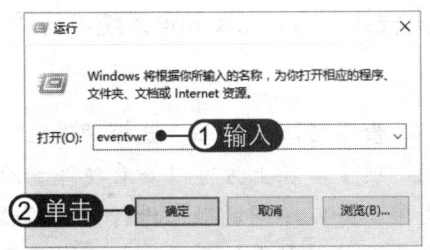

02 **双击事件** 打开"事件查看器"窗口，在左窗格中选择"Windows 日志"|"系统"选项，即可在右窗格中查看日志信息，双击要查看的事件，如下图所示。

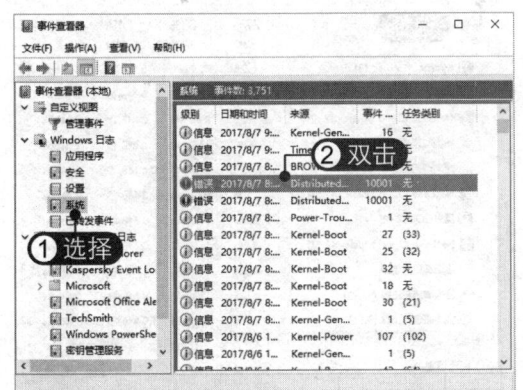

03 **查看事件详细信息** 弹出"事件属性"对话框，查看事件描述、记录时间和事件 ID 等信息，如下图所示。

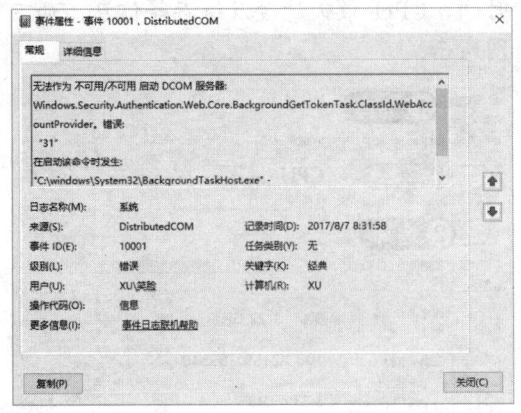

04 **筛选当前日志** 在左窗格中右击"系统"分类，选择"筛选当前日志"命令，如下图所示。

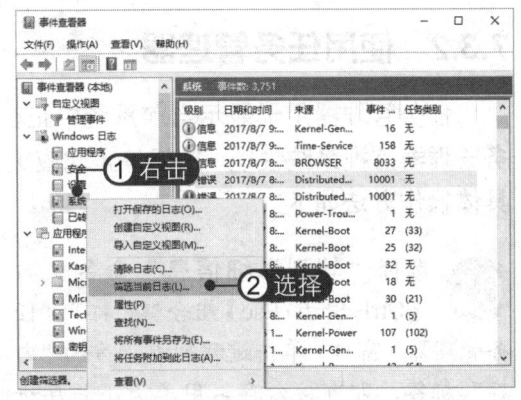

05 **设置筛选器** 弹出"筛选当前日志"对话框，在"记录时间"下拉列表框中选择"近 7 天"选项，在"事件级别"选项区中选中要筛选的级别，然后单击"确定"按钮，如下图所示。

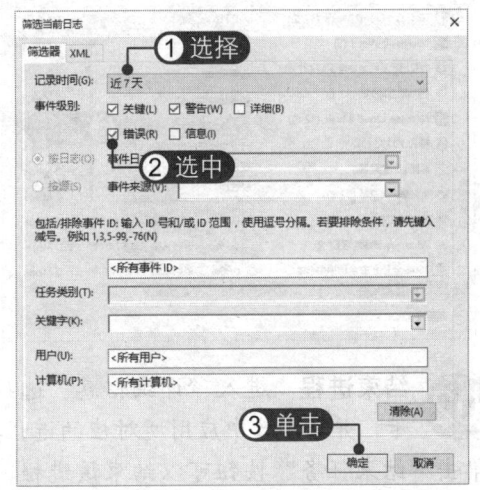

06 **查看筛选结果** 此时，即可查看筛选结果。单击"操作"菜单项，在弹出的下拉菜单中还可对筛选进行清除、保存、附加任务等操作，如下图所示。

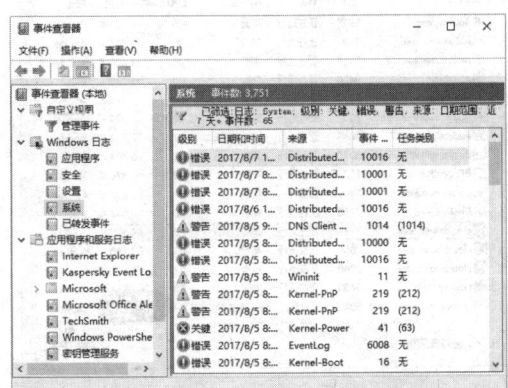

7.3.2 使用任务管理器

任务管理器用于显示当前系统中正在运行的应用、进程和服务，用户可以使用任务管理器监视系统性能，关闭停止响应或多余的进程或服务，以及管理系统启动项等，具体操作方法如下：

01 选择"转到详细信息"命令 按【Ctrl+Shift+Esc】组合键，打开"任务管理器"窗口，单击进程列表上方的"内存"标签，即可按内存占用率大小排序进程。右击应用名称，选择"转到详细信息"命令，如下图所示。

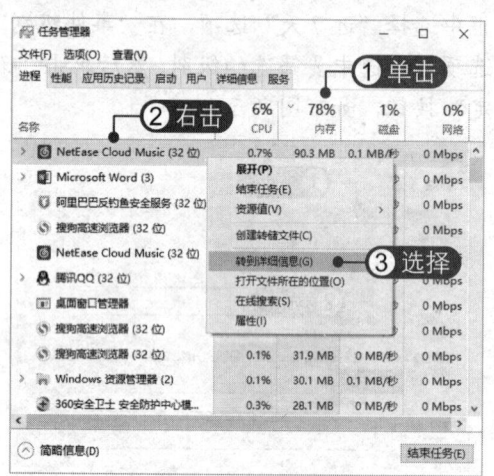

03 查看资源占有率 选择"进程"选项卡，在上方可以查看硬件资源的使用率，并以不同的颜色进行标注，颜色越深表示越耗费系统资源，如下图所示。若某个资源的占用率超过设定阈值，则该列数据会突出显示。

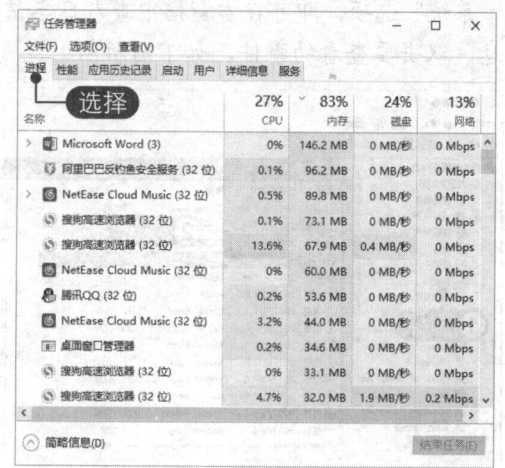

02 结束进程 进入"详细信息"选项卡，并自动选中应用所对应的进程，单击"结束任务"按钮可以结束该进程，如下图所示。右击进程，在弹出的快捷菜单中还可进行更多的进程操作。

04 查看 CPU 使用情况 选择"性能"选项卡，在左侧选择 CPU 选项，可以查看 CPU 利用率、速度、进程数、运行时间、CPU 最大速度及缓存等信息，如下图所示。

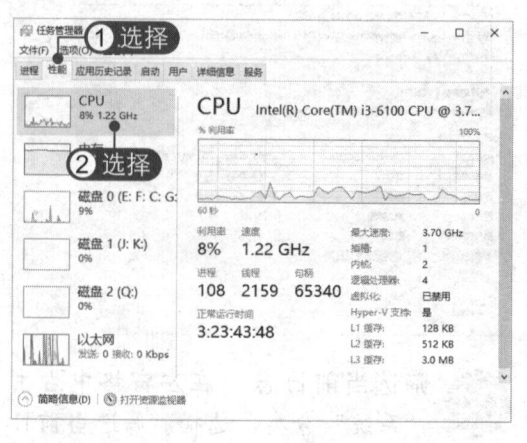

05 查看内存使用情况 选择"内存"选项，可以查看内存总容量、可用容量和缓存等信息，如下图所示。

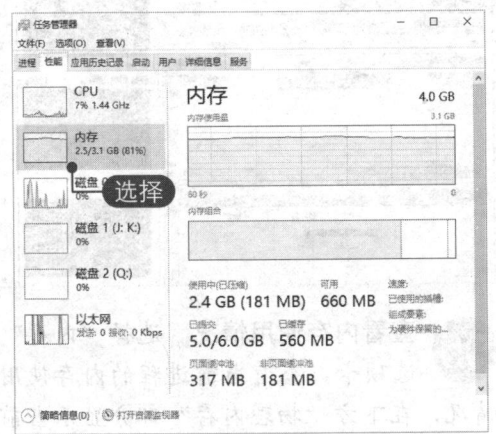

07 查看用户进程 选择"用户"选项卡，展开用户选项，可以看到该用户正在运行的程序，如下图所示。

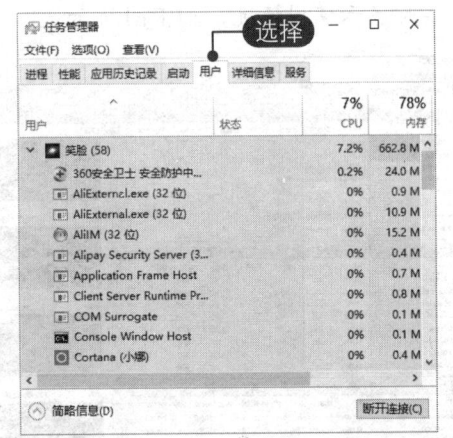

06 禁止程序开机启动 选择"启动"选项卡，可以查看开机即启动的程序。选择程序，单击"禁用"按钮，禁止该程序开机启动，如下图所示。

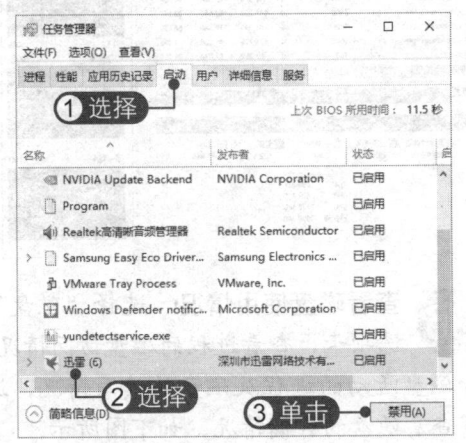

08 设置后台服务 选择"服务"选项卡，可以查看系统所有后台服务。右击服务名称，在弹出的快捷菜单中还可设置开始或停止服务，如下图所示。

7.3.3 使用资源监视器

资源监视器用于实时查看硬件（CPU、内存、磁盘和网络）和软件（文件句柄和模块）资源的使用情况。用户可以使用它来了解进程和服务如何使用系统资源，监视、启动、停止、挂起和恢复指定的进程或服务，具体操作方法如下：

01 执行命令 打开"运行"对话框，输入 resmon 命令，然后单击"确定"按钮，如下图所示。

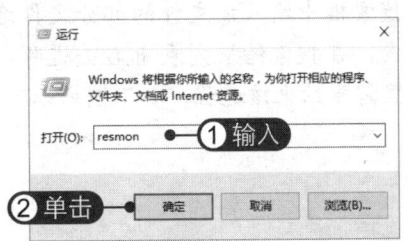

02 查看资源监视情况 打开"资源监视器"窗口,在左侧显示 CPU、磁盘、网络和内存的统计信息,右侧则以图表实时显示使用情况,如下图所示。

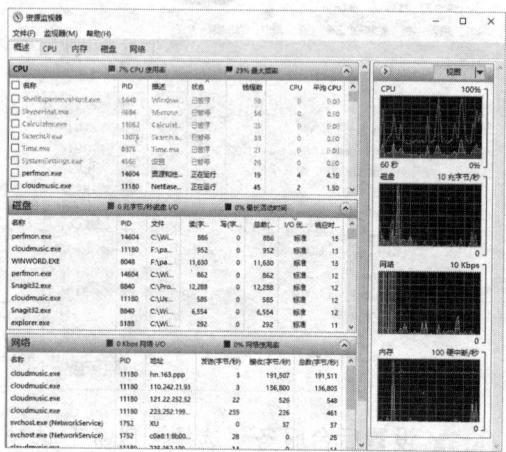

03 查看 CPU 使用情况 选择 CPU 选项卡,即可查看所有进程的 CPU 使用情况,在"进程"列表中可以看到各进程的 CPU 占有率及线程数。选中某个进程,还可显示与其所对应的服务、句柄或模块,如下图所示。

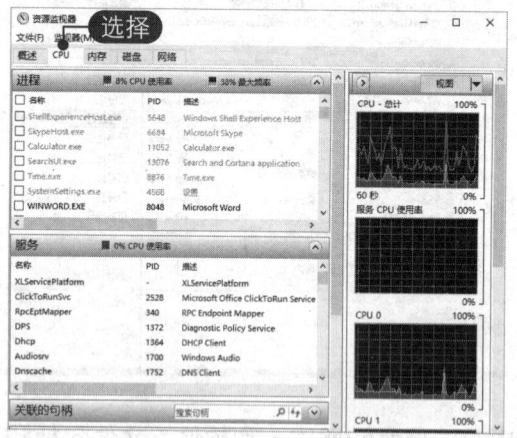

04 搜索关联句柄 若不知道文件或程序所对应的进程,可在"关联的句柄"搜索框中输入该文件的部分文件名进行搜索,在搜索结果列表中右击进程,可以根据需要结束该进程,如下图所示。

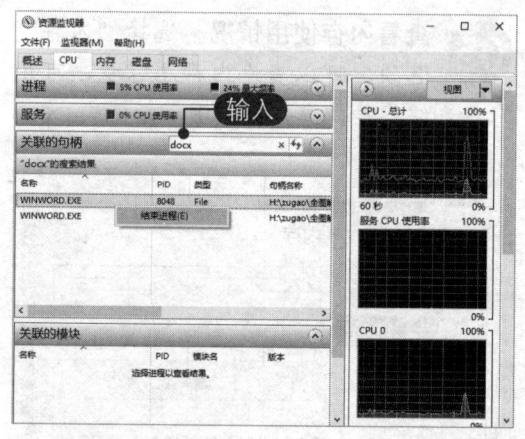

05 查看内存使用情况 选择"内存"选项卡,查看当前进程的内存使用情况,在下方"物理内存"部分显示当前物理内存的使用情况,如下图所示。

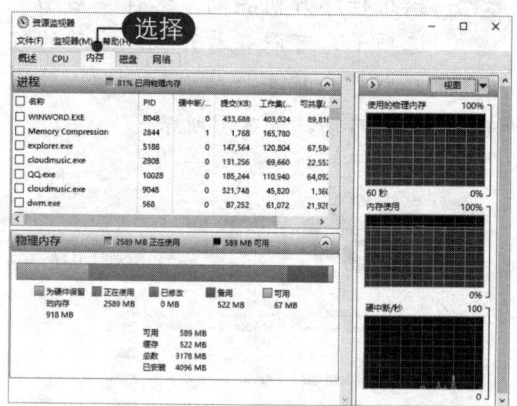

06 查看磁盘使用情况 选择"磁盘"选项卡,查看进程的磁盘访问情况,如磁盘活动的进程及磁盘的读写情况,还可查看硬盘的存储情况,如下图所示。

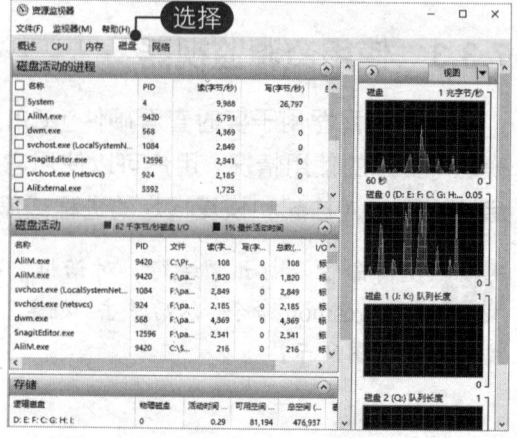

07 **查看网络活动及进程** 选择"网络"选项卡,在"网络活动的进程"列表中查看当前进程的网络活动情况,在"网络活动"列表中显示进程的网络访问情况,"地址"一栏显示进程所访问的目标网络地址,如下图所示。

08 **查看 TCP 连接和侦听端口** 在"TCP 连接"列表中查看 TCP 连接情况,在"侦听端口"列表中查看正在侦听的端口情况,如下图所示。

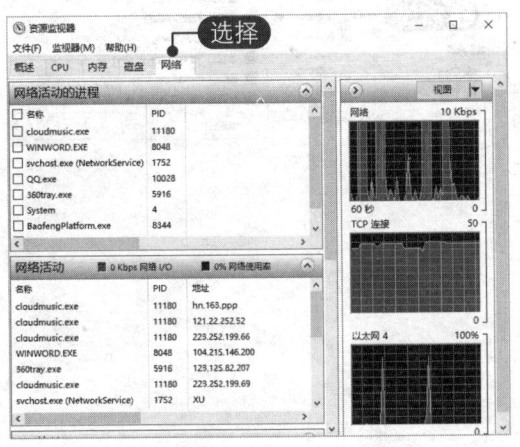

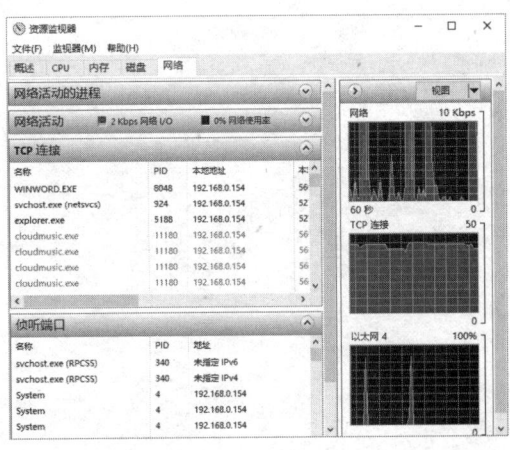

7.3.4 使用 360 查杀电脑病毒

杀毒软件是用于清除电脑病毒、木马和恶意软件及防御病毒入侵的专业软件,在电脑上都应安装杀毒软件来保护数据安全。下面以 360 安全卫士为例介绍如何查杀电脑病毒,具体操作方法如下。

01 **单击"快速查杀"按钮** 打开 360 安全卫士主界面,在上方单击"木马查杀"按钮,单击"快速查杀"按钮,如下图所示。

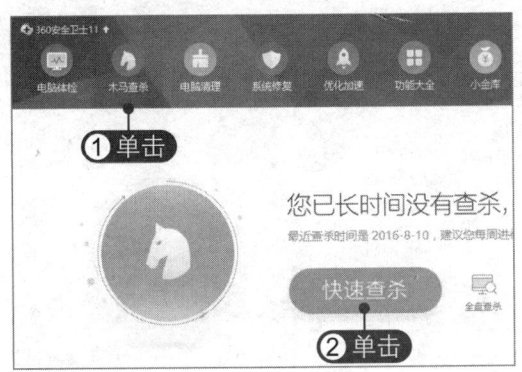

02 **单击"一键处理"按钮** 开始扫描系统中的关键区域,扫描完成后查看扫描到的危险项,单击"一键处理"按钮,如下图所示。

03 **重启电脑** 危险项清理完成后,单击"好的,立刻重启"按钮,重启电脑,如下图所示。

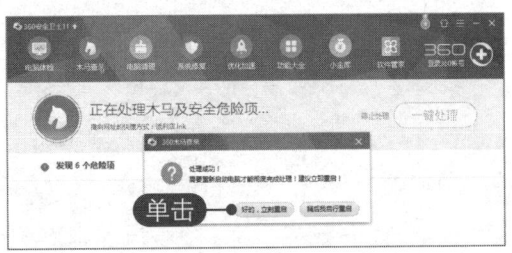

04 **快捷扫描** 在文件资源管理器窗口中右击文件,选择"使用 360 进行木马云查杀"命令,即可快速对该位置进行病毒查杀,如下图所示。

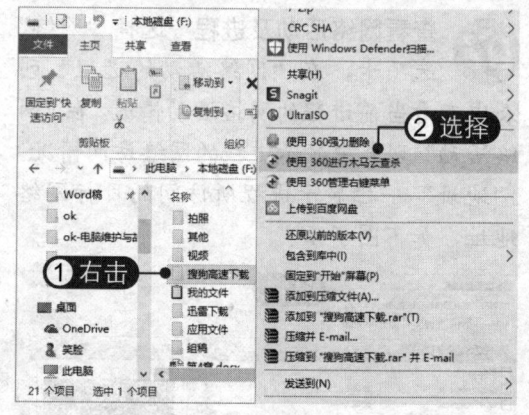

Chapter 08 快速修复典型电脑故障

电脑无法开机、黑屏、死机和蓝屏等故障可以说是典型的电脑故障,解决方法也各不相同。本章将详细介绍电脑无法开机、黑屏、死机、蓝屏等典型故障的分析与修复方法。

本章要点

- 电脑开机故障分析与修复
- 电脑死机故障分析与修复
- 电脑蓝屏故障分析与修复
- 电脑黑屏故障分析与修复

知识等级

中级读者

建议学时

建议学习时间为 60 分钟

8.1 电脑开机故障分析与修复

电脑主机电源启动后开始进行自检，在自检过程中发生的故障就是开机故障。下面将详细介绍有关电脑开机故障的分析与修复方法。

8.1.1 引发电脑开机故障的原因

电脑中的硬件出现故障都可能导致无法开机，主要症状是开机无反应、死机、蓝屏、黑屏等。

◇ 引起开机无反应的原因

电源没有通电或被损坏，CPU 接触不良或损坏，主板没有通电或损坏，电源开关按钮接线损坏等。

◇ 死机原因

硬件或软件不兼容，主板上某元器件接触不良或损坏，病毒入侵，内存错误或接触不良，主机中的接口卡与主板接触不良，CPU 超频或散热不良等，都会引起电脑死机。

◇ 蓝屏原因

硬盘损坏，硬盘引导扇区出现坏道或坏扇区，内存错误，硬件不兼容，硬盘与软件不兼容等都会引起蓝屏。

◇ 黑屏原因

电源接口和电源线损坏或接触不良，电源电压不稳定，显卡损坏，显示器与数据线损坏等，都容易造成电脑启动黑屏。

8.1.2 电脑开机故障维修实战

下面将详细介绍几种常见开机故障的诊断与维修案例，如开机后不通电、开机无显示，开机需要按【F1】键才能启动系统、系统引导文件丢失等故障。

【故障维修1】每次开机时都提示信息，且必须先按【F1】键才能正常启动

故障描述：电脑每次开机时都提示信息，且必须先按【F1】键才能正常启动。

故障分析：此故障主要是 BIOS 设置有问题造成的，如 CMOS 电池没电等。

故障维修：首先查看开机提示信息，如果显示 CMOS battery failed，就说明 CMOS 电池快没电了，应该及时更换电池。

【故障维修2】电脑开机后电源指示灯不亮，电脑不启动

故障描述：开机后电源指示灯不亮，电脑不启动。

故障查找与维修：首先，检查电源插头是否接好，电源插座是否通电，电源线是否连接正常；其次，检查主机电源开关跳线是否和主板连接正确，是否脱落或损坏。使用螺丝刀或其他金属物短接主板上的 Power 引脚（一般标记为 PW、PWR 或 POWER），检查能否开机，如右图所示。

【故障维修3】开机后屏幕上出现提示信息：Bootmgr is missing

故障描述：电脑装的 Windows 7 操作系统，开机后屏幕上出现提示信息：Bootmgr is missing。

故障查找与维修：出现此故障是由于系统的引导文件丢失，可以使用 U 盘系统安装盘修复系统启动故障，还可以使用 U 盘急救盘进入 PE 系统，利用其中的"Windows 启动引导修复"工具来解决此故障。

1. 使用 U 盘系统安装盘修复

使用 U 盘系统安装盘修复系统启动故障的具体操作方法如下：

01 单击"修复计算机"超链接　使用 U 盘系统安装盘启动电脑，在"Windows 安装程序"窗口中单击"修复计算机"超链接，如下图所示。

02 单击"疑难解答"按钮　在打开的界面中单击"疑难解答"按钮，如下图所示。

03 单击"高级选项"按钮　在打开的界面中单击"高级选项"按钮，如下图所示。

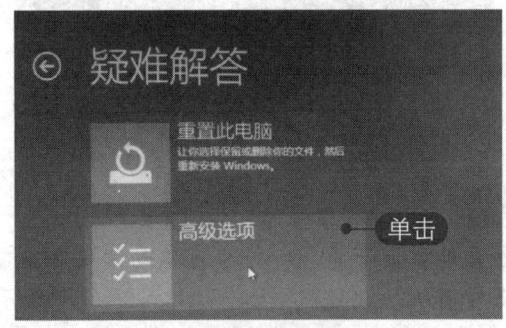

04 单击"启动修复"按钮　进入"高级选项"界面，单击"启动修复"按钮，如下图所示。

05 **选择操作系统** 打开的界面中选择要修复的操作系统即可，如下图所示。

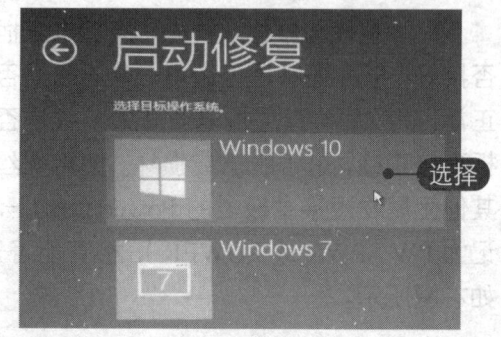

2. 使用 PE 系统工具修复

使用 PE 系统工具修复系统启动故障的具体操作方法如下：

01 **双击程序图标** 使用 U 盘启动盘启动电脑并进入 PE 系统，双击桌面上的"Win 引导修复"程序图标，启动该程序，如下图所示。

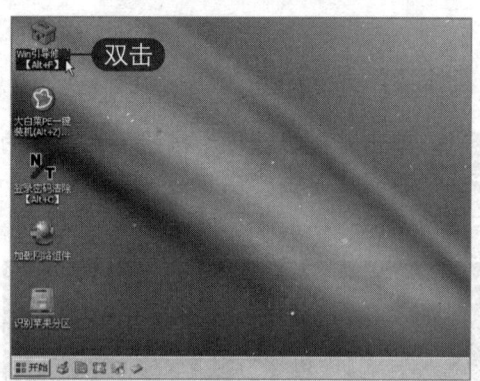

02 **从"开始"菜单启动程序** 单击"开始"|"程序"|"系统维护"|"系统启动引导修复"命令，也可启动该程序，如下图所示。

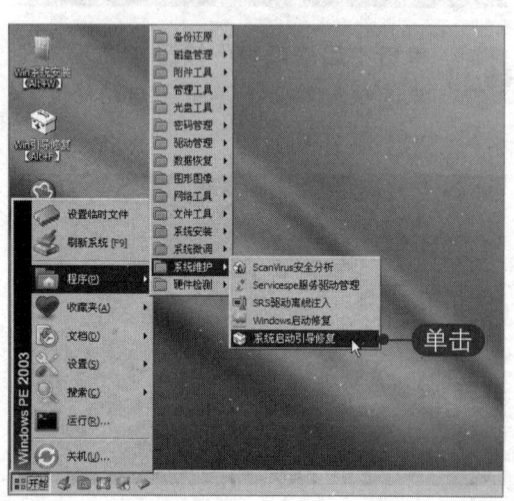

03 **选择分区** 启动 NTBOOTautofix 程序，选择引导分区盘符（一般选择系统所在分区，笔者的系统分区在 I 盘），在此单击"【I:】"选项，如下图所示。

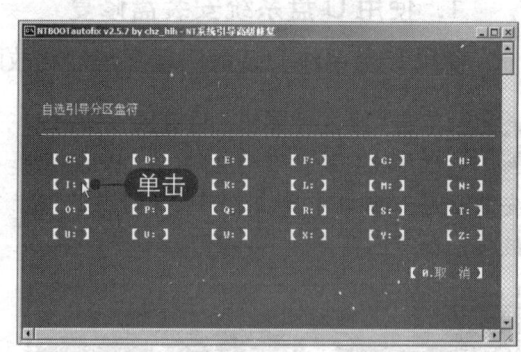

04 **选择开始修复** 单击"【1.开始修复】"选项，如下图所示。

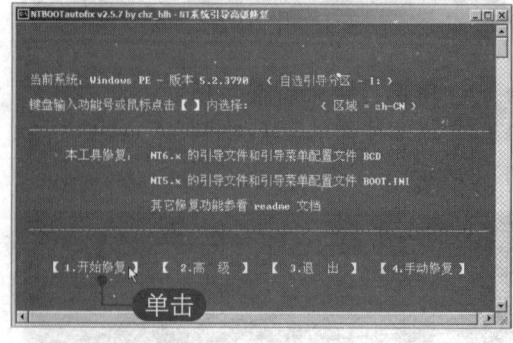

05 修复系统引导 程序开始修复系统引导文件,如下图所示。

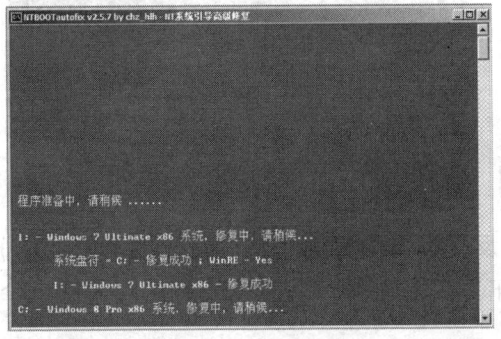

06 修复完成 查看修复结果,单击"【2.退出】"选项,如下图所示。

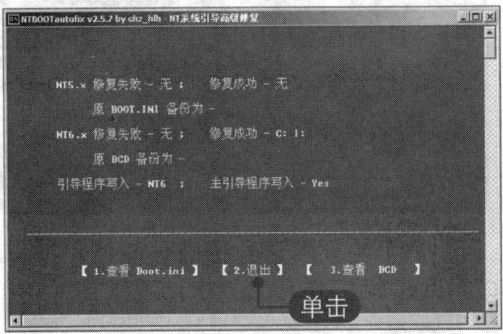

【故障维修 4】电脑系统自动更新后无法启动

故障描述:电脑系统自动更新后无法启动。

故障查找与维修:此故障可能是由于更新的驱动程序与系统不兼容或错误引起的,可以通过以下方法来解决。

重启电脑,并在启动时按【F8】键。打开"高级启动选项"界面,从中选择"最近一次的正确配置(高级)"选项启动电脑,将电脑恢复到系统更新前的状态即可,如右图所示。

如果知道系统更新的驱动程序是哪个,还可以直接进入安全模式,将此驱动程序删除后重装即可。

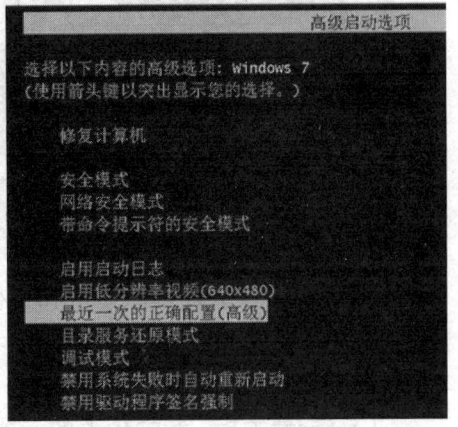

【故障维修 5】电脑启动后无任何反应

故障描述:电脑外部线路连接无误,但按主机上的开机按钮后电脑无任何反应。

故障查找与维修:遇到此类问题,可按以下方法诊断故障。

(1)在确认主机外部线路供电正常后,打开主机箱,检查主板电源灯是否能够点亮,电源输出插头是否正确连接到主板上,如下图(左)所示。若主板不能正常加电,故障原因则是电源或主板出现问题。

(2)检测主机电源是否正常工作,可以替换好的电源进行检查。若没有备用电源,则可以通过短接电源检测电源是否正常工作,方法为:将主供电电源接口拔下来,然后给电源加电。用镊子或导线将 **PS-ON** 针孔(即第 16 针的绿线)与旁边的黑线孔连接,即可启动 ATX 电源,观察电源风扇是否转动,如下图(右)所示。若电源无任何反应,则说明电源损坏。

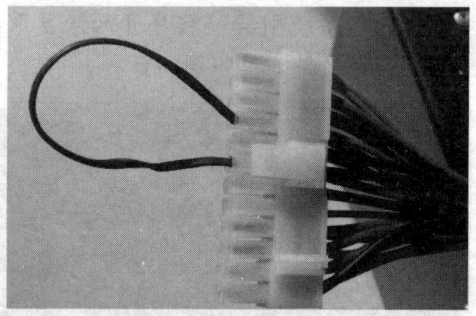

（3）检查内存。将内存卸下，用橡皮擦反复擦拭内存金手指位置，如下图（左）所示。用吹气囊对准内存插槽清理灰尘，如下图（右）所示。重新安好内存或换一个内存插槽，开机查看。

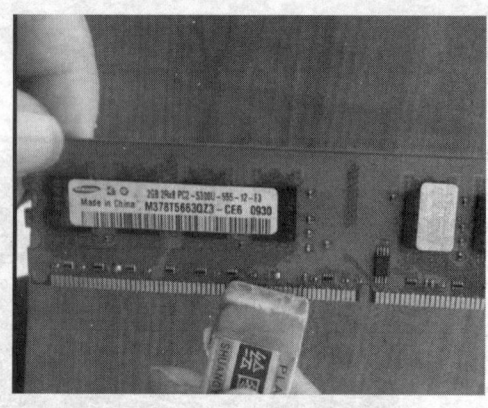

（4）检查显卡，可能显卡和主板插槽接触不良，重新插拔显卡。如果开机听到1长3短的报警声，说明是显卡出现问题。在检查过程中，要结合替换法和交换法对硬件故障进行诊断与维修。

（5）查看主板，看主板上的元器件是否有异常，如电容是否有鼓胀、爆浆等现象。

（6）检查机箱前面板的电源控制线是否已经正确连接到主板上的POWER SW和POWER LED上，如下图（左）所示。也可以使用导体短接主板上的POWER SW插针，观察电脑能否启动，如下图（右）所示。

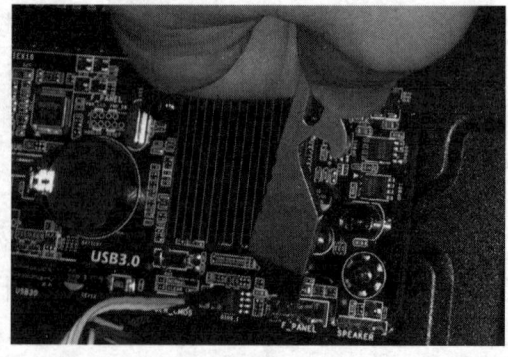

【故障维修6】电脑启动后显示器无任何显示

故障描述：电脑启动后显示器无任何显示，检查内存和显卡后没有发现问题。

故障查找与维修：遇到此类故障有可能是主板等受到静电干扰或是其他因素，从而造成了主板 BIOS 程序错误或自身的防静电保护，引起主板不加电或是开机黑屏的情况。

要解决此故障，可以先关闭电脑的电源，拔除所有的外接电源适配器等设备。将电脑主机中的静电释放，可以长按主机电源开关，稍等一会儿，然后接入电源适配器正常开机。若故障依旧，则需要对 CMOS 进行放电，方法有两种：一种是短接电路，另一种是短接跳线。

1. 短接电路

主板大多数使用钮扣电池为 CMOS 芯片提供电力，通过短接电路可以对 CMOS 进行放电，CMOS 中存储的设置信息就会丢失。当再次通电时，CMOS 设置就会回到出厂设置状态。短接电路的具体操作方法如下：

01 找到 CMOS 电池 切断主机电源后打开电脑机箱，在主板上找到银白色的钮扣电池，如下图所示。

03 进行放电操作 用螺丝刀或金属片短接电池底座上的正负两级弹簧片，大概 30 秒，如下图所示。

02 取出电池 向外拨动电池槽边缘的弹片，将电池取出，如下图所示。

04 安装 CMOS 电池 放电结束后，将电池安装回电池座，如下图所示。

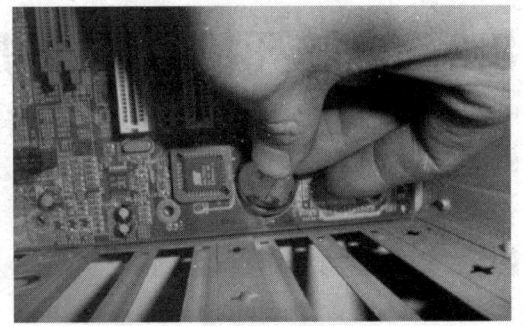

2. 跳线短接

除了通过短接电路对 CMOS 放电以外，还可以短接 CMOS 进行放电，以恢复原厂设置。由于各个主板的跳线设置情况不太一样，所以在用跳线短接法时应先查阅主板说明书。跳线短接的具体操作方法如下：

01 查找跳线 切断主机电源后打开电脑主机机箱，在主板上找到 CMOS 跳线，如下图所示。

03 恢复跳线 短接完毕后，把跳线恢复到 1 针和 2 针连接的状态，如下图所示，否则电脑不能正常启动。

02 短接跳线 CMOS 跳线正常是 1 针和 2 针连接，放电时 2 针和 3 针连接，短接时间为 30 秒，如下图所示。

04 按 clr CMOS 按钮 目前又出现了新技术，跳线方法已经改为更为先进的按钮形式，上面标有 clr CMOS 字样，如下图所示。但 clr CMOS 按钮不能长时间按下，因为它会消耗备用电池的电能。

8.2 电脑死机故障分析与修复

死机现象在电脑运行过程中经常会遇到，一般死机可以通过重新启动电脑来解决，但如果是频繁死机，就要考虑电脑是否出现故障了。下面将详细介绍常见死机故障的分析与修复方法。

8.2.1 引发电脑死机的原因

要想排除死机故障，就要找到电脑死机的根源。引起电脑死机的原因很多，可以分为硬件原因和软件原因。

◆ **硬件原因**

系统硬件不兼容，主板上元器件老化或损坏，主板芯片不稳定或损坏，内存工作不稳定，硬盘有物理坏道，电源供电功率低，CPU 超频或温度过高，PCI 接口或 PCI-E 接口设备和主板接触不良等，都会引起死机故障。

◆ 软件原因

执行了含有错误代码的软件和程序，系统文件出现错误或丢失，同时运行很多程序引起操作无响应，病毒发作，BIOS 设置不当，硬盘空间不足导致系统数据无法读/写等问题都会引起死机故障。

8.2.2 如何预防电脑死机

在日常电脑操作中，除了硬件损坏或不兼容外，很多死机现象都是可以预防的，可以按照下面介绍的方法进行检查。

（1）清洁硬件设备

很多电脑故障都是由于主机箱内部灰尘太多造成的，所以应该定期对主机箱内部各个硬件设备进行清洁。使用电脑吹风机对着主机箱内部吹，把主板上的灰尘都吹出来，然后用吹起囊或毛刷对死角进行灰尘清除，如下图所示。

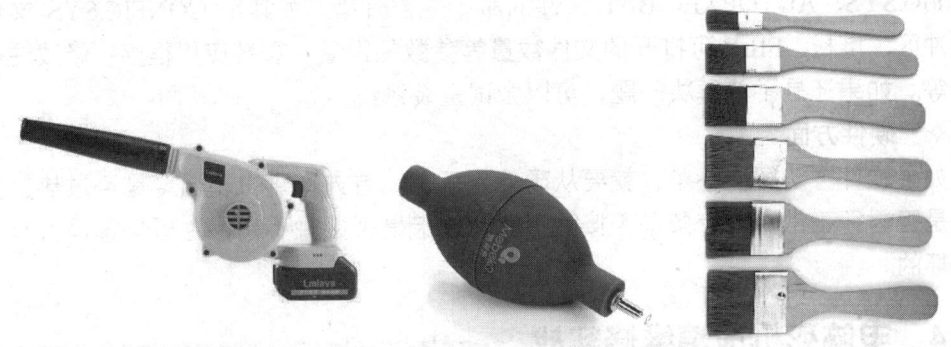

（2）恢复 CPU 频率

很多电脑频繁出现死机，可能就是由于 CPU 超频造成工作不稳定，很多 CPU 都不适合超频。另外，超频要有个范围，不能超得太高。

（3）磁盘整理和优化

硬盘使用一段时间后就会出现磁盘碎片，应该及时进行磁盘清理和碎片整理工作（固态与硬盘除外），以提高数据的存储速度。另外，应对操作系统进行优化设置，以保证系统运行在最佳状态。

（4）正确设置 BIOS

BIOS 设置不当会引起硬件工作不正常，从而引起死机现象。

（5）减少运行程序的数量

同时运行多个程序或打开多个窗口就会造成电脑处理速度变慢，或者无法响应，从而造成死机。

（6）稳定的电源

在电脑硬件环境中，电源也是很重要的部件，如果使用质量不佳的电源，就会造成电压不稳，导致出现死机现象。

（7）升级杀毒软件

应当及时安装和升级杀毒软件，防止病毒对电脑的侵犯，以免造成电脑死机等故障。

（8）清除垃圾文件

进行文件操作、上网浏览、在线听音乐看视频、网络聊天、网络游戏、安装或卸载软件都会在系统中留下许多垃圾文件，久而久之就会由于垃圾文件太多而造成系统变慢、死机甚至崩溃。可以使用系统维护软件来清除垃圾文件，如 360 安全卫士、腾讯电脑管家、软媒魔方等。

8.2.3 排查死机故障的方法

在解决死机的问题上，可以按照"先软后硬"的原则，先找软件原因，再找硬件原因，最后找到故障点。

◆ 软件方面

首先用杀毒软件查杀病毒；恢复默认 BIOS 设置，重装软件和驱动程序；检查 CONFIG.SYS、AUTOEXEC.BAT 文件的命令是否有错，尤其是 CONFIG.SYS 文件中的缓冲区、堆栈、FILE 可打开的文件数量等参数的设置；重装应用程序；修改注册表设置等。如果还是不能解决问题，可以尝试重装系统。

◆ 硬件方面

如果软件方法解决不了，就要从硬件入手了。首先检查机箱温度是否过热、散热风扇是否运行正常，内存条是否接触不良，显卡是否接触不良，主板电容是否有老化或损坏的。

8.2.4 电脑死机故障维修实战

下面将详细介绍几种常见死机故障的分析与修复方法，如主板灰尘太多导致死机、主板与散热风扇共振引起死机、内存问题引起死机等故障。

【故障维修1】内存工作不稳定引起的死机

故障描述：电脑在玩游戏时出现死机，以后只要是运行大型游戏时就会出现死机现象，其他时候正常。

故障分析：首先重装系统，但故障依旧，排除了软件故障原因；接着打开主机箱，检查 CPU 风扇是否正常；然后检查内存，先安装一条内存看是否会死机，发现正常，再安装两条内存后运行大型软件就会出错，判断为内存不兼容或质量差引起的。

由于主板支持双通道技术，虽然两条内存打开了双通道，但由于是杂牌内存，导致工作不稳定，更换质量好的品牌内存就可以排除故障，如右图所示。

【故障维修2】主板灰尘太多导致死机

故障描述： 电脑使用了很长时间，一直很正常，最近老是出现死机、蓝屏、非法操作的现象。

故障查找与维修： 先是怀疑有病毒，用杀毒软件反复检查都没有发现病毒；接着怀疑启动时加载的程序有冲突，又把所有启动时运行的程序关闭，但故障依然存在；随后又怀疑内存有问题，更换一条品牌内存后还是死机；最后只好重装系统，但安装过程中又发生死机故障；怀疑是 CPU 引起的问题，卸掉 CPU 风扇，发现风扇下的主板元器件上积了不少灰尘，于是用电吹风对着主机箱内部吹，将主板上的把灰尘都吹了出来（如右图所示），然后用毛刷对死角进行灰尘清除，再次重装系统后故障排除。

【故障维修3】主板与散热风扇共振引起死机

故障描述： 电脑运行 Office 软件后，不定时就会出现死机。

故障查找与维修： 用杀毒软件检查系统，没有发现病毒；再打开机箱查看是否是内存接触不良，重新拔插内存，故障依旧；最后在仔细检查主机箱内部设备后，发现连接 CPU 散热风扇的电源线有较强烈的振动，怀疑是散热风扇振动引起主机板的共振，导致 CPU 工作不稳定引起的死机。关掉电源，用手接触主板，发现有松动的感觉。重新固定好主板及 CPU 散热风扇后开机检测，故障消失。

8.3 电脑蓝屏故障分析与修复

电脑蓝屏，又称蓝屏死机（Blue Screen of Death，BSoD），是 Windows 操作系统在无法从一个系统错误中恢复过来时，为保护电脑数据文件不被破坏而强制显示的屏幕图像。电脑蓝屏后将出现一个停机码（如 STOP 0x0000001E），以识别错误类型。

8.3.1 引发电脑蓝屏的原因

电脑发生蓝屏故障，可能是软件原因或硬件原因引起的。

◇ **软件原因**

病毒发作会引起系统蓝屏，所以应该使用最新的杀毒软件查杀病毒；有时更新驱动程序也会引起系统蓝屏故障，恢复到原来的驱动程序即可。

◇ **硬件原因**

在电脑上添加了新的硬件，造成硬件不兼容引起系统蓝屏；CPU 超频不当导致蓝屏；硬件散热不良导致蓝屏等。

8.3.2 如何预防系统蓝屏

预防电脑蓝屏可以从以下几个方面入手：
- 定期对重要的注册表文件进行手工备份。
- 尽量避免非正常关机，减少重要文件的丢失。
- 对于普通用户而言，只要能正常运行，就不要升级显卡、主板的 BIOS 和驱动程序。
- 定期维护和优化操作系统。

下面将详细介绍一些常见蓝屏故障的解决方法。

（1）重启电脑
蓝屏原因可能是某个程序或驱动出错，重新启动电脑后可以恢复正常。

（2）硬件兼容
首先，确定硬件是否插牢、是否有氧化现象，重新正确地安装硬件设备；其次，查看硬件是否有冲突，是否与操作系统兼容等。

（3）新驱动和新服务
如果刚安装完某个硬件的新驱动，或者安装了某个软件，而它又在系统服务中添加了相应的项目（如杀毒软件、CPU 降温软件和防火墙软件等），在重新启动或使用中出现了蓝屏故障，可以在安全模式下卸载或禁用它们。

（4）查杀病毒
电脑木马病毒有时会导致 Windows 蓝屏死机，因此查杀病毒必不可少。同时，一些木马间谍软件也会引发蓝屏故障，所以最好使用相关工具进行扫描杀毒。

（5）检查 BIOS 和硬件兼容性
对于新装电脑经常出现蓝屏的问题，应该检查并升级 BIOS 到最新版本，同时关闭其中的内存相关项，如缓存和映射。另外，应对照微软的硬件兼容列表检查自己的硬件。

（6）检查系统日志
打开"运行"对话框，输入 EventVwr.msc 命令，然后单击"确定"按钮；如下图（左）所示。打开"事件查看器"窗口，查看"系统"日志和"应用程序"日志中标注为"警告"的选项，如下图（右）所示。

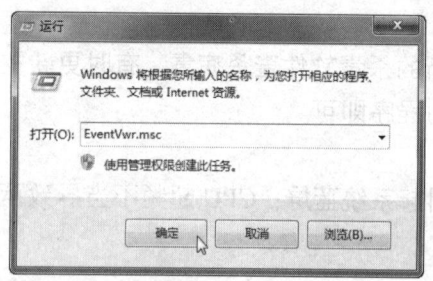
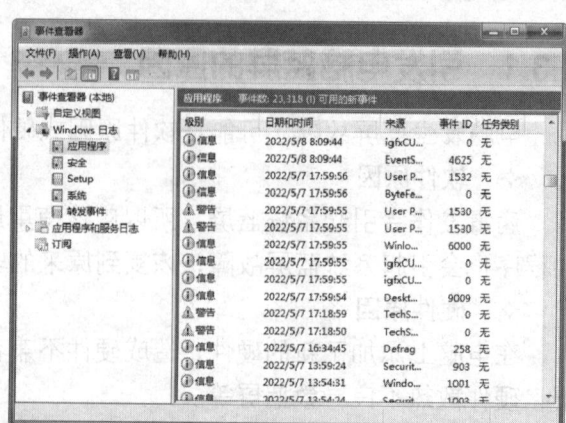

（7）恢复到最后一次的正确配置

一般情况下，蓝屏都出现在更新硬件驱动或新添加硬件并安装其驱动程序后，这时 Windows 7 系统提供的"最后一次的正确配置"就是解决蓝屏的快捷方式。重新启动操作系统，在出现启动菜单时按【F8】键，就会出现高级启动选项菜单，然后选择"最后一次的正确配置（高级）"选项，并按【Enter】键确认，如下图（左）所示。

（8）安装最新的系统补丁和 Service Pack

有些蓝屏是 Windows 本身存在缺陷造成的，遇到这种情况可以通过安装最新的系统补丁和服务包来解决，如下图（右）所示。

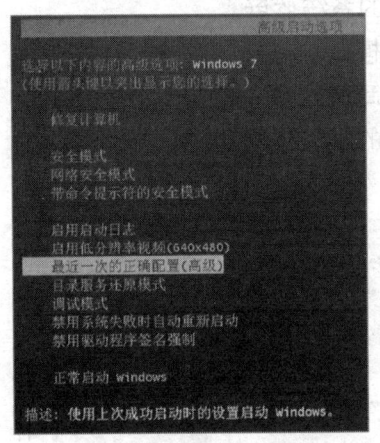 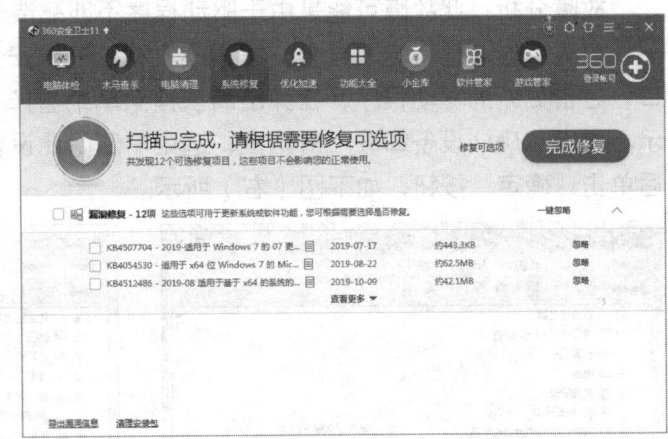

（9）查询停机码

将蓝屏的停机码记录下来，然后从网上搜索，查找相应的解决方案。例如，蓝屏代码 0x00000142 和 0x000007f，是由于硬盘的 100MB（Windows 10 系统为 500M）未分配空间不存在造成的。

8.3.3 电脑蓝屏故障维修实战

下面将详细介绍几种常见蓝屏故障的诊断与维修案例，如安装新声卡后蓝屏，安装共享软件后蓝屏，更新驱动程序后蓝屏等故障。

【故障维修 1】电脑蓝屏死机，错误代码为 0x00000142

故障描述：电脑蓝屏死机，错误代码为 0x00000142。

故障分析：Windows 7 系统下出现 0x00000142 和 0x000007f 蓝屏错误代码，是由于硬盘的 100MB 未分配空间不存在造成的。

故障维修：要解决此故障，可以重新安装 Windows 7 操作系统，在选择安装分区时不要格式化系统分区，而是将其删除，然后重新建立一个分区，此时将弹出提示信息框，单击"确定"按钮，即可自动生成 100MB 的隐藏未分配空间，如右图所示。

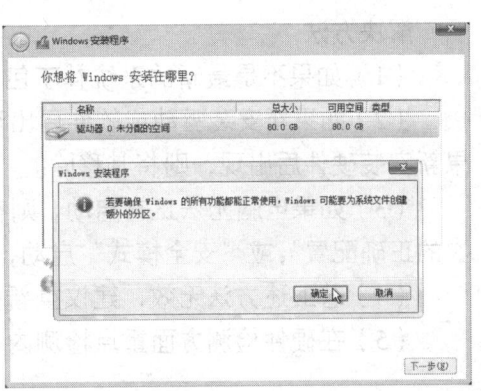

【故障维修2】安装共享软件后电脑蓝屏

故障描述：电脑在安装一个共享软件后出现蓝屏故障。

故障查找与维修：此故障是由于软件错误造成的系统蓝屏。首先重新启动电脑，按【F8】键，然后选择进入"安全模式"，将刚安装的软件卸载，并重新启动电脑即可。

【故障维修3】电脑在更新主板驱动程序后出现蓝屏

故障描述：电脑在更新主板驱动程序后出现蓝屏故障。

故障分析：此故障可能是由于驱动程序不匹配造成的系统蓝屏。

故障维修：重新启动电脑，按【F8】键，进入安全模式。打开"设备管理器"窗口，右击更新的驱动程序，在弹出的快捷菜单中选择"卸载"命令，如下图（左）所示。弹出"确认设备卸载"对话框，选中"删除此设备的驱动程序软件"复选框，然后单击"确定"按钮，如下图（右）所示。

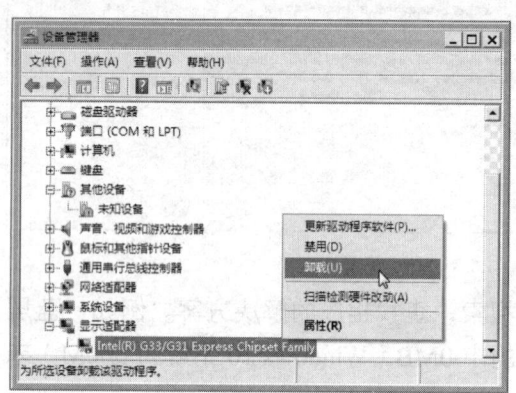 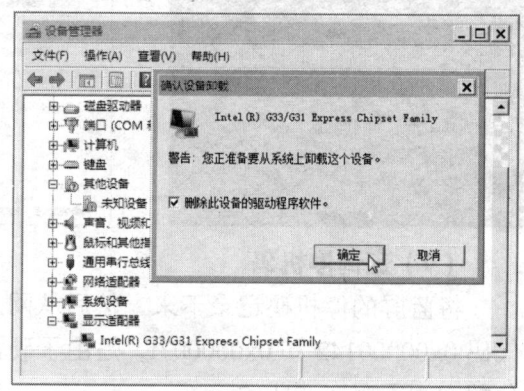

导致蓝屏故障的原因很多，下面列举了一些可能跟驱动有关的蓝屏原因及解决方法。

1. 蓝屏代码：0x0000000A

蓝屏原因：
- ◇ 主要是由于安装了有缺陷或不兼容的硬件（BIOS）、驱动程序、软件产生。
- ◇ 当系统升级后，由于设备驱动、系统服务、病毒扫描或备份工具与新版本不兼容产生。

解决方法：

（1）如果不是最新的系统补丁包，则升级最新的系统补丁包。

（2）如果新安装驱动或软件后出现，则卸载或禁用新安装的驱动程序或软件。如果新安装硬件后出现，则将其移除。

（3）如果电脑无法正常启动，则在电脑自检完成后按【F8】键，尝试以"最后一次的正确配置"或"安全模式"启动，然后删除或禁用新近添加的程序或驱动程序。

（4）若上述方法无效，建议重新安装系统。

（5）在硬件检测方面重点检测内存。

2. 蓝屏代码：0x0000001A

蓝屏原因：此代码说明内存管理错误，参数不同，引起的原因也不同。这个错误往往是由硬件引起的，如新安装的硬件、内存本身有问题等。

解决方案：

（1）如果是偶尔出现，则重启电脑。

（2）如果添加了新硬件，则将其移除；如果新安装或升级驱动，则禁用或卸载驱动。

（3）如果是在安装系统时出现，则有可能是由于电脑达不到安装系统的最小内存和磁盘要求。

（4）在硬件检测方面重点检测内存。

3. 蓝屏代码：0x0000001E

蓝屏原因：Windows 内核检查到一个非法或者未知的进程指令，不同参数产生原因不同。

解决方案：

（1）如果在蓝屏信息中出现了驱动程序的名字，则禁用或卸载该驱动。

（2）如果新安装了驱动或软件后发生，则禁用或卸载所有刚安装的驱动和软件。

（3）如果错误信息中明确指出 Win32K.sys，则很有可能是第三方远程控制软件造成的，需要将该软件的服务关闭。

（4）如果电脑无法正常启动，应尝试以"最后一次的正确配置"或"安全模式"启动，然后删除或禁用新近添加的程序或驱动程序。

（5）若上述方法无效，则需要重新安装系统。

4. 蓝屏代码：0x0000003F

蓝屏原因：与系统内存管理相关的错误，如由于执行了大量的输入/输出操作，造成内存管理出现问题；有缺陷的驱动程序不正确地使用内存资源。

解决方案：卸载所有最新安装的软件（特别是那些增强磁盘性能的应用程序和杀毒软件）和驱动程序（如 Intel RSR 驱动）。若无效，则重新安装系统。

5. 蓝屏代码：0x00000044

蓝屏原因：通常是由硬件驱动程序引起的。

解决方案：如果安装驱动后产生，请卸载最近安装的驱动程序。若无效，则重新安装系统。

【故障维修4】安装创新声卡后关机蓝屏，错误代码 0X0A

故障描述：使用的是创新声卡，在关机过程中出现蓝屏，错误代码是 0X0A。

故障查找与维修：打开"设备管理器"窗口，将声卡删除，刷新后手动安装最新的带有数字签名的驱动程序即可。

8.4 电脑黑屏故障分析与修复

电脑开机后显示器出现黑屏，说明电脑启动过程中硬件出现故障。下面将详细介绍引发电脑黑屏的原因，以及电脑黑屏故障诊断与维修的典型案例。

8.4.1 引发电脑黑屏的原因

电脑中的硬件故障是导致黑屏的主要原因，具体如下：

◇ **电源故障**

电源电压不稳，或电源散热风扇不转等，都会导致电脑黑屏。

◇ **显卡与显示器信号线接触不良**

拔下插头检查，查看插口中是否有弯曲、断针、污垢等情况。在连接插口时，由于用力不均匀，安装方法不当，或忘记拧紧插口固定螺丝，都会使插口接触不良。

◇ **显卡故障**

显卡接触不良，或金手指部分氧化等，都会导致电脑黑屏。

◇ **内存故障**

内存接触不良、内存质量不佳等，也是导致电脑黑屏的主要原因。

◇ **CPU超频**

CPU超频后导致电脑黑屏，主要是由于CPU频率过高导致无法正常启动。

◇ **CPU与主板接触不良**

因搬动或其他因素使CPU与插座接触不良，用手按一下CPU或取下CPU重新安装。

◇ **显示器故障**

显示器开关电源输出低于正常值，或者电源开关IC损坏等，都会导致电脑黑屏。

8.4.2 电脑黑屏故障维修实战

下面将详细介绍几种常见的电脑黑屏故障的维修案例，如开机黑屏且电源风扇不转、开机长鸣报警且电脑黑屏、电脑黑屏无报警等故障。

【故障维修1】开机后黑屏，显示器指示灯呈橘红色或闪烁状态

故障描述：电脑开机后黑屏，显示器指示灯呈橘红色或闪烁状态，无法通过自检。

故障分析：此故障是自检过程中显卡没有通过自检，无法完成基本硬件的检测，从而无法启动。

故障维修：检查显卡金手指是否被氧化或PCI-E接口中是否有大量灰尘导致短路。用橡皮轻轻擦拭金手指，并用皮老虎清理PCI-E接口中的灰尘。同时，使用替换法排除显卡损坏的问题。如果显卡损坏，更换显卡即可。

【故障维修2】电脑开机黑屏且无报警声，但屏幕上显示No Signals信息

故障描述：电脑开机黑屏，且没有报警声，但屏幕上显示No Signals提示信息。

故障查找与维修：此故障可能是显卡问题，将显卡卸下，用毛刷将尘土清理干净，用橡皮反复擦拭显卡金手指位置，然后重新安装好显卡，注意查看显卡插槽和显卡是否完全插好。

【故障维修 3】电脑开机长鸣报警，显示器黑屏不亮

故障描述：电脑开机长鸣报警，显示器黑屏不亮。

故障查找与维修：此故障是内存接触不良，卸下内存后用橡皮擦拭内存金手指位置，然后重新安装好，重新启动电脑进行检测，恢复正常。

【故障维修 4】开机后主板电源指示灯亮，电源正常，但屏幕无显示

故障描述：电脑按 Power 键后光驱灯闪烁，主板电源指示灯亮，电源正常，但屏幕无显示，没有"嘀"声。

故障分析：CPU 损坏后会出现此现象。BIOS 在自检过程中首先对 CPU 进行检查，CPU 损坏无法通过自检，电脑无法启动。

故障维修：检查 CPU 是否安装正确、CPU 核心是否损坏。使用替换法检查 CPU 是否损坏，如果 CPU 损坏，则更换 CPU 即可，如右图所示。

【故障维修 5】重新将电脑硬件安装到机箱后，开机黑屏

故障描述：将电脑机箱内各部件拆出，测试后正常，当安装进机箱后无法开机，有时将机箱竖起可以正常开机，平放后无法开机。

故障分析：某些机箱制作不标准，导致某些主板安装后变形或某些板卡变形，主板底部与机箱接触导致短路，从而造成无法开机。

故障维修：更换质量优良的机箱，使用标准配件安装各个部件，故障消失。

【故障维修 6】电脑开机后键盘 NUM 等指示灯不亮，无法自检

故障描述：电脑开机后键盘 NUM 等指示灯不亮，无法自检。

故障查找与维修：主板的键盘控制器或 I/O 芯片损坏，无法完成自检。更换相同型号的 I/O 芯片，并检查键盘接口电路，如右图所示。

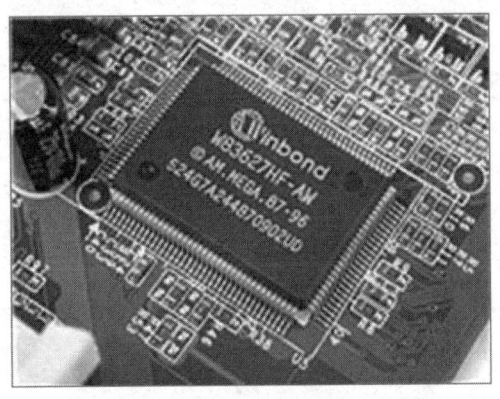

【故障维修 7】电脑开机后黑屏

故障描述：按主机开机键后，主机电源指示灯亮，屏幕无显示，没有报警声。

故障查找与维修：遇到此类故障，可按以下方法进行检测。

（1）确保显示器供电正常，能够正常使用，可拔下显示器与主机连接的视频线，查看显示器反应。

（2）断开主机电源并打开主机箱，利用插拔法或替换法检测是否为内存和显卡故障。

（3）对 CMOS 电池进行放电处理后重新开机，查看故障是否解决。

（4）卸下 CPU 风扇，开机后轻轻按压 CPU，检查显示器是否有画面。

（5）卸下 CPU，对 CPU 及 CPU 周围进行除尘，重新安装 CPU 或替换为功能正常的 CPU，开机检查故障是否解决。

（6）若故障依旧，则可以判断为主板故障。若有条件，可以更换一个正常的主板查看故障是否消失。也可将主板从机箱上卸下来，对其进行除尘，观察主板表面是否完整，使用万用表检查主板是否有短路、断路的地方。

Chapter 09 快速备份与恢复硬盘数据

硬盘中的重要数据丢失或损坏会对用户的学习和工作造成不可挽回的损失,所以应对重要的数据定时进行备份。当数据误删除后也不要惊慌,只要没有将硬盘低级格式化,一般都可以使用数据恢复软件将其恢复。本章将详细介绍如何备份和恢复硬盘数据。

本章要点

- 硬盘数据的备份与还原
- 硬盘数据的恢复

知识等级

中级读者

建议学时

建议学习时间为 50 分钟

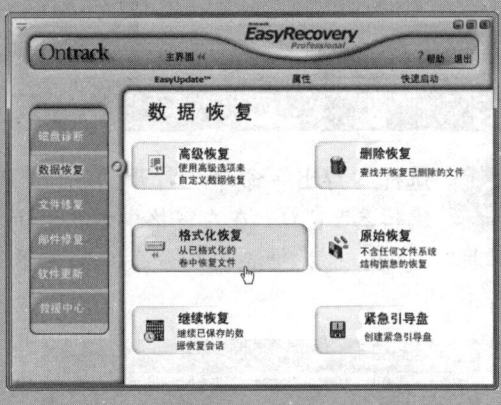

9.1 硬盘数据的备份与还原

下面将介绍如何备份与还原电脑中的重要数据，其中包括备份硬盘分区表、注册表、系统字体、收藏夹，以及使用系统备份和还原工具等。

9.1.1 备份与还原注册表

对注册表编辑不当可能会严重损坏操作系统，所以在对注册表进行编辑前，应先备份整个注册表或重要的子键，以便在发生错误时进行恢复。

备份与还原注册表的具体操作方法如下：

01 选择regedit程序 打开"开始"菜单，在搜索框中输入regedit，在搜索结果列表中选择regedit程序，如下图所示。

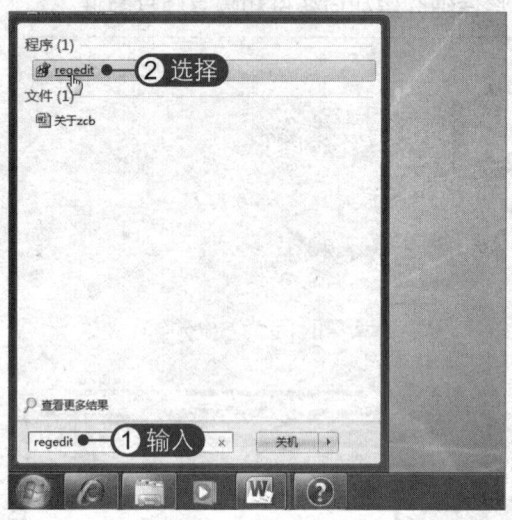

02 选择"导出"命令 打开"注册表编辑器"窗口，在左窗格中右击"计算机"选项，选择"导出"命令，如下图所示。

03 设置导出选项 弹出"导出注册表文件"对话框，选中"全部"单选按钮，选择导出位置并输入文件名，然后单击"保存"按钮，如下图所示。

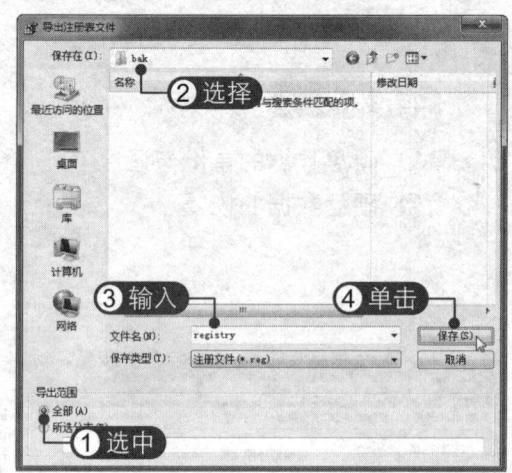

04 导出注册表文件 开始导出整个注册表文件，此时"注册表编辑器"可能会处于"未响应"状态，等待保存完成即可，如下图所示。

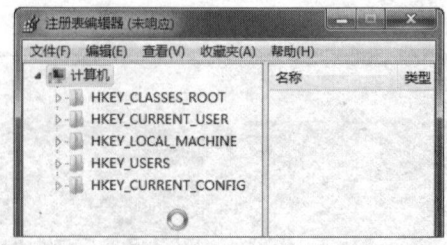

05 查看注册表文件 打开保存位置，即可查看保存的注册表文件，如下图所示。

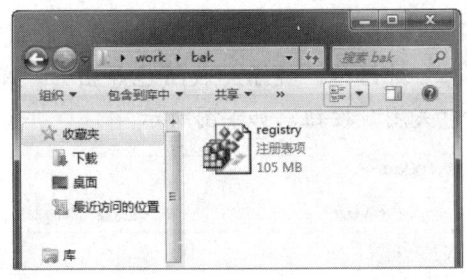

06 单击"导出"命令 若要导出注册表的子键，可以在左窗格中选中该子键，然后单击"文件"|"导出"命令，如下图所示。

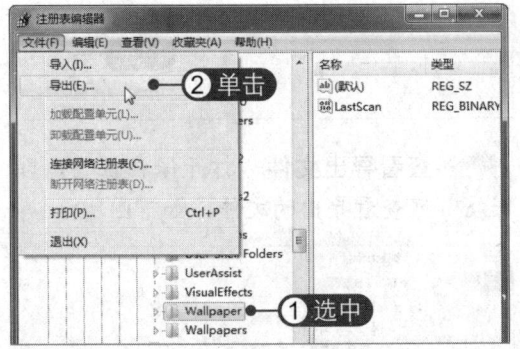

07 设置保存选项 在弹出的对话框中选择保存位置并输入文件名，然后单击"保存"按钮，如下图所示。

08 双击导出文件 打开保存位置，查看导出的注册表子键文件。若要还原注册表设置，只需双击导出的注册表文件，如下图所示。

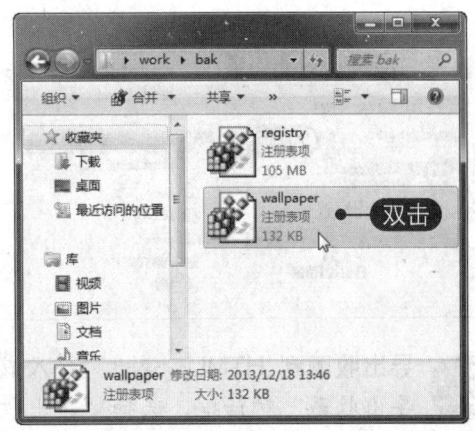

09 确认添加操作 此时弹出警告信息框，单击"是"按钮，如下图所示。

10 成功还原注册表文件 弹出提示信息框，注册表文件还原成功，单击"确定"按钮，如下图所示。

9.1.2 备份与还原网页收藏

浏览器的网页收藏夹收藏着用户经常访问的网页地址，若重装系统，这些记录就会全部被清除，给用户造成很大的不便，因此备份收藏夹是很有必要的。下面以搜狗浏览器为例介绍如何备份与还原收藏夹，具体操作方法如下：

01 **选择"导入/导出收藏"命令** 打开搜狗浏览器,在菜单栏中单击"收藏"菜单项,选择"导入/导出收藏"命令,如下图所示。

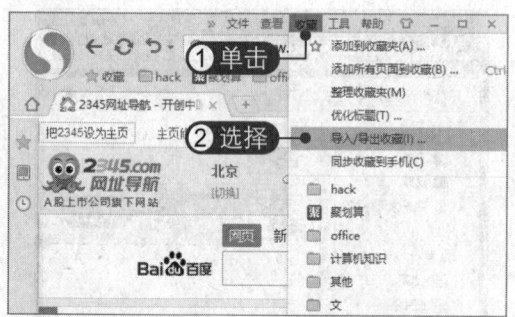

02 **导出收藏到 HTML** 弹出"导入或导出收藏"对话框,选择"导出收藏"选项卡,单击"导出收藏到 HTML"按钮,如下图所示。

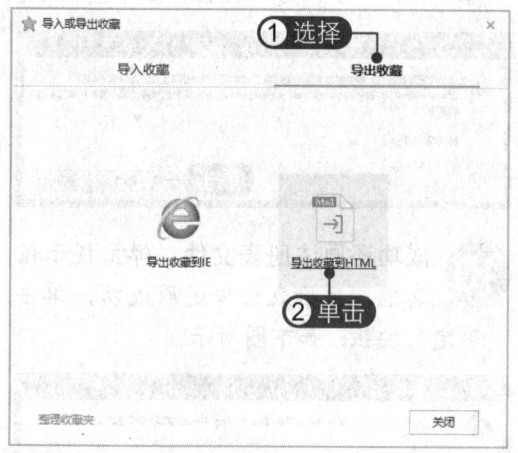

03 **选择保存位置** 弹出"另存为"对话框,选择保存位置,单击"保存"按钮,如下图所示。

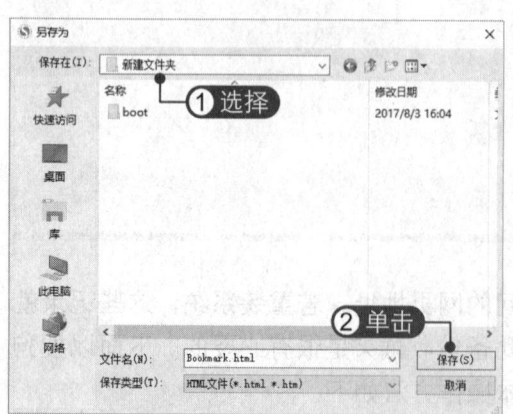

04 **导出完成** 返回"导入或导出收藏"对话框,提示"收藏已导出",单击"关闭"按钮,如下图所示。

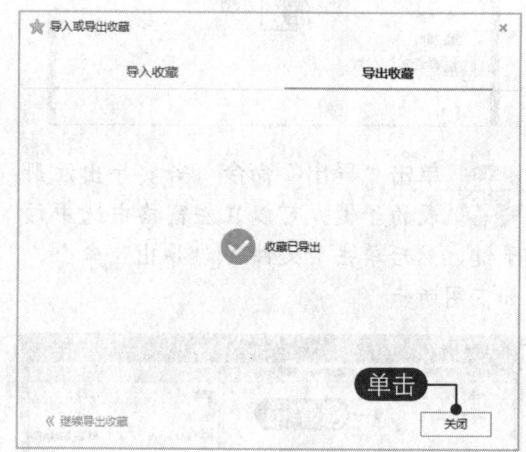

05 **查看导出文件** 打开保存位置,即可查看导出的文件,如下图所示。

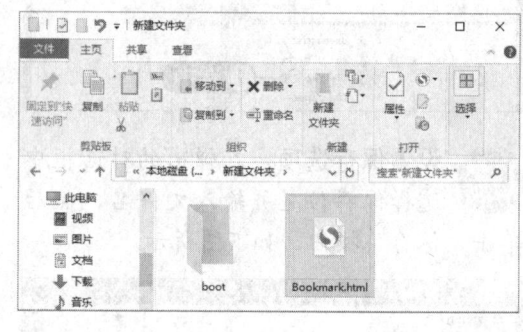

06 **导入收藏** 若要导入收藏的网页,可打开"导入或导出收藏"对话框,选择"导入收藏"选项卡,单击"选择 HTML 文件"按钮,在弹出的对话框中选择网页收藏文件即可,如下图所示。

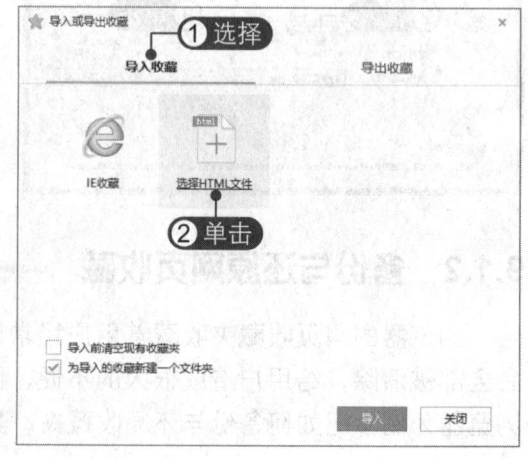

9.1.3 备份与还原字体

系统字体是操作系统中各种文件能正常显示的基础，通常安装在系统分区下的 Font 文件夹中。如果系统文字损坏或丢失，电脑中的文字就无法正常显示。为了避免字体因系统问题丢失，可以将其备份到其他分区，具体操作方法如下：

01 双击 Font 文件夹 打开 C 盘（即操作系统所在盘符）下的 Windows 文件夹，双击 Font 文件夹（即字体文件夹）将其打开，如下图所示。

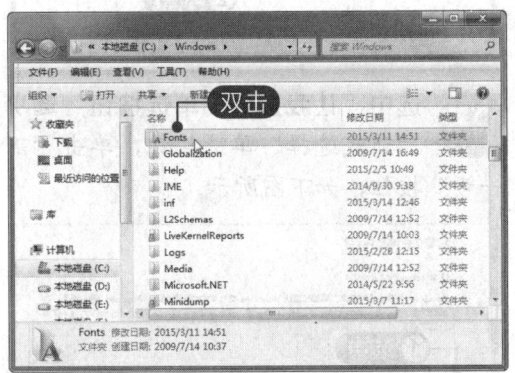

02 选择"复制"命令 打开字体窗口，在字体文件列表中选中要备份的字体文件，然后单击"组织"下拉按钮，选择"复制"命令，如下图所示。

> **知识加油站**
>
> 打开"控制面板"窗口并切换到"大图标"查看方式，双击其中的"字体"图标，也可打开"字体"文件夹。

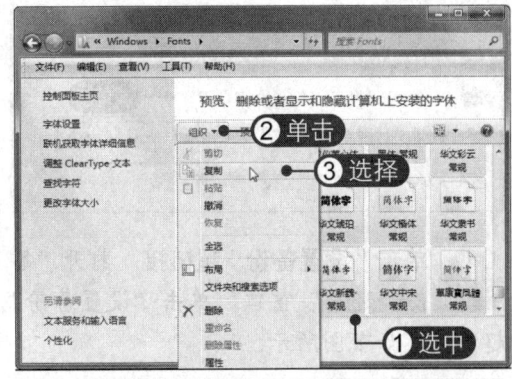

03 复制字体文件 在系统盘以外的磁盘新建一个文件夹，将复制的字体文件粘贴到该文件夹即可，如下图所示。当系统字体丢失时，将备份的字体文件复制到系统字体文件夹即可。

9.1.4 使用系统备份和还原工具

Windows 7 系统提供了文件的备份和还原功能，用户可以利用此功能将重要文件备份起来，下面将对其进行详细介绍。

1. 备份文件

为了确保重要的文件不会丢失，应当定期备份这些文件。使用系统备份功能备份文件的具体操作方法如下：

01 单击"备份和还原"超链接 打开"所有控制面板项"窗口,单击"备份和还原"超链接,如下图所示。

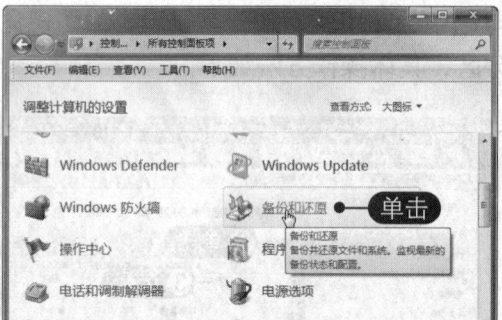

02 单击"设置备份"超链接 打开"备份和还原"窗口,单击"设置备份"超链接,如下图所示。

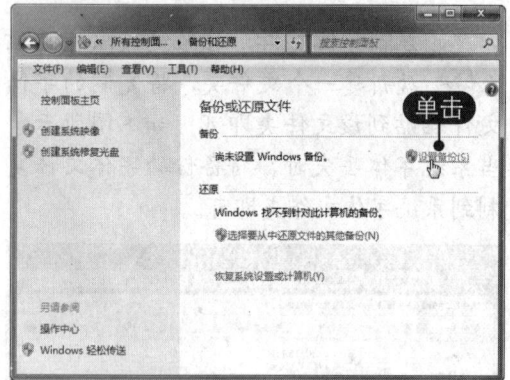

03 启动备份程序 系统开始启动 Windows 备份程序,如下图所示。

04 选择保存备份位置 弹出"设置备份"对话框,选择要保存备份的位置,在此选择 G 分区,然后单击"下一步"按钮,如下图所示。

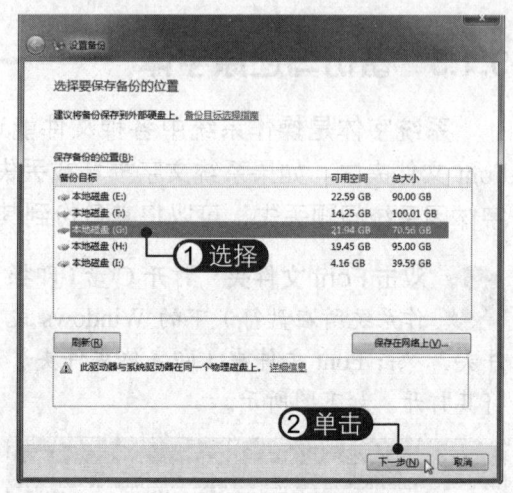

05 选中"让我选择"单选按钮 选中"让我选择"单选按钮,单击"下一步"按钮,如下图所示。

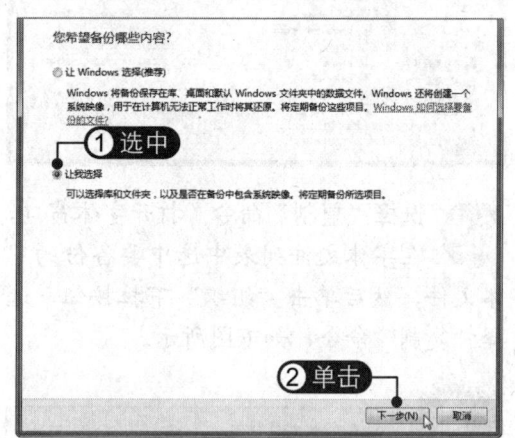

06 选择备份内容 选中要备份的内容,如在此选中 LL888 用户的图片库及"其他位置"下的"桌面",取消选择"包括驱动器(D:)、(C:)的系统映像"复选框,单击"下一步"按钮,如下图所示。

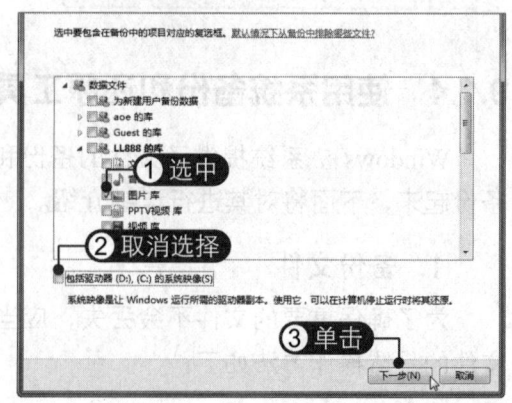

07 保存设置并运行备份　查看备份设置信息，确认无误后单击"保存设置并运行备份"按钮，如下图所示。

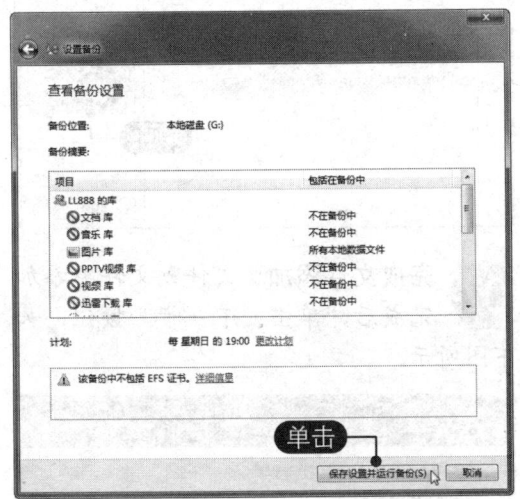

08 开始备份文件　返回"备份和还原"窗口，系统开始进行备份操作并显示进度，此时只需等待备份完成即可，如下图所示。

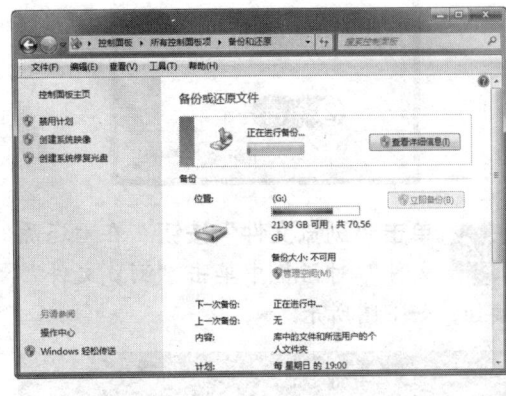

 知识加油站

单击"更改计划"超链接，在弹出的对话框中可以设置按计划自动备份。

2．还原文件

当原文件受到损坏后，可以从备份文件中将其进行还原，用户可以还原指定的文件、文件夹或全部文件，具体操作方法如下：

01 单击"还原我的文件"按钮　打开"备份和还原"窗口，单击"还原我的文件"按钮，如下图所示。

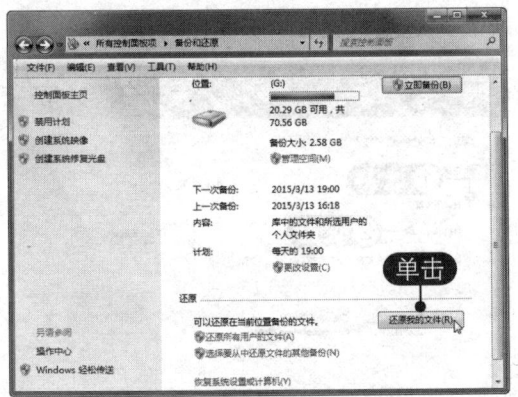

02 单击"选择其他日期"超链接　弹出"还原文件"对话框，单击"选择其他日期"超链接，如下图所示。

03 选择备份日期和时间　在弹出的对话框中选择所需的备份日期和时间，默认为最新的备份日期，然后单击"确定"按钮，如下图所示。

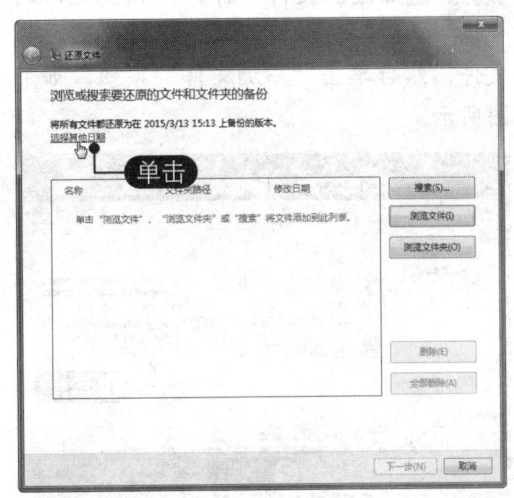

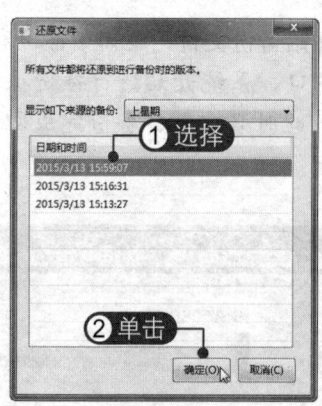

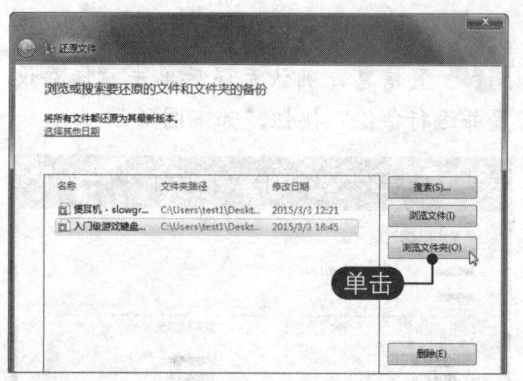

04 单击"浏览文件"按钮 在"还原文件"对话框中单击"浏览文件"按钮,如下图所示。

07 完成文件添加 文件或文件夹添加完成后,单击"下一步"按钮,如下图所示。

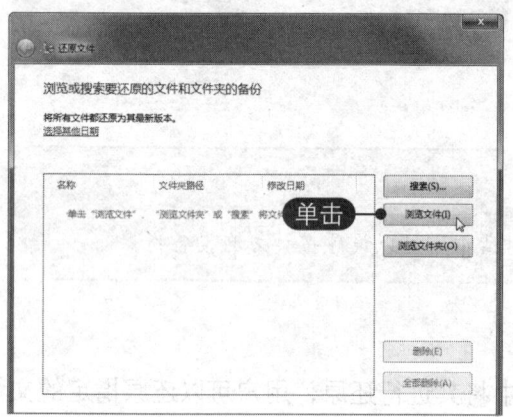

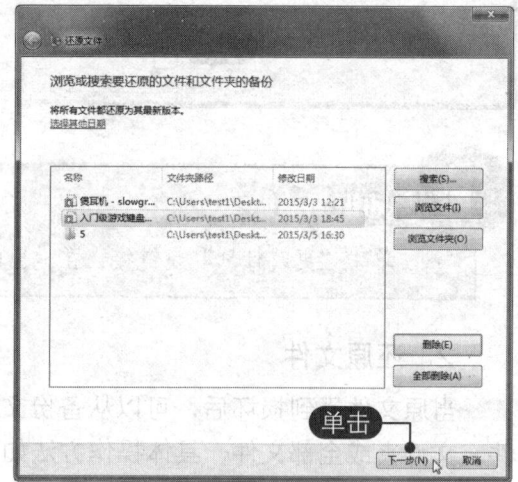

05 选择还原文件 弹出"浏览文件的备份"对话框,从中选择要还原的文件,然后单击"添加文件"按钮,如下图所示。

08 指定还原位置 选中"在以下位置"单选按钮,单击"浏览"按钮,指定位置或在文本框中输入位置路径,然后单击"还原"按钮,如下图所示。

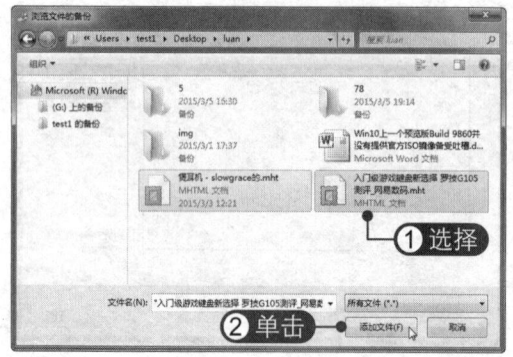

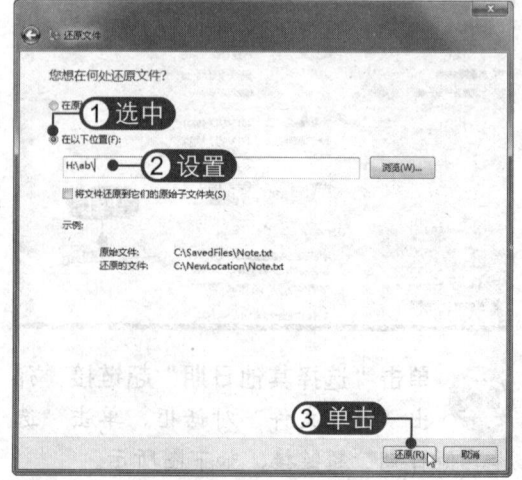

06 单击"浏览文件夹"按钮 若要还原某个文件夹,可以单击"浏览文件夹"按钮,在弹出的对话框中查找并添加要还原的文件夹即可,如下图所示。

09 **完成文件还原** 程序开始还原所选文件到指定位置，还原结束后单击"完成"按钮，如下图所示。

10 **查看还原文件** 打开文件还原位置，即可查看所还原的文件，如下图所示。

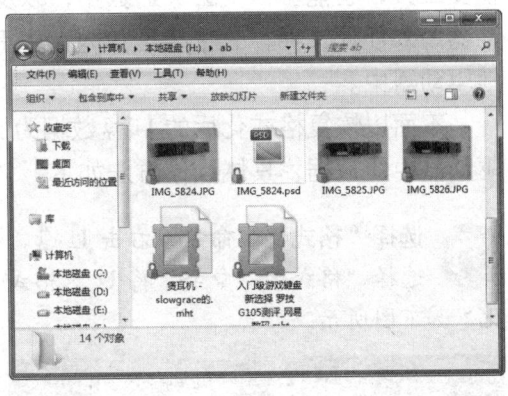

9.2 硬盘数据的恢复

在 Windows 系统下的文件删除和磁盘格式化，都属于高级格式化，其实并没有真正的删除文件，只要磁盘有多余的空间，并没有被其他文件占据，都是可以恢复的。下面将介绍如何使用数据恢复软件来恢复删除或格式化后的硬盘数据。

9.2.1 恢复误删文件的注意事项

在误删文件后，能否成功恢复文件很大程度上取决于在误删操作发生后有多少信息被写到硬盘上了。不要在发生数据丢失的硬盘上继续工作，要特别注意以下事项：

（1）不要继续使用被误删文件的系统。
（2）不要使用该系统上网，收邮件，听音乐，看电影，创建文档。
（3）不要重新启动或者关闭系统。
（4）不要安装文件到想要恢复删除文件的系统上。
（5）对系统操作越多，数据恢复成功的可能性就越小。
（6）不要对该硬盘进行碎片整理或执行任何磁盘检查程序。
（7）最好在误删文件后尽早运行数据恢复软件。

9.2.2 使用数据恢复软件恢复数据

目前数据恢复软件有很多种，常用的有"软媒魔方数据恢复"、EasyRecovery、FinalData、易我数据恢复向导、WinHex 等。下面以 EasyRecovery 和 FinalData 为例，详细介绍如何进行硬盘数据恢复。

1. 使用 EasyRecovery 恢复数据

EasyRecovery 是著名数据恢复公司 Ontrack 制作的一款功能非常强大的硬盘数据恢复工具，它能够恢复丢失的数据，以及重建文件系统。EasyRecovery 不会向原始驱动器写入任何文件，它主要是在内存中重建文件分区表，使数据能够安全地恢复到其他驱动器中。

下面以恢复格式化后的 U 盘数据为例，介绍如何使用 EasyRecover 恢复格式化后驱动器中的数据，具体操作方法如下：

01 选择"格式化"命令 右击 U 盘，选择"格式化"命令，将 U 盘格式化，如下图所示。

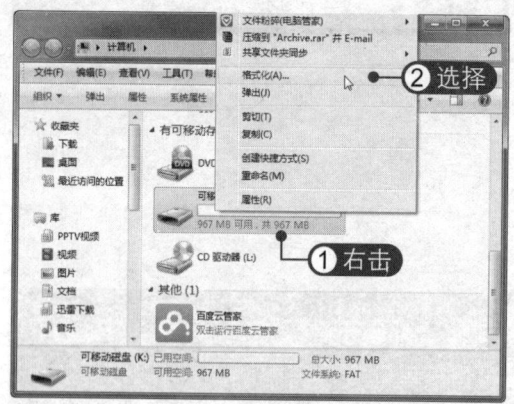

02 单击"格式化恢复"按钮 启动 EasyRecovery 程序，在左侧选择"数据恢复"选项，在右侧单击"格式化恢复"按钮，如下图所示。

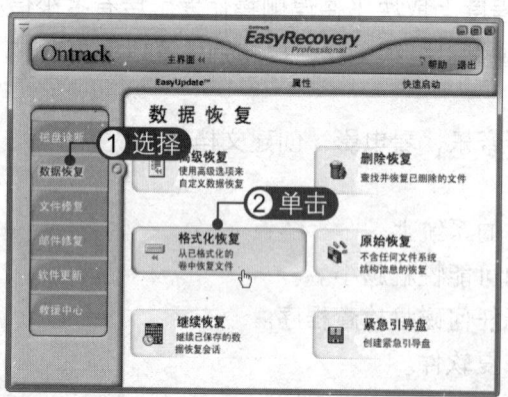

03 确认恢复操作 弹出提示信息框，单击"确定"按钮，如下图所示。

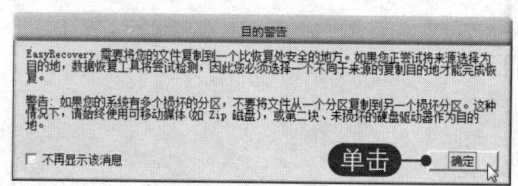

04 选择 U 盘文件系统 在左侧选择 U 盘分区，选择 U 盘的文件系统，然后单击"下一步"按钮，如下图所示。

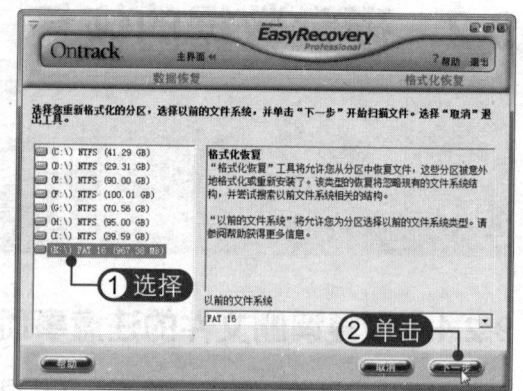

05 开始扫描磁盘 程序开始扫描磁盘，此时需要耐心等待扫描完成，如下图所示。

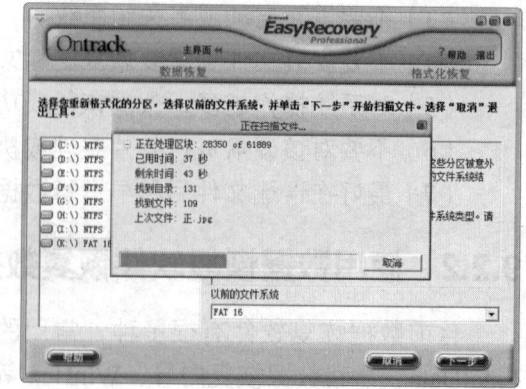

06 **选择恢复文件** 在左侧树状文件列表中选择要恢复的文件夹,在右侧选择文件,然后单击"下一步"按钮,如下图所示。

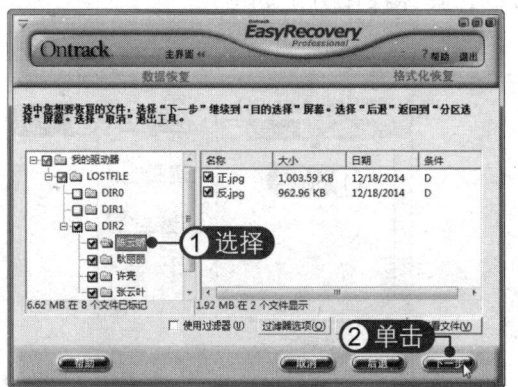

07 **单击"浏览"按钮** 在打开的界面中单击"浏览"按钮,如下图所示。

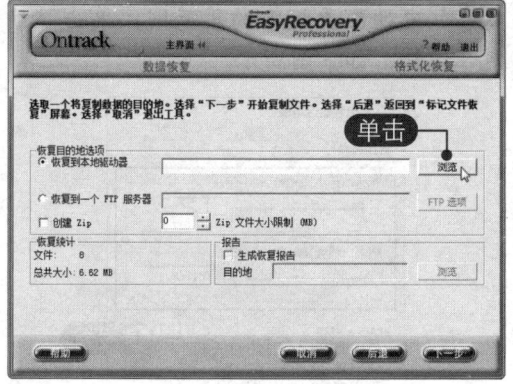

08 **选择文件恢复位置** 在弹出的对话框中选择文件恢复位置,然后单击"确定"按钮,如下图所示。

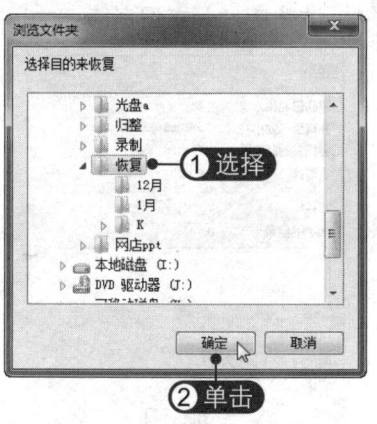

09 **确认恢复设置** 返回 EasyRecovery 程序,单击"下一步"按钮,如下图所示。

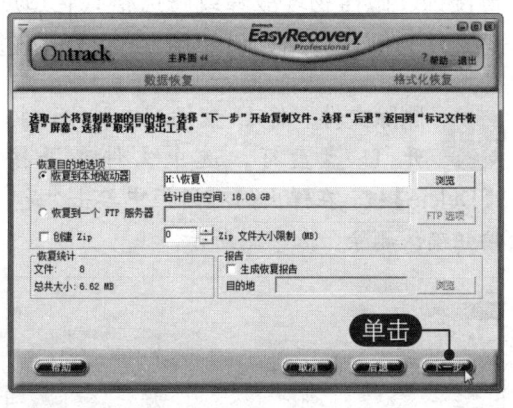

10 **完成恢复操作** 程序开始向恢复位置复制文件,等待恢复完成即可。若要完成恢复文件操作,可单击"完成"按钮。若继续恢复其他文件,可单击"后退"按钮回到之前界面,如下图所示。

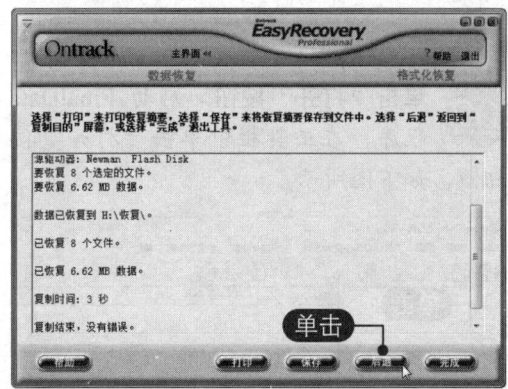

11 **查看恢复文件** 打开文件恢复位置,即可找到恢复的文件,如下图所示。

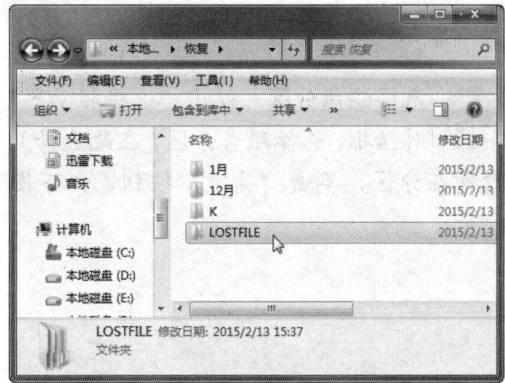

2. 使用 FinalData 恢复数据

FinalData 是一款强大的数据恢复软件，不仅可以恢复误删数据，还可以恢复因病毒侵蚀、磁盘物理故障或磁盘格式化造成的数据丢失。下面以使用 FinalData 恢复 U 盘文件为例，介绍如何使用 FinalData 恢复数据，具体操作方法如下：

01 删除文件 将 U 盘插入电脑中，打开 U 盘盘符，选中文件夹并按【Delete】键，在弹出的对话框中单击"是"按钮确认删除，如下图所示。

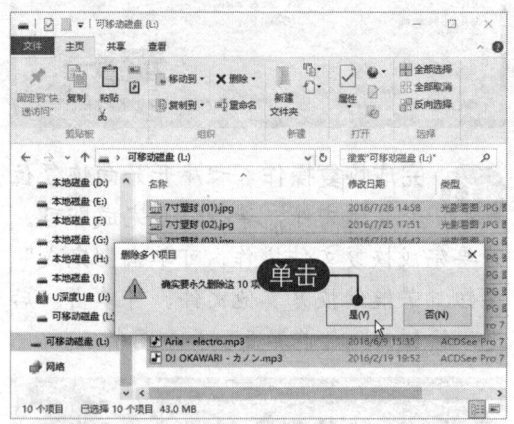

02 单击"打开"按钮 启动 FinalData 程序，在工具栏中单击"打开"按钮，如下图所示。

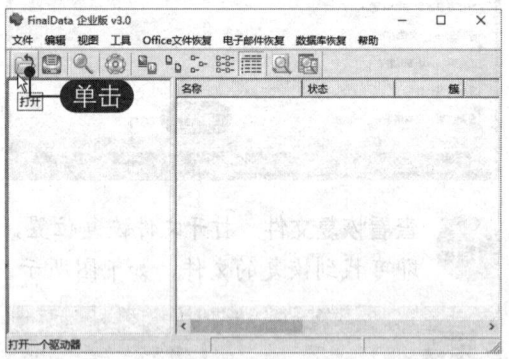

03 选择磁盘分区 弹出"选择驱动器"对话框，选择磁盘分区，在此选择 U 盘所在分区，单击"确定"按钮，如下图所示。

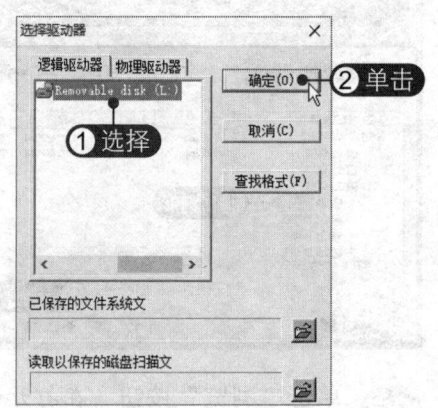

04 设置搜索簇范围 在弹出的对话框中设置要搜索的簇范围，单击"确定"按钮，如下图所示。

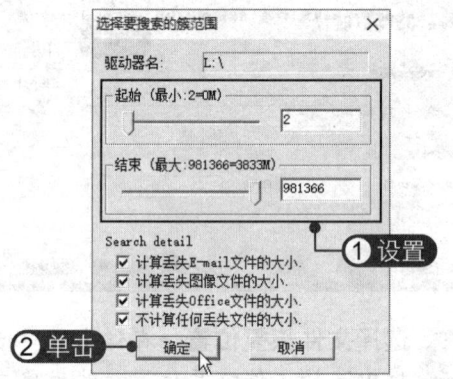

05 扫描文件 开始扫描文件，并显示扫描进度，如下图所示。

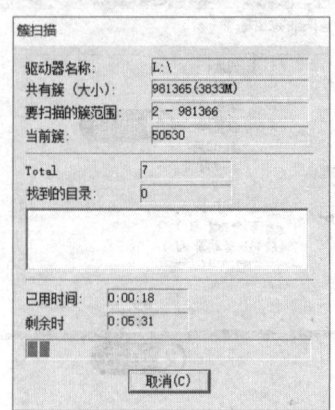

06 选择"恢复"命令 搜索完毕后，在左窗格中选择丢失的目录，在右窗格中可以查看扫描到的文件。选中要恢复的文件并右击，选择"恢复"命令，如下图所示。

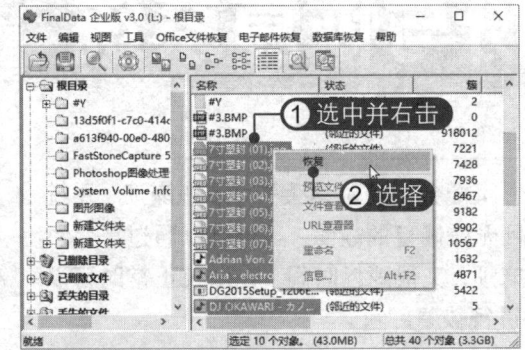

07 选择恢复位置 弹出"选择要保存的文件夹"对话框，选择文件恢复位置，单击"保存"按钮，开始向指定位置恢复文件，如下图所示。

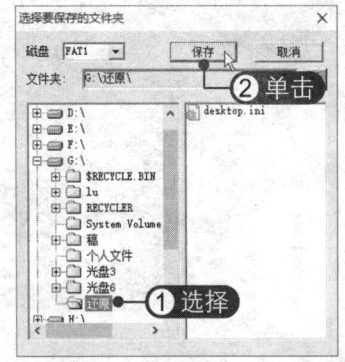

08 查看恢复文件 打开恢复位置，即可查看恢复的文件，如下图所示。

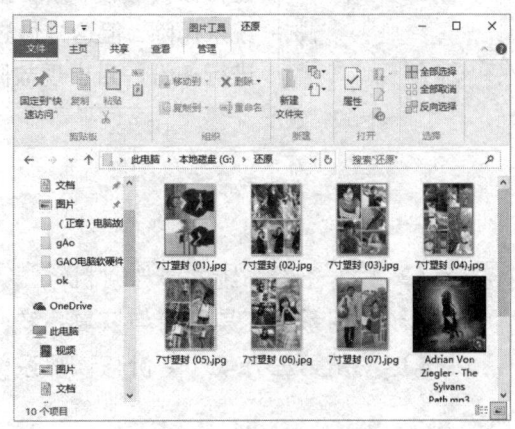

Chapter 10 快速备份与恢复系统

在使用电脑的过程中，可能会出现驱动丢失、系统崩溃、系统运行极其缓慢、频繁报错且无法修复的故障。虽然可以通过重装系统来排除，但这样做过于麻烦，又很消耗时间。在系统正常时可以进行备份，当出现故障时进行恢复即可。

本章要点

- 找好备份系统的最佳时机
- 使用系统工具备份与恢复系统
- 使用第三方软件备份与恢复系统

知识等级

中级读者

建议学时

建议学习时间为 50 分钟

10.1 找好备份系统的最佳时机

在备份操作系统前，应选择一个比较好的时机来备份，只有当系统在最佳状态下运行时，所备份的操作系统的稳定性及安全性才能得到保证。

备份操作系统的最佳时机主要有：

◇ **安装完操作系统后**

安装完操作系统后并且安装了最新的系统补丁，以及安装了电脑中所有硬件的驱动程序后进行备份，这样在系统崩溃需要重装时就可以利用备份文件对系统进行恢复了。

◇ **对系统优化后**

对操作系统进行了全面杀毒，并且确定其中没有病毒或恶意程序，对电脑进行了个性化设置或系统优化设置后进行系统备份，这样在恢复系统后就不必再重新进行系统设置了。

◇ **安装了重要软件后**

当向系统中安装了一些重要的软件后可以对系统进行备份，这样在系统崩溃后只需还原该备份，而无须再逐一安装这些软件了。

◇ **进行可能损坏系统的操作时**

当需要在电脑中安装可能会破坏系统的未知软件，或者进行某些可能会破坏系统的操作时，应先将系统备份起来，以备在系统遭到破坏后进行还原。

此外，在还原操作系统之前要提前做好一些准备工作，以保障还原工作的顺利进行，具体如下：

（1）重要数据要备份

在重装系统前，首先要备份好重要的数据，特别是系统盘中的数据，如驱动程序、桌面文件、网页收藏夹、需要备份的消息记录等。

（2）做好安全防护

如果系统感染了病毒，在还原系统后最好不要马上就连接网络，先安装杀毒软件及防火墙软件，再连接局域网或互联网，防止再次感染病毒。还应把系统更新程序都安装好，"堵"住系统漏洞。

10.2 使用系统工具备份与恢复系统

在 Windows 7 操作系统中带有系统备份和还原工具，在系统崩溃或运行不正常时可以使用该工具来使电脑轻松恢复为原来的正常状态。

10.2.1 使用系统还原点备份系统

Windows 7 系统自带有"系统还原"功能，利用该功能在系统正常时创建还原点，当系统出现问题时即可进行恢复。

1. 创建还原点

使用系统还原点备份操作系统的具体操作方法如下：

01 **单击"系统保护"超链接** 在桌面上右击"计算机"图标，选择"属性"命令，打开"系统"窗口，在左侧单击"系统保护"超链接，如下图所示。

02 **选择系统磁盘** 弹出"系统属性"对话框，选择系统磁盘，然后单击"配置"按钮，如下图所示。

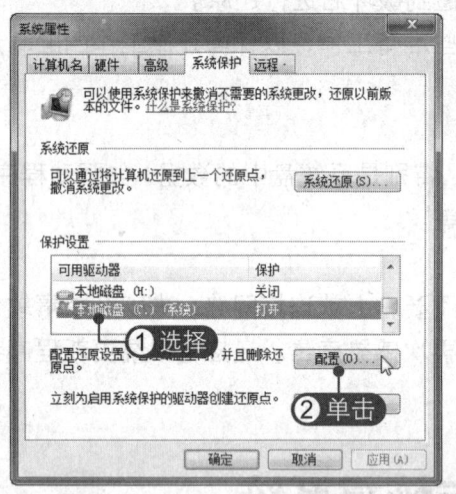

03 **设置还原内容和最大磁盘使用量** 弹出对话框，设置要还原的内容及最大磁盘使用量，然后单击"确定"按钮，如下图所示。

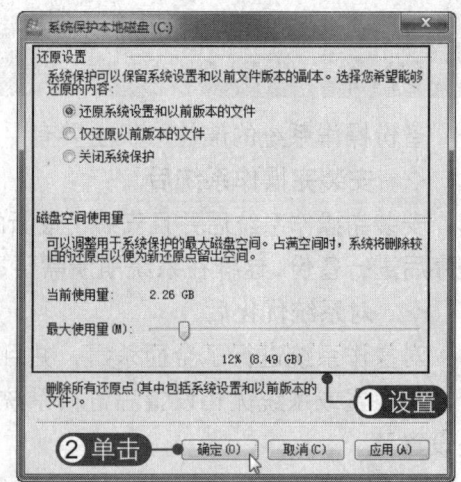

04 **手动创建还原点** 要手动创建系统还原点，可以单击"创建"按钮，如下图所示。

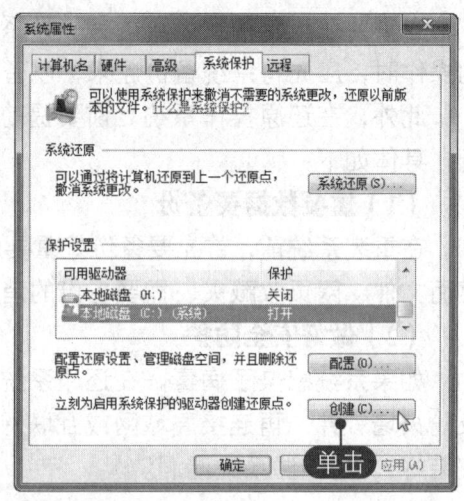

05 **输入还原点描述** 弹出"系统保护"对话框，在文本框中输入还原点描述，然后单击"创建"按钮，如下图所示。

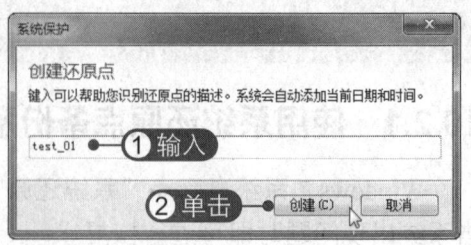

06 **开始创建还原点** 此时系统开始创建还原点，此过程由系统自动完成，需要等待几分钟，如下图所示。

07 **完成还原点创建** 创建完成后，将弹出提示信息框，单击"关闭"按钮即可，如下图所示。

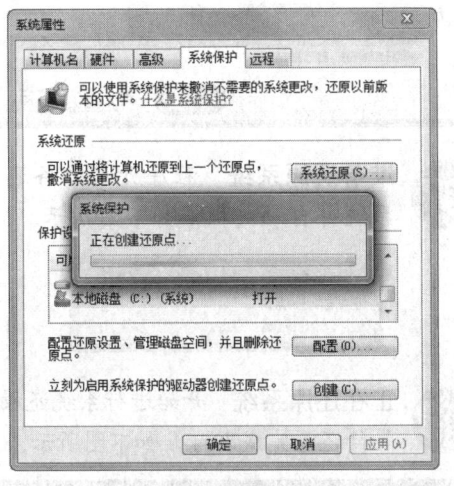

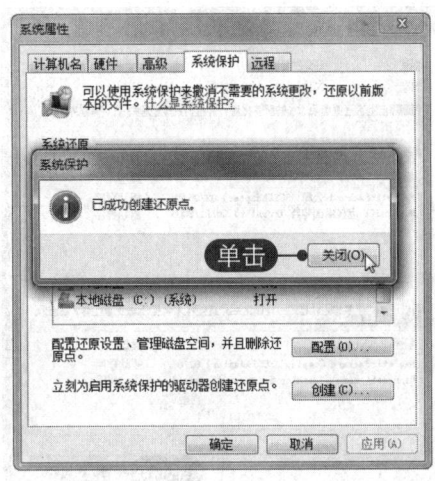

2. 使用还原点还原系统

创建系统还原点后，当系统出现故障或程序运行不正常时，只要能以正常模式或安全模式启动操作系统，就可以通过系统还原功能恢复系统，具体操作方法如下：

01 **单击"系统还原"按钮** 打开"系统属性"对话框，选择"系统保护"选项卡，单击"系统还原"按钮，如下图所示。

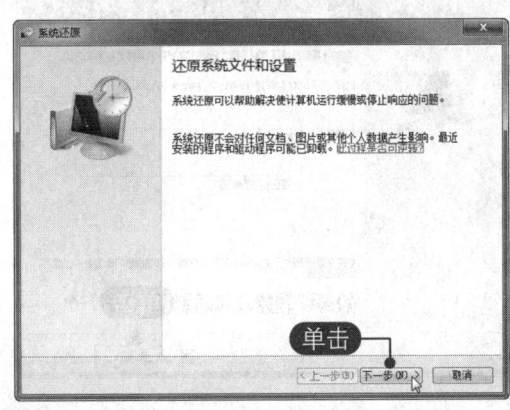

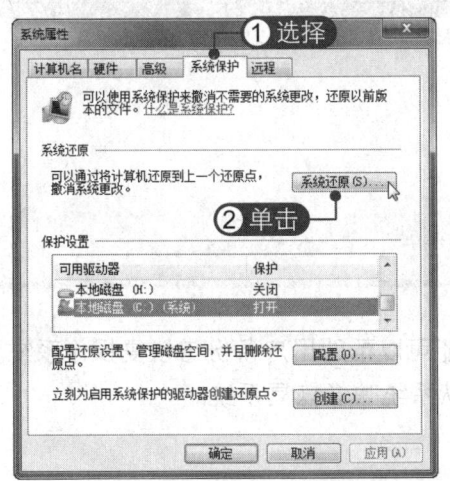

02 **启动系统还原向导** 弹出"系统还原"对话框，单击"下一步"按钮，如下图所示。

03 **选择还原点** 选中"显示更多还原点"复选框，显示存在的系统还原点，选择要恢复到的还原点，然后单击"扫描受影响的程序"按钮，如下图所示。

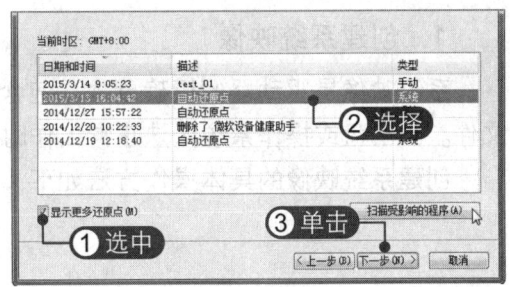

04 **查看删除程序** 在弹出的对话框中查看系统还原将删除的程序，单击"关闭"按钮，如下图所示。

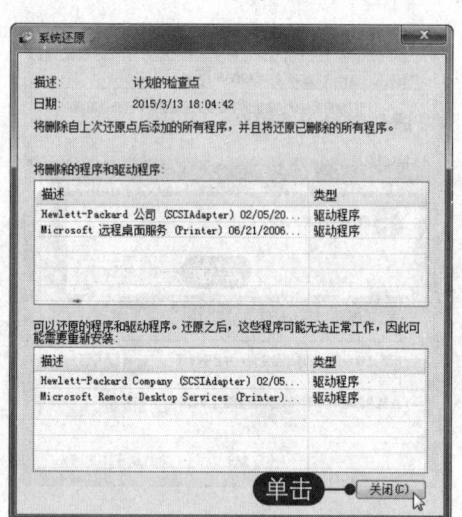

05 **确认还原点** 单击"下一步"按钮，需要确认还原点，确认无误后单击"完成"按钮，如下图所示。

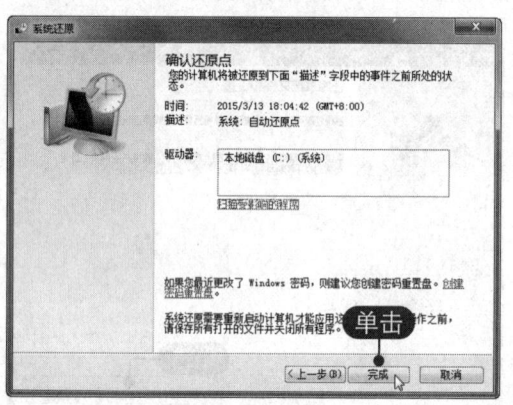

06 **确认还原系统** 弹出提示信息框，单击"是"按钮，如下图所示。

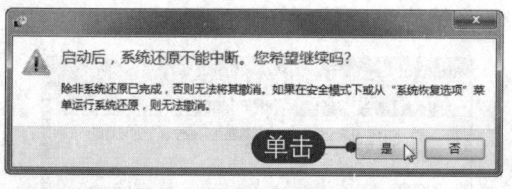

07 **准备还原系统** 程序开始准备还原系统并自动关机，如下图所示。

08 **正在还原系统** 开始进行系统还原，等待还原完成即可，如下图所示。

10.2.2 创建系统映像恢复系统

Windows 7 系统提供的"备份和还原"功能可以帮助用户备份与恢复操作系统。下面将详细介绍如何创建系统映像，以及如何从系统映像恢复系统。

1. 创建系统映像

系统映像是驱动器的精确副本，包含系统运行所需的驱动器、系统设置、程序及文件。当磁盘或操作系统无法正常工作时，便可以使用系统映像进行还原。

创建系统映像的具体操作方法如下：

01 单击"创建系统映像"超链接 打开"备份和还原"窗口,在左侧单击"创建系统映像"超链接,如下图所示。

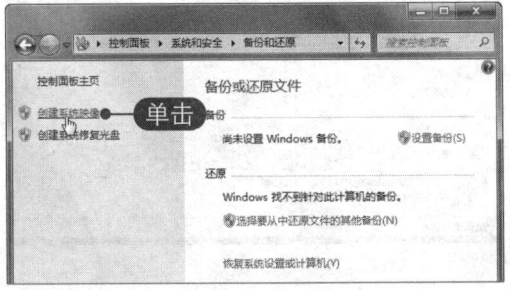

02 设置保存位置 弹出对话框,设置系统映像的保存位置,在此选择 F 盘,然后单击"下一步"按钮,如下图所示。

03 选择驱动器 选择要进行备份的驱动器,然后单击"下一步"按钮,如下图所示。

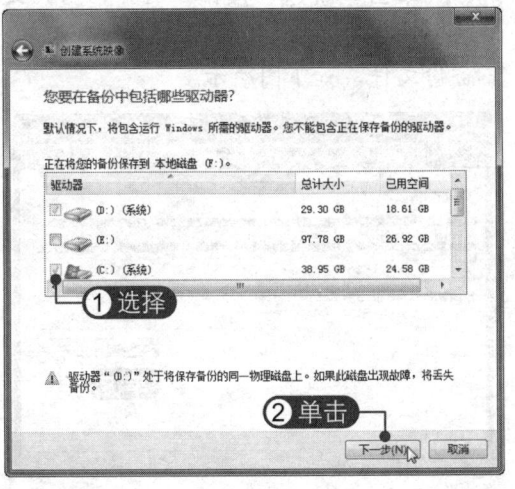

04 单击"开始备份"按钮 确认备份设置,然后单击"开始备份"按钮,如下图所示。

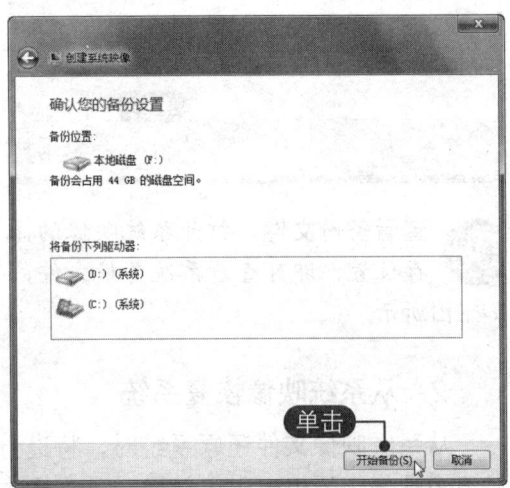

05 开始系统备份 开始对系统进行备份,整个过程较慢,需要耐心等待,如下图所示。

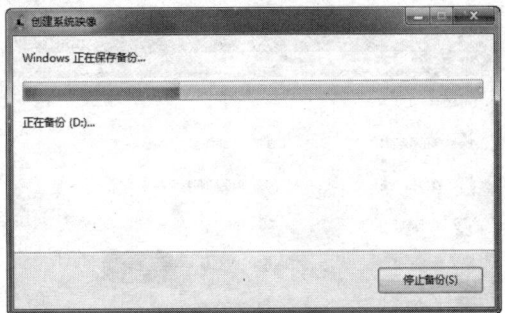

06 单击"否"按钮 备份完成后,弹出提示信息框,单击"否"按钮,不创建系统修复光盘,如下图所示。

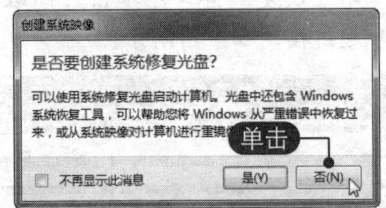

07 完成系统备份 提示"备份已成功完成",单击"关闭"按钮,如下图所示。

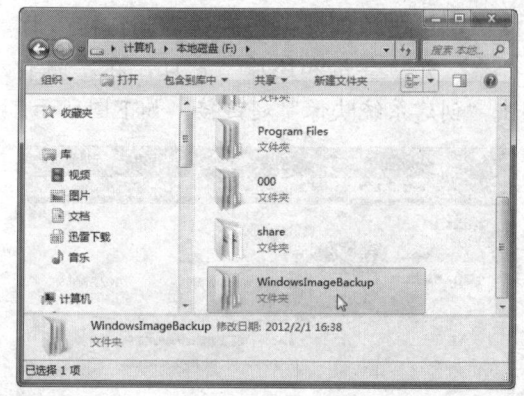

08 **查看备份文件** 打开系统映像的保存位置,即可查看系统备份文件,如下图所示。

2. 从系统映像恢复系统

从系统映像文件还原系统时,将进行完整还原,所有程序、系统设置和文件都将被系统映像中的相应内容替换,具体操作方法如下:

01 **单击"恢复"超链接** 打开"所有控制面板项"窗口,单击"恢复"超链接,如下图所示。

03 **选择高级恢复方法** 打开"高级恢复方法"窗口,选择"使用之前创建的系统映像恢复计算机"选项,如下图所示。

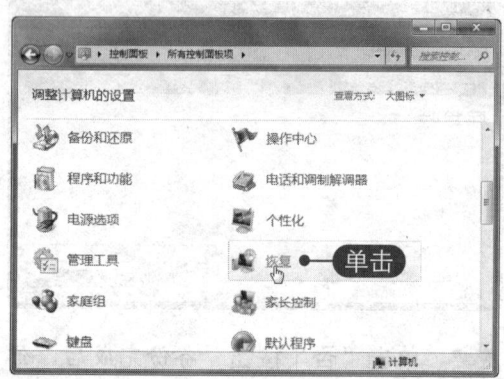
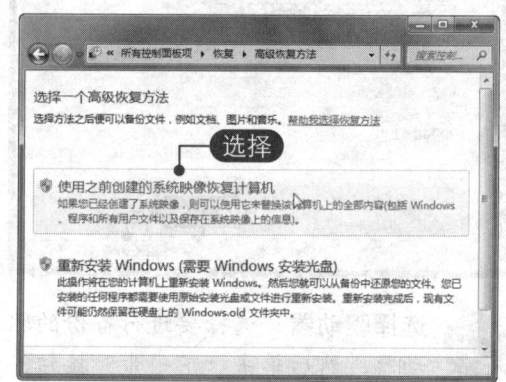

02 **单击"高级恢复方法"超链接** 打开"恢复"窗口,单击"高级恢复方法"超链接,如下图所示。

04 **单击"跳过"按钮** 打开"用户文件备份"窗口,单击"跳过"按钮,不备份文件,如下图所示。

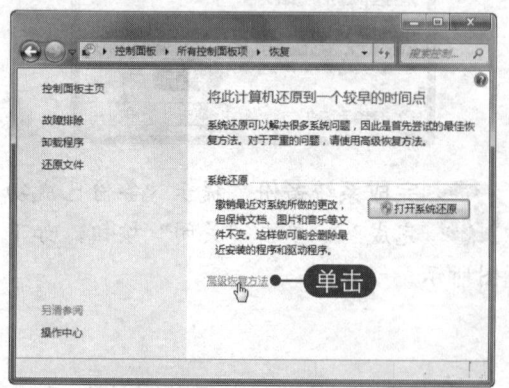
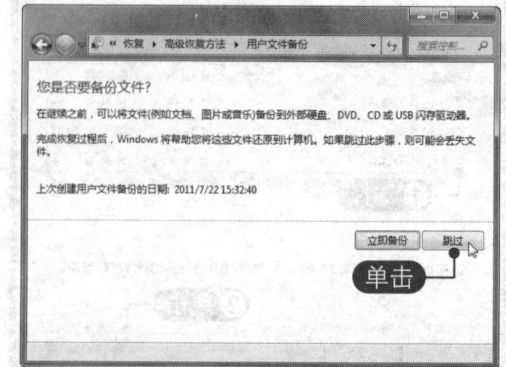

05 重启恢复系统 打开"重新启动"窗口，单击"重新启动"按钮，电脑重启后开始恢复系统，如下图所示。

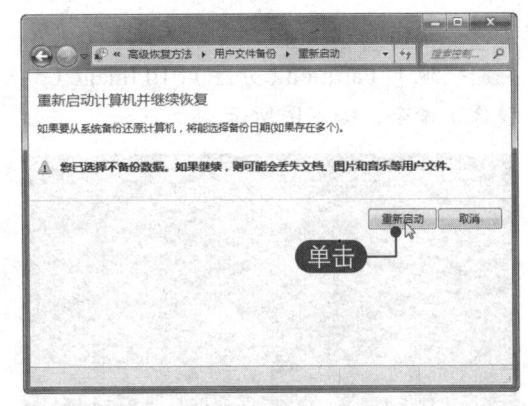

10.3 使用第三方软件备份与恢复系统

目前流行的系统备份与还原软件为 Ghost，它是一款出色的系统克隆软件。下面将介绍如何使用Ghost程序或以Ghost程序为核心的工具软件对系统进行备份和恢复。

10.3.1 使用 Ghost 备份与还原系统

目前流行的系统备份与还原软件是美国赛门铁克公司推出的备份还原工具 Ghost，它可以实现多种硬盘分区格式的分区及硬盘的备份还原。下面将详细介绍如何使用 Ghost 备份与还原系统。

1. 备份系统

Ghost 的备份还原是以硬盘的扇区为单位进行的，即将一个硬盘上的物理信息完整复制，支持将分区或硬盘直接备份到一个扩展名为.gho 的文件中，也支持直接备份到另一个分区或硬盘。下面将介绍如何利用 Ghost 工具将系统分区"复制"到一个镜像文件中，具体操作方法如下：

01 双击程序图标 使用 U 盘启动盘进入 PE 系统，在桌面上双击"GHOST克隆"图标，如下图所示。

02 单击OK按钮 启动 Symantec Ghost 程序，此时将弹出提示信息框，单击 OK 按钮，如下图所示。

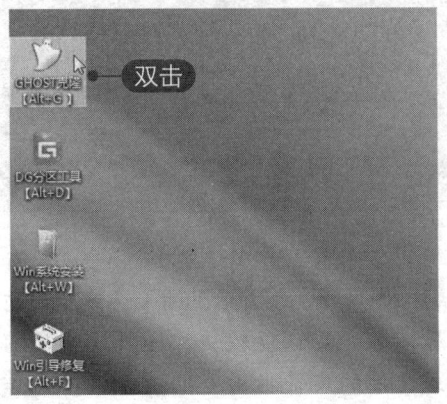

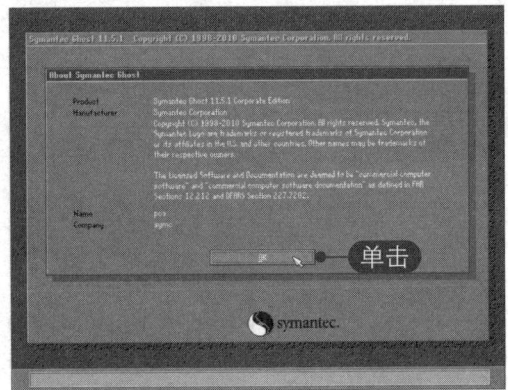

03 单击 To Image 命令　单击 Local（本地）| Partition（分区）| To Image（到镜像）命令，如下图所示。

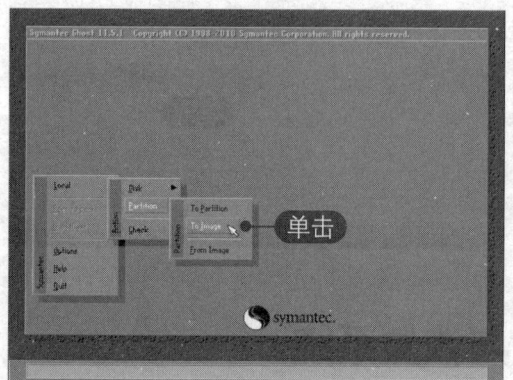

04 选择磁盘　弹出对话框，在列表中选择操作系统所在的磁盘驱动器，单击 OK 按钮，如下图所示。

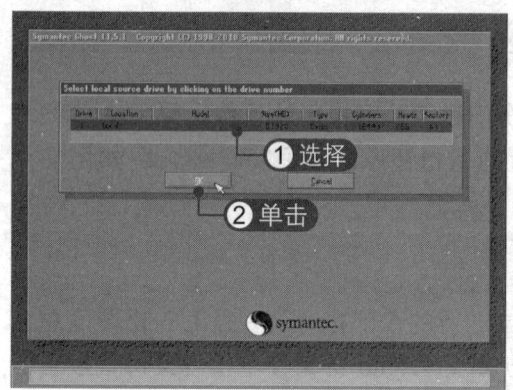

05 选择分区　弹出对话框，选择操作系统所在的分区，单击 OK 按钮。在选择操作系统分区时，可以根据磁盘大小、数据大小、卷标判断哪个是系统分区，如下图所示。

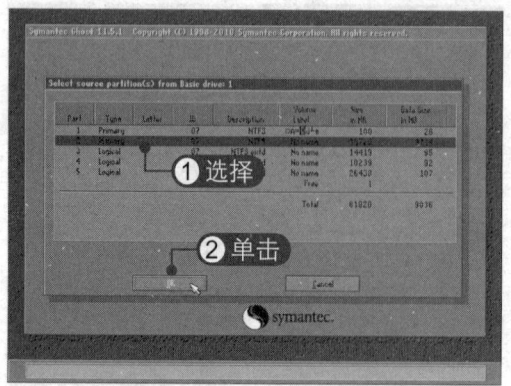

06 选择备份分区　弹出对话框，从驱动器列表中选择要将系统备份到的分区，如下图所示。

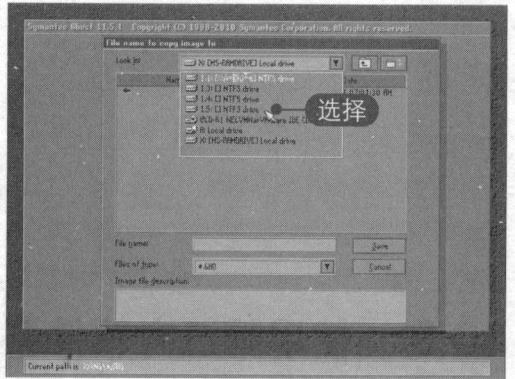

07 选择备份文件夹　选择要将系统备份到的文件夹，如下图所示。

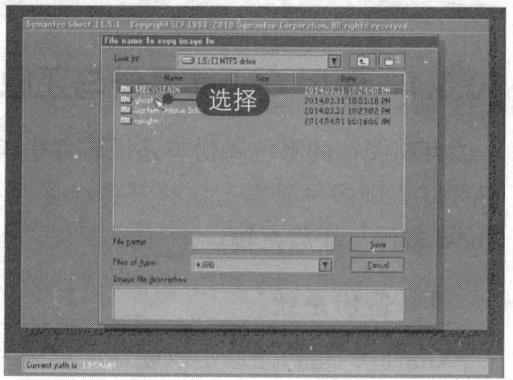

08 设置备份文件名称　输入备份文件名称，单击 Save 按钮，如下图所示。

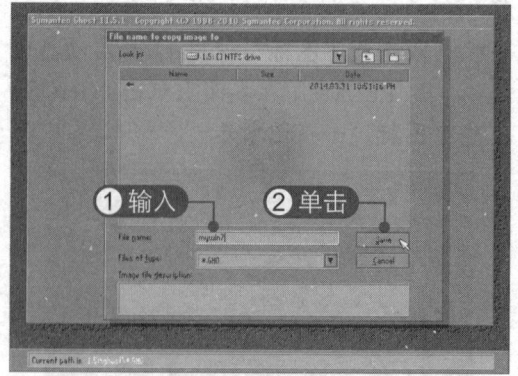

09 选择压缩方式　单击 No 按钮，如下图所示。其中，Fast（快速）为适中的压缩方式，速度较快；High（高压缩）方式压缩的文件占用空间最小，但操作时

间最长；No（不压缩）方式不进行压缩，备份速度最快。

11 开始备份系统　程序开始创建系统镜像文件并显示操作进度，如下图所示。

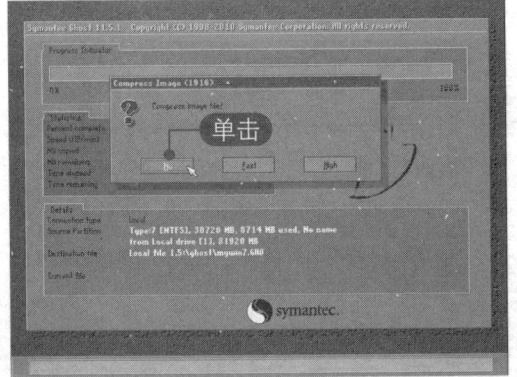

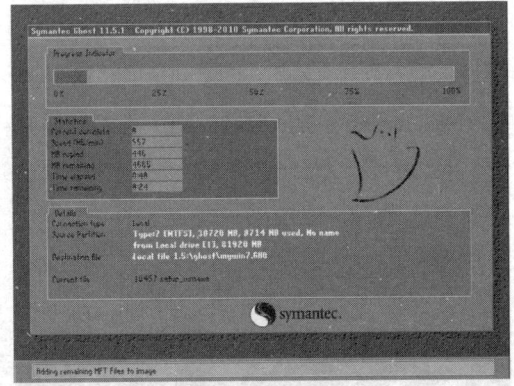

10 单击 Yes 按钮　弹出提示信息框，提示"是否开始分区镜像创建？"，单击 Yes 按钮，如下图所示。

12 成功创建镜像文件　在弹出的提示信息框中单击 Continue 按钮，返回 Ghost 程序主界面，如下图所示。

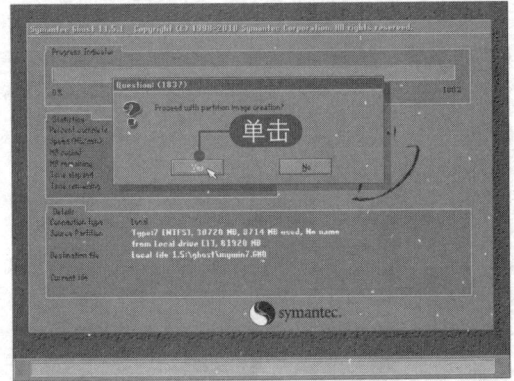

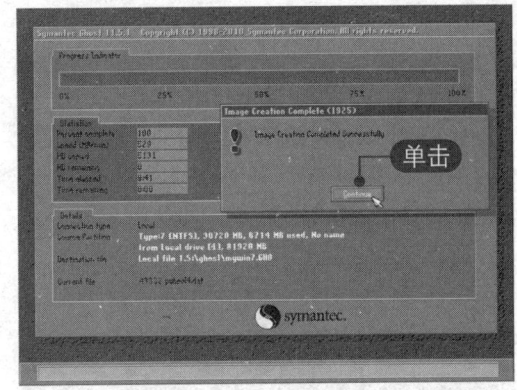

2. 还原系统

使用 Ghost 还原系统的具体操作方法如下：

01 单击 From Image 命令　单击 Local（选项）| Partition（分区）| From Image（从镜像）命令，如下图所示。

02 选择镜像文件　在弹出的对话框中选择之前备份的镜像文件，然后单击 Open 按钮，如下图所示。

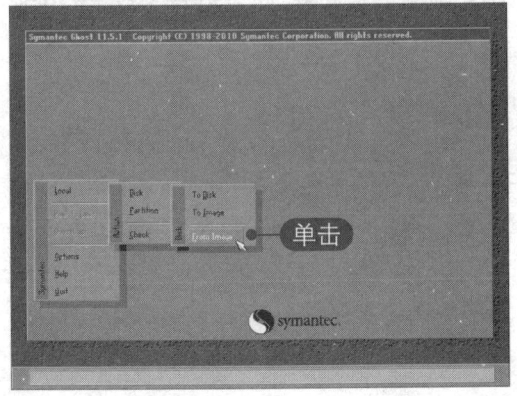

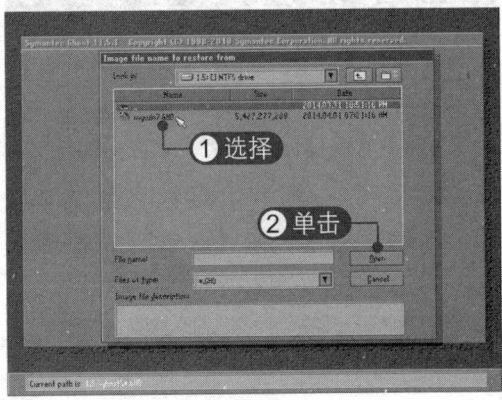

03 单击 OK 按钮　在弹出的"从镜像文件中选择源分区"对话框中单击 OK 按钮，如下图所示。

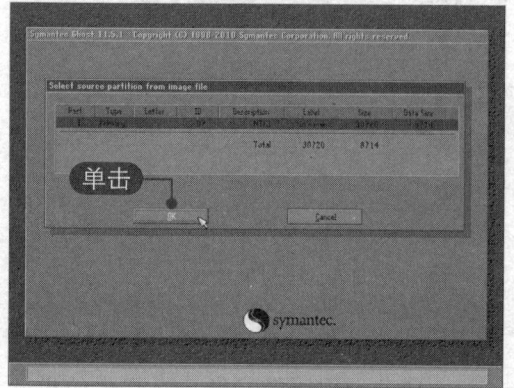

04 选择磁盘　弹出对话框，在列表中选择磁盘驱动器，单击 OK 按钮，如下图所示。

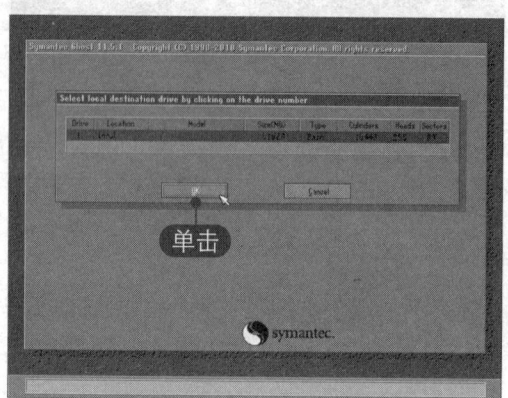

05 选择还原位置　选择要将系统还原到的磁盘分区，在此选择主分区 Primary（即系统所在的分区），单击 OK 按钮，如下图所示。

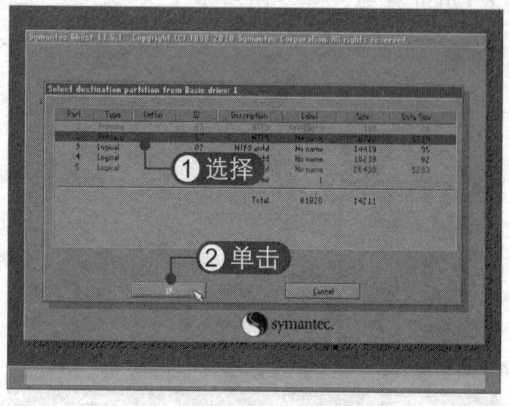

06 确定还原操作　在弹出的提示信息框中单击 Yes 按钮，如下图所示。

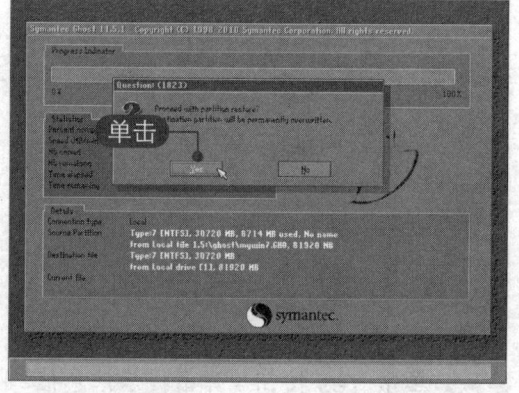

07 开始还原系统　程序开始从镜像文件还原系统到所选分区，并显示操作进度，如下图所示。

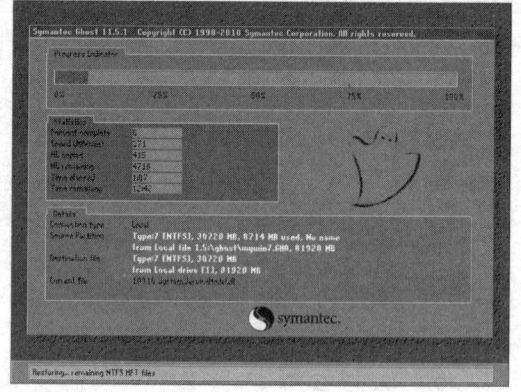

08 系统还原完成　弹出提示信息框，单击 Reset Computer 按钮重启电脑，如下图所示。

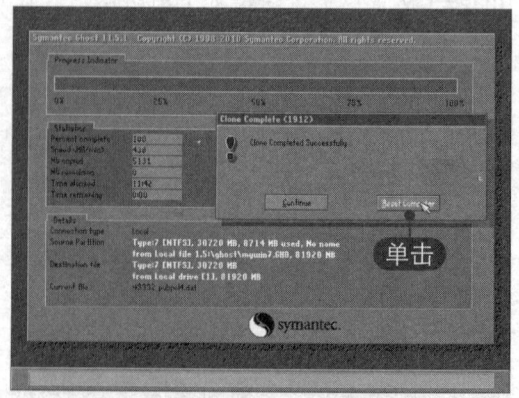

10.3.2 使用 Onekey 备份与还原系统

OneKey 一键还原是一款设计专业、操作简便，在 Windows 系统中对任意分区进行一键还原恢复、备份的绿色软件。Onekey 一键还原以 Ghost11.0.2 为核心，支持多硬盘、混合硬盘、混合分区、未指派盘符分区、盘符错乱、隐藏分区以及交错存在非 Windows 分区。支持多系统，支持 Windows 8 系统，支持 32、64 位操作系统。

1. 备份系统

如果你是电脑初学者，对使用 Ghost 软件手动备份还有一定的困难，那么使用"Onkey 一键还原"程序备份操作系统就十分简便了，具体操作方法如下：

01 选择系统分区 启动"OneKey 一键还原"程序，选中"备份系统"单选按钮，选择系统分区，然后单击"保存"按钮，如下图所示。

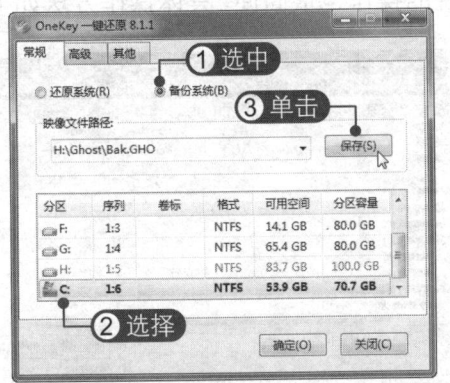

02 设置备份位置和名称 弹出"另存为"对话框，选择系统备份位置，输入文件名，然后单击"保存"按钮，如下图所示。

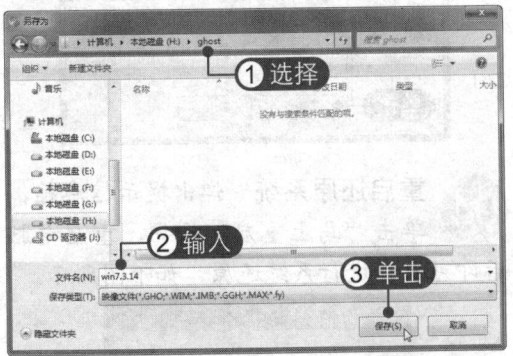

03 确认备份位置设置 备份位置设置完成后，单击"确定"按钮，如下图所示。

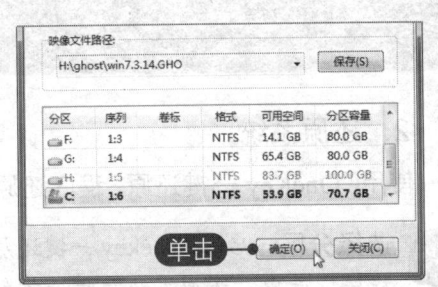

04 确认备份系统 弹出提示信息框，单击"是"按钮，如下图所示。

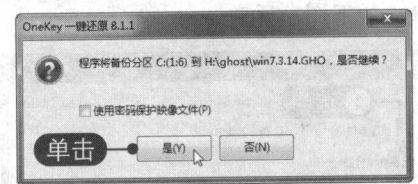

05 单击"马上重启"按钮 弹出提示信息框，单击"马上重启"按钮，如下图所示。

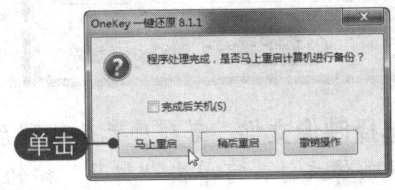

06 选择启动菜单 电脑重启后进入系统启动管理界面，此时将自动选择 Onekey Recovery 菜单并进入，如下图所示。

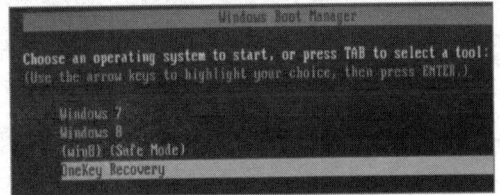

07 **自动备份系统** 启动 Ghost 程序开始自动备份系统，此时只需等待备份操作完成，如下图所示。

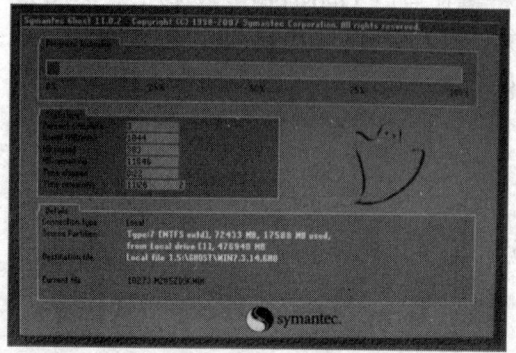

08 **查看备份文件** 备份完成后将重新启动系统，打开备份位置，从中即可看到备份的系统映像文件，如下图所示。

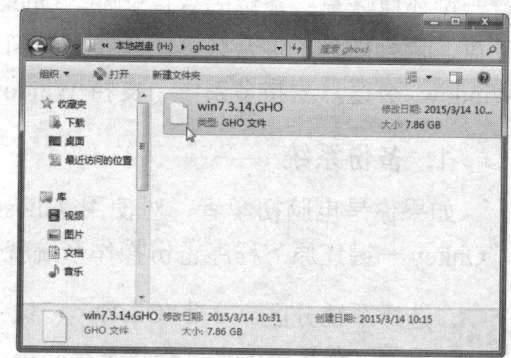

2．还原系统

使用"OneKey 一键还原"程序还原操作系统的操作也很简便，具体操作方法如下：

01 **选择分区** 启动"Onekey 一键还原"程序，选中"还原系统"单选按钮，程序将自动加载系统映像文件，选择要将系统映像还原到的分区，然后单击"确定"按钮，如下图所示。

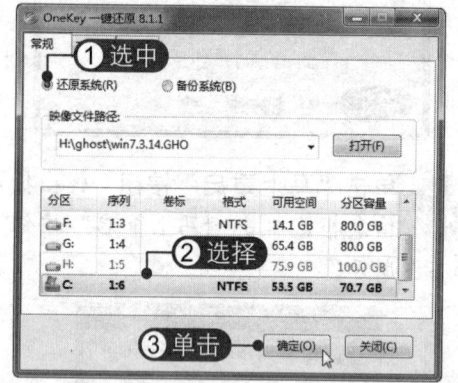

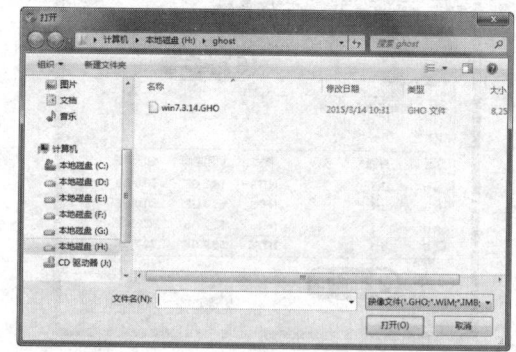

02 **选择映像文件** 若程序无法找到系统映像文件，可单击"打开"按钮，此时将弹出"打开"对话框，从中选择所需的系统映像文件即可，如下图所示。

03 **确认还原系统** 弹出提示信息框，取消选择复选框，单击"是"按钮，如下图所示。

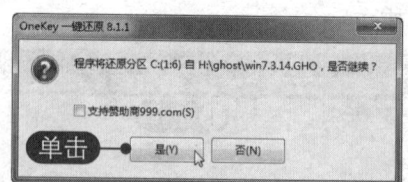

04 **重启还原系统** 弹出提示信息框，单击"马上重启"按钮，重启电脑后即可自动进行系统还原，如下图所示。

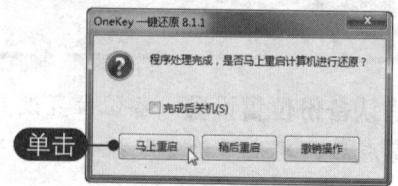

Chapter 11 快速修复上网与局域网故障

网络最重要的作用是资源共享和数据传输,目前网络应用已经广泛深入到了人们的生活与工作中。然而,在电脑上网或局域网应用中常常会发生一些故障,导致电脑无法连网、局域网不通等,本章将详细介绍网络常见故障的分析与修复方法。

本章要点

- 电脑上网常见故障分析与修复
- 局域网常见故障分析与修复

知识等级

高级读者

建议学时

建议学习时间为 100 分钟

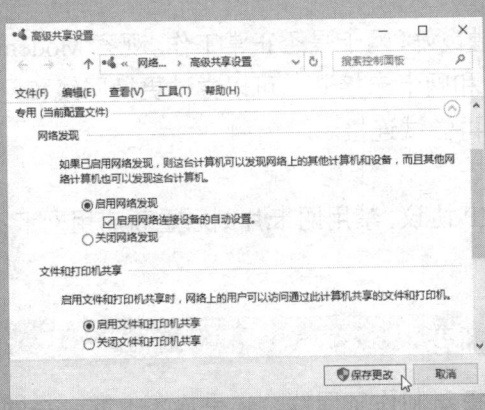

11.1 电脑上网常见故障分析与修复

在使用电脑上网时，常常会遇到无法连接到互联网、打不开网页、网络时断时续等故障。遇到这类故障时不用慌，只要了解产生此类故障的原因，即可快速找到故障的原因，然后进行排除即可。下面将详细介绍电脑在上网时的常见故障及其排除方法。

11.1.1 引发宽带上网故障的原因

宽带上网故障主要是由以下几方面的原因造成的：

（1）Modem 故障。Modem 出现硬件损坏，造成不能拨号上网。

（2）设置故障。宽带上网拨号前，应在拨号程序中创建正确的拨号连接，要填写正确的账户和密码。

（3）线路问题。由于宽带服务提供商线路问题导致不能上网。

11.1.2 电脑上网故障维修实战

【故障维修 1】宽带拨号时出现 678 错误提示

故障描述：利用宽带连接上网时，出现"错误 678：拨入方计算机没有应答，请稍等再试"错误提示。

故障查找与维修：错误 678 表示远程计算机无响应，此故障多为本地网络未连通，可以从硬件连接和系统设置两个方面尝试解决。

（1）硬件连接

检查线路连接是否正确，所有接口是否接触良好，网卡是否正常工作。观察 Modem 上的 LAN 指示灯是否常亮，若不亮则 Modem 和网卡未接通，可以尝试更换网线和网卡。如果使用了集线器或路由器，更换接口后再尝试连接。

（2）系统设置

检查拨号连接是否正确，删除并重装 TCP/IP 协议；禁用网卡片刻后重新启用网卡；重启 Modem 和电脑后，再次进行拨号连接。

【故障维修 2】网线没有问题，网络依旧断开

故障描述：电脑上显示网络呈断开状态，重新制作了网线，还是连不上网。将网卡放到别人电脑上一切正常。

故障查找与维修：根据故障现象判断为路由器或 Modem 的问题，可以尝试将路由器或 Modem 恢复为出厂设置，查看故障是否解决。使用针状物按下设备的 reset 复位开关几秒钟即可，如右图所示。

【故障维修3】使用宽带拨号上网，常常会掉线

故障描述：使用宽带拨号上网，时常会出现莫名其妙地下载中断、网页无法打开、观看在线视频时经常中断等故障。检查 Modem，发现连接状态正常。

故障查找与维修：出现此故障，需要从以下几个方面进行排除：

（1）网卡质量故障

网卡的质量影响和决定着网络连接的性能是否稳定，所以应确保网卡状态稳定。现在主板一般都集成了网卡，尽量不要安装两块以上的网卡设备，宽带拨号过程中的断流现象多是由于多块网卡冲突造成的。

（2）网线故障

检测网线接头是否松动、是否断线。Modem 以太端口到电脑网卡之间的双绞线采用交叉线还是直通线，应根据 Modem 的说明书而定。当然，也可以用两种线实际测试一下。

（3）Modem 设备故障

有的 Modem 因发热、质量差而出现故障，可以试着重启。如果不行，用自己的 Modem 与别人的 Modem 对换测试一下便知，如下图所示。

（4）网卡故障

如果系统检测不到网卡或无法安装网卡驱动程序，可以尝试使用"驱动精灵网卡版"安装网卡驱动，若故障依旧，建议更换网卡。

（5）TCP/IP 协议故障

TCP/IP 协议故障损坏，需要重新安装协议。

> **知识加油站**
>
> 网线水晶头有两种做法标准，分别为 TIA/EIA 568B 和 TIA/EIA 568A（优先选择 568B 标准）。制作水晶头时，先将水晶头有卡扣的一面向下，有开口的一方朝向自己，从左至右排序为 12345678，颜色依次为白橙、橙、白绿、蓝、白蓝、绿、白棕、棕。

【故障维修4】IE 启动与运行缓慢

故障描述：IE 的运行速度越来越慢。

故障查找与维修：若 IE 缓存中的文件积累过多，IE 在启动和运行时可能会变得异常缓慢。可以通过以下方法解决这一问题：

01 单击"删除"按钮 打开"Internet 选项"对话框,在"浏览历史记录"选项区中单击"删除"按钮,如下图所示。

02 选择删除文件 弹出对话框,选择要删除的文件,单击"删除"按钮即可,如下图所示。

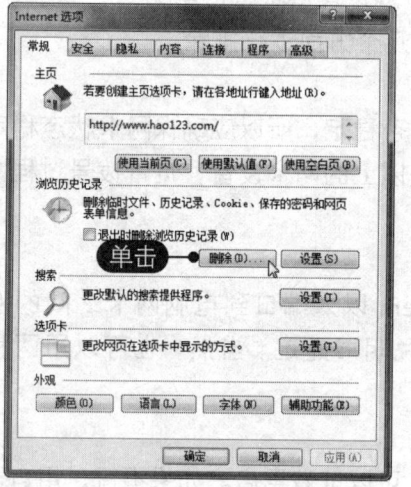

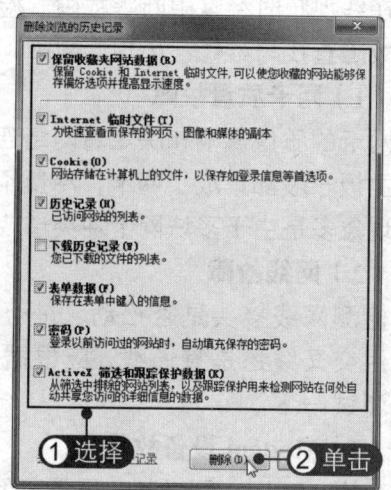

【故障维修5】打开 IE 浏览器后,稍等片刻就会停止响应

故障描述:打开 IE 浏览器后,稍等片刻就会停止响应。

故障维修:可以通过重新安装 IE 浏览器来排除故障,具体操作方法如下:

01 单击"启用或关闭 Windows 功能"超链接 打开"程序和功能"窗口,在左侧单击"启用或关闭 Windows 功能"超链接,如下图所示。

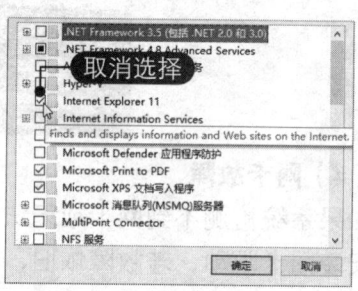

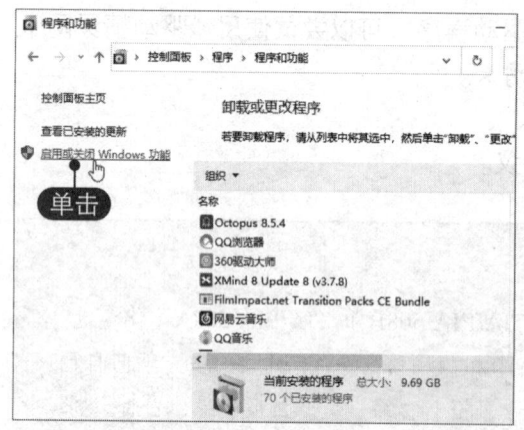

02 取消选择复选框 打开"Windows 功能"窗口,取消选择 Internet Explorer 11 复选框,如下图所示。

03 卸载 IE11 弹出提示信息框,单击"是"按钮,然后单击"确定"按钮重启电脑,这样即可卸载 IE11,如下图所示。电脑重启后,再次打开"Windows 功能"窗口,选中 Internet Explorer 11 复选框,即可重新安装 IE11。

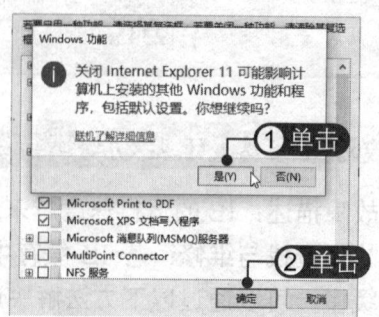

【故障维修6】浏览器上网速度很慢

故障描述：使用浏览器打开网页速度很慢。

故障维修：遇到浏览器上网速度慢这类故障时，首先应检测本地电脑的网速，可以使用一些维护检测软件（如360宽带测速器）来检测网速。若网速正常，则说明浏览器存在故障，可以尝试清除浏览器缓存文件，如下图（左）所示。若故障依旧，则可以尝试修复或重装浏览器（一般在浏览器的"帮助"或"工具"菜单中可以找到"浏览器修复"命令），如下图（右）所示。也可以更换到别的浏览器进行测试。

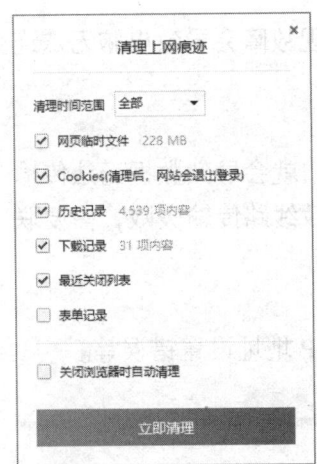 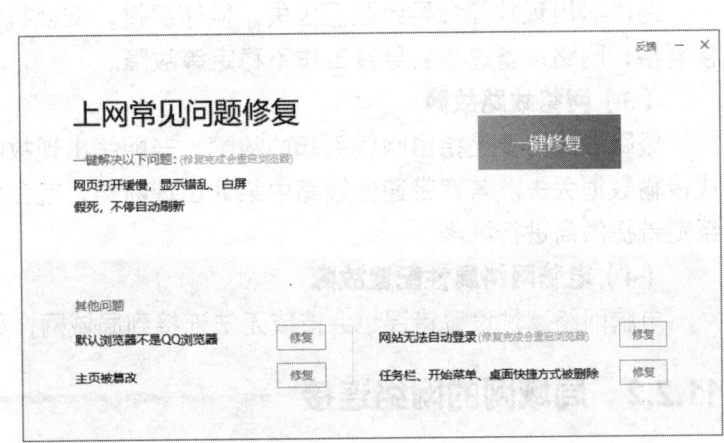

此外，还可以使用系统维护软件来修复上网问题，方法如下：

01 单击"LSP 修复"按钮　打开360安全卫士"功能大全"界面，在左侧选择"网络"选项，在右侧单击"LSP修复"按钮，如下图所示。

02 单击"立即修复"按钮　在弹出的对话框中单击右下方的"立即修复"按钮，如下图所示。

11.2　局域网常见故障分析与修复

局域网中的网络配置比较复杂，配置不当就会造成一些故障。下面将详细介绍一些局域网常见故障的分析与修复方法。

11.2.1 引发局域网故障的原因

网络故障主要分为硬件故障和软件故障两种。若电脑出现上网故障，可能是由以下原因引起的：

（1）网卡故障

网卡出现故障会直接导致无法与网络互连，所以若电脑无法连接网络，首先应检查网线水晶头和网卡驱动。

（2）路由器和交换机故障

路由器出现故障会导致数据丢失、网速缓慢，交换机出现故障会导致电脑无法连接网络，网络设备过热会导致工作不稳定等故障。

（3）网络线路故障

线路故障主要是指由网线引起的故障，若网线出现故障，就会导致数据无法传输或传输数据丢失。若宽带通信线路中某处出现断路，就会导致线路传输失败，需要联系宽带提供商进行维修。

（4）电脑网络属性配置故障

电脑网络属性设置错误也会造成无法连接到局域网，如 IP 地址设置错误等。

11.2.2 局域网的网络连接

要实现局域网共享上网，需要进行有线物理连接和设置上网参数，下面将进行详细介绍。

1. 有线物理连接

要组建无线网，需要用到一些必要的网络设备，如调制解调器、无线路由器、集线器和网线等。在路由器上一般有一个广域网接口，多个局域网接口，用户只需将广域网口与调制解调器（即 Modem）相连，再将局域网口与电脑相连即可，具体操作方法如下：

01 连接光猫 将室内的光纤接头插入光猫的光纤接口，将网线插入光猫的上网接口，连接电源线并加电，如下图所示。

02 连接无线路由器 将与光猫连接的网线插入路由器的 WAN 接口（即广域网接口），将与电脑连接的网线插入 LAN 接口（即局域网接口），连接电源线并加电，如下图所示。

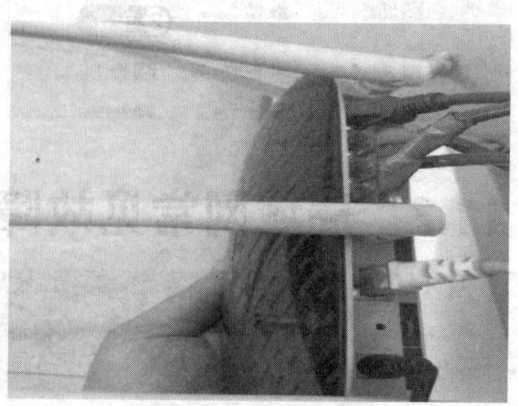

03 连接电脑 将与路由器 LAN 口连接的网线的另一端插入电脑主机的网卡接口中，即可完成有线连接，如下图所示。

04 连接网络集线器 如果路由器上的 4 个 LAN 口不够用，可将其中的 LAN 口连接到网络交换机（分流器）的一个网口上，然后通过交换机连接更多的电脑，如下图所示。

2．设置路由器网络参数

连接完成后，还需在电脑中对其进行上网参数设置，才能实现共享上网，具体操作方法如下：

01 输入路由器地址 启动浏览器，在地址栏中输入路由器地址 192.168.0.1，并按【Enter】键确认，如下图所示。不同品牌的路由器其地址可能会有所不同，可以查看路由器的说明文件。

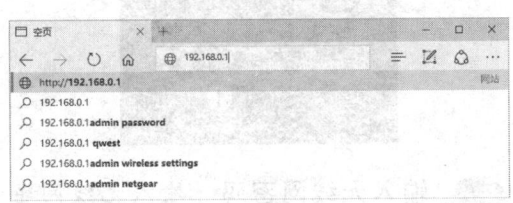

02 输入管理员密码 打开路由器登录窗口，输入管理员密码（需查看路由器说明文件），单击"确认"按钮，如下图所示。

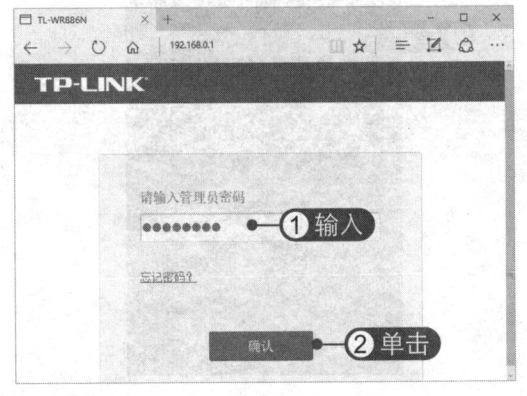

03 启动设置向导 打开路由器设置窗口，在左侧单击"设置向导"超链接，在右侧单击"下一步"按钮，如下图所示。

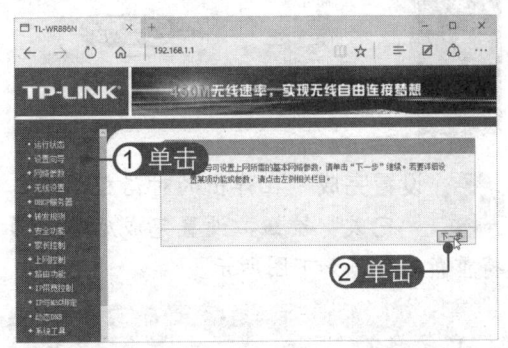

04 选择上网方式 选择上网方式，在此选择 PPPoE 上网方式，然后单击"下一步"按钮，如下图所示。

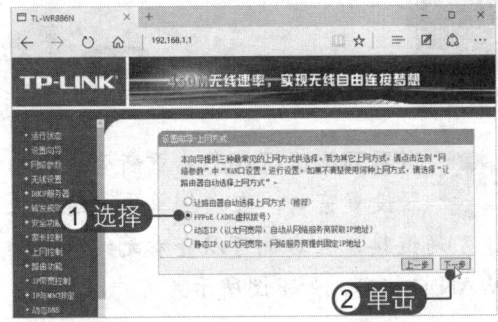

05 **输入上网账户和密码** 输入网络运营商提供的用户名和密码，单击"下一步"按钮，如下图所示。

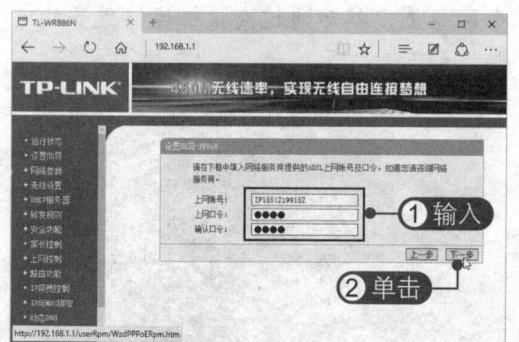

06 **无线设置** 在SSID文本框中设置无线路由器名称，在"PSK 密码"文本框中设置无线密码，单击"下一步"按钮，如下图所示。

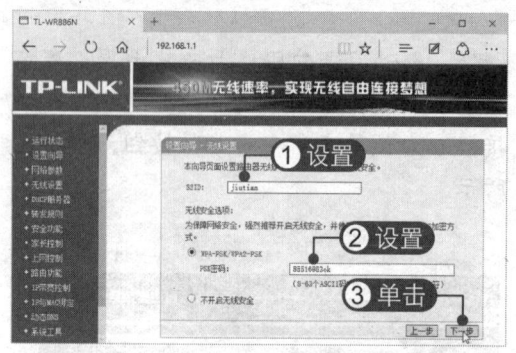

07 **设置完成** 在弹出的对话框中单击"完成"按钮，设置完成后路由器将重新启动，如下图所示。

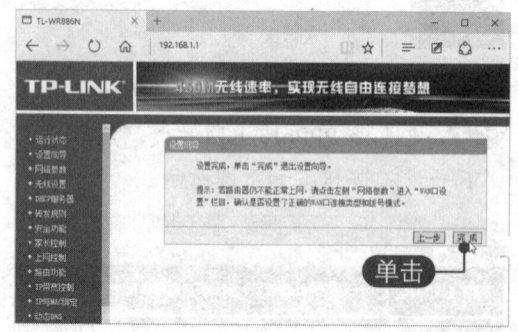

08 **查看网络运行状态** 重新登录路由器设置窗口，在左侧单击"运行状态"超链接，在右侧可以查看无线状态和WAN口状态，如下图所示。

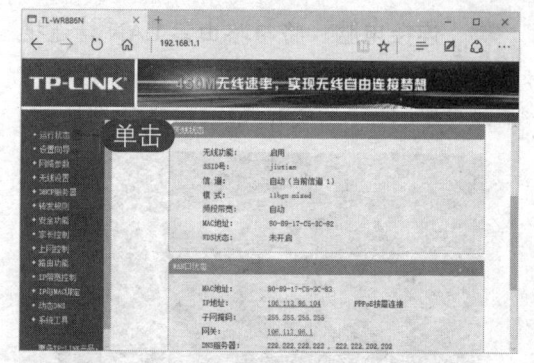

09 **选择无线网** 要实现无线连接，电脑上需要配置无线网卡。在系统中单击任务栏右侧的WLAN图标，在弹出的无线网络列表中选择本地无线路由器名称，单击"连接"按钮，如下图所示。

10 **输入无线网密码** 输入无线网密码，单击"下一步"按钮，开始连接网络，如下图所示。

11.2.3 局域网的文件共享

局域网的价值不仅在于实现了共享上网，还能通过简单的方法共享电脑中的文件或与电脑连接的打印机，让局域网中其他电脑也能使用这些资源。下面将详细介绍如何设置局域网文件共享。

1. 工作组网络设置

每台电脑在网络中都有一个唯一的标识，即计算机名，通过计算机名即可辨别是谁的电脑。下面将介绍如何加入局域网中的工作组和修改计算机名，具体操作方法如下：

01 选择"系统"命令　按【Windows+X】组合键，在弹出的列表中选择"系统"命令，如下图所示。

03 单击"更改"按钮　弹出"系统属性"对话框，在"计算机名"选项卡中单击"更改"按钮，如下图所示。

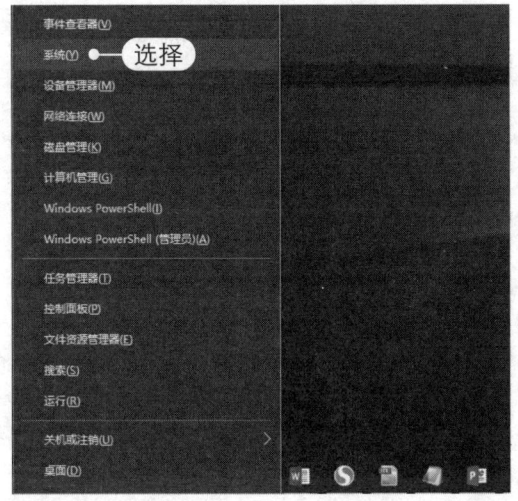

02 单击"更改设置"超链接　打开"系统"窗口，从中可以查看当前的计算机名及工作组，单击"更改设置"超链接，如下图所示。

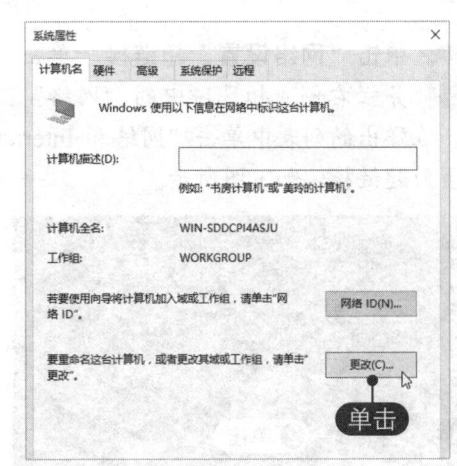

04 设置计算机名和工作组　弹出"计算机名/域更改"对话框，输入计算机名和工作组，单击"确定"按钮，如下图所示。

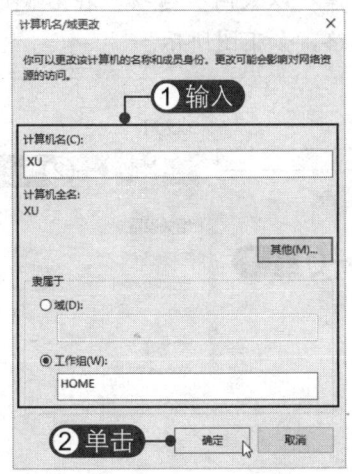

05 **加入工作组** 弹出提示信息框，提示欢迎加入工作组，单击"确定"按钮，如下图所示。

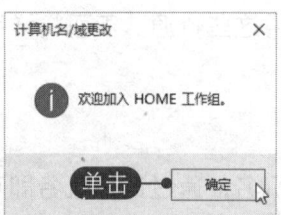

06 **确认重启操作** 弹出提示信息框，提示需要重启电脑才能应用更改，单击"确定"按钮，如下图所示。

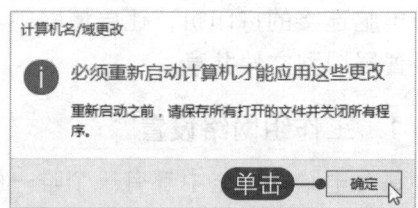

2. 设置网络共享

在系统中，包含公用网络和专用网络。若要共享文件，需要将系统网络更改为专用网络，还需要开启网络发现和文件共享，以查看局域网中的其他电脑，具体操作方法如下：

01 **单击"网络设置"超链接** 单击任务栏右侧通知区域中的"网络"图标，在弹出的列表中单击"网络和 Internet 设置"超链接，如下图所示。

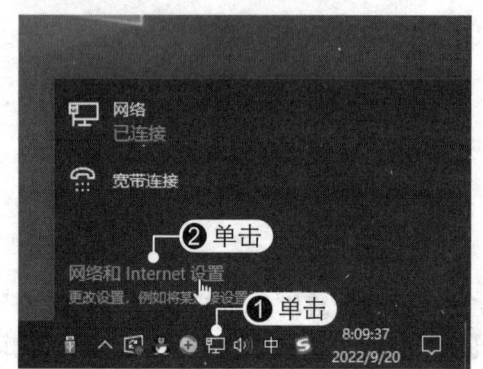

02 **选择网络** 在打开的窗口中左侧选择"以太网"选项，在右侧选择连接的网络，如下图所示。

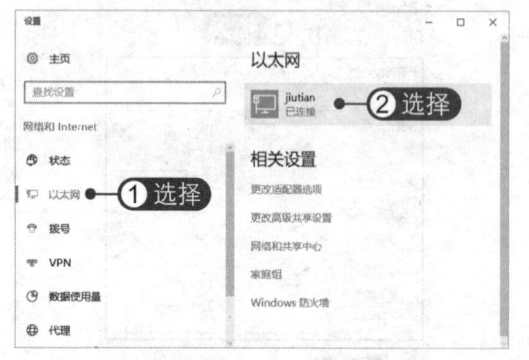

03 **开启选项** 在打开的窗口中启用"将这台电脑设为可以被检测到"选项，即可将网络切换为"专用网络"，如下图所示。

04 **单击"更改高级共享设置"超链接** 返回"网络和 Internet"设置窗口，单击"更改高级共享设置"超链接，如下图所示。

05 查看当前网络配置文件 打开"高级共享设置"窗口,从中可以看到当前网络为"专用"网络,单击"专用"网络右侧的⊙按钮,如下图所示。

06 启用网络发现和文件共享 选中"启用网络发现"单选按钮,再选中"启用文件和打印机共享"单选按钮,单击"保存更改"按钮,如下图所示。

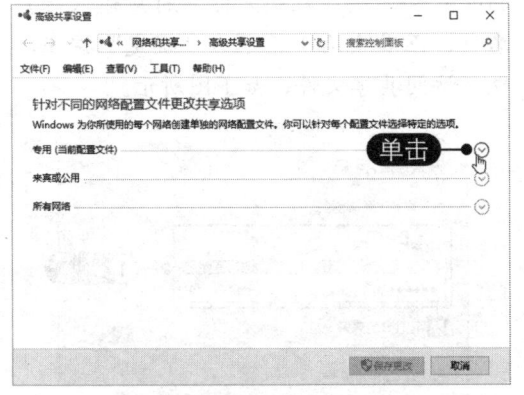

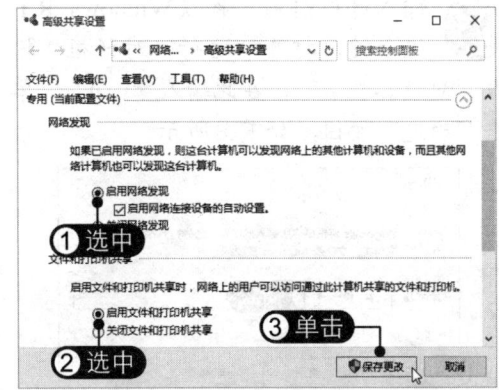

3. 共享文件

下面将介绍如何将电脑中的文件共享给局域网中的其他用户,具体操作方法如下:

01 选择"特定用户"选项 打开"文件资源管理器"窗口,选中要共享的文件夹并右击,选择"共享"命令,选择"特定用户"命令,如下图所示。

03 设置用户访问权限 此时即可将Everyone 用户添加到共享列表中,在"权限级别"下拉列表中选择"读取/写入"选项,单击"共享"按钮,如下图所示。

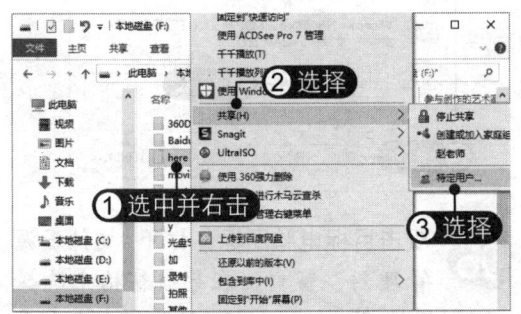

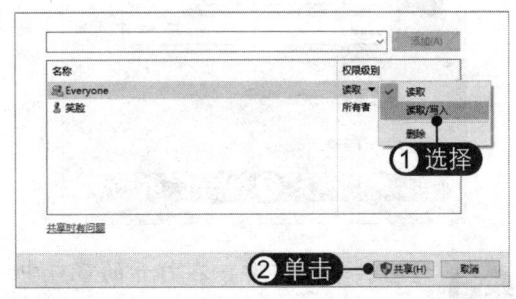

02 选择 Everyone 用户 打开"文件共享"窗口,在下拉列表框中选择 Everyone 用户组,即可使用该列表中的任一用户访问此共享文件,单击"添加"按钮,如下图所示。

04 完成共享设置 在打开的窗口中显示"你的文件夹已共享",单击"完成"按钮,如下图所示。

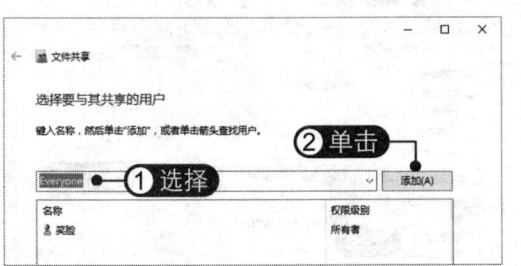

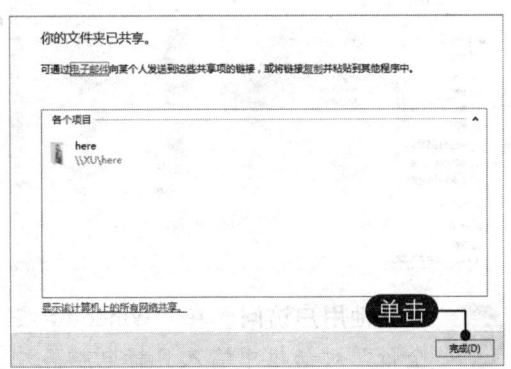

4. 访问共享文件

要从局域网电脑访问共享的文件，需要输入网络凭据，即目标主机登录的用户名和密码，具体操作方法如下：

01 输入计算机名 按【Windows+R】组合键，打开"运行"对话框，输入"\\+计算机名"，在此输入"\\xu"，单击"确定"按钮，如下图所示。

02 输入网络凭据 弹出"Windows 安全性"对话框，输入目标主机的用户名和密码，单击"确定"按钮，如下图所示。

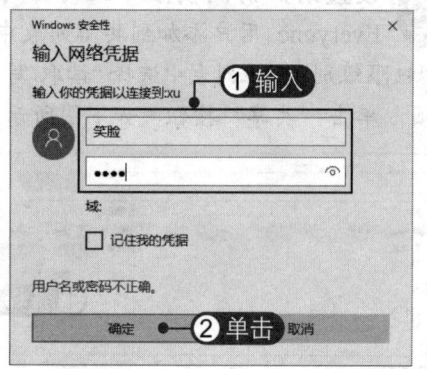

03 查看共享的文件 在打开的窗口中即可查看目标主机所共享的文件，如下图所示。

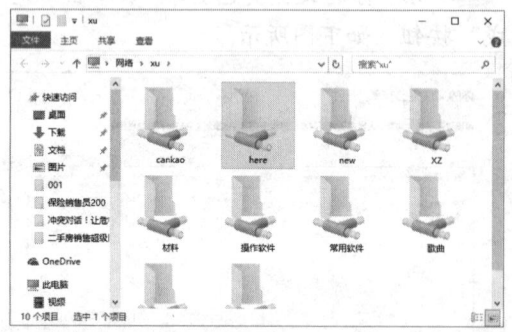

04 用其他用户访问 在"Windows 安全性"对话框中输入目标电脑另外的账户和密码（在输入账户时应输入账户名称，而非全名），单击"确定"按钮，也可访问共享文件，如下图所示。

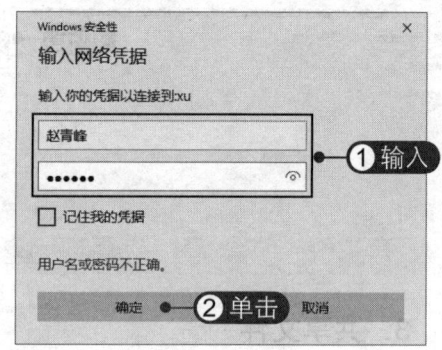

05 输入 IP 地址 打开"运行"对话框，输入"\\+目标主机 IP 地址"，单击"确定"按钮，也可访问目标电脑，如下图所示。

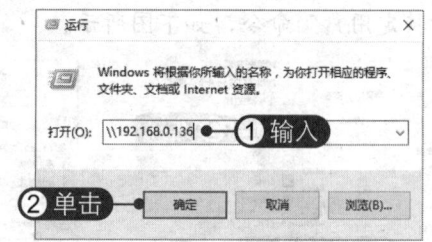

06 双击目标电脑图标 打开"文件资源管理器"窗口，在导航窗格中选择"网络"选项，可以在"网络"窗口中查看局域网中的电脑。双击目标电脑图标，即可访问该电脑的共享文件，如下图所示。

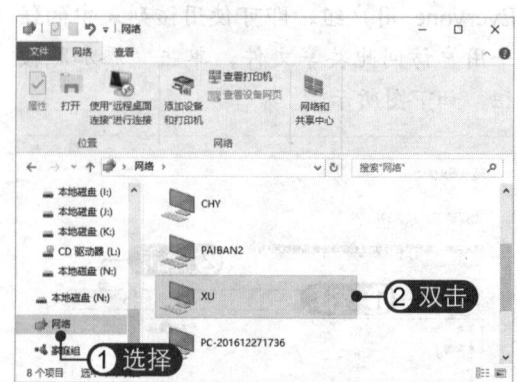

11.2.4 局域网故障常用维修方法

下面将详细介绍在诊断与维修局域网故障时常用的维修方法，如检查本地 IP 配置，检查网络线路，使用 ping 命令进行检测等。

1. 检测本地网络 IP 地址配置

若 IP 地址配置错误，就会造成网络无法连通。要确保电脑的 IP 地址、子网掩码、网关和 DNS 服务器设置正确且匹配。不能出现使用的是这个网段的 IP 地址，而网关却是另一个虚网的情况。此外，设置 IP 地址时也不能与局域网中的其他 IP 地址冲突。在以太网状态详细信息中可以查看电脑当前的 IP 地址信息，如下图（左）所示。

在"Internet 协议版本 4（TCP/IPv4）属性"对话框中可以手动设置 IP 地址，如下图（右）所示。其中，IP 地址的前三位为 IP 地址段，其需与路由器的地址段相同，第四位为主机号，范围为 2~255。子网掩码为固定的 255.255.255.0，默认网关为路由器地址。

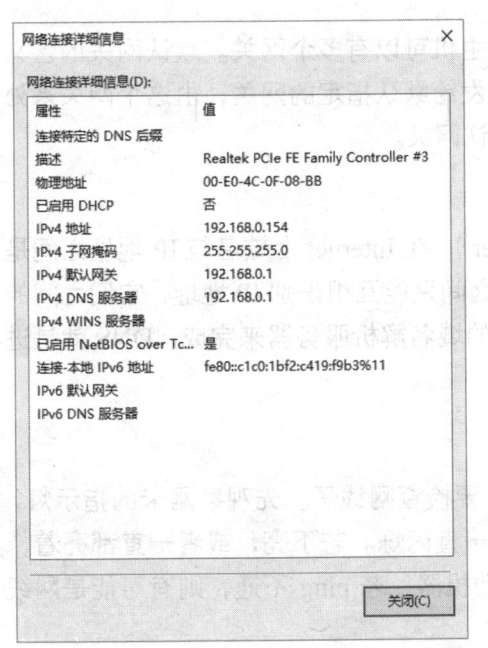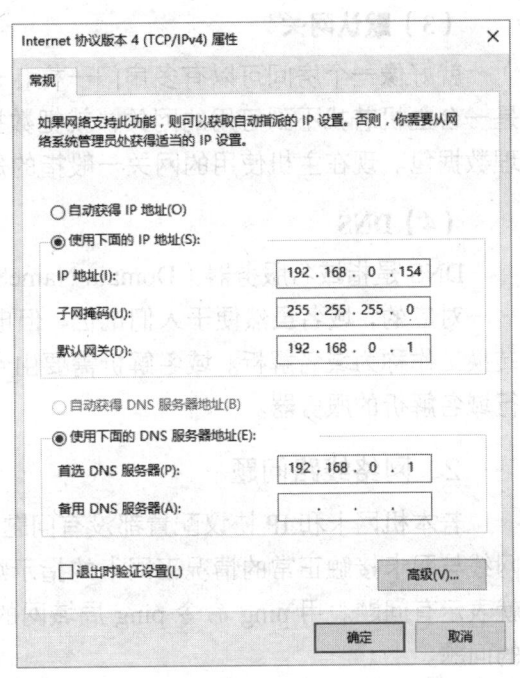

可以手动添加当地的 DNS 服务器解析地址，但在使用路由器的情况下可以不用设置，直接为空。因为通常路由器具有自动开启 DHCP 服务器自动分配的功能，每次开启路由器 DHCP 服务器都会向路由器分配一个合适的 DNS 解析地址，该地址会保存在路由器中。

IP 协议（Internet Protocol）即网络之间互连的协议，就是为计算机网络相互连接进行通信而设计的协议。在互联网中，它是能使连接到网上的所有计算机网络实现相互通信的一套规则，规定了计算机在互联网上进行通信时应当遵守的规则。任何厂家生产的计算机系统，只要遵守 IP 协议，就可以与互联网互连互通。

一个完整的 IP 地址信息通常包括 IP 地址、子网掩码、默认网关和 DNS 四部分，它们只有协同工作时，用户才能访问互联网，并被互联网中的计算机所访问。

（1）IP 地址

IP 地址由网络号和主机号两部分组成，统一网络内的所有主机使用相同的网络号，主机号是唯一的。网络号的位数直接决定了可以分配的网络数，主机号的位数则决定了网络中最大的主机数。然而，由于整个互联网所包含的网络规模可能比较大，也可能比较小，设计者们设计了一种灵活的方案：将 IP 地址空间划分成不同的类别，每一类具有不同的网络号位数和主机号位数。

（2）子网掩码

子网掩码是一个 32 位地址，是与 IP 地址结合使用的一种技术。它的主要作用有两个，一是用于屏蔽 IP 地址的一部分，以区别网络标识和主机标识，并说明该 IP 地址是在局域网上，还是在远程网上；二是用于将一个大的 IP 网络划分为若干个小的子网络。

（3）默认网关

就好像一个房间可以有多扇门一样，一台主机可以有多个网关。默认网关的含义是一台主机若找不到可用的网关，就把数据包发给默认指定的网关，由这个网关来处理数据包。现在主机使用的网关一般指的是默认网关。

（4）DNS

DNS 是指域名服务器（Domain NameServer），在 Internet 上域名与 IP 地址之间是一一对应的，域名虽然便于人们记忆，但电脑之间只能互相识别 IP 地址，它们之间的转换工作称为域名解析。域名解析需要由专门的域名解析服务器来完成，DNS 就是进行域名解析的服务器。

2. 网络线路问题

若本机网卡和 IP 协议配置都没有问题，就要检查网线了。先观察网卡的指示灯，网线与网卡接触正常的情况下网卡的指示灯会一直闪烁。若不亮，或者一直都亮着，就表示有问题。用 ping 命令 ping 局域网的其他机器，若 ping 不通，则有可能是网线的问题。

先查看水晶头有没有损坏，或者换一个路由器端口试一试。若水晶头松动，重新将其插好即可。若网线有问题，则需要更换水晶头或整条网线。

3. 用 ping 命令诊断网络故障

ping 命令的作用是通过发送 ICMP 回送请求消息来验证与另一台 TCP/IP 计算机的 IP 级连接。回送应答消息的接收情况将和往返过程的次数一起显示出来。ping 是用于检测网络连接性、可到达性和名称解析的疑难问题的 TCP/IP 命令，若不带参数，ping 将显示帮助。

下面将介绍如何使用 ping 命令诊断网络故障，具体操作方法如下：

01 **检查网卡工作情况** 打开命令提示符窗口，通过 ping 本机 IP 地址来检查网络适配器是否正常，如下图所示。

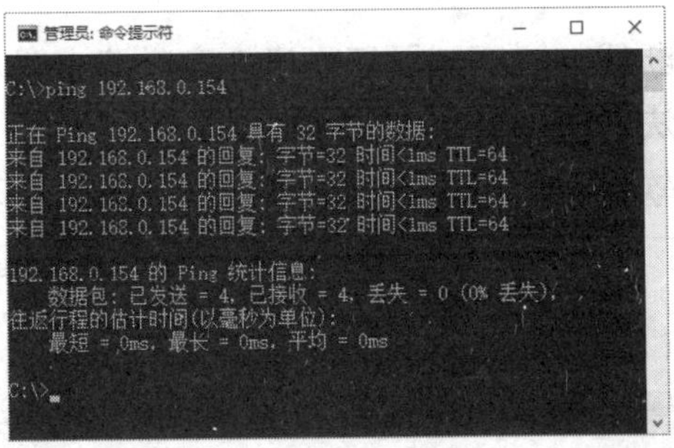

02 **检查 TCP/IP 协议** 127.0.0.1 是回送地址，无论什么程序，一旦使用回送地址发送数据，协议软件立即返回，不进行任何网络传输，如下图所示。若无法 ping 通该回送地址，则表明 TCP/IP 协议不正常。

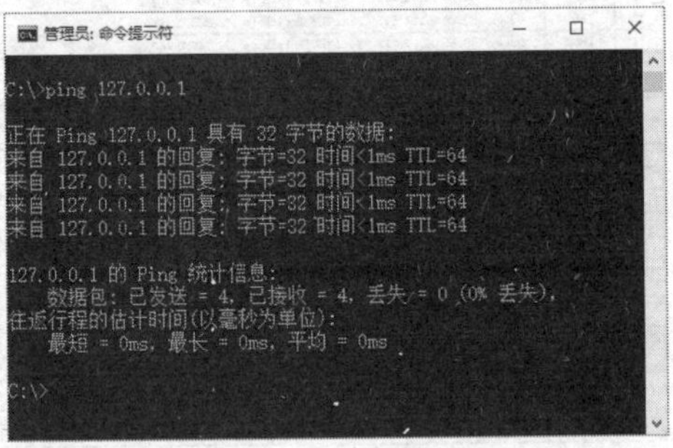

03 **检查路由器** 当局域网中的电脑无法上网时，可以 ping 路由器网关地址来检测其是否工作正常，如下图所示。

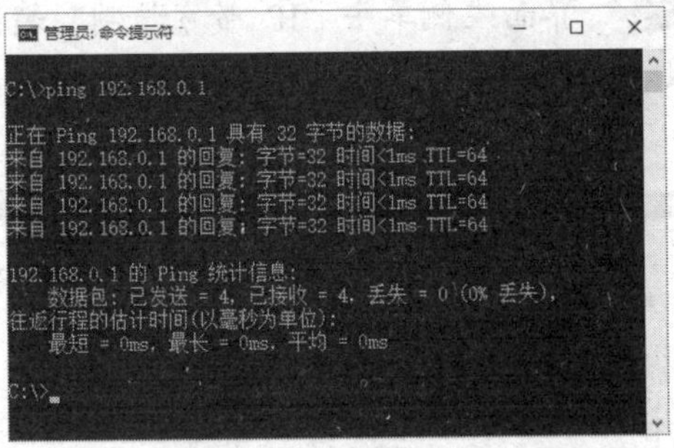

04 **检查局域网线路** 通过 ping 局域网电脑的 IP 地址来检测局域网线路是否出现故障，如下图所示。

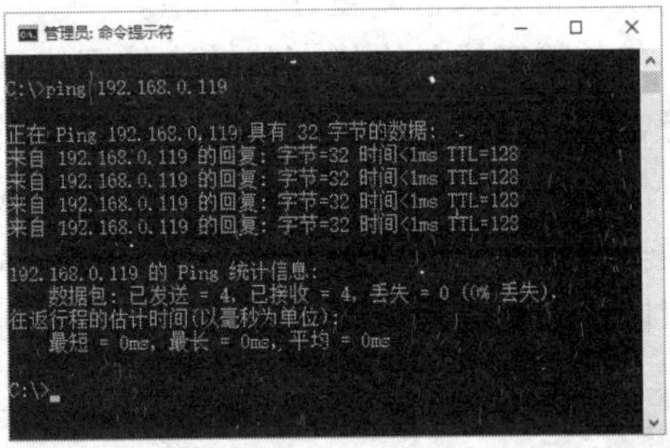

05 **测试网络通信** 使用 ping 命令向指定计算机发送数据包来监测本地网络通信是否正常。要终止数据的发送，可按【Ctrl+C】组合键，如下图所示。

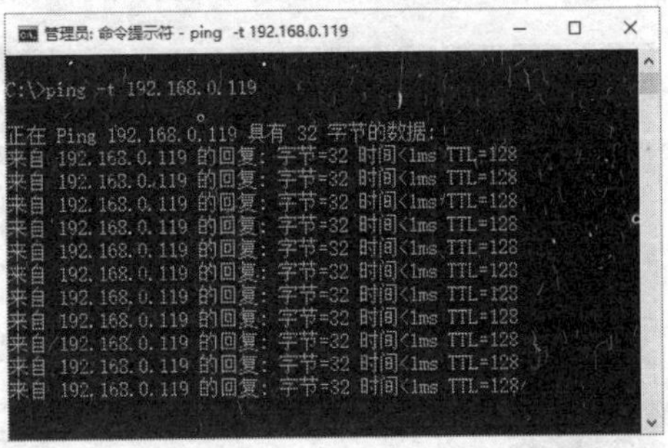

06 **检查是否能连上互联网** 通过 ping 某个网站地址来检查电脑是否能连上互联网，还可获取该网站的 IP 地址，如 ping www.taobao.com，如下图所示。

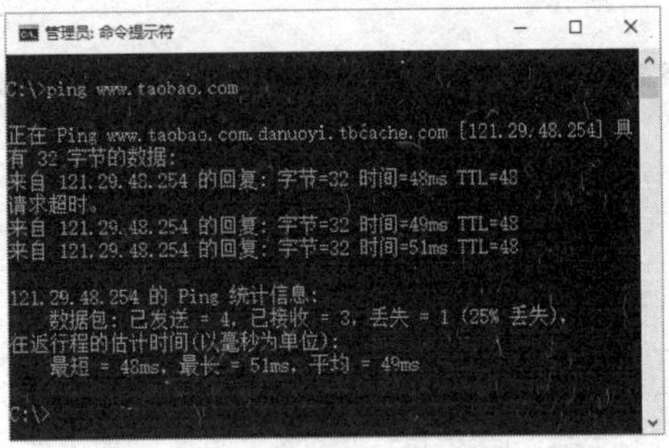

11.2.5 常见局域网故障维修实战

在使用电脑上网时，常常会遇到无法连接到互联网、打不开网页、网络时断时续等故障。这些故障如果不及时解决，就会影响局域网的正常使用。局域网故障现象很多，涉及的硬件和软件故障也很多，下面介绍一些常见的局域网故障的分析与修复方法。

【故障维修1】电脑使用路由器上网频繁掉线又自动重连

故障描述：某小型局域网中连接了10台电脑，其中一台电脑最近出现每隔一段时间就会断线又自动重连的问题。

故障查找与维修：能够连接网络只是定时断线，说明问题还是出在宽带路由器本身，如稳定性、设置方面等，可以按照以下方法进行排查：

检测局域网内是否有人使用了局域网限速软件，使用这类软件会影响局域网的网速。检查局域网内是否经常有人使用BT软件下载资料，使用BT软件非常影响带宽。可以登录路由器设置界面进行以下检测：

01 单击"开启流量统计"按钮 打开路由器设置界面，在"系统工具"选项下单击"流量统计"超链接，在右侧单击"开启流量统计"按钮，如下图所示。

02 查看电脑浏览状态 此时即可查看局域网中各台电脑的浏览状态，如下图所示。

03 查找出错信息 在"系统工具"选项下单击"系统日志"超链接，在系统日志中查找出错信息并进行分析，如下图所示。

04 查看是否开启IP带宽控制 在设置界面左侧单击"IP带宽控制"超链接，在右侧查看是否开启了IP带宽控制，如下图所示。

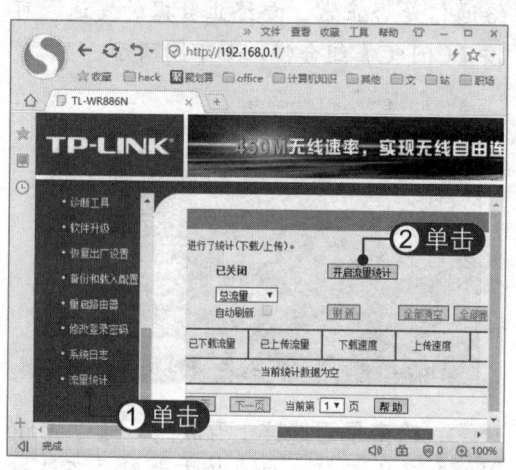

【故障维修 2】电脑能够访问局域网中的其他电脑，但不能上网

故障描述：电脑能够访问局域网中的其他电脑，但不能上网。

故障查找与维修：根据故障现象判断可能是 DNS 设置错误，导致在访问网站时不能进行解析所致，具体解决方法如下：

打开"Internet 协议属性"对话框，设置正确的网关和 DNS 服务器地址即可。例如，将首选 DNS 服务器地址设置为路由器地址，将备选 DNS 服务器地址设置为通用的 DNS 地址，如右图所示。

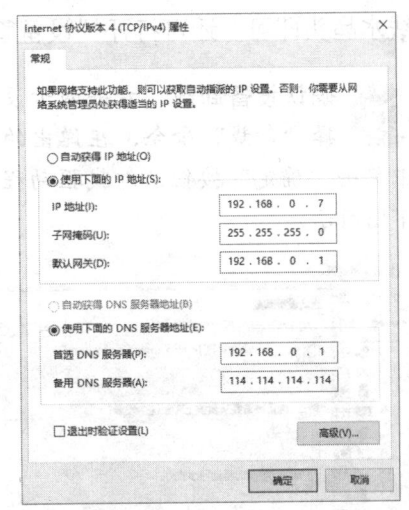

【故障维修 3】重置路由器后无法上网

故障描述：按路由器上的 reset 重置按钮重置路由器后，电脑无法上网。

故障查找与维修：此时可以打开路由器设置界面，重新进行宽带连接，具体操作方法如下：

01 输入上网账号和密码　在"WAN 口设置"页面中输入正确的上网账号和密码，单击"保存"按钮保存设置，如下图所示。

02 单击"重启路由器"按钮　在左侧"系统工具"选项下单击"重启路由器"超链接，在右侧单击"重启路由器"按钮，重新启动路由器，如下图所示。

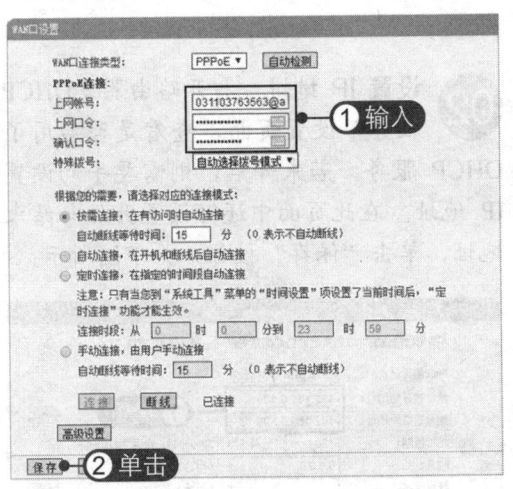

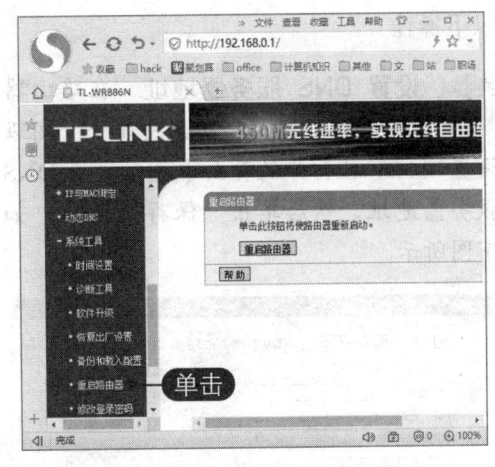

【故障维修 4】任务栏网卡图标一直显示正在进行网络地址分配，网卡不能使用

故障描述：一台电脑任务栏上的网卡图标一直显示正在进行网络地址分配，网卡不能使用。

故障分析：此故障可能是网线出现故障。

故障维修：将网线拔下，查看网线接头是否有异常，若有必要，重新制作一个网线水晶头即可。还可打开"设备管理器"窗口进行以下操作：

01 确认设备卸载 右击网卡设备，选择"卸载"命令，在弹出的对话框中单击"确定"按钮，卸载驱动程序，如下图所示。

02 重新安装网卡驱动 驱动程序卸载完成后，在工具栏中单击"扫描检测硬件改动"按钮，重新安装网卡驱动，如下图所示。

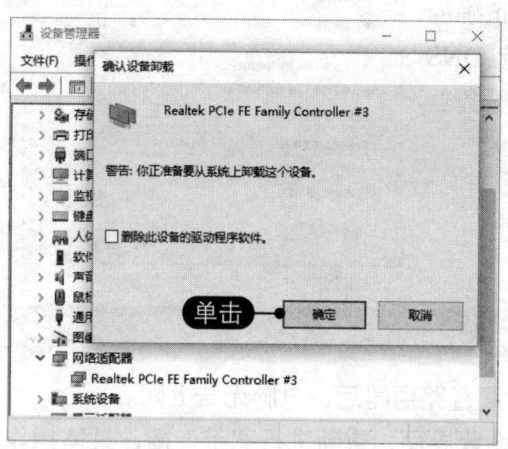
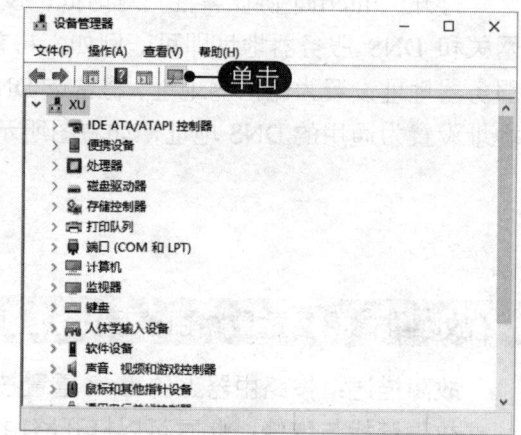

【故障维修 5】能够登录 QQ，却不能用 IE 浏览网页

故障描述：能用 QQ 上网，却不能浏览网页，但直接输入网页的 IP 地址则可以打开网页。

故障分析与维修：这是由于 IP 地址信息中的 DNS 服务器设置有问题，可以进行以下操作：

01 设置 DNS 服务器地址 在路由器"WAN 口设置"页面中单击"高级设置"按钮，在打开的页面中手动设置 DNS 服务器地址，然后单击"保存"按钮，如下图所示。

02 设置 IP 地址 打开路由器"DHCP 服务"设置页面，查看是否启用了 DHCP 服务。若未开启，则需要手动设置 IP 地址。在此页面中还可设置开始与结束地址，单击"保存"按钮，如下图所示。

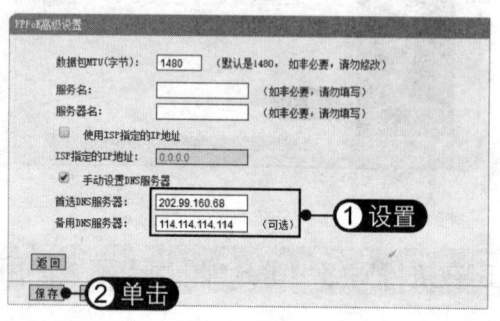
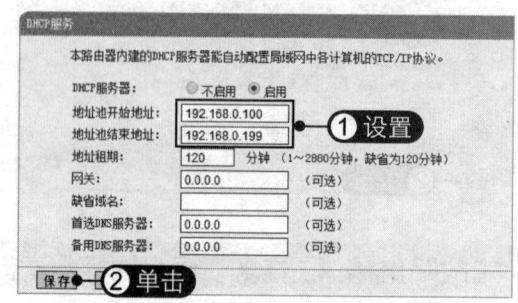

【故障维修6】局域网内复制文件出错而导致整个复制任务失败

故障描述：局域网内一次性复制上千个文件时，经常遇到一个文件出错而导致整个复制任务失败的情况。

故障查找与维修：在局域网复制文件时，通常会受到网速的限制而无法快速复制，若网络不稳定，就会导致文件复制失败。在共享这些文件时，可以考虑先将这些文件打包为几个文件，这样再进行复制就不容易出错。

【故障维修7】局域网中的电脑可以正常上网，但无法被其他电脑访问

故障描述：在公司局域网中，电脑可以正常上网，但无法被其他电脑访问。

故障查找与维修：检查电脑中是否安装了防火墙软件，若有则暂时可先将其关闭，然后尝试使用计算机名或IP地址访问该电脑，方法为：按【Windows+R】组合键，打开"运行"对话框，输入"\\计算机名"或"\\IP地址"即可，如下图所示。

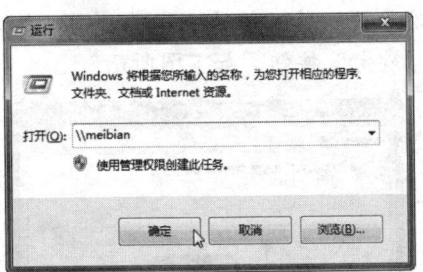
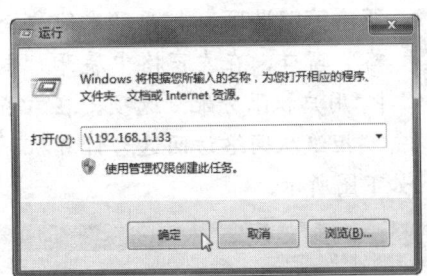

【故障维修8】访问局域网中的电脑需要输入用户名和密码

故障描述：访问局域网中的电脑时，弹出"Windows 安全"对话框，要求输入用户名和密码才可以查看其共享资源。

故障维修：遇到此类情况，可以将资源共享的电脑设置为以来宾账户身份进行访问，这样再次访问该电脑时就不需要再输入密码了，具体操作方法如下：

01 启用电脑来宾账户 打开"启用来宾账户"窗口，单击"启用"按钮，启用电脑来宾账户，如下图所示。

02 单击"管理工具"超链接 打开"控制面板"窗口，切换到"大图标"查看方式，单击"管理工具"超链接，如下图所示。

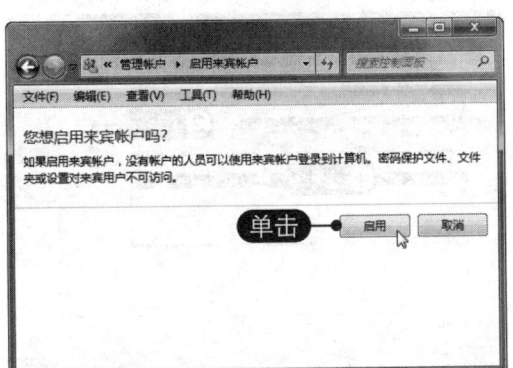
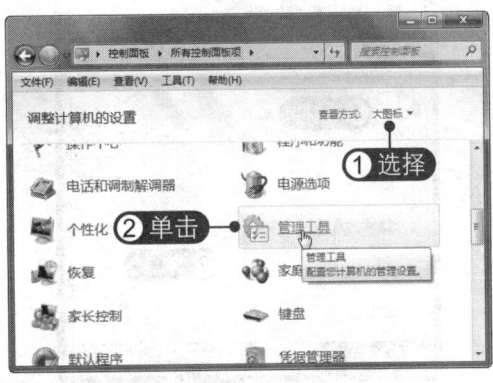

03 **双击"本地安全策略"图标** 打开"管理工具"窗口,双击"本地安全策略"图标,如下图所示。

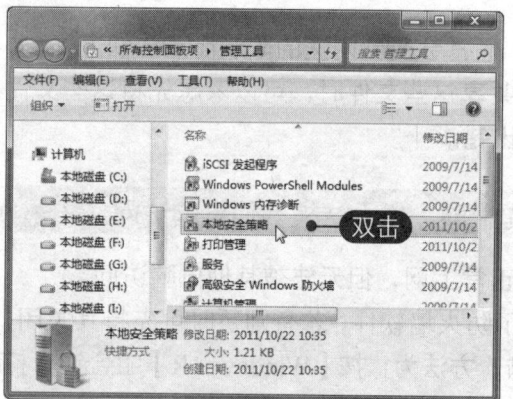

04 **双击策略选项** 打开"本地安全策略"窗口,在左窗格中展开"本地策略"|"用户权限分配"选项,在右窗格中双击"拒绝从网络访问这台计算机"策略,如下图所示。

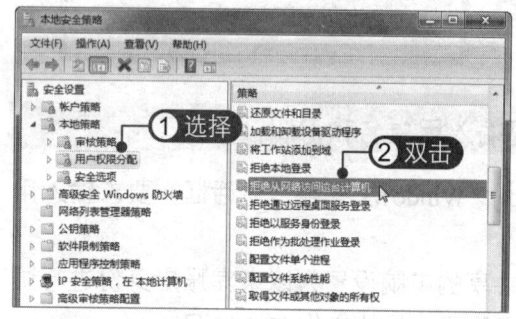

05 **删除 Guest 账户** 弹出策略属性对话框,选择 Guest 账户,单击"删除"按钮,然后单击"确定"按钮,如下图所示。

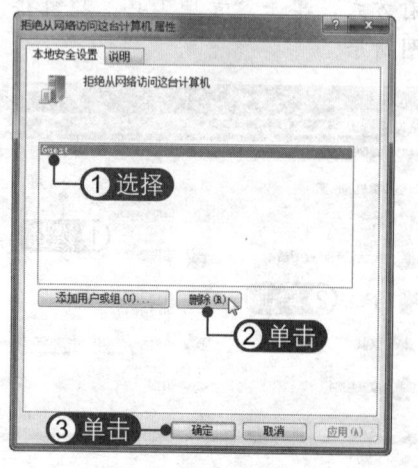

06 **双击策略选项** 在左窗格中选择"安全选项"选项,在右窗格中双击"网络访问:本地账户的共享和安全模型"策略,如下图所示。

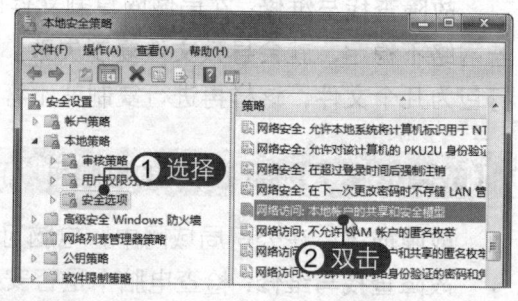

07 **选择来宾选项** 弹出策略属性对话框,选择"仅来宾-对本地用户进行身份验证,其身份为来宾"选项,然后单击"确定"按钮,如下图所示。

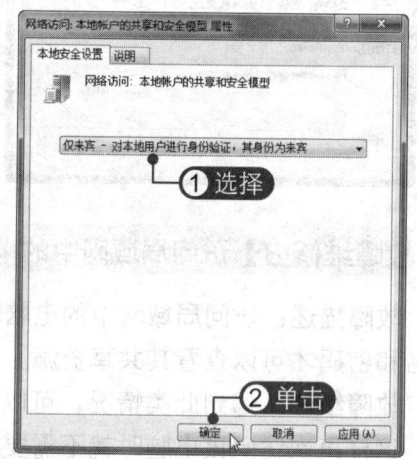

08 **添加 Guest 用户** 对文件夹进行共享,打开"文件共享"窗口,在名称下拉列表中选择 Guest 选项,然后单击"添加"按钮,如下图所示。

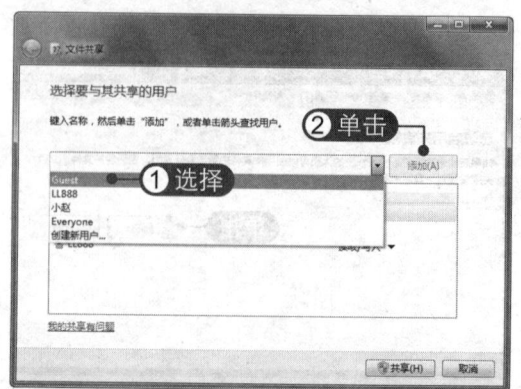

09 **设置文件夹共享权限** 单击来宾账户右侧的权限级别下拉按钮，设置文件夹共享权限，然后单击"共享"按钮，如下图所示。当局域网用户再次访问这台电脑的共享资源时，将会直接打开其共享窗口，而不会弹出"Windows 安全"对话框。

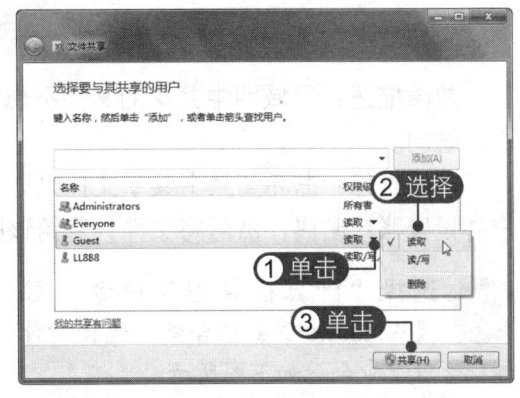

设置以来宾账户访问某台电脑后，局域网中的电脑都可直接访问该电脑上的共享资源。若需要进行限制，可以为来宾账户设置访问密码，具体操作方法如下：

01 **选择"管理"命令** 在桌面上右击"计算机"图标，选择"管理"命令，如下图所示。

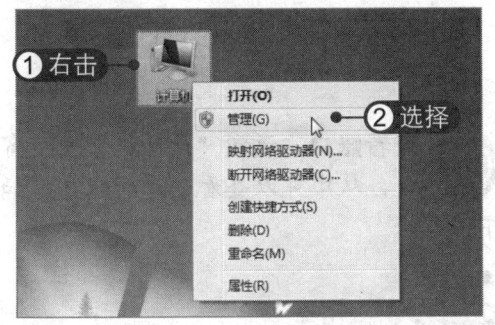

02 **选择"设置密码"命令** 打开"计算机管理"窗口，在左窗格中展开"本地用户和组"|"用户"选项，在右窗格中右击来宾账户，选择"设置密码"命令，如下图所示。

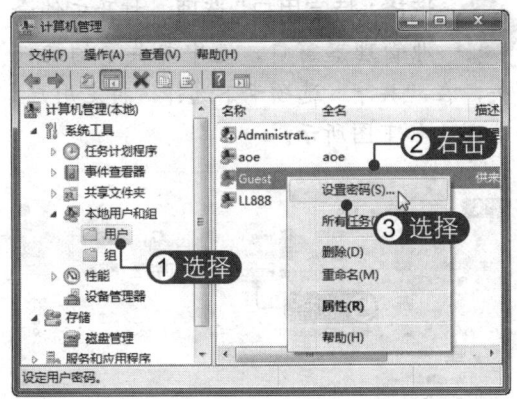

03 **单击"继续"按钮** 弹出提示信息框，单击"继续"按钮，如下图所示。

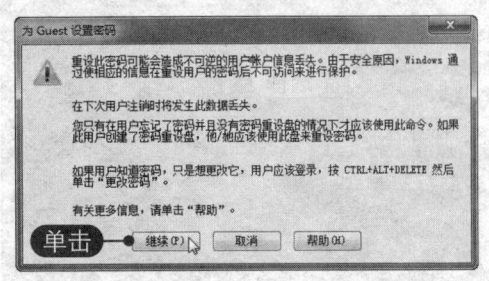

04 **设置来宾账户密码** 弹出"为 Guest 设置密码"对话框，设置来宾账户密码，单击"确定"按钮，如下图所示。

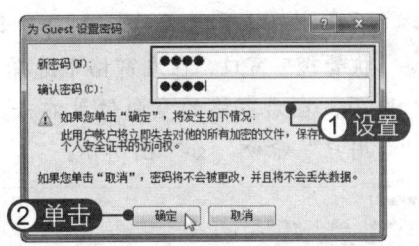

05 **输入账户名和密码** 在 Windows 7 系统下，当从局域网访问此电脑时，将弹出"Windows 安全"对话框，输入任意账户名，然后输入来宾账户密码，单击"确定"按钮即可，如下图所示。

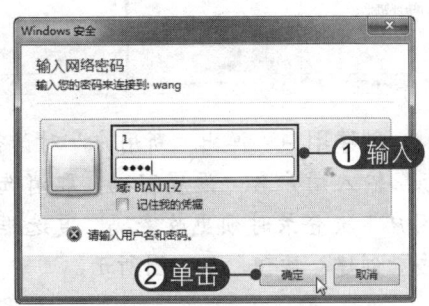

【故障维修9】局域网中共享的文件不想被所有人都看到

故障描述：局域网中共享的文件不想被所有人都看到，只想被知道用户名和密码的人访问。

故障维修：若希望某个共享文件只允许指定的用户访问，可以在电脑中创建该账户并设置账户密码，然后将文件共享给该账户，具体操作方法如下：

01 选择"计算机管理"命令 按【Windows+X】组合键，选择"计算机管理"命令，如下图所示。

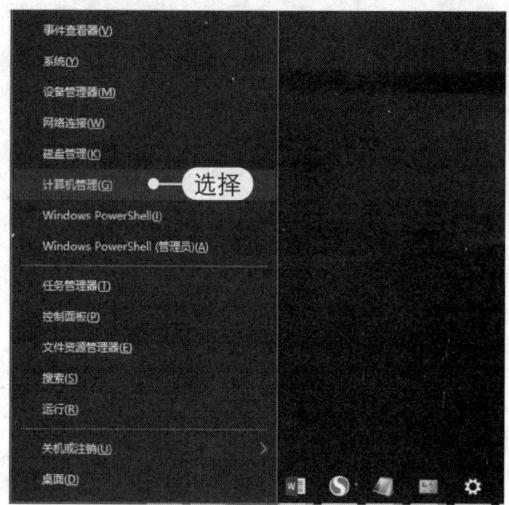

02 选择"新用户"命令 打开"计算机管理"窗口，在左窗格中选择"用户"选项，在右窗格的空白位置右击，选择"新用户"命令，如下图所示。

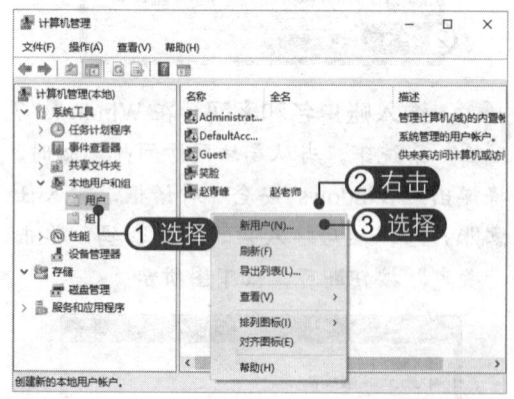

03 创建用户 弹出"新用户"对话框，输入用户名，设置密码，取消选择"用户下次登录时须更改密码"复选框，单击"创建"按钮，如下图所示。

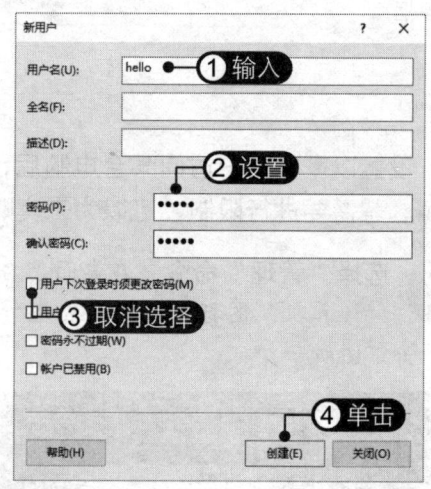

04 查看账户 返回"计算机管理"窗口，从中可以查看创建的账户，如下图所示。

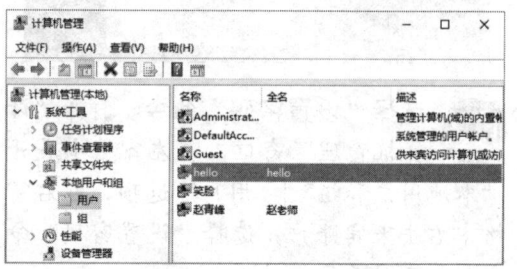

05 选择"特定用户"选项 打开文件资源管理器窗口，选中要共享的文件夹，在"共享"选项卡下选择"特定用户"选项，如下图所示。

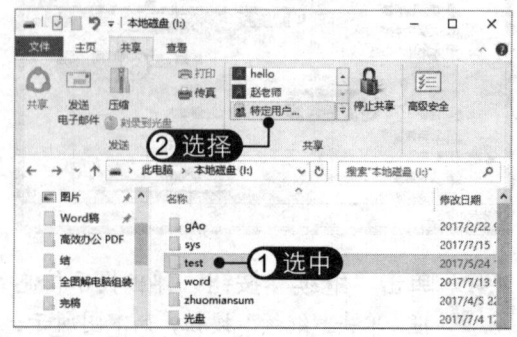

06 **添加账户** 打开"文件共享"窗口,在用户列表中选择创建的 hello 账户,单击"添加"按钮,如下图所示。

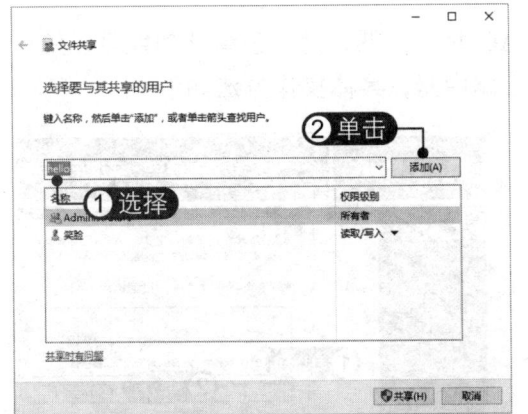

07 **删除账户** 此时即可将 hello 账户添加到共享用户列表中,单击"笑脸"用户右侧的权限级别下拉按钮,选择"删除"选项,单击"共享"按钮,如下图所示。

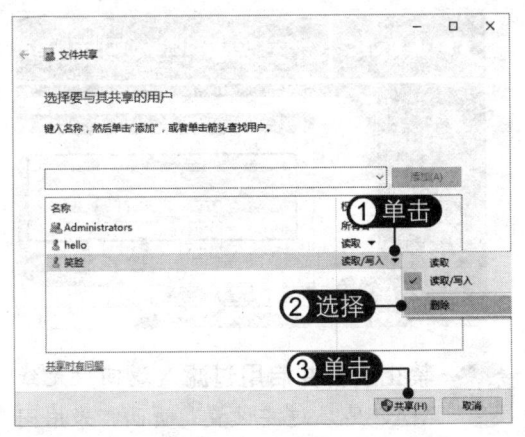

08 **完成共享设置** 在打开的窗口中提示"你的文件夹已共享",单击"完成"按钮,如下图所示。

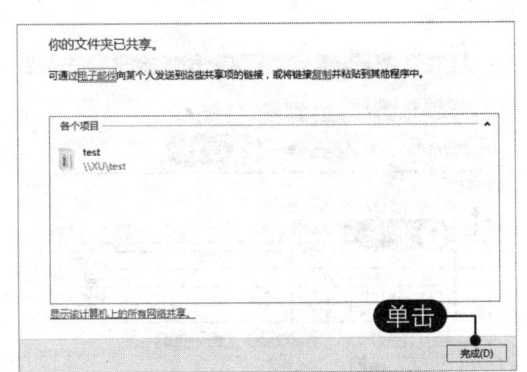

09 **输入网络凭据** 在局域网的其他电脑上访问此电脑,弹出"Windows 安全性"对话框,输入账号和密码,单击"确定"按钮,如下图所示。

10 **查看共享文件夹** 在打开的窗口中即可查看目标主机所共享的文件。双击共享文件夹,即可查看其内容,如下图所示。

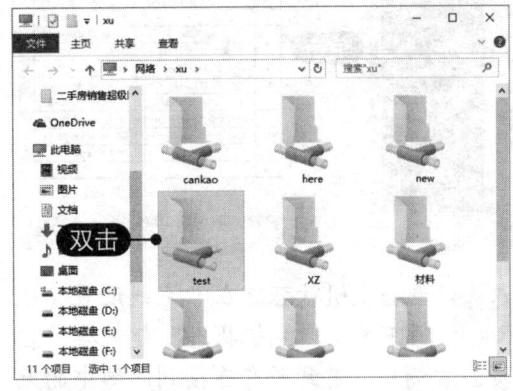

11 **提示网络错误** 当使用其他账户访问共享文件夹 test 时,如使用"笑脸"用户双击该文件夹,弹出提示信息框,提示没有权限访问,如下图所示。

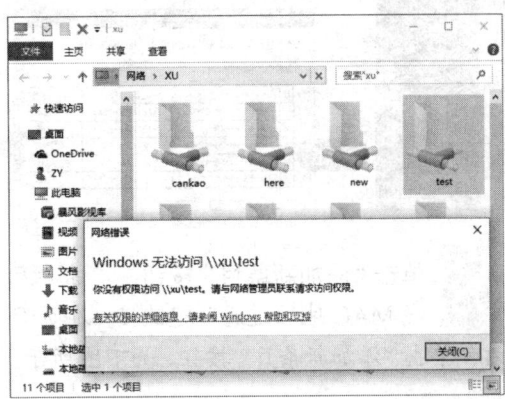

【故障维修10】无线局域网中不想让某个设备接入网络

故障描述：无线局域网中出现不明设备，影响上网速度，怎样阻止该设备连接路由器？

故障维修：多数的无线路由器都支持 MAC 地址过滤，通过设置此功能可以禁止指定设备连接，或者只有指定的设备才能连接路由器，具体操作方法如下：

01 查看客户端列表 打开无线路由器设置页面，在"DHCP 服务器"选项下单击"客户端列表"超链接，在页面右侧可以看到所有连接到网络上设备的客户端名、MAC 地址、IP 地址等。一般通过客户端名，可以判断无线设备，如下图所示。

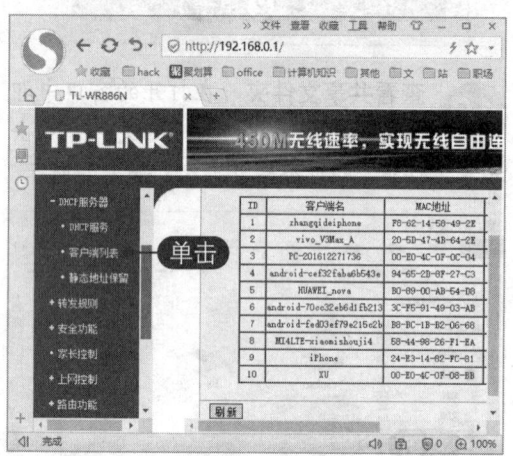

02 查看主机状态 在"无线设置"选项下单击"主机状态"超链接，在页面右侧可以看到所有连接到网络中的无线设备的 MAC 地址，如下图所示。

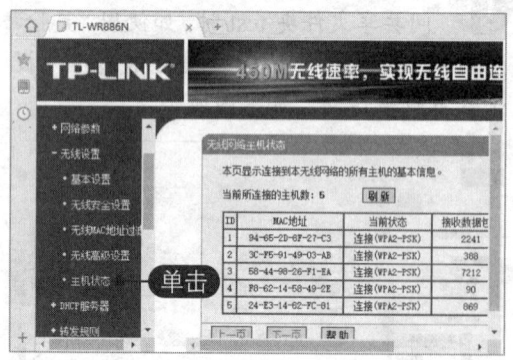

03 单击"添加新条目"按钮 单击"无线 MAC 地址过滤"超链接，在页面右侧单击"添加新条目"按钮，如下图所示。

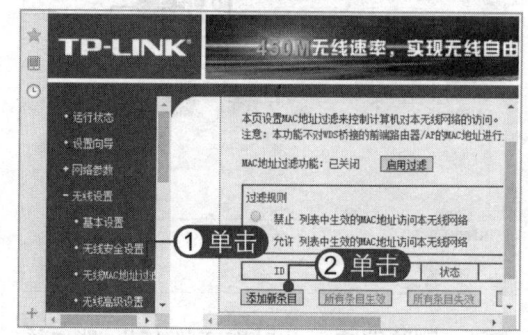

04 编辑条目 输入要禁止设备的 MAC 地址和描述，单击"保存"按钮，即可添加该设备，如下图所示。

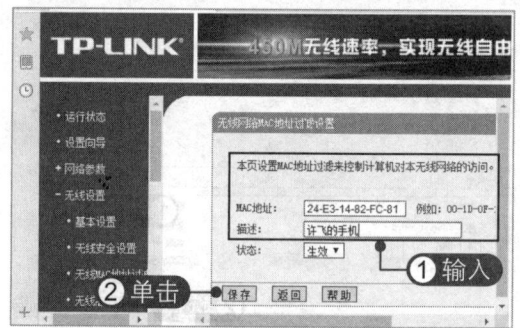

05 禁止设备并启用过滤 返回"无线 MAC 地址过滤设置"页面，采用同样的方法添加其他条目。选中"禁止 列表中生效的 MAC 地址访问本无线网络"单选按钮，然后单击"启用过滤"按钮，如下图所示。

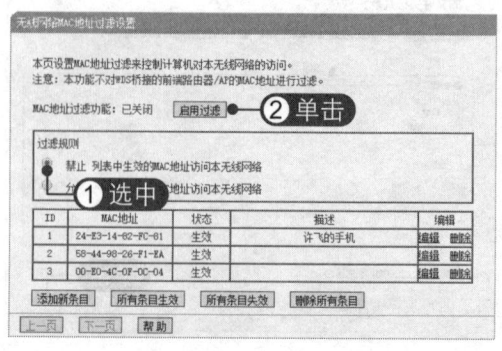

Chapter 12 快速诊断与修复主板故障

主板是整个电脑系统的关键部件，在电脑中起着至关重要的作用。CPU 及总线空间逻辑、BIOS 芯片读写控制、系统时钟发生器与时序空间电路 DMA 传输与中断控制、内存及其读写控制、键盘控制逻辑、I/O 总线插槽及某些外设控制逻辑都集成在主板上。因此，主板产生故障将会影响到整个系统的工作。本章将详细介绍主板常见故障的分析与修复方法。

本章要点

- 常见主板故障分析与检修
- 常见主板故障维修实战

知识等级

高级读者

建议学时

建议学习时间为 90 分钟

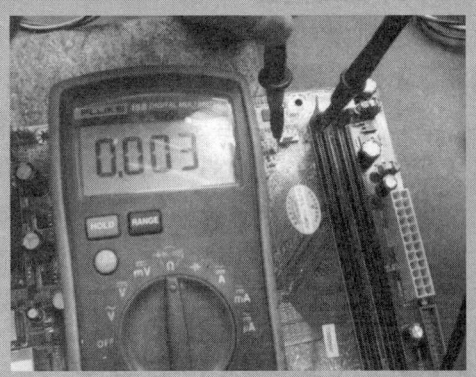

12.1 常见主板故障分析与检修

下面主要介绍主板常见故障的分类与分析、主板维修的常用工具,以及主板维修的思路与流程等。

12.1.1 了解主板的工作原理

主板的工作原理主要包括以下五个步骤:

(1)电源启动

电脑电源一般都为 ATX 规格,其特性可以使主机具备电源待机、Modem 开机、鼠标键盘开机、远程开关机等功能。因此,当用户将电源开启时并未启动电脑,可由机箱面板上的电源启动按钮来启动电脑,并由程序来控制关机,也可通过远端控制来启动电脑。当电源连电后先由 ATX POWER 中发出电源待机信号(+5VSB)及电源启动信号(PSON#),当用户将机箱面板上的电源启动按钮按下后,主机会将 PSON#讯号被降至低电位,ATX POWER 接收到此信号由高电位转为低电位时便将电源开启。

(2)系统时钟

当电源开启后,系统必须依照相同的步骤动作(即同步),为了符合同步信号,将石英晶体经过倍频后送至各元件,以达到其目的。

(3)复位信号

当电源正常后,系统随即发出复位信号(RESET),目的是将芯片内部信息重新初始化,使系统能由信息原始值开始运行,复位前系统会检查各部位电压是否正常,然后依序发出复位信号。

(4)启动主板

上述动作完成后,此时 CPU 便会送出第一个位址给北桥,北桥会立即将位址送给南桥,然后南桥送至 BIOS,由 BIOS 内部储存的信息反向回送给 CPU。当 CPU 收到信息后,再根据这些信息内容解析成相对应的指令控制主板的动作。通常将这一进入系统前的过程称为 POST,所以可以依照 POST 代码查出主板的问题出自何处。

(5)启动操作系统

当 BIOS 中 POST 完成后,便将这些检查结果和对底层硬件的控制权交给 Windows 操作系统或其他系统,此时 BIOS 便不再动作。

12.1.2 了解主板上电原理

主板对于上电的要求是很严格的,在此需要引入一个 Power Sequencing(上电时序)概念,各种上电的必备条件都有先后顺序,即所谓的 Power Sequencing。一项条件满足后才可以转到下一步,如果其中的某一个环节出现故障,则整个上电过程不能继续下去,当然也就不能使主板上电了。

主板上最基本的上电时序可以理解为这样一个过程:RTCRST#→VSB 待机电压→RTCRST#→SLP_S3#→PSON#。掌握了上电时序的过程,就可以一步一步地来进行反查，找到没有正常执行的那一个步骤，并加以排除。

整个上电时序 Power Sequencing 的详细过程如下：

（1）在未插上 ATX 电源之前，由主板上的电池产生 VBAT 电压和 CMOS 跳线上的 RTCRST#来供给南桥，RCTRST#用于复位南桥内部的逻辑电路，因此应首先在未插上 ATX 电源之前测量电池是否有电，CMOS 跳线上是否有 2.5V~3V 的电压。

（2）检查晶振是否输出了 32.768KHz 的频率给南桥。在 nFORCE 芯片组的主板上，还要测量 25MHz 的晶振是否起振。

（3）插上 ATX 电源之后，检查 5VSB、3VSB、1.8VSB、1.5VSB、1.2VSB 等待机电压是否正常的转换出来（5VSB 和 3VSB 的待机电压是每块主板上必有的，其他待机电压则依据主板芯片组的不同而不同）。

（4）检查 RSMRST#信号是否为 3.3V 的高电平。RSMRST#信号是用于通知南桥 5VSB 和 3VSB 待机电压正常的信号，这个信号若为低，则南桥收到错误的信息，认为相应的待机电压没有达到要求，所以不会进行下一步的上电动作。RSMRST#可以在 I/O、集成网卡等元件上测量得到，除了测量 RSMRST#信号的电压外，还要测量 RSMRST#信号对地阻值。如果 RSMRST#信号处于短路状态也是不行的，在实际维修中，多发的故障是 I/O 或网卡不良引起 RMSRST#信号不正常。

（5）检查南桥是否发出了 SUSCLK 这个 32KHz 的频率。

（6）短接主板上的电源开关，发出一个 PWBTN#信号给 I/O，I/O 收到此信号后，经过内部逻辑处理发出一个 PWBTIN#信号给到南桥。

（7）南桥收到 PWBTIN#信号后，发出 SLP_S3#信号给 I/O，I/O 接到此信号后经过内部的逻辑处理发出 PSON#信号给 ATX 电源，ATX 电源接到低电平的 PSON#信号后开始工作，发出各路基本电压给主板上的各个元件，完成上电过程。

因此，在主板维修过程中，当插上 ATX 电源后，先不要直接将主板通电试机，而是要测量主板在待机状态下的一些重要工作条件是否正常。

12.1.3 了解主板 CPU 供电原理

主板的 CPU 供电电路最主要是为 CPU 提供电能，保证 CPU 在高频、大电流工作状态下稳定地运行，同时也是主板上信号强度最大的地方，处理得不好会产生串扰 crosstalk 效应，而影响到较弱信号的数字电路部分，因此供电部分的电路设计制造要求通常都比较高，如下图（左）所示。

简单地说，供电部分的最终目的就是在 CPU 电源输入端达到 CPU 对电压和电流的要求，满足正常工作的需要。主板上 CPU 核心供电电路的简单示意图如下图（右）所示。

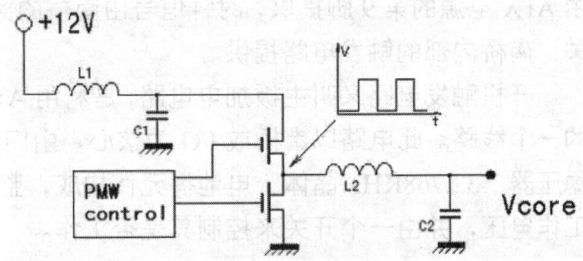

从图中可以看出，其实就是一个简单的开关电源，主板上的供电电路原理核心即是如此。+12V 是来自 ATX 电源的输入，通过一个由电感线圈和电容组成的滤波电路，然后进入两个晶体管（开关管）组成的电路，此电路受到 PMW Control（可以控制开关管导通的顺序和频率，从而可以在输出端达到电压要求）部分的控制输出所要求的电压和电流，由图中箭头处的波形图可以看出输出随着时间变化的情况。再经过 L2 和 C2 组成的滤波电路后，基本上可以得到平滑、稳定的电压曲线，这个稳定的电压就可以供 CPU 使用了，这就是常说的"多相"供电中的"一相"。

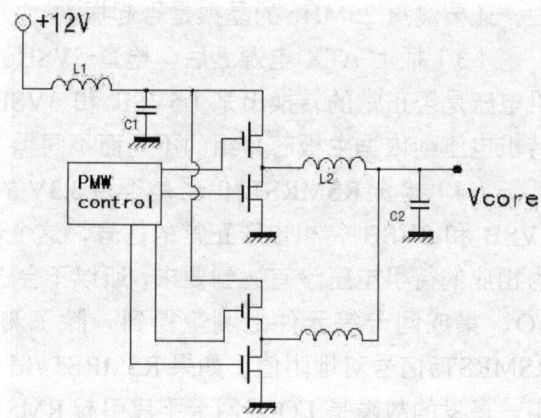

单相供电一般可以提供最大 25A 的电流，而现今常用的处理器早已超过这个数字，单相供电无法提供足够可靠的动力，所以现在主板的供电电路设计都采用多相供电设计。右图所示为一个两相供电示意图，可以看到它其实就是两个单相电路的并联，因此可以提供双倍的电流。

上述只是纯理论，实际情况还会有很多其他因素，如开关元件性能、导体的电阻，都是影响 Vcore 的因素。实际应用中还存在供电部分的效率问题，电能不会 100%转换，一般情况下消耗的电能都转化为热量散发出来，所以常见的任何稳压电源总是电气元件中较热的部分。

需要注意的是，温度越高，代表其效率越低。这样一来，如果电路的转换效率不是很高，那么采用两相供电的电路就可能无法满足 CPU 的需要，所以又出现了三相甚至更多相供电电路。不过这也带来了主板布线复杂化，如果此时布线设计不是很合理，就会产生影响高频工作的稳定性等一系列问题。

要解决这个问题，势必要在电路设计布线方面下更大的力气，而成本也随之上升。从概率上计算，每个元件都有一个"失效率"的问题，用的元件越多，组成系统的总失效率就越大，所以供电电路越简单，越能减少出现问题的几率。

12.1.4 主板开机触发电路检修

主板开机电路工作必须具备 3 个条件：为开机电路提供供电、时钟信号和复位信号，其中时钟是一定时序工作的一个条件，它定义总线的速度；复位是计算机内部残存电压放掉的过程，又叫清零。具备这 3 个条件，开机电路就开始工作。其中，供电由 ATX 电源的第 9 脚提供，时钟信号由南桥的实时时钟电路提供，复位信号由电源开关、南桥内部的触发电路提供。

开机触发电路又叫主板加电电路，是利用 ATX 电源的工作原理在主板自身上设计的一个线路。此电路以南桥或 I/O 为核心，由门电路、电阻、电容、二极管、三极管、稳压器、32.768KHz 晶体、电池等元件构成，整个电路中的元件都由紫线 5VSB 提供工作电压，并由一个开关来控制其是否工作。

开机触发电路的工作原理为：插上 ATX 电源后，有一个待机电压送到南桥或 I/O，为南桥内部的 ATX 开机电路提供工作条件（ATX 电源的开机电路是集成在南桥或 I/O 内部的），南桥或 I/O 内部的 ATX 开机电路开始工作，并送一个电压给晶体，晶体起振，同时 ATX 待机，5VSB 通过电阻或稳压器共给主板 PWR SW（开关）的 PWR+引脚，PWR SW 的另一个引脚接地。

当短接 PWR SW 开关时，POWER SW 开关接通，会产生一个瞬间变化的电平信号，即 0 或 1 的开机信号。此信号会直接或间接地作用于南桥或 I/O 内部的开机触发电路，使其恒定产生一个 0 或 1 的信号，通过外围电路的转换变成一个恒定的低电平，把 ATX 电源的绿线（PS-ON）置为低电平。当电源的绿线被置为低电平后，电源开始工作，并输出各路电压（红 5V、橙 3.3V、黄 12V 等）向主板供电，此时主板完成整个通电过程。

主板开机触发电路检修流程如下图所示。

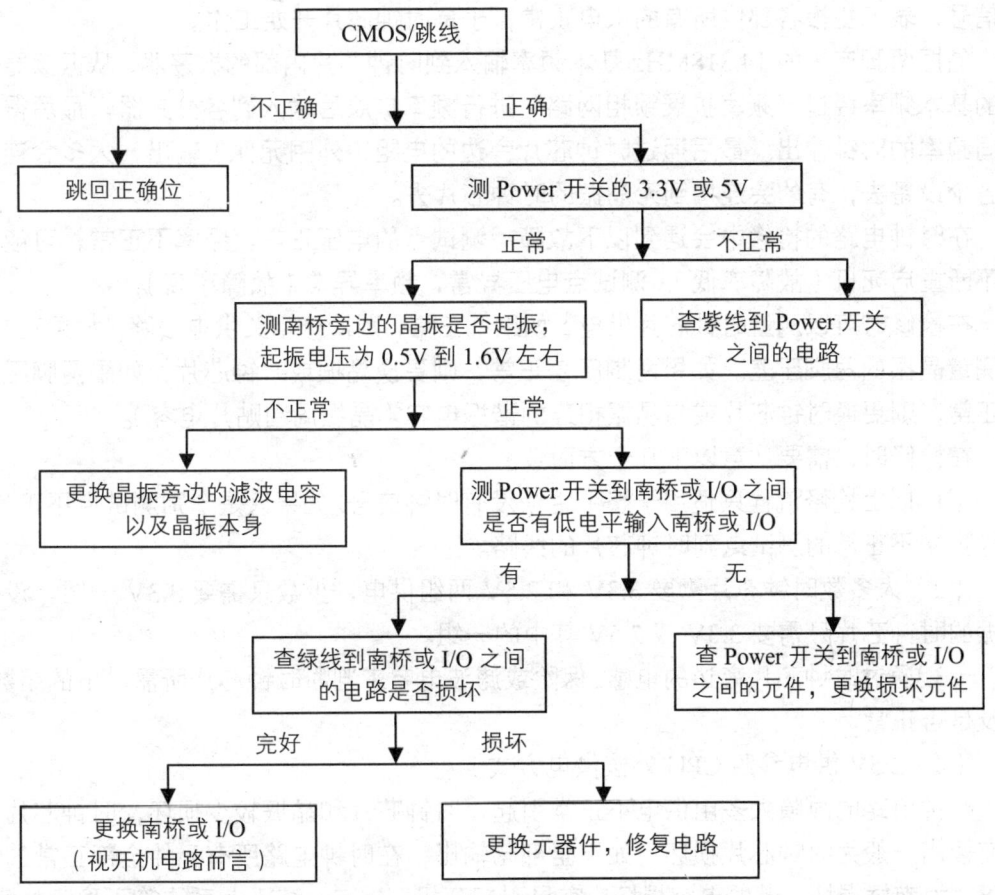

在主板检修中，很多主板不加电并不是开机电路本身的问题，实际检修时要从简到繁来检修，尽量少走弯路。主板正常加电要具备的条件如下：

（1）主板不能有严重短路故障。

（2）主板 CMOS 电路必须工作正常。

（3）紫线 5VSB 待机电压线路正常。

（4）用低电平触发开机的主板，PWR-接地要良好。

（5）参加开机电路的南桥或 I/O、三极管、电容等元件要完好。

在实际维修中，若已大致判断是开机触发电路损坏，检修时先要把开机触发电路的线路走向，实现开机触发的大致条件弄清楚，维修起来才能得心应手，快速找到故障部位。在主板上查找开机触发电路的基本思路为：顺着从 POWER SW（触发开关）→南桥或 I/O，然后反着从 PS ON（绿线）→南桥或 I/O 来查找线路。

12.1.5 主板时钟电路检修

大多数时钟电路由一个晶振（14.318MHz）、一个时钟芯片、电阻和电容等构成，部分主板由一个晶振、多个时钟芯片构成（无晶振的时钟芯片是专门给内存和北桥提供时钟的）。

时钟芯片有 3.3V 电源输入后（有的时钟芯片还有一组 2.5V 电压），再有一个电源好信号，表示主板各部位所有的供电正常，于是时钟芯片开始工作。

晶振两脚产生的 14.318MHz 基本频率输入到时钟芯片内部的振荡器，从振荡器出来的基本频率经过"频率扩展锁相网路"进行频率扩展后输入到各分频器，最后得到不同频率的时钟输出。最后通过时钟芯片旁边的电阻（外围元件）输出，大多会连接到各个设备去，有的会连接到无晶振的时钟芯片去。

在时钟电路的检修中会遇到以下故障：测试点的电压正常，频率不正常，可能引起不断重启死机（故障率低）；测试点电压异常，频率异常（故障率高）。

在检修时可以测量时钟芯片供电，如果不正常，则检修相关供电线路；如果正常，则测量晶振的两脚压差。如果两脚压差正常，则更换晶振或时钟芯片；如果两脚压差不正常，则更换时钟芯片或与晶振相连的谐振电容（晶振周围贴片电容）。

在检修时，需要注意以下几个方面：

（1）以上检修流程只适用于整个主板没有时钟信号。如果只是个别测试点不正常，应检查从不正常的测试点到时钟芯片的线路。

（2）大多数时钟芯片需要 3.3V 和 2.5V 两组供电，少数只需要 3.3V 一组，没有晶振的时钟芯片只需要 3.3V 或 2.5V 其中的一组。

（3）通过时钟芯片旁边的电感、保险或滤波电容来判断时钟芯片所需供电的组数，以及是否正常。

（4）2.5V 供电参照 CPU 外核供电方式。

时钟电路的故障大多由供电不正常引起，时钟芯片和晶振较少损坏，时钟芯片部分有输出一般为时钟芯片损坏；如果全部无输出，在时钟电路所有元件全部正常的情况下，为南桥损坏。谐振电容损坏，容易引起死机、重启、装不上系统等不稳定故障。

12.1.6 主板复位电路检修

供电、时钟、复位是主板能够正常工作的三大要素。主板在电源、时钟都正常工作后，复位系统发出复位信号，主板的各个部件在收到复位信号后，同步进入初始化状态。

1. 主板复位电路原理

下图所示为主板复位电路工作原理图。

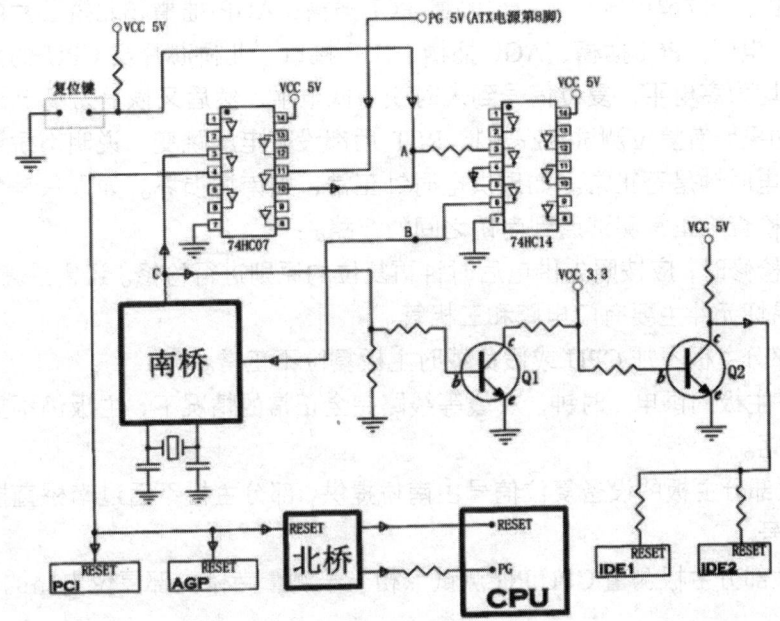

主板通电运行后，当按下复位键时，就会产生一个跳变的触发信号，此信号经过 A 点进入 74HC14 门电路芯片，经过两次反相后（信号波形不变，只是进行电平转换），经由 B 点进入南桥芯片。南桥芯片收到跳变信号后，本身先复位，同时其内部的复位电路从 C 点输出一个复位信号（一个由高电平向下跳变为低电平，再由低电平向上跳变为高电平的脉冲波）。

复位信号从 C 点分为两路，一路进入 74HC07 门电路芯片进行电平转换后，进入到 PCI 插槽、AGP 插槽及北桥芯片，北桥复位后又产生一个复位信号输入到 CPU；从 C 点出来的另一路复位信号经过 Q1、Q2 进行电平转换，然后进入到 IDE 接口。PCI 插槽、AGP 插槽、IDE 接口上的设备及北桥芯片和 CPU，在复位信号到来后统一进入初始化状态。

在开机时，复位信号又是怎样产生的呢？刚开机时，ATX 电源供电正常 50ms 后，第 8 脚（灰色线）的电平会由低变高，这就是电源好信号（PG），表示供电已经正常。电源好信号进入 74HC07 门电路芯片，经过电平转换后，从 A 点进入 74HC14 门电路芯片，此后的过程与按下复位键时的过程一样。

综上所述，复位信号的最初来源一个是由复位键触发得来，一个是由 PG 信号得来。但 PG 信号并非一定取自于 ATX 电源的第 8 脚，一些主板设计有 PG 信号产生电路，它是在主板各个部分工作电源正常 50ms 后发出，原理是一样的。

2. 复位电路故障检修流程

主板没有复位信号就不能正常初始化，其表现是能开机无显示，可按以下流程检修：

（1）维修时应首先测量复位键是否有 3V 左右的电压。复位键要有 3V 左右的电压，如果没有，应检查与复位键相连的电阻是否断路。

（2）短接RST开时测量是否有低电平触发南桥，如果没有，则检查RST开关到南桥的线路。

（3）如果复位键电压正常，再测量PCI插槽、AGP插槽和北桥芯片的复位引脚是否有3.3V电压。PCI插槽、AGP插槽、IDE接口、北桥芯片及CPU的复位引脚的电压常态时均为高电平，复位信号到来时变为低电平，然后又恢复为高电平。

（4）如果所有复位测试点在短接RST后都没有电压跳变，说明南桥没有工作，检查其他供电时钟是否正常。如果供电时钟正常，则南桥损坏。如果只是个别测试点不正常，则检查不正常测试点到南桥之间的线路。

在进行检修时，应按照先供电后时钟再复位的原则进行检修。还需注意以下事项：

（1）易坏元件主要有门电路和三极管。

（2）部分主板不加CPU或假负载时主板复位不正常。

（3）在主板的供电、时钟、灰线等线路完全正常的情况下，主板仍不复位时才去检修复位电路。

（4）大部分主板的设备复位信号由南桥提供，部分主板不通过南桥直接由门电路提供复位信号。

（5）大部分主板测量CPU PG测试点相当于测量南桥内部复位电路的输入端。

12.1.7 主板CMOS电路检修

CMOS是一种可读/写存储器（RAM），一般内置在主板南桥中。CMOS电路主要由CMOS随机存储器、实时时钟电路（包括振荡器、晶振和谐振电容等）、南桥芯片、跳线、电池及供电电路等几部分组成。

主板CMOS电路有很多形式，但工作原理基本相同。根据电路所采用元件可分为两类，一类是经过二极管到CMOS跳线的电路，另一类是经过三端稳压器到CMOS跳线的电路。下图所示即为主板CMOS电路。

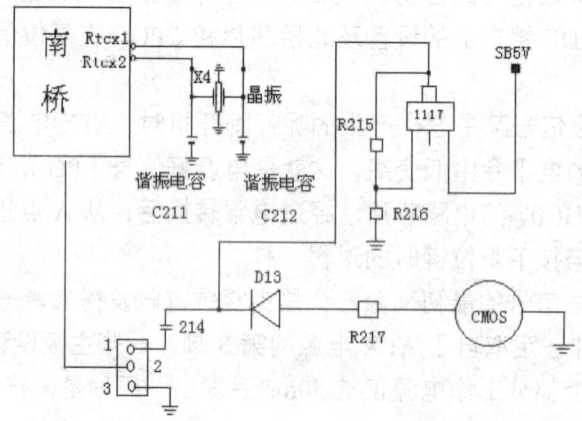

CMOS电路分析如下：

（1）CMOS随机存储器存储系统日期、时间、主板上存储器容量、硬盘类型和数目、显卡类型、当前系统硬件配置和用户设置。低功耗、可读可写，断电后用外加电池来保持数据。容量通常为64字节、128字节或256字节。

（2）实时时钟电路产生 32.768KHZ 的正弦波时钟信号向 CMOS 电路和开机电路提供 CLK，包括振荡器（南桥中）、32.678KHZ 晶振、谐振电容等。

（3）CMOS 电池在主板断电后向 CMOS 随机存储器和实时时钟电路提供供电，一般为锂锰纽扣电池，如右图所示。

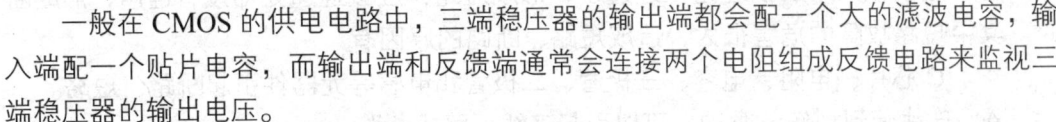

（4）CMOS 跳线切断 CMOS 电路的供电，清除 CMOS 信息。清除后，BIOS 只读存储器读取主板出厂默认设置。

（5）供电电路在主板接通电源后，ATX 电源将为 CMOS 电路供电。CMOS 需要 3.3V 供电，而 ATX 待机电压为 5V，所以需要用三端稳压器降 5V 转换为 3.3V（3.3V_SB）。常用的三端稳压器有 1117 和 1084。

一般在 CMOS 的供电电路中，三端稳压器的输出端都会配一个大的滤波电容，输入端配一个贴片电容，而输出端和反馈端通常会连接两个电阻组成反馈电路来监视三端稳压器的输出电压。

CMOS 电路的一般检修流程为：外观检查→CMOS 跳线是否正确→CMOS 电池是否有电→CMOS 电池到跳线电路→ATX 电源到跳线电路→晶振是否起振→更换南桥。

12.1.8 主板故障分类与分析

电脑主板故障主要发生在主板的触发电路、电压调节器、内存电路、插槽和总线等部位。主板故障分布原因如下：

1. 触发电路故障

触发电路的故障是指按下电源开关后电脑不能启动。这种故障一般是由 ATX 电源或主板触发电路引起的。

2. 电压调节器故障

电压调节器故障表现为缺某一组电压或不稳定，造成"黑屏"或"死机"故障。原因一般有以下两种：

- 控制芯片或其他芯片的质量不佳或散热不良。
- 电源滤波电容因长期高温下工作失效或者涨裂漏液，主板工作不稳定，如右图所示。

3. 内存芯片及插槽故障

内存芯片及插槽故障表现为"黑屏"，喇叭发出不断的长响，诊断卡的代码为 C0、C1 和 C3。这种情况一般都是主板上的电压或者时钟信号出现问题，检查插槽的电压或时钟信号即可。

4．插座和插槽故障

插座和插槽接触不良，造成电脑性能不稳定，出现"黑屏"或"死机"故障。插座和插槽等接触性部位常因金属因氧化、灰尘过多、发生形变和引脚虚焊等引起故障，引发开路、短路和接触不良等故障。

5．接口故障

接口故障表现为某些设备不能正常使用。接口包括键盘、鼠标、串行和并行接口等，由于接口长期插拔，特别是在用户操作不当时，很容易造成短路或断路等故障，甚至烧毁元件。

6．短路、断路故障

各种连接线的不应该连通处连通了，形成短路；应该连通处却没有连通，形成断路。其中短路故障的危害很大，造成短路、断路的原因有：
- IC 芯片、电阻、电容、三极管、二极管和电感等元器件引起断路、短路。
- 连线受到划伤、腐蚀，可以引起连线短路或断路。
- 元器件的焊盘脱落，造成虚焊。
- 掉入螺丝或电路板移位，造成短路等。

7．DMA 控制器和辅助电路故障

DMA 控制器和辅助电路故障会造成电脑"黑屏"或"死机"故障。DMA 控制器故障需要借助主板诊断卡和示波器来判断。

8．总线及总线控制器故障

总线及总线控制器故障也会造成电脑"黑屏"或"死机"，严重时也会造成"不开机"。总线控制器属于小信号处理电路，输出的连线太多、太细，当主板受力弯折时容易断路，受潮、霉变时容易发生短路和开路。

不同的主板故障分布不一样，不同芯片组的故障也有所不同。此外，主板故障还常与主板驱动程序有关。主板驱动程序丢失、破损、重复安装会引起系统引导失败或造成系统工作不稳，可以打开"设备管理器"窗口，检查"系统设备"中的项目是否有黄色惊叹号或问号。将打黄色惊叹号或问号的项目全部删除（可以在"安全模式"下进行操作），重新安装主板自带的驱动程序，然后重启电脑即可。

12.1.9 主板维修的思路与流程

在维修主板故障时，可按以下维修思路逐个排除，最终找到故障所在。
（1）利用插拔法确定故障是否在主板或 I/O 设备上。
（2）利用观察法、清洁法观察主板表面是否有损毁、烧坏等现象。
（3）利用诊断程序、主板诊断卡、打阻值卡、CPU 假负载等来诊断故障。
（4）利用静态测量法测试主板主要元件的散热、电压输入、输出状况，将故障缩小到主板的某一个范围内或电路中。

（5）使用万用表等测量工具测试可疑电路的输入/输出状况，进一步确定故障的位置。

（6）根据故障原因进行元件维修或更换。

主板故障的检修流程如下图所示。

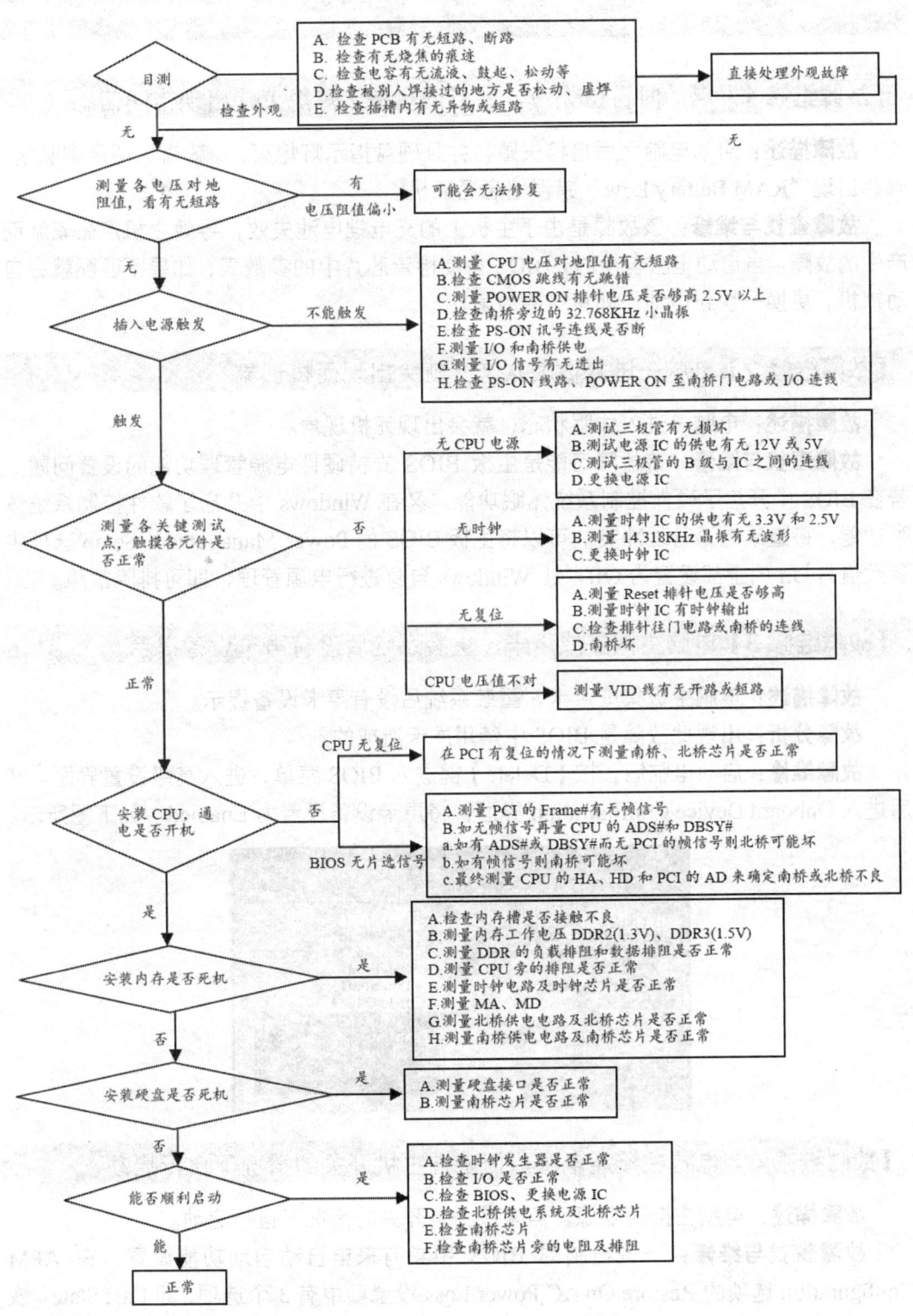

12.2 常见主板故障维修实战

下面将详细介绍常见的主板故障分析与修复方法,包括系统时间变慢、CMOS 电池无法放电、自检不正常、电脑无法启动、板载设备不工作、电脑无故死机等故障。

【故障维修 1】启动时自检失败,并且硬盘指示灯熄灭,出现错误信息

故障描述:启动电脑之后自检失败,并且硬盘指示灯熄灭,"嘟-嘟"两声喇叭响,屏幕出现"RAM Battery Low"错误信息后死机。

故障查找与维修:该故障是由于主板上的充电锂电池失效,导致主机产生紊乱而产生的故障。当启动电脑自检时,BIOS 自动检查芯片中的参数表,如果不匹配就会自动锁机。更换一块新电池,即可排除故障。

【故障维修 2】电脑一进入休眠状态,就会出现死机现象

故障描述:电脑一进入休眠状态,就会出现死机现象。

故障查找与维修:该故障可能是主板 BIOS 支持硬件电源管理功能的设置问题。若在 BIOS 中开启了硬件控制系统休眠功能,又在 Windows 中开启了软件控制系统休眠功能,将造成电源管理冲突。可以将主板 BIOS 的 Power Management Setup 选项中参数值为 On 的全部设置为 Off,让 Windows 自身进行电源管理,即可排除故障。

【故障维修 3】电脑主板集成声卡,重装系统后没有声卡设备提示

故障描述:电脑主板集成声卡,重装系统后没有声卡设备提示。

故障分析:出现此故障是 BIOS 中禁用声卡造成的。

故障维修:启动电脑后,按【Delete】键进入 BIOS 菜单,进入高级设置界面,然后进入 Onboard Device Configuration 界面,将声卡设备设置为 Enabled,如下图所示。

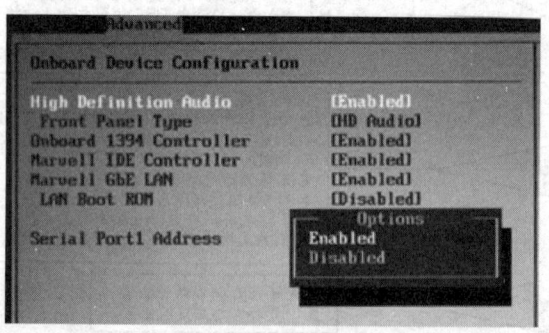

【故障维修 4】电脑在接通电源,但未按主机开关的情况下自行启动

故障描述:电脑在接通电源,但未按主机开关的情况下自行启动。

故障查找与维修:一些电脑的 BIOS 中具有来电自动启动功能设置,在 APM Configuration 选项的 Restore On AC Power Loss 设置项中有 3 个选项,即 Last State(恢

复之前的状态）、Power Off（关机）和 Power On（自动开机）。如果将其设置为 Power On，在接通电源后电脑会自动启动；将其设为 Power Off，可以使电脑在接通电源后不自动启动，如下图所示。

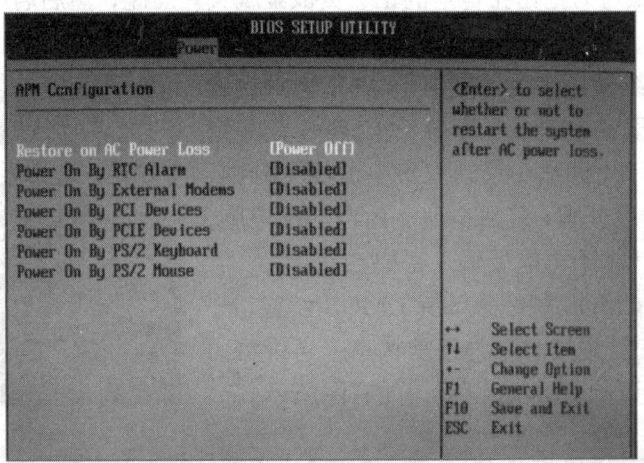

【故障维修 5】在主板上安装一块独立网卡，但在系统中无法找到

故障描述：主板上的集成网卡坏了，在主板上安装一块独立网卡，但在系统中无法找到新安装的网卡，试着更换其他网卡和 PCI 插槽，系统还是不能识别。

故障分析：该故障很可能是因为未将损坏的集成网卡屏蔽，导致新旧设备冲突造成的。

故障维修：进入 BIOS 设置程序，选择 Integrated Peripherals 选项，将其中的 Onboard LAN Device 选项设置为 Disable，即可识别新安装的网卡。

若上述问题依然存在，则有可能是因为之前的集成网卡驱动未完全卸载，可以打开"设备管理器"窗口，将其中的网络适配器全部删除，然后重新查找新设备，安装新网卡的驱动程序即可。

【故障维修 6】主板系统时间变慢，设置好之后下次开机又会变慢

故障描述：每次电脑开机之后系统时间都会变慢，设置好之后下次开机又会变慢。
故障分析：该故障可能是主板 CMOS 电池没电引起的。
故障维修：首先可更换主板电池，如果故障依然存在，需再仔细观察主板。

在主板电池旁边有一电阻大小、银白色金属外壳封装的两个引脚的元器件，如右图所示。由于电脑所用的时钟发生器是由电容、电阻和石英晶体构成的计时电路，所以可能是主板上电路元器件失效或者变质引起的时间不准，而电容和石英晶体通常又是引起时间不准的主要原因。该故障的解决方法是先用无水酒精清洁计时电路附近的电路板。若还有故障，则需要更换电容和石英晶体。

【故障维修 7】CMOS 电池不能放电，总提示需要输入密码

故障描述：进入 BIOS 进行设置时需要输入密码，但将 CMOS 的钮扣电池取下进行放电之后，又用螺丝刀把钮扣电池的正、负极金属夹片短路，然后启动电脑，依旧提示要输入密码。

故障查找与维修：该故障是由于 ATX 电源还在给主板提供很微弱的电流，从而导致 CMOS 信息还一直保存着。拔下电源插头后，取下电池约一分钟，对 CMOS 进行放电处理，装回电池之后再启动电脑，进入 BIOS 之后，将不再需要输入密码。

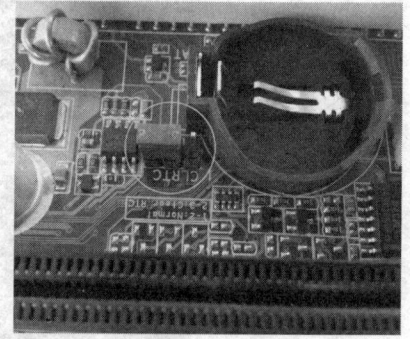

也可以使用 CMOS 跳线来清除 CMOS 设置，一般当设置为 1、2 针短接时，为正常状态；当设置为 2、3 短接时，为清除 CMOS 设置，如右图所示。

【故障维修 8】开机报警，提示 CMOS settings Wrong CMOS Date

故障描述：电脑开机后主板发出报警声，接着出现提示信息："CMOS settings Wrong CMOS Date/Time Not set"，怀疑主板电池没电，更换电池后问题依旧。

故障查找与维修：首先应确保更换后的电池是正常的，有条件的话可以用万用表测试主板电池的电压，正常应该为 3V。如果电池没问题，则检查主板上电池座的正负触点是否有氧化或生锈导致接触不良，同时检查旁边的 CMOS 清零跳线是否处于清除状态，这种状态下 CMOS 是无法保存信息的。如果这些都正常，则可能是主板线路或南桥芯片出现问题，应尽快送修。

【故障维修 9】开机出现提示信息停止，即插即用功能设置不当

故障描述：开机后运行到提示信息 Award Soft ware, Inc System Configurations 时停止，但未死机。

故障查找与维修：此故障是由于 CMOS 参数设置不当造成的。CMOS 中 PNP/PCI CONFIGURATION 栏目的 PNP OS INSTALLED（即插即用）项目一般有 YES 和 NO 两个选项，造成上述故障的原因就是由于将即插即用功能设置为了 YES，将其更改为 NO 后，即可排除故障。

【故障维修 10】在设置 BIOS 过程中，电脑发生死机

故障描述：在 BIOS 中设置启动设备，在设置过程中电脑发生死机现象。

故障查找与维修：设置 BIOS 时出现死机现象，一般是由于主板 Cache（缓存）有问题或主板设计散热不良所引起的。在死机后，触摸 CPU 周围的主板元器件，如果发现其温度非常高，在更换大功率风扇之后，死机故障即可得到排除。对于主板 Cache 引起的故障，可以进入 BIOS，将 Cache 禁用后（设置为 Disable）即可顺利解决问题。需要注意的是，禁用 Cache 后会影响系统运行速度。

【故障维修 11】更换主板之后出现显卡驱动程序不能正常安装

故障描述：使用 Windows 7 操作系统的电脑，更换主板之后出现显卡驱动程序不能正常安装的情况，根据提示安装驱动程序并重启电脑后，系统依然提示显卡安装不正常。

故障分析：该故障主要是因为更换了主板造成系统设置冲突，使总线控制设备驱动程序不能正常安装。

故障维修：在"设备管理器"窗口中卸载带有黄色感叹号的选项，如右图所示。重启电脑后，系统会自动提示找到各种硬件，按照提示安装各种设备的驱动程序即可。

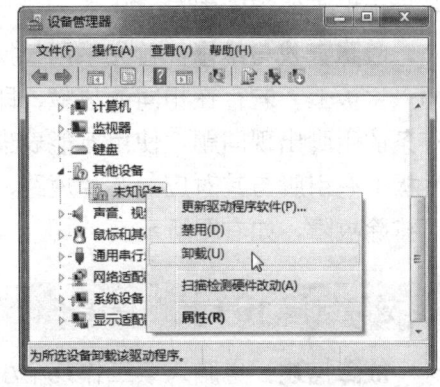

【故障维修 12】主机连线和电源连接均正常，但电脑开机时无任何反应

故障描述：电脑开机时没有任何反应，主机中的所有连线都正确，且电源连接正常。

故障查找与维修：先打开主机，连接电源后若看到主板电源指示灯不断闪烁，而不是呈现绿色，说明电源电压不稳定，可以采用替换法检查电源是否存在故障。若电源正常，可以将主板拆下，清理灰尘后在最小系统状态下启动电脑。若顺利启动，则说明是灰尘导致的故障。

【故障维修 13】电脑重装系统后，经常发生死机现象

故障描述：电脑重装系统后，经常发生死机现象，往往是在运行一些图形图像处理软件时，每当文件处理完毕进行保存时电脑便死机。

故障查找与维修：由于死机情况发生在重装系统后，因此判断为软件故障。打开"设备管理器"窗口，发现 PCI Universal Serial Bus 和 PCI BridgePCI Universal serial BUS 两项有黄色感叹号，说明主板驱动程序没有安装好。从网上下载主板驱动安装程序，进行重新安装即可。

【故障维修 14】电脑无法启动，但几分钟后系统恢复正常

故障描述：使用多年的电脑无严重故障，某次开机后硬盘指示灯不亮，显示器无任何显示，电脑无法启动，但几分钟后系统恢复正常。

故障查找与维修：

（1）使用杀毒软件扫描系统，或者重新安装操作系统。如果故障依然存在，则可以确定该故障为硬件故障。

（2）使用替换法依次替换电脑各主要部件，检查问题是否出在主板上。

（3）仔细检查主板后，发现 CPU 插座旁边的两个电解电容上端微微鼓起，更换电容后系统开始正常工作，故障排除。

【故障维修 15】启动电脑后，主板不能识别内存

故障描述：电脑使用金士顿 4GB 内存条，启动电脑后主板不能识别内存。

故障查找与维修：首先采用替换法将其他内存条插入主板上，若存在相同的故障，即可判断是主板内存条的引脚出现问题。使用万能表进行测量，若发现主板上有引脚与其对应的芯片短路，将其焊接上后即可排除故障，如右图所示。

【故障维修 16】电脑连续工作几个小时之后，突然黑屏

故障描述：电脑连续工作几个小时之后，突然黑屏。如果让电脑冷却一段时间之后再启动，便可工作一段时间，冷却时间越长，工作时间也就越长，但一段时间之后便无法启动了。

故障查找与维修：首先拆下电脑机箱并按下电源开关后仔细检查，若机箱电源指示灯亮，电源风扇、CPU 散热风扇运转正常，说明电源没有问题。

关闭电脑后仔细检查各个板卡和所有插件，确认没有接触不良的情况。根据电脑冷却一段时间后又可以正常工作的现象，可以判断是主板上的稳压供电系统和散热片的问题，应当仔细检查主板上稳压电路的降压功率管。若其中两只引脚的根部靠近印制电路板的一侧有些发黄，或者焊点已经褪色，则用万能表的电阻档进行测试，确定其是否短路，再用型号相同的降压功率管焊接上，重启电脑之后即可排除故障。

【故障维修 17】玩某些游戏时系统声音不正常，退出游戏后恢复正常

故障描述：电脑使用的是集成声卡，平时能正常使用，但在玩某些游戏时偶尔会没有声音，甚至有时一直都没有，但退出游戏后声音则恢复正常。

故障查找与维修：由于集成声卡是靠 CPU 的运算来对声音进行处理的，且图像的处理比声音具有优先权，当 CPU 满负荷运转时，有可能来不及处理音效，从而造成没有声音的现象。

【故障维修 18】安装好主板和内存后，开机出现报警声，无法启动电脑

故障描述：公司一台旧电脑配置 H61 芯片组的主板和两条 DDR3 2GB 内存。对主机拆卸清理除尘后重新组装好，开机出现报警声，无法启动电脑。

故障分析：根据报警声判断为内存故障。将原本插在主板第 1、2 号 DIMM 插槽的内存换插到第 1、3 号 DIMM 插槽中，开机后电脑仍然发出了报警声。接着将第 3 号 DIMM 插槽中内存拔掉，只使用第 1 号 DIMM 插槽中内存，开机后能够通过自检，可以正常进入系统了。由于使用第 2、3 号 DIMM 插槽无法通过自检，而单独使用第 1 号 DIMM 插槽时就一切正常，初步可以判断是这两条 DIMM 内存插槽有问题。可主板是新购的主板，一般不会出现问题，怀疑是在安装主板的过程中出现了问题。于是

将主板从机箱卸下进行裸测，接好各种电源线、数据线后，将内存插入到第 2、3 号 DIMM 插槽，可以正常开机。看来不是主板的问题，将问题锁定在安装主板的机箱上。

故障维修：由于升级前的老主板是一块小型板，在换用大板型的新主板后，它与新主板孔位不符，其中有一颗固定主板螺丝的铜柱螺丝恰好位于第 2、3 号 DIMM 插槽的下面。将这颗铜柱螺丝拆掉后，重新安装好主板，开机测试，一切正常。看来此故障的原因为这颗铜柱螺丝碰到了 DIMM 内存插槽的焊接点造成短路，影响了内存插槽的使用，所幸的是它并没有造成内存或 DIMM 插槽的烧毁。

由此可见，在安装主板时务必要注意机箱中的各种金属螺丝是否与主板的孔位一一对应，对于不对应的铜柱螺丝应将其拆下，以免造成短路烧毁配件。此外需要注意的是，在组装电脑主机的过程中，若不小心将一颗螺丝掉入主板底部，应及时将其取出，以免引起故障。

【故障维修 19】开机后无任何反应

故障描述：主板经过维修后重新对其组装，接通电源后发现主板电源的指示灯不亮，电脑不能启动。

故障查找与维修：检查电源是否损坏，更换电源之后，排除因电源对主板供电不足而导致主板不能正常通电工作的故障。若故障依然存在，则检查是否因安装主板时螺丝拧得过紧或在主板上安装 CPU、显卡等设备时过于用力而引起主板变形。一般 CPU 插座背面都有防止主板在散热器扣具的作用力下变形的支架和背板，如下图所示。

将主板拆下，仔细观察后发现主板发生了轻微形变，主板两端向上翘起，而中间相对下陷，这很可能是引起故障的原因。将变形的主板矫正之后，再将其装入机箱，通电后一切正常。

【故障维修 20】主板与显卡驱动不兼容

故障描述：电脑在重装系统并安装驱动程序后，关机出现异常。当单击"关机"按钮后，画面一直留在关机画面，然后电脑自动重启。

故障查找与维修：因为安装系统时一切顺利，基本可以排除电脑硬件的问题，怀疑故障与硬件驱动程序有关。卸载硬件驱动程序后并逐个进行安装，发现在安装显卡驱动程序后出现关机故障。在显卡官方网站下载最新的驱动程序，重新安装并测试，故障消失。

Chapter 13 快速诊断与修复 CPU 故障

CPU 即中央处理器,它是电脑的核心部件,就好比电脑的"心脏"。它的电路集成度很高,正常情况下出现故障的几率很低,但若安装或使用不当,或者产品质量有问题,也会带来意想不到的故障。本章将详细介绍 CPU 的常见故障诊断及其修复方法。

本章要点

- 常见 CPU 故障现象及原因分析
- CPU 维修技术分析与排查方法
- 常见 CPU 故障维修实战

知识等级

高级读者

建议学时

建议学习时间为 60 分钟

13.1 常见 CPU 故障现象及原因分析

CPU 发生故障常常是由是温度、BIOS 超频设置和安装问题引起的，下面将介绍当 CPU 发生故障后的主要现象，以及引发 CPU 故障的原因。

13.1.1 CPU 发生故障后的现象

当 CPU 发生故障后，通常会出现以下现象：

（1）加电后系统没有任何反应，也就是经常所说的主机点不亮。

（2）电脑频繁死机，即使在 CMOS 或 DOS 下也会出现死机的情况。此类情况在其他配件（如内存等）出现问题时，可以利用排除法查找故障出处。

（3）电脑不断重启，特别是开机不久便连续出现重启的现象。

（4）电脑性能下降，并且下降的程度相当大。

13.1.2 引发 CPU 故障的原因

引发 CPU 故障的原因有很多，常见的有以下几种：

（1）CPU 引脚接触不良，导致电脑无法正常启动

由于制冷片将芯片表面的温度降低过了结露点，致使 CPU 长期工作在潮湿环境中，使 CPU 的铜制材料的引脚均发黑、发绿，有氧化的痕迹和锈迹。或者劣质主板上的 CPU 插槽质量不好，也会引起接触不良，如下图所示。

（2）风扇运行故障

CPU 的正常运行与 CPU 风扇有着很大关系。风扇发生故障可能导致 CPU 因温度过高而被烧坏。平时注意 CPU 风扇的保养，多清理风扇表面的灰尘，多加润滑油，保证风扇正常运行。

（3）CPU 供电故障

CPU 没有供电，或者 CPU 供电电压设置不正确等都会使 CPU 无法正常工作。由于 CPU 电压设置不正常引起的故障可以将 CMOS 放电，将 BIOS 设置恢复到出厂时的设置，然后开机即可。如果故障发生前没有进行 CPU 电压的设置，需要检测 CPU 的供电电路。

（4）CPU 频率降低故障

CPU 工作频率降低往往是由于 BIOS 中参数设置不当造成的，通过调整 CPU 的外频即可排除故障。

一般情况下 CPU 本身损坏的几率是很小的，很多情况都是用户使用或安装 CPU 时没有注意细节引起的。

13.2 CPU 维修技术分析与排查方法

根据 CPU 故障产生的现象逐一排查故障后，确定故障所在，并采用相应的工具进行维修。

13.2.1 CPU 故障检修方法

一般情况下，若电脑无法启动或是极不稳定，应从主板、内存等容易出现故障的配件入手进行排查。在正常使用中 CPU 处理器时出现故障的情况并不多见，首先应排除是否为用户对 CPU 进行超频造成的烧毁。对于 CPU 故障造成的问题，可以按以下方法进行检修。

（1）CPU 频率故障

CPU 工作频率降低往往是由于 BIOS 中参数设置不当造成的，通过调整 CPU 的外频即可排除故障。CPU 超频工作会造成电脑无法启动，或电脑频繁重启，或外设不能正常使用等故障现象，需将 CPU 频率恢复到正常频率。

（2）检查 CPU 安装是否正确

检查 CPU 是否安装到位，安装 CPU 时要与主板 CPU 插座一致才能安装上。注意，只要 CPU 上的小三角对准主板 CPU 插座上的小三角，就不会出现安装错误，如下图（左）所示。

（3）检查 CPU 是否烧毁、压坏

关机拔掉电源后，打开机箱，取下 CPU 风扇，拿出 CPU，观察 CPU 是否有烧毁或针脚是否有压弯的现象。若是针脚歪曲，用镊子、平头改锥、薄卡片等将针脚慢慢调正即可，如下图（右）所示。若是针脚损坏折断，则需要返厂维修。

（4）检查 CPU 散热器是否正常

由于 CPU 运行时散发的热量很高，需要散热器和散热风扇驱散热量，风扇一旦出现故障，CPU 就会工作不正常，甚至造成 CPU 被烧毁。平时发现风扇转速不均匀或风扇旋转时噪声很大时,应更换新的 CPU 散热器。还可尝试将风扇取下,在轴承处加些润滑油,如下图所示。

(5) CPU 供电故障

CPU 没有供电,或 CPU 供电电压设置不正确等都会使 CPU 无法正常工作。由于 CPU 电压设置不正常引起的故障可以将 CMOS 放电,将 BIOS 设置恢复到出厂时的设置,然后开机即可。若故障发生前没有进行 CPU 电压的设置,需要检测 CPU 的供电电路。

(6) CPU 本身存在的质量故障

CPU 因质量问题出现的故障很少见,但也有以次充好的现象,可以通过专门的 CPU 测试软件检测 Bug 是否存在。

13.2.2　CPU 故障维修思路

在维修 CPU 故障时,根据 CPU 故障产生的现象可逐一排除故障后,确定故障所在,并采用相应的工具进行维修。维修 CPU 故障最常用的方法就是观察法,通过 CPU 风扇转动情况,以及用手感觉 CPU 温度或在 BIOS 中查看 CPU 温度、风扇转速,可以发现大部分 CPU 散热故障,以方便维修。

1. 规律性频繁死机

出现这种现象主要是由于 CPU 散热不良、CPU 与插座接触不良,以及 BIOS 中关于 CPU 温度设置出错引起的。首先进入 BIOS 对 CPU 温度进行设置,然后打开主机箱,先用观察法检测 CPU 风扇是否正常工作,散热片或 CPU 插座是否与 CPU 针脚接触良好,散热硅脂涂抹是否均匀,如下图所示。

2. 电脑没有反应

采用替换法查找故障所在，在排除主板和电源引发的故障后，将故障锁定在 CPU 及其内部电路，若是 CPU 损坏，就需要更换 CPU。

3. 超频

出现超频类故障不能进入 BIOS 设置进行降频，需要将 CMOS 放电，然后重启电脑。

4. 工作频率

因为 CPU 工作频率降低，开机后屏幕会显示 Defaults CMOS Setup Loaded。根据这一现象采取的维修方法是先进入 CMOS 设置 CPU 参数，若不能解决问题，需检查 CMOS 电池后相应的主板电路。先测试 CMOS 电池是否低于 3 伏，若是则要更换 CMOS 电池；若更换电池不久后又发生故障，可能是因为 CMOS 供电回路的元器件漏电，这时需要检测主板。

13.3 常见 CPU 故障维修实战

下面将详细介绍一些常见的 CPU 故障分析与修复方法，其中包括 CPU 风扇工作异常，CPU 温度过高导致热启动，CPU 超频导致黑屏，以及 CPU 供电不足导致频繁死机等故障。

【故障维修1】电脑经常出现死机，CPU 风扇转动时忽快忽慢

故障描述：电脑在运行过程中经常出现死机，打开主机箱，重新启动电脑，发现 CPU 风扇转动时忽快忽慢。

故障查找与维修：根据现象可以判定 CPU 风扇转动时忽快忽慢不是智能风速控制的，而是由于电脑 CPU 风扇老化、不稳定或运转变慢造成的，更换一个 CPU 风扇即可。

【故障维修2】CPU 风扇使用时间过长，发出异常声响

故障描述：CPU 风扇使用时间过长，风扇中的润滑油已经耗尽，CPU 常常发出异常声响。

故障查找与维修：这时可以考虑为 CPU 风扇添加润滑油。拆下 CPU 风扇，用小刀揭开风扇正面的不干胶商标，可以看到风扇前轴承，如右图所示。

风扇轴承的顶端有一个卡环，用镊子将卡环口分开，然后将其取下，再分别取下金属垫圈和塑料垫圈。向轴承内滴上几滴润滑油，然后用手转动扇叶使润滑油很好地融入轴承。装上塑料垫圈、金属垫圈和卡环，贴上不干胶商标，再将风扇装回机箱即可。

【故障维修3】启动电脑后发出报警声,主板检测风扇转速为零

故障描述：启动电脑之后发出报警声,并出现一行红字提示信息发现系统监控出现了错误,CPU 风扇转速为零,按任意键可以正常引导系统。

故障查找与维修：有些主板 BIOS 的特色之一就在于启动电脑自检时可以自动侦测各项关键参数,出现异常时就会发出警报信息以提醒用户,问题就出在 CPU 散热风扇上。

由于监控芯片侦测风扇转速需配合三针的风扇,其中一针提供风扇状态信息,市场上不少廉价风扇的第 3 根针不起作用或不可靠,所以 BIOS 误认为风扇停转或转速太慢而发出报警的信息。

遇到这种情况,只需更换一个高质量的风扇即可,如右图所示。

CPU 风扇的四线根的作用分别是：一个电源 12V（绿色）,一个接地 GND（黑色）,一个是信号线 Sensor（黄色）,用来向主板发送风扇转速的信息。另外一根线（蓝色）就是 Intel 在 Socket T 架构的风扇中采用的 PWM（Pulse Width Modulation,脉宽调制）智能温控风扇的 PWM 信号线。

【故障维修4】CPU 相关参数显示不正确

故障描述：电脑使用的 CPU 频率为 2.4GHz,用软件测试主频只有 2.28GHz,电压也低于在 BIOS 中的设定值,显示为 1.62V。另外,也没有插上 ATX 电源的 12V 4 针插头。

故障查找与维修：CPU 的主频速度只有一个标记值,实际运行速度由主板的相关时钟电路决定。若不进行超频,一般 CPU 的频率都会略低于标记值。因此,只要偏差不是太大,则属于正常现象。若差值较大,可能是主板在设计上存在不足,或主板 BIOS 的版本太低。如果 BIOS 版本太低,可以将其刷新到最新的版本。

ATX 电源的 12V 4 针插头是对 CPU 独立供电的插头,主要针对部分主板的 CPU 插座不能提供足够的电流设计的,不使用它对电脑性能并不影响,不过有的主板可能会出现不能开机的故障,因此建议使用它,如右图所示。

【故障维修5】CPU 引脚损坏导致黑屏,无法进入系统

故障描述：电脑启动时显示器出现黑屏,无法进入系统。

故障分析：首先排查电脑各种电源接口是否接好，CPU 风扇是否不旋转或散热不好。如果故障依旧，再将 CPU 取下观察引脚。

故障维修：如果是引脚歪曲，用镊子、平头改锥、薄卡片等将引脚慢慢调正，如右图所示。如果是引脚损坏折断，只能返厂维修。

【故障维修6】不慎将 CPU 散热片扣具弄掉又装上，电脑无缘无故不断自动重启

故障描述：在清理机箱时不慎将 CPU 散热片的扣具弄掉，照原样把扣具安装回散热片，重新安装好风扇后开机，结果刚开机电脑就自动重启。

故障查找与维修：随着 CPU 制作工艺和集成度的不断提高，其核心发热量大已成为一个比较严峻的问题，所以当前的 CPU 对散热风扇的要求也越来越高。使用多核 CPU 一定要选择质量过硬的 CPU 风扇，且必须确保安装方法正确，否则轻则造成电脑重启，严重的可能造成 CPU 烧毁。

本例故障就是一个比较典型的由于 CPU 散热不良而造成故障的现象。首先检查其他部件是否存在问题，然后反复检查导热硅脂和散热片有没有问题，最后更换散热风扇，故障即可排除。

【故障维修7】CPU 散热器温控线引起显示器蓝屏

故障描述：电脑开机一段时间后出现蓝屏现象，重启电脑后系统能自检光驱和硬盘，但完成后显示器无反应。

故障查找与维修：出现该故障可首先检查内存的故障，如更换一根好的内存，故障依旧，可以打开机箱检查主板，检查紧贴 CPU 散热片的温控线是否脱落，将其贴好即可排除故障。

【故障维修8】电脑运行一段时间后经常莫名其妙地自动重启

故障描述：电脑运行一段时间后经常莫名其妙自动重启，关机之后重新开机运行一段时间后又自动重启。

故障分析：此故障是由于 CPU 散热不良或 CPU 安装不到位引起的。

故障维修：打开机箱，启动电脑，检查散热器风扇和 CPU 是否接触不良，散热风扇是否安装牢固，以及与 CPU 之间是否留有空隙。如果是由于散热风扇不转引起的故障，更换一个 CPU 风扇即可。

卸下散热风扇，拿出 CPU 观察是否有损坏歪针现象，重新安装 CPU。散热风扇转速不够，应对风扇进行保养，撕下 CPU 风扇的标签，给风扇的轴承加些润滑油，如右图所示。

【故障维修9】新换 Core i7 处理器，发现速度并没有同等配置的系统快

故障描述：新换了 Core i7 处理器，发现系统速度并没有周围朋友同等配置的系统快。

故障分析：此问题的原因可能是由于用户没有打开 Core i5/i7 处理器的 Intel Turbo Boost（睿频）技术。睿频技术不仅节能，还可根据系统负载实时调整处理器频率，实现性能提升。现在 P55、X58 以及 H55 芯片组主板都支持 Turbo Boost 功能，不过大多主板默认关闭该选项，而这个选项也往往被用户所忽视。

故障排除：打开"设备管理器"窗口，检查"系统设备"中有无 Intel Turbo Boost Technology Driver 这个设备，如果没有，就是 BIOS 中没有打开 Turbo Boost 的相关选项。在 BIOS 中打开 Turbo Boost，将对应的选项设置为 Enabled 即可，如下图所示。此外，在 BIOS 中 Intel（R） SpeedStep（TM） Tech 是必须打开的，C-STATE Tech（深度节能效果）也需开启，才能获得最大的 Turbo Boost 效果。

【故障维修10】CPU 温度过高导致电脑自动热启动

故障描述：电脑经常运行一段时间后自动热启动，有时甚至数次不停重启，关闭电脑片刻后重启电脑即可恢复正常，但几分钟之后又出现该现象。

故障查找与维修：首先使用杀毒软件检查电脑是否感染上了病毒，如果没有发现病毒，再打开机箱。通电后仔细观察 CPU 上的风扇转动情况，断电后用手触摸风扇和 CPU，如果感觉很烫，即可判断是 CPU 散热不畅，温度过高所致。

卸下 CPU 风扇，重新涂抹导热硅脂，安装 CPU 风扇，检查 CPU 风扇插头，插好 CPU 风扇电源。启动电脑，使用电脑检测软件检测 CPU 的温度，如果还是过高，则需要改善机箱通风环境，或者更换散热性能更好的 CPU 风扇，如下图所示。

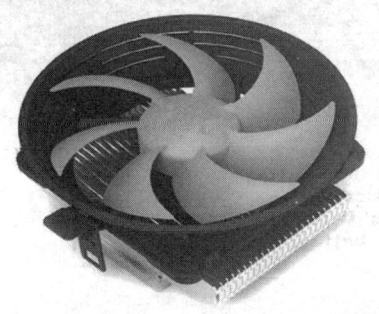

【故障维修 11】CPU 超频后经常自动断电

故障描述：CPU 超频后经常自动断电。

故障分析：经常断电应该和超频没有关系，机箱电源供电不足的可能性很大。

故障维修：更换一个功率大的电源即可，如下图所示。

【故障维修 12】电脑超频后出现 USB 设备故障

故障描述：一台旧电脑配有联想主板，搭配一块赛扬的 CPU 和 2G 的内存。进入 BIOS 中的 CPU 设置，经过多次试验将频率稳定在 140MHz 上，启动电脑显示频率为 1112MHz。用手摸 CPU 的散热片发现温度正常。开始上网，接上一个 USB 鼠标，但没有任何反应。

故障分析：进入"设备管理器"窗口的鼠标项目，发现个别选项上出现了惊叹号，但鼠标的兼容性没问题，可能是 USB 接口出现了问题。

故障维修：重新安装系统，并将各种驱动都安装一遍。若故障依旧，重新启动电脑进入 BIOS 设置，将频率设在 133MHz 上，进入系统，USB 鼠标能正常使用。该故障是因为 CPU 的外频设置为 140MHz，导致主板 USB 控制器无法正常工作。

【故障维修 13】CPU 超频之后，开机无法通过自检

故障描述：电脑超频之后，开机无法通过自检。

故障分析：这是因为 CPU 超频提高了总线频率，一些硬件设备不能承受很高的总线频率而不能通过自检。

故障排除：开机启动电脑后，按【Delete】键进入 BIOS 菜单，将 CPU 外频频率改回正常频率即可，如下图所示。

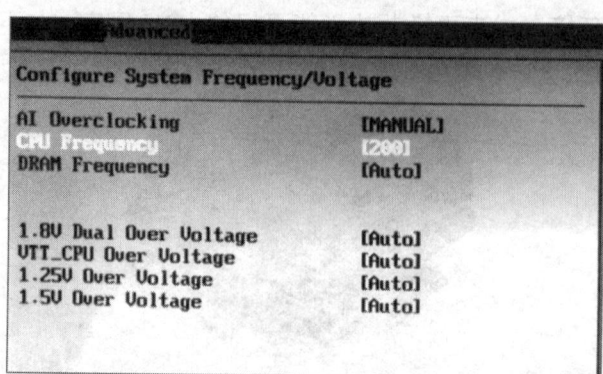

【故障维修 14】CPU 超频后开机无任何响应，显示器进入节能模式

故障描述：CPU 超频后开机无任何响应，屏幕一片漆黑，显示器进入节能模式，硬盘灯不闪烁。

故障分析：在排除硬件设备毁坏的情况下，该故障只可能是 CPU 超频造成的。

故障维修：可以试着提高 CPU 的电压，如果不行就需要考虑更换一块超频能力较强的主板。对于这种情况，建议那些没有经验的用户尽量不要进行超频操作。如果的确有必要超频，应该在有经验人员的指导下进行，而且应事先确定电脑硬件是否支持超频。

可以从网上下载超频软件来控制 CPU 的超频，如 SoftFSB、适用于英特尔 CPU 的 Intel Extreme Tuning Utility、AMD 超频工具 AMD OverDrive 等，如下图所示。对于各种硬件的超频能力和注意事项，不少知名硬件网站和论坛都有相关信息，读者可以上网查阅。

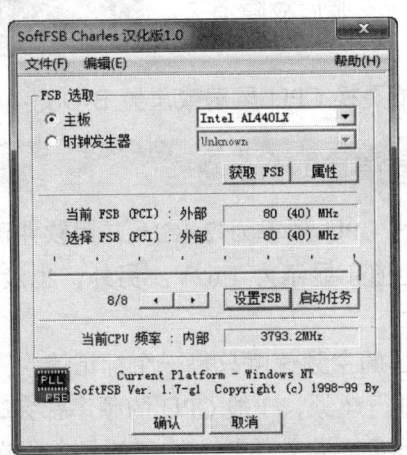

【故障维修 15】CPU 超频与内存冲突导致死机

故障描述：CPU 超频使用后一切正常，用两根 2GB 的内存条替代原来的两根 1GB 的内存条，启动电脑自检通过，在出现"Starting Winndows...."时死机。

故障查找与维修：出现该故障时，如换回原来的内存一切恢复正常，将两条 2GB 的内存条插在其他电脑上使用也正常。最后把 CPU 的频率恢复到正常，再使用该内存条故障消除。造成该故障的原因是 CPU 超频使用，内存也跟着超电压，如果主板质量不佳，CPU 超频之后额外耗用了主板的电力资源，造成对内存的影响，导致出现死机的现象。

【故障维修 16】CPU 供电不足导致电脑频繁死机

故障描述：一台英特尔赛扬 CPU 的旧电脑，其电压默认情况下为 1.5V。启动电脑进入 BIOS 查看到 CPU 的工作电压仅为 1.2V，且电脑经常死机。

故障查找与维修：由于 CPU 的默认工作电压为 1.5V，现在只有 1.2V 的工作电压，因此造成电脑经常死机的原因应该是 CPU 供电不足。

出现该故障很可能是因为主板元器件老化，造成了供电部分的电压偏低，CPU 将不能正常工作，死机也就不可避免了。提升频率后的 CPU 不会都稳定，有的需要增加电压才能稳定在更高的频率上，其实相当一部分的电脑故障都与供电有关。

【故障维修 17】开机提示 CPU Fan Error

故障描述：开机提示 CPU Fan Error，电脑无法启动。

故障查找与维修：该故障一般为更换 CPU 风扇所致。在安装风扇时没有将风扇的电源线插在主板 CPU FAN 插针上，主板 BIOS 检测不到 CPU 风扇转速，提示错误。断开电源，打开机箱，发现 CPU 风扇误安装到了机箱风扇插针（SYS FAN）上，重新安装后故障消失，如右图所示。

若故障依旧，可以尝试更换 CPU 风扇或重置 BIOS。

【故障维修 18】CPU 频率显示不正确

故障描述：电脑使用的 CPU 频率为 2.4GHz，用软件测试主频只有 2.28GHz，电压也低于在 BIOS 中的设定值，显示为 1.62V。另外，也没有插上 ATX 电源的 12V 4 针插头。

故障查找与维修：CPU 的主频速度只是一个标记值，实际运行速度是由主板的相关时钟电路决定的。若不进行超频，一般 CPU 的频率都会略低于标记值。因此，只要偏差不是太大就属于正常现象。若差值较大，可能是主板在设计上存在不足，或者主板 BIOS 的版本太低。若 BIOS 版本太低，可以将其刷新到最新的版本。

ATX 电源的 12V 四针插头是对 CPU 独立供电的插头，主要针对部分主板的 CPU 插座不能提供足够的电流而设计的，不使用它对电脑性能并不产生影响，不过有的主板可能会出现不能开机的情况，因此建议使用它，如下图所示。

 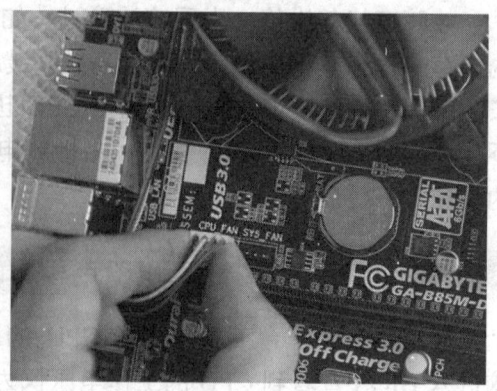

Chapter 14 快速诊断与修复硬盘故障

硬盘故障分为纯硬件故障和软件故障。相对来说软件引起的硬件故障比较复杂，如主引导扇区被非法修改导致系统无法启动、非正常关机后引起的逻辑坏道等，一般通过重新分区格式化等方法即可解决。而纯硬件故障则比较棘手，如与其他硬件设备不兼容、电源不稳定、硬盘磁道损坏等，需要采取不同的解决方法。本章将详细介绍硬盘常见故障的分析与修复方法。

本章要点

- 常见硬盘故障分析与检修
- 常见硬盘故障维修实战

知识等级

高级读者

建议学时

建议学习时间为 90 分钟

14.1 常见硬盘故障分析与检修

下面将详细介绍硬盘常见故障现象和常见故障的分类与分析，以及硬盘的一般检修方法，为后面的故障维修做准备工作。

14.1.1 常见的硬盘故障现象

常见的硬盘故障现象主要有以下几种：
- ◇ 在读取某一文件或运行某一程序时，出现反复读盘或读盘出错，或者读盘时间很长才能成功，硬盘会发出杂音。
- ◇ 格式化硬盘时，在某一进度停滞不前，报错后无法正常完成。
- ◇ 无法进行硬盘分区。
- ◇ 硬盘无法启动，显示黑屏。
- ◇ 使用电脑时出现蓝屏。
- ◇ 硬盘不启动，无提示信息。
- ◇ 硬盘不启动，屏幕显示"DISK BOOT FAILURE,INSERT SYSTEM DISK AND PRESS ENTER"。
- ◇ 硬盘不启动，屏幕显示"Error Loading Operating System"。
- ◇ 硬盘不启动，屏幕显示"Not Found any active Partition in HDD"。
- ◇ 硬盘不启动，屏幕显示"Invalid partition table"。

14.1.2 硬盘故障的分类

下面将介绍硬盘在运行时经常出现的故障种类，其中包括：

（1）系统不认硬盘

系统从硬盘无法启动，使用CMOS中的自动监测功能也无法发现硬盘的存在。这种故障主要出现在连接数据线或SATA端口上，可以通过重新插接硬盘数据线或改换SATA端口及数据线等进行替换试验，如下图所示。

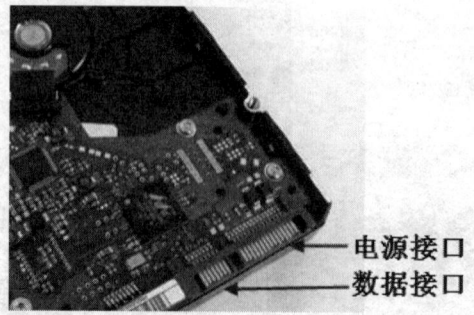

（2）CMOS引起的故障

CMOS中的硬盘类型正确与否会直接影响硬盘的正常使用。现在的主板都可以自动检测硬盘的类型，当硬盘类型错误时系统无法启动，或能启动但会发生读写错误。

（3）硬盘分区表被破坏

产生这种故障的原因较多，如使用过程中突然断电、带电拔插、工作时强烈撞击、病毒破坏和软件使用不当等。

（4）硬盘坏道

硬盘的坏道有物理坏道和逻辑坏道两种。物理坏道是由盘片的损伤造成的，这类坏道一般不能修复，只能通过软件将坏道屏蔽；逻辑坏道是由软件因素（如非法关机等）造成的，可以通过软件进行修复。

硬盘坏道的表现形式为：系统没有中毒，进入系统却奇慢无比，或者无故重启，硬盘灯长亮（不是闪烁），启动一些程序时电脑假死等。

14.1.3　硬盘故障的检测方法

当硬盘出现问题时不要盲目地去拆除，要先分析问题出在哪里再进行维修，不然会造成不可估量的损失，甚至导致硬盘报废。由于硬盘软硬件引起的故障有很多种，其检测方法也很多，下面介绍几种常用的检测方法。

（1）观察法

维修时要观察硬盘的硬件环境，如硬盘接口、电路板是否有灰尘，电路板上元器件是否有损坏等现象，是否有异味和异常响声等。

（2）替换法

用好的插件板或元器件来替换有故障的，从而找到故障所在，如硬盘的数据线和电源线方面的故障。使用替换法时，应注意以下几点：

①依照故障现象判断故障位置。根据故障的现象来判断是不是某一个部件引起的故障，从而考虑需要进行替换的部件或设备。

②按先简单再复杂的顺序进行替换。硬盘结构复杂，通常发生故障的原因是多方面的，不应仅仅局限于某一点或某一个部件上。在使用替换法检测故障位置而又不明确具体的故障原因时，则要按照先简单再复杂的替换方法来进行。

③优先检查供电故障。优先检查可疑部件的电源、信号线，再替换可疑部件，然后替换供电部件，最后替换与之相关的其他部件。

④重点检测故障率高的部件。先从故障率高的部件考虑，若判断可能是由于某个部件引起故障，但又不确定是否一定是此部件时，可以用好的部件进行替换，以便测试。

（3）程序诊断法

由硬盘故障引起的系统不稳定，需要借助专门的软件如 Scandisk、MHDD 等来测试，寻找硬盘坏道。

（4）杀毒软件修复法

硬盘感染病毒后电脑将不能正常工作，所以需要杀毒软件来修复硬盘故障。

（5）分区法

通过使用 DiskGenius 等软件来分区修复被感染的病毒，无法引导的故障或隐藏硬盘的坏道，使硬盘能够正常工作。

（6）CMOS 检测法

硬盘接入电脑后，通过进入的 CMOS 程序检测硬盘的存在与否来判断硬盘的跳线、接口及电路板等故障。

（7）清洁法

由于工作环境的限制，硬盘接口或电路板难免会积累灰尘，接口的铜针也会有锈迹，需要及时清洁。

（8）低级格式法

通过使用 DM 等低级格式化软件来达到修复磁盘坏道的目的。

（9）测电阻法

根据万用表测得的电阻值或通电情况来分析电路中的故障原因。

14.1.4 硬盘故障的排查思路

当硬盘出现故障后，遵守一定的原则即可逐步排除故障，可以按照以下思路进行排查：

（1）检查硬盘

检查硬盘本身，查看硬盘数据线和电源线是否插好，是否连接错误，是否接触不良，以及是否有灰尘、杂物等。

（2）检查 CMOS 参数

进入 CMOS 中查看硬盘参数是否正确，将 CMOS 重新设置为出厂值。

（3）检查软件

查看是否由于安装操作系统或某些软件造成硬盘故障，若系统文件被破坏，需要重装系统来解决。

（4）系统信息检查

检查系统信息是否被破坏，分区表、文件目录等会出问题，可以利用修复软件来解决。

（5）杀毒处理

如果是病毒引起的硬盘故障，可以通过杀毒软件来解决。

知识加油站

硬盘的工作原理是利用特定的磁粒子的极性来记录数据。磁头在读取数据时，将磁力子的不同极性转换成不同的电脉冲信号，再利用数据转换器将这些原始信号变成电脑可以使用的数据，写操作正好与此相反。

14.2 常见硬盘故障维修实战

下面将详细介绍一些硬盘常见故障分析与修复方法，其中包括硬盘分区表出错、硬盘主引导记录损坏、硬盘出现坏道、硬盘发出声响等。

【故障维修 1】使用分区软件调整硬盘分区时突然断电，导致硬盘分区表出错

故障描述：某电脑在使用分区软件调整硬盘分区时突然断电，重启后发现硬盘空间少了部分空间。

故障查找与维修：因为分区软件在调整硬盘分区时只是对硬盘分区表进行调整，突然断电未保存分区表数据，将会导致分区表损坏，此时只需直接修复损坏分区表即可。可以使用 Disk Genius 或 PTDD 分区表医生检查或重建分区表，如下图所示。

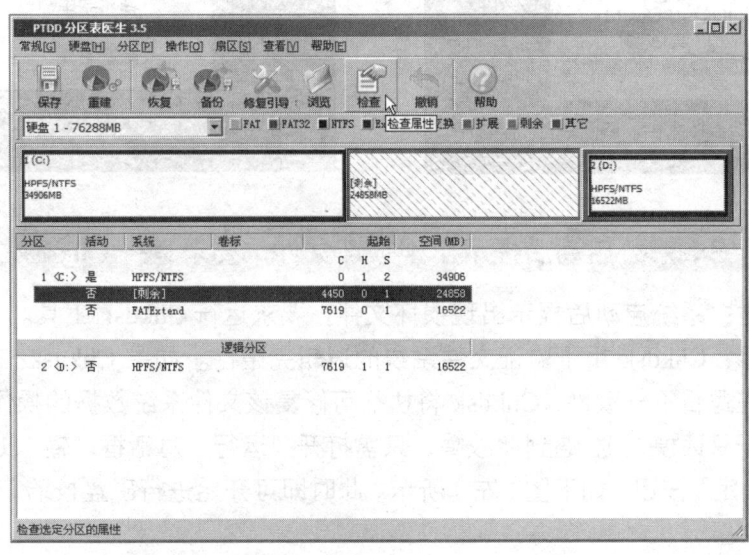

【故障维修 2】电脑开机后，无法引导进入系统

故障描述：电脑开机后，无法引导进入系统。

故障维修：可以使用 NT5/NT6 工具修复硬盘主引导记录（MBR），具体操作方法如下：

01 选择写入MBR选项 使用U盘急救盘启动电脑，进入 DOS 工具箱，然后进入"硬盘检测/MBR"界面，选择"写入 MBR：NT5/NT6"选项，并按【Enter】键确认，如下图所示。

02 选择硬盘 进入选择硬盘界面，因为只有一个硬盘，在此直接按【Enter】键确认即可，如下图所示。

03 **确认硬盘数量** 弹出提示信息框,使用方向键选择"确定"按钮,并按【Enter】键确认,如下图所示。

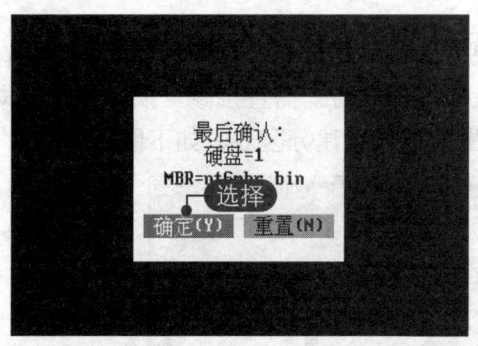

04 **完成修复操作** 引导代码安装完成,并按【Enter】键确认,如下图所示。

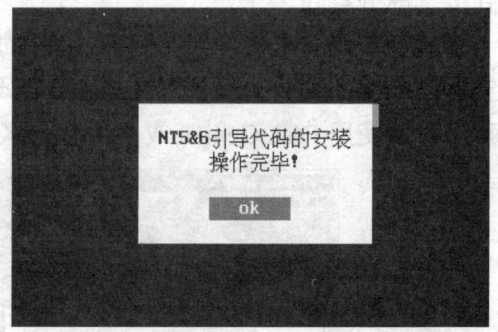

【故障维修3】系统启动后提示出现损坏文件,要求运行 Chkdsk 工具

故障描述:系统启动后提示出现损坏文件,要求运行 Chkdsk 工具。

故障维修:Chkdsk 用于验证文件系统的逻辑完整性。如果 Chkdsk 在文件系统数据中发现存在逻辑不一致性,Chkdsk 将执行可修复该文件系统数据的操作(前提是这些数据未处于只读模式)。遇到此故障,只需打开"运行"对话框,输入 chkdsk 命令,然后单击"确定"按钮,如下图(左)所示。此时即可开始进行磁盘校验,如下图(右)所示。

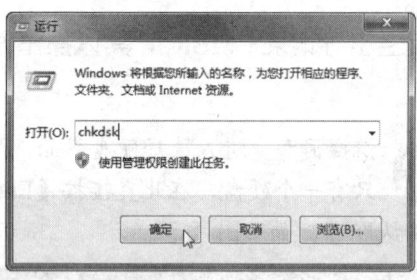

当然,也可以使用 DOS 工具箱进行磁盘检查,具体操作方法如下:

01 **选择磁盘检查选项** 使用 U 盘急救盘启动电脑,进入 DOS 工具箱,然后进入"硬盘检测/MBR"界面,选择"Chkdsk....磁盘检查"选项,并按【Enter】键确认,如下图所示。

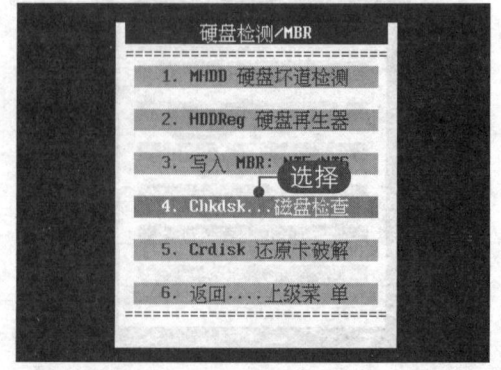

02 选择检查模式 选择磁盘检查模式，输入数字1，并按【Enter】键确认，如下图所示。

04 开始磁盘检查 输入y，开始进行磁盘检查，如下图所示。

03 设置检查分区 要检测某个特定分区，则输入该分区的盘符。若要检查全部分区，则输入"*"号，并按【Enter】键确认，如下图所示。

05 完成磁盘检查 磁盘检查完成，若要重启电脑，则按【F9】键，如下图所示。

【故障维修4】硬盘出现少量的物理坏道

故障描述：硬盘出现少量的物理坏道。

故障查找与维修：多半的硬盘坏道是由于硬盘表面磁化错误造成的，使用HDDReg硬盘再生器可以清除硬盘表面的物理坏道，不是隐藏，而是真正地修复坏道。使用HDDReg硬盘再生器修复硬盘坏道的具体操作方法如下：

01 选择硬盘再生器选项 使用U盘急救盘启动电脑，进入DOS工具箱，然后进入"硬盘检测/MBR"界面，选择"HDDReg 硬盘再生器"选项，并按【Enter】键确认，如下图所示。

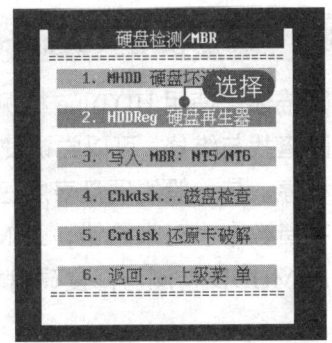

02 **检测磁盘驱动器** 启动硬盘再生器，自动检测到一个磁盘驱动器，并按【Enter】键确认，如下图所示。

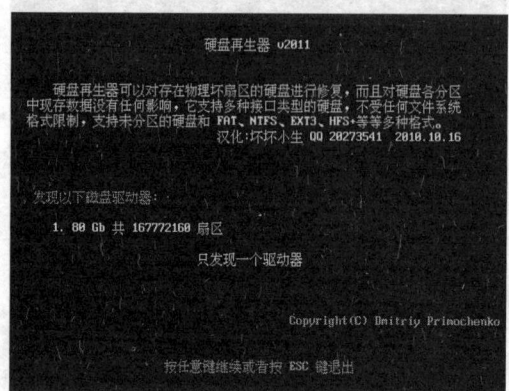

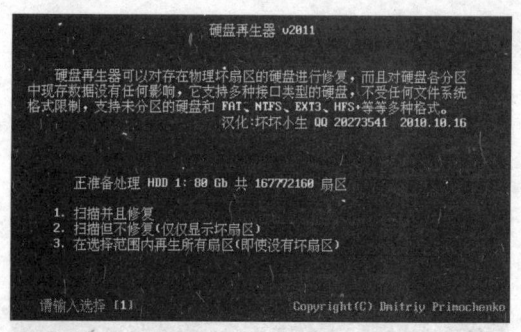

03 **选择正常扫描** 选择第二项"正常扫描（修复/不修复）"，在此输入数字2，并按【Enter】键确认，如下图所示。

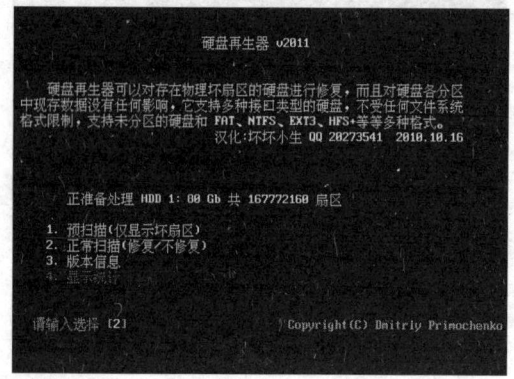

04 **扫描并修复硬盘** 选择第一项"扫描并且修复"，在此输入数字1，并按【Enter】键确认，如下图所示。

05 **开始磁盘修复** 开始对磁盘进行修复，并显示修复进度，如下图所示。

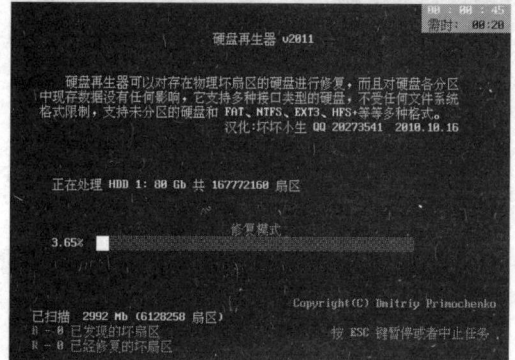

06 **完成磁盘修复** 磁盘修复完成，查看统计信息，如下图所示。

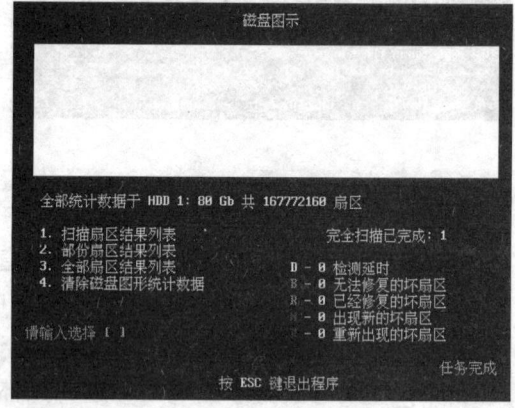

【故障维修5】使用HDTune检测硬盘出现坏道，读写数据的速度非常慢

故障描述： 使用HDTune检测硬盘出现坏道，读写数据的速度非常慢。

故障查找与维修： 可以尝试使用MHDD程序修复硬盘坏道，它是一款硬盘实体扫描维护程序。与一般的硬盘表层扫描相比，MHDD有着较快的扫描速度，让使用者不再需要花费数个小时来除错，且MHDD还能帮助使用者修复坏道。

使用MHDD检测与修复硬盘坏道的具体操作方法如下：

01 **选择硬盘检测工具** 使用U盘急救盘进入DOS工具箱，在"主菜单"界面中选择"硬盘检测/MBR工具"选项，并按【Enter】键确认，如下图所示。

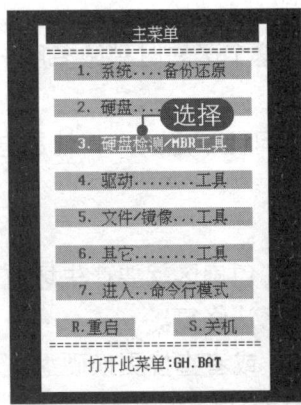

02 **选择坏道检测选项** 进入"硬盘检测/MBR"界面，选择"MHDD硬盘坏道检测"选项，并按【Enter】键确认，如下图所示。

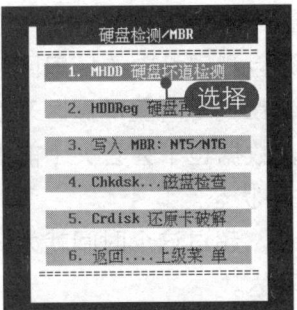

03 **选择MHDD选项** 进入"MHDD中英菜单"界面，选择"MHDD 4.6英文版"选项，并按【Enter】键确认，如下图所示。

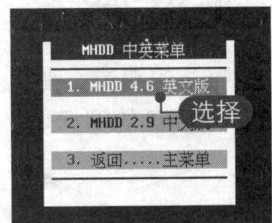

04 **输入序号** 输入硬盘所在序号，在此输入6后按【Enter】键确认，如下图所示。

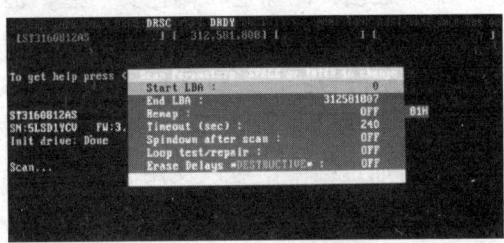

05 **扫描设置** 按【F4】键，弹出扫描设置对话框，默认选择第一项，在此保持默认不变，如下图所示。

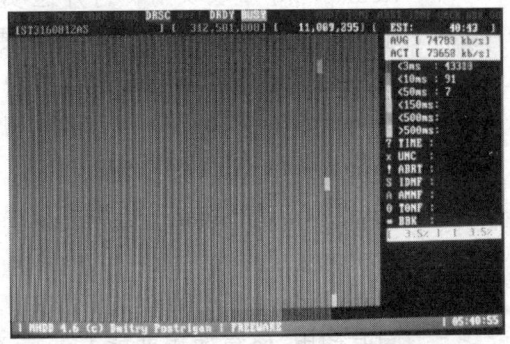

06 **扫描硬盘** 再次按【F4】键，开始扫描磁盘，需要耐心等待扫描完成，如下图所示。

07 **查看扫描结果** 扫描完成后，在右侧查看统计结果。输入exit命令，按【Enter】键确认退出程序即可，如下图所示。

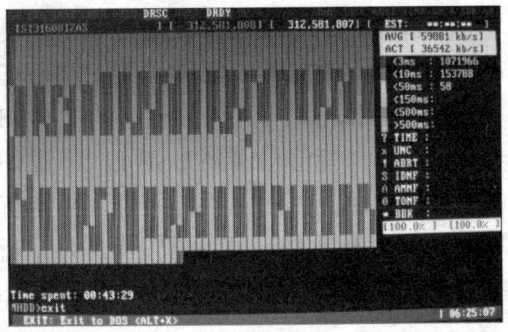

按 MHDD 扫描右侧从上向下数的顺序，从最上面黑色开始，就是从正常到异常，磁盘读写的速度由快变慢。一般出现黑色、浅灰色居多，偶尔出现灰色都是正常的范围之内。

- ◆ **黑色**：正常区块。
- ◆ **灰色**：正常区块。
- ◆ **浅灰色**：没有什么问题，就是读取数据读取到这个区块时稍微多用一些时间（毫秒）。
- ◆ **绿色**：硬盘读取数据到绿色时出现数据异常，问题不是太大，就是电脑可能会出现有些卡顿的情况。
- ◆ **褐色**：和绿色相同。
- ◆ **红色**：比绿色和褐色更严重，估计过不了多久红色扇区就要产生坏道了。
- ◆ **？符号**：读取错误，磁盘严重物理坏道，而且无法修复。
- ◆ **X 符号**：已经有硬盘坏道了，马上隔离此扇区，或者直接更换硬盘。
- ◆ **！符号**：读取错误，磁盘有严重物理坏道，而且无法修复。

在扫描过程中，可以使用方向键进行操作：【↑】快进 2%；【↓】后退 2%；【←】后退 0.1%；【→】快进 0.1%。

MHDD 各扫描模式的含义具体如下：

- ◆ Start LBA：被检测硬盘起始扇区（默认为 0）。
- ◆ End LBA：被检测硬盘结束扇区（默认为硬盘的最大扇区数值）。
- ◆ Remap：坏道重映射，打开这项功能后会把被检测硬盘中的坏扇区的物理地址写入硬盘的 GLIST 表，并从硬盘的保留区拿出同等容量的扇区来替代，所以使用该功能并不会造成硬盘总容量的减少，数据也不会丢失（前提是硬盘没有太多的坏道，100 以下），默认为 OFF 关闭状态。
- ◆ Time out（sec）：检测超时时间，默认为 200ms，超过这个时间就为坏扇区。
- ◆ Spindown after scan：检测完成后，关闭硬盘马达。
- ◆ Loop test/repaire：循环检测/修复，默认关闭状态。
- ◆ Erase Delays *DESTRUCT IVR*：删除等待，主要用于修复坏道（不能与 Remap 同时使用，修复效果要比 Remap 更为理想，尤其对 IBM 硬盘的坏道最为奏效，但要注意，被修复地方的数据是要被破坏的，因为它以 255 个扇区为单位低格）。

【故障维修6】系统无法检测到移动硬盘，且发出咔嚓的响声

故障描述：将移动硬盘接入电脑，硬盘发出"咔嚓-咔嚓"的响声，硬盘上指示灯不停地闪烁，系统能正常检测到 USB 设备，但无法查看移动硬盘的图标。

故障查找与维修：该故障可能是 USB 接口电压不稳定造成的，系统能够检测到 USB 设备，说明系统能够正常检测到硬盘。根据指示灯不停闪烁，并伴有"咔嚓-咔嚓"的响声，可以判断移动硬盘并没有损坏。此时，可以尝试更换质量好的移动硬盘数据线或 USB 端口，如右图所示。

【故障维修 7】不能正常读取文件，同时硬盘会发出异样的杂音

故障描述： 在读取某一文件或运行某一程序时，系统反复读盘，而且总是出错，有时要经过很长一段时间才能成功读取硬盘中的数据，同时硬盘会发出异样的杂音。

故障分析： 根据故障现象可以判断是硬盘中出现了坏道，使用 Windows 的磁盘扫描工具或其他磁盘工具对硬盘进行检查和修复即可。

故障维修： 如果没有解决问题，则在备份重要数据后重新分区格式化。如果硬盘上出现的是物理坏道，可以尝试使用 DiskGenius 等分区软件进行扫描，将坏道归为一个或几个分区，并隐藏起来。

【故障维修 8】开机、关机或从睡眠状态恢复时，硬盘经常发出"咔"的声音

故障描述： 硬盘平时使用都很正常，噪声也很小，但开机、关机或从睡眠状态恢复时，都会听到"咔"的一声。

故障查找与维修： 从故障现象来看，这个声音属于正常现象，因为现在硬盘的磁头都有自动校正归位功能，当操作系统在关闭或开启时，硬盘磁头会自动归位，这个声音就是校正磁头发出的。

若该响声一直持续不断，可能是硬盘出现了坏道，可以运行磁盘扫描程序进行检测。若系统提示发现有坏道，一般情况下可以通过工具软件对硬盘进行扫描并修复坏道，甚至可以用低级格式化的方式来修复硬盘的坏道，清除引导区病毒等。

【故障维修 9】硬盘出现大量的物理坏道

故障描述： 硬盘出现大量的物理坏道。

故障查找与维修： 一般来说硬盘出现物理坏道的故障是很难修复的，可以做的事情只有两件：一是更换硬盘，二是低级格式化。

低级格式化的作用是将空白的磁片划分为磁道半径不同的一个个同心圆，还将磁道划分为若干个扇区，每个扇区的容量为 512 字节。需要说明的是，低级格式化是硬盘高损耗的操作，将大大缩短硬盘的使用寿命，因此若非十分必要，建议不要进行低级格式化。

下面将介绍如何使用 DM10 对硬盘进行低级格式化，具体操作方法如下：

01 单击 Utilities 按钮 在 DM 程序界面左侧单击硬盘工具 Utilities 按钮，如下图所示。

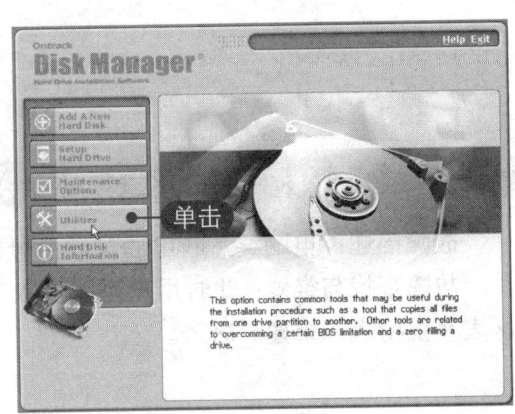

02 **选中单选按钮** 选中 Zero Fill Drive（Full）单选按钮，然后单击 Next 按钮，如下图所示。

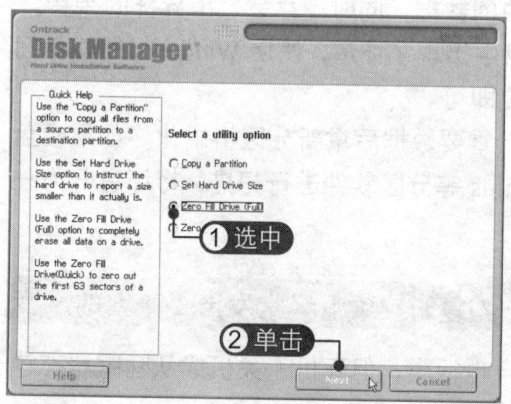

03 **清除所有数据** 选中下面的复选框，清除所有数据，然后单击 Next 按钮，如下图所示。

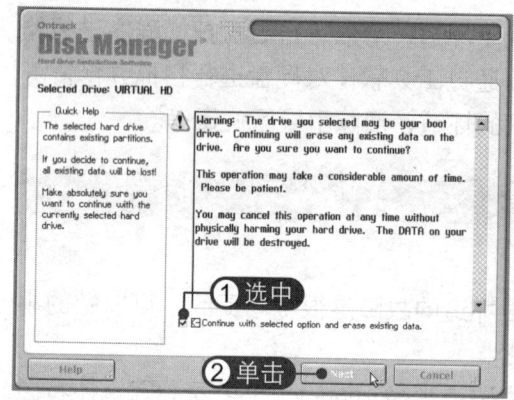

04 **低级格式化硬盘** 开始对硬盘进行低级格式化操作（清除磁盘数据并写零），需要较长时间，如下图所示。

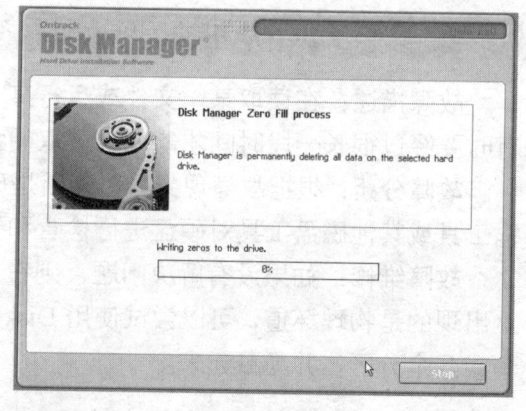

05 **完成低级格式化** 低级格式化完成后，单击 Done 按钮重启电脑，如下图所示。

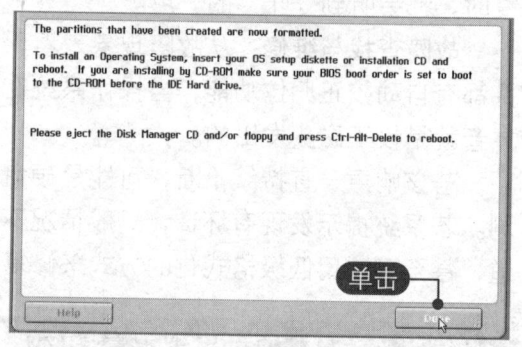

06 **选择其他程序低格硬盘** 也可以选择其他程序低级格式化硬盘，如选择 Lformat，如下图所示。

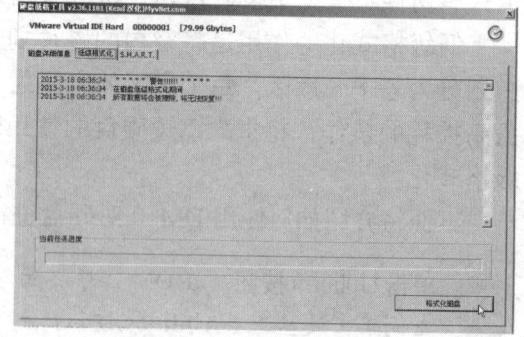

【故障维修10】硬盘分区表损坏

故障描述：电脑突然断电后，硬盘分区表损坏，无法打开磁盘分区。

故障查找与维修：此时用户可以进入 U 盘 PE 系统，使用 Disk Genius 或 PTDD 分区表医生检查或重建分区表。

【故障维修 11】无法使用 Ghost 备份系统

故障描述：在使用 Ghost 备份系统时弹出提示信息"invalid image source partition"。

故障查找与维修：该提示信息的含义为"无效的镜像源分区"，造成此故障的原因一般为要备份的系统分区参数设置错误，可以使用分区软件将要备份的系统分区转换为主分区，或者重新调整系统分区大小。

Chapter 15 快速诊断与修复内存故障

在使用电脑时总会遇到这样或那样的各种问题,如启动电脑却无法正常启动、无法进入操作系统或是运行应用软件无故经常死机等,这些问题的产生常会因为内存出现异常故障而导致操作失败。内存主要担负着数据的临时存取任务,而市场上内存条的质量又参差不齐,所以它发生故障的几率比较大,本章将详细介绍常见内存故障的诊断及其修复方法。

本章要点

- 常见内存故障现象及引发原因
- 内存维修技术分析与排查方法
- 常见内存故障维修实战

知识等级

高级读者

建议学时

建议学习时间为 50 分钟

15.1　常见内存故障现象及引发原因

> 内存出现的故障也是很多的，每个故障都可能会导致电脑不能正常运行，下面将列举出内存常见的故障现象和内存常见故障分类与分析。

15.1.1　常见的内存故障现象

内存是电脑中的重要部件，一旦发生故障就会导致电脑无法启动或死机等故障。常见故障现象表现如下：

- ◇ 开机无显示或随机性死机。
- ◇ 内存容量加大后系统资源反而降低，出现内存不足的提示。
- ◇ 系统自动进入安全模式。
- ◇ 系统运行不稳定，经常产生非法错误。
- ◇ 系统注册表无故损坏，提示信息要求用户恢复。
- ◇ 启动电脑时出现多次重新启动。
- ◇ 安装系统进行到系统配置时产生一个非法错误。

15.1.2　引发内存故障的原因

引起内存故障的原因很多，主要有以下方面：

（1）内存条接触不良

内存条由于散布灰尘或内存条金手指氧化接触不良，会造成电脑启动时出现无法检测到内存的故障，一般会出现开机黑屏、机箱喇叭长鸣报警或死机等现象。

（2）内存兼容性故障

使用内存条时要考虑兼容性问题，现在主板都支持内存双通道技术，需要两条相同品牌、相同内存颗粒型号的内存才能稳定工作。不同类型的内存混插会引起开机自检不能通过、无法进入系统或经常死机等现象。

（3）CMOS 中内存参数设置不当

CMOS 中内存参数设置不当，也会造成电脑不能正常运行。

（4）内存条或内存控制器损坏

这类故障是由于内存和内存控制器本身损坏造成的，需要更换内存才行。

（5）内存芯片的质量不合格或内存条品牌引起

内存芯片质量不佳容易使系统进入安全模式。

15.2 内存维修技术分析与排查方法

根据内存故障产生的现象可逐一排除故障后，确定故障原因，然后使用相应的工具进行维修。

15.2.1 内存维修技术分析与选择

内存故障常用的检修方法就是先观察再排除，最后确定故障原因后进行维修。下面将根据各种故障现象来介绍相应的维修方法。

1．随机性出错或死机故障

出现这种故障往往是因为存储芯片的控制电路迟缓，输出信号不稳定，延时器的延时输出不正确或某些芯片将要损坏等。可以采取的维修方法是通过 BIOS 或主板上的跳线来增强电压，若还是不能解决问题，则需更换内存条。

2．开机无显示并伴有报警声

内存报警大多由于内存或内存插槽损坏、内存供电以及相关电路故障，可以通过替换排除法找到故障元件后再进行维修或更换。由内存和内存插槽接触不良引起的故障，可以通过清洁法即用毛刷等工具清除灰尘（如右图所示），或者将内存条的金手指部分用橡皮擦干净，然后重新插好内存条即可。

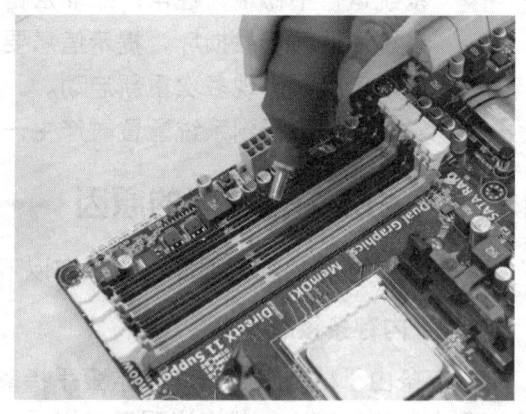

3．运行某些程序时弹出内存不足的提示信息

当系统剩余空间不足时会出现此类故障，需要及时清理，将无用的文件程序删除或卸载，保证系统盘至少有 1GB 的剩余空间。

4．内存芯片质量不佳或与主板不兼容

此类故障会导致系统运行不稳定，经常产生非法错误，Windows 系统会自动进入安全模式或自动重启等。

对此类故障采取的方法是在 CMOS 中设置降低内存读取速度，或者使用主板的内存异步功能将内存频率降低（如右图所示），或者更换内存。

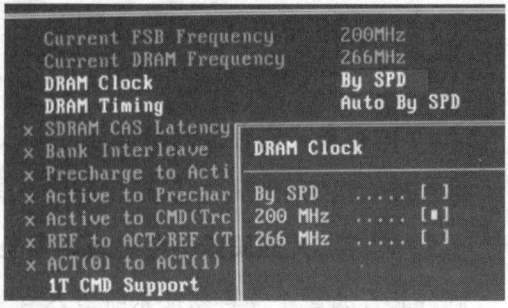

5．安装 Windows 系统进行到系统配置时产生非法错误

安装操作系统对硬件要求较高，如果某个硬件存在故障或不够稳定，在安装过程

中就会出现问题。此类故障主要是由于内存的损坏造成的，可以先清理内存条和内存插槽后插好再试，若还不行就需要更换内存条了。

15.2.2 内存故障排查方法

内存故障虽然有多种，但可以遵循一定的操作流程来逐一排查内存的各种故障。排查内存故障的方法主要包含以下几个方面：

（1）通过开机报警声或清洁等方法确定是内存的故障。
（2）根据故障现象判断故障原因，找出相应的处理办法。
（3）用替换法判断内存自身的质量。
（4）检查内存参数设置。
（5）内存的兼容性问题。

15.3 常见内存故障维修实战

下面将详细介绍一些常见的内存故障分析与修复方法，其中包括内存条过热使系统死机、内存兼容性故障，以及内存引起的注册表出错等。

【故障维修1】电脑启动后显示器无显示，机箱喇叭长鸣

故障描述：电脑启动后显示器无显示，机箱喇叭长鸣。

故障分析：电脑启动发出警报声的原因为内存条损坏、内存局部短路或内存接触不良。

故障维修：该故障的维修首先要检测是否为内存接触不良，确定不是接触不良后再排查其他故障原因，具体维修方法如下：

检测该故障是否因内存接触不良所致。插拔内存条，然后再启动电脑看故障是否消失。

如果故障依旧存在，则卸下内存条，使用小号细刷将内存条表面灰尘清洁干净，使用橡皮来回擦拭内存金手指部位。

用皮老虎将主板内存插槽中的灰尘或污垢吹出，然后用小号细刷将灰尘清扫干净，如右图所示。重新将内存条重新安装好。启动电脑，警报声消失，故障排除。

【故障维修2】主板上安装了一条4GB内存，而在系统中却显示内存为3.2GB

故障描述：主板上安装了一条4GB的内存，而在系统中却显示内存为3.2GB。

故障查找与维修：这是操作系统的原因，目前使用较为广泛的32位系统无法识别4GB内存，能够支持并使用4GB内存的操作系统首先是64位操作系统，按64位地址

总线设计；其次是具有物理地址扩展功能，并且地址寄存器大于32位的服务器操作系统，但有些具备物理地址扩展功能的服务器操作系统由于地址寄存器限于32位，也不能支持4GB的内存。

【故障维修3】内存条有灰尘造成死机，甚至自动重新启动

故障描述：电脑一直运行良好，最近却经常出现死机，甚至自动重新启动。即使系统顺利启动后，在运行一些较大的软件时，显示屏上便会出现不断抖动的条纹，无法看清屏幕上的显示内容。

故障查找与维修：打开机箱，将机箱内部的灰尘吹掉，然后将内存条拔下来，用橡皮擦擦拭内存条的金手指，最后插回原位即可。

【故障维修4】电脑中新增了一条内存，启动电脑后显示器无任何显示

故障描述：电脑中新增了一条内存，启动电脑后显示器无任何显示。

故障查找与维修：此故障很明显是由于增加的内存引起的，具体维修方法如下：

（1）打开电脑主机箱，拆下增加的那条内存，开机测试电脑正常。

（2）将增加的那条内存重新装上，并拆下原来的内存，开机测试电脑正常，因此判断为这两条内存不兼容。

（3）更换一条与原内存同品牌且同规格的内存，开机测试故障排除。

【故障维修5】电脑在运行时经常无缘无故地死机

故障描述：电脑在运行时经常无缘无故地死机。

故障分析：此类故障一般发生在有两条或多条内存的电脑中。如果采用了不同规格的内存条，由于各个内存条速度不同而产生一个时间差造成死机。

故障维修：在CMOS设置中降低内存速度，或者使用相同型号的内存。

【故障维修6】电脑运行不正常，开机出现黑屏故障

故障描述：电脑运行不正常，开机出现黑屏故障。

故障查找与维修：此类故障可能是硬件损坏或兼容性问题引起的，具体解决方法如下：

（1）用替换法分别检测主板、CPU、内存以及显卡，发现更换内存后故障消失。

（2）检查内存和内存插槽，发现在内存的金手指部位有很多锈斑。

（3）用橡皮将内存的金手指处的锈斑去掉，再安装到电脑中，开机测试故障排除。

【故障维修7】系统经常出现"内存不可读"错误提示，随后死机

故障描述：在使用电脑的过程中，系统经常出现"内存不可读"的错误提示信息，随后出现一些英文提示并死机。这种问题经常出现且没有规律，往往是电脑部件温度

过高出现的几率较大。

故障查找与维修：因为系统已经出现提示"内存不可读"，所以先从内存上来寻找排除故障的方法。一般是由于内存条过热而导致系统工作不稳定，可以自己动手增加装机风扇，以加强机箱内部的空气流通；还可以通过给内存条加载铝制或铜制的散热片来解决故障，如右图所示。

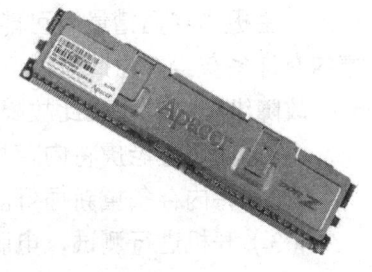

【故障维修8】电脑启动后，出现一长一短的报警声，无法启动系统

故障描述：电脑启动后，出现一长一短的报警声，无法启动系统。

故障分析：此类故障一般是由于内存条安装松动造成的。

故障维修：关机打开机箱，将内存条卸下重新安装牢固，如右图所示。

【故障维修9】为电脑清理灰尘后，系统频繁死机，且无法重装系统

故障描述：为电脑清理灰尘后，系统频繁出现死机，而且无法重新安装操作系统。

故障查找与维修：由于故障发生在为电脑除尘后，因此打开机箱仔细观察各个硬件设备，发现内存条上有一处不明显的划痕，使部分PCB上的电路被损坏，导致此故障出现。重新更换好的内存条后，故障即可排除。

【故障维修10】更换大功率风扇后系统总是频繁死机，重装系统也不能解决

故障描述：为电脑更换了一个大功率的风扇，但更换风扇后系统总是频繁死机，重新安装操作系统后还是不能解决问题。

故障查找与维修：当重新安装操作系统后，发现故障依然没有排除，可以确定是由于硬件原因引起的，具体维修方法如下：

（1）拆开机箱，检查主板上的元器件是否有被烧损的现象，如果没有发现此类现象，则可以确定主板没有问题。

（2）出现这种现象可能是由于更换风扇造成的，所以重点应该放在风扇上。可以将风扇取下来换到其他电脑上进行测试，如果没有发现问题，则说明不是风扇自身的问题。

（3）将内存条拔下来，安装在离风扇较远的内存插槽上，此时故障消失，由此可以说明在安装内存条时应尽量与CPU部件保持一定的距离。

【故障维修11】电脑开机启动后有时正常，有时不正常，无法进入系统

故障描述：电脑开机启动后有时正常，有时不正常，无法进入系统。

故障分析：此故障产生的原因可能是主板上有接触不良的电脑硬件设备，其中内存条与主板内存插槽最有可能。首先打开电脑主机箱，然后拔下内存条，发现内存插槽内有许多灰尘。由此可以判断该故障是因为灰尘过多而导致内存与内存插槽接触。

故障维修：若发生此故障，具体解决方法如下：
（1）使用皮老虎将内存插槽清理干净。
（2）将内存条重新插好。
（3）开机进行测试，电脑正常启动，故障排除。

【故障维修 12】系统运行一段时间后，经常出现非法操作提示

故障描述：系统运行一段时间后，经常弹出非法操作提示信息框。

故障分析：引发此故障的原因为内存接触不良、主板内存质量不佳或软件原因（如操作系统中毒、应用软件出现问题等）。

故障维修：针对不同的故障产生的原因不同，采用不同的方法进行维修，具体如下：
（1）若由于内存接触不良的原因所致，将内存条卸下来，然后清理干净内存上的灰尘或氧化物，最后重新安装好内存条，即可排除故障。
（2）若由于内存质量不佳所致，更换质量好的内存条，即可排除故障。
（3）若由于系统中毒所致，用杀毒软件查杀病毒，即可排除故障。
（4）若是软件原因引发的故障，只需将软件重新安装一次，即可排除故障。

【故障维修 13】优化 BIOS 后，频繁出现"非法操作"错误提示

故障描述：在对 BIOS 进行优化后，频繁出现"非法操作"错误提示。

故障查找与维修：此故障应该是由于优化 BIOS 时设置不当引起的，具体解决方法如下：

（1）开机后按【Delete】键进入 BIOS 程序。

（2）选择 Advanced Chipset Features（芯片组特性设置）选项，检查内存的设置项，发现 CAS Latencey Control 选项设置为 2。一般情况下，该项设置以 2.5 或 3 为宜。

（3）将 CAS Latencey Control 选项设置为 2.5，如右图所示。

（4）重新启动电脑，故障即排除。

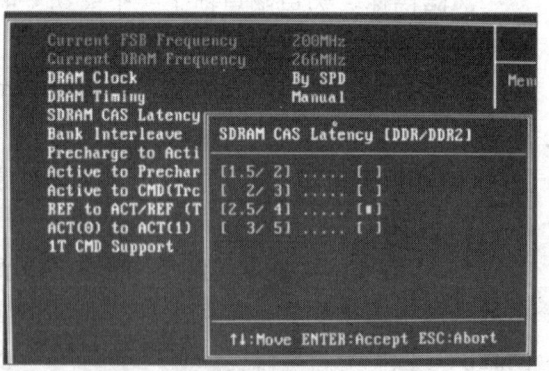

【故障维修 14】电脑安装了多条内存，启动后只显示单个内存的容量

故障描述：电脑安装了多条内存，启动后只显示单个内存的容量。

故障分析：此故障为多条内存条不能相互兼容，而引发内存兼容性故障，该故障有两种表现：一是内存容量不能完全显示，二是只能识别出单条内存。

故障维修：此类故障的具体维修方法如下：

（1）打开电脑主机箱，卸下所有内存条，然后将内存条逐一安装在主板上均能正常显示，并无质量问题。

（2）判断为故障是由内存条不能兼容所致，更换同型号内存条或升级主板BIOS，即可排除故障。

【故障维修15】安装系统时，提示无法复制文件或文件不符

故障描述：全新安装操作系统时，在复制文件阶段速度缓慢，而且总是报错，提示无法复制文件或文件不符。

故障分析：安装操作系统对硬件要求较高，如果某个硬件存在故障或不够稳定，在安装过程中就会出现问题。如果确认光驱和系统安装光盘没有故障后，可以判断为内存问题。

故障维修：将内存条拔下，用橡皮擦轻轻擦拭金手指后重新插上，即可顺利地安装操作系统。

【故障维修16】电脑启动后经常自动进入安全模式

故障描述：电脑启动后经常自动进入安全模式。

故障分析：内存条质量不佳或内存与主板不兼容都会产生该故障现象，此外系统超频也会出现该故障。

故障维修：分析并了解了引发该故障的原因后，可以采用以下方法解决故障。

（1）降低CMOS中的内存读取速度，或者通过主板异步功能调低内存频率，查看故障是否消失。

（2）检测系统是否超频。若因系统超频引起，只需将系统恢复到正常的工作频率，即可排除故障。

（3）若故障尚未消失，更换质量好的内存条，即可排除故障。

【故障维修17】系统在运行中经常提示Windows注册表损坏

故障描述：系统在运行中经常弹出对话框，提示Windows注册表损坏。

故障分析：这是由于内存条质量不好造成的。

故障维修：此类故障很难修复，只有更换质量好的内存条来解决问题了。

Chapter 16 快速诊断与修复声卡故障

声卡是多媒体技术中的基本组成部分，是实现声波/数字信号相互转换的硬件。声卡的基本功能是把来自话筒、磁带、光盘的原始声音信号加以转换，输出到耳机、扬声器、扩音机、录音机等声响设备，或通过音乐设备数字接口（MIDI）使乐器发出美妙的声音。本章将详细介绍声卡常见故障的诊断与修复方法。

本章要点

- 常见声卡故障分析与检修
- 常见声卡故障维修实战

知识等级

高级读者

建议学时

建议学习时间为 60 分钟

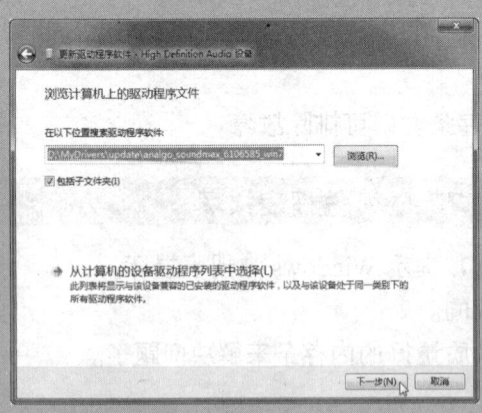

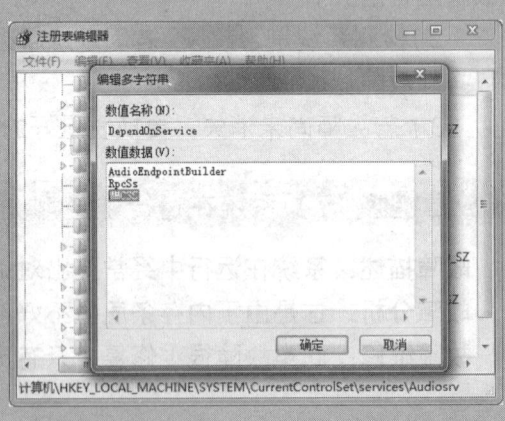

16.1 常见声卡故障分析与检修

当出现声卡故障时,首先应该通过故障现象分析引起声卡故障的原因,然后采取合适的思路进行维修操作。下面将介绍声卡常见故障的现象、原因及维修思路。

16.1.1 常见的声卡故障现象

声卡是电脑的主要部件之一,常见的故障现象主要有以下几个方面:
- 电脑不发声。
- 播放时产生噪声。
- 播放时声音很小。
- 无法安装声卡驱动。

16.1.2 引发声卡故障的原因

声卡常见故障可以分为接触不良故障、驱动程序安装错误故障、不兼容故障和声卡损坏故障等。下面将分别分析这几种故障产生的原因。

- 接触不良故障

声卡与主板的扩展槽没有完全接触造成接触不良,或者音频线与声卡的连接线不正确,使声卡发生故障。

- 驱动程序安装错误故障

驱动程序被损坏或与系统自带的驱动程序不兼容引起的故障,可以采用厂家提供的驱动程序进行修复。

- 不兼容故障

集成声卡与外接的独立声卡发生冲突,声卡与主板或者其他硬件不兼容造成声卡故障。

- BIOS 设置或主板跳线设置错误

BIOS 设置是否有错可以进入 BIOS 检查与声音有关的设置是否正确,检查 IPQ 的设置。

- CPU 超频引起的故障

CPU 超频后会使内置声卡也处于超频状态,从而导致声卡不能正常工作。

- 声卡损坏

因频繁插拔或其他的磨损、压折导致声卡本身被损坏。

16.1.3 声卡故障维修的流程

声卡维修的维修思路一般都是从检查声卡的驱动程序开始的,排除驱动程序故障后,再根据声卡不能发出声音查找原因。不发声的故障有时也是因为与主板等设备的不兼容引起的,或是 CMOS 中设置有误,可逐一进行排除。下图所示为声卡故障维修流程图。

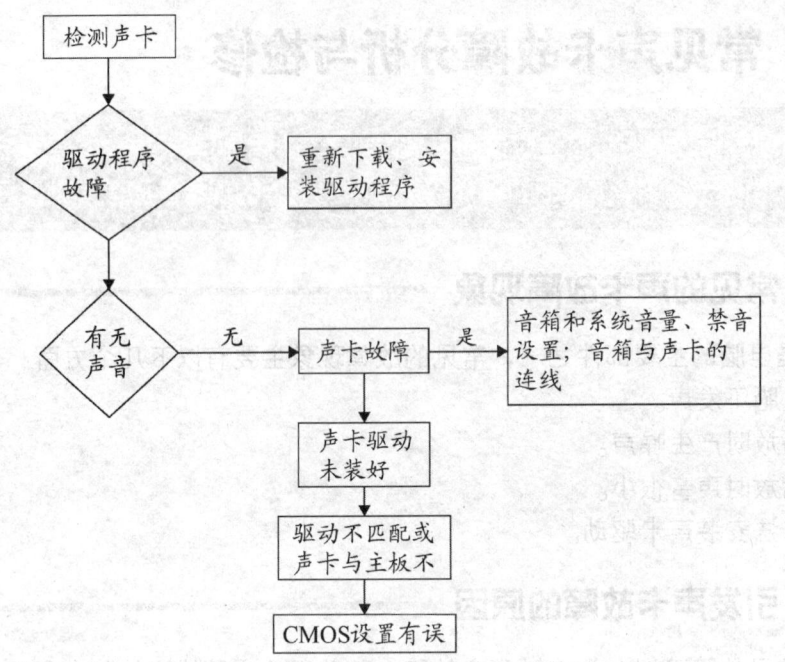

16.2 常见声卡故障维修实战

下面将详细介绍一些常见的声卡常见故障分析与修复方法，其中包括无法安装声卡驱动、无法识别声卡、玩游戏出现爆音、电脑没有声音、麦克风声音小等故障。

【故障维修1】用耳机在电脑上听歌，两个耳塞的音量大小不同

故障描述：使用耳机在电脑上听歌，左耳塞和右耳塞的音量大小不同。

故障查找与维修：可以先将耳机插到一个正常使用的电脑或播放设备上收听，若左右耳塞音量不同，则说明耳机存在故障。若左右耳塞音量相同，则说明是原电脑的音频设置问题。可以通过以下方法来解决：

01 双击耳机设备 打开"声音"对话框，在"播放"选项卡下双击耳机设备，如下图所示。

02 单击"平衡"按钮 在弹出的对话框中选择"级别"选项卡，单击"平衡"按钮，如下图所示。

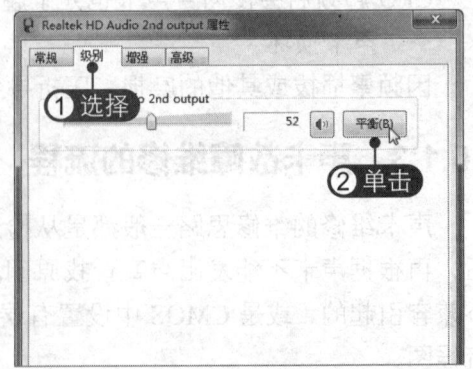

03 调整耳塞音量　弹出"平衡"对话框，从中将1、2数值调整一致。若是由于耳机故障，在此也可将声音较大的耳塞音量调小，然后单击"确定"按钮，如下图所示。

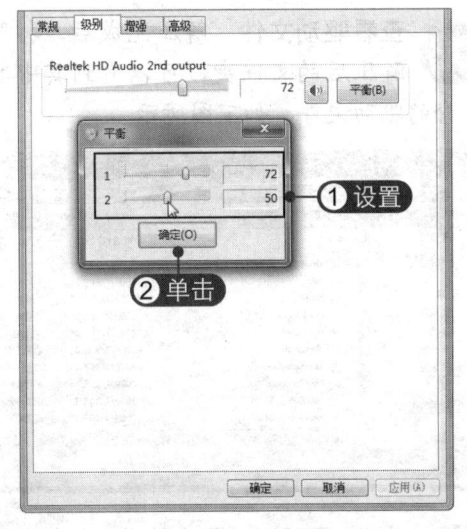

【故障维修2】声卡驱动程序安装错误

故障描述：声卡驱动安装错误，设备管理器中显示声卡设备为"High Definition Audio 设备"，如右图所示。

故障查找与维修：此故障是由于声卡驱动安装不正确所导致的。在正常情况下，"设备管理器"窗口中的声卡设备名称中会有Realtek、VIA、IDT、SoundMAX等声卡品牌名称。此时，只需重新安装声卡驱动即可。若无法自动安装驱动，可以设置手动安装，具体操作方法如下：

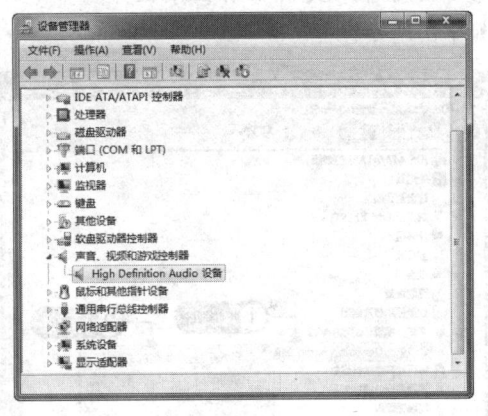

01 卸载声卡驱动　打开"程序和功能"窗口，从中卸载安装的声卡驱动，如下图所示。

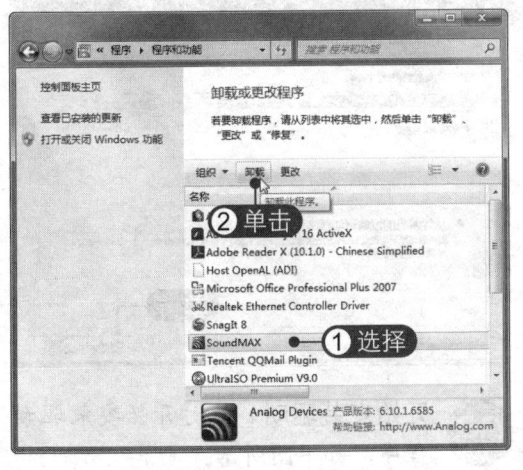

02 选择解压缩命令　从网上下载声卡驱动的安装程序并解压，右击程序，选择所需的解压缩命令，如下图所示。

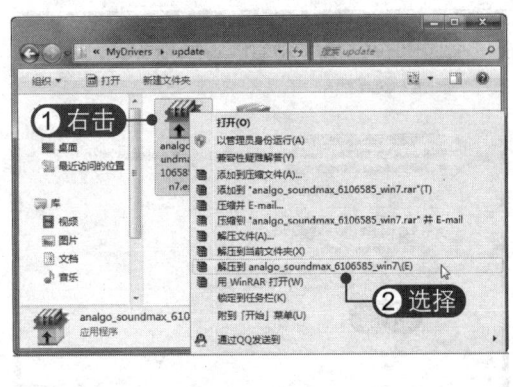

03 查看驱动文件 解压完成后,打开解压后的文件夹,可以看到其中所包含的驱动文件,如下图所示。

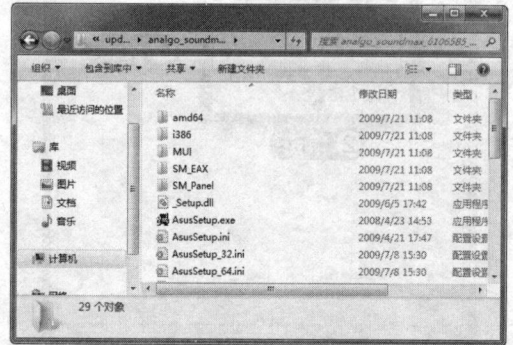

04 选择"更新驱动程序软件"命令 打开"设备管理器"窗口,右击声卡设备,选择"更新驱动程序软件"命令,如下图所示。

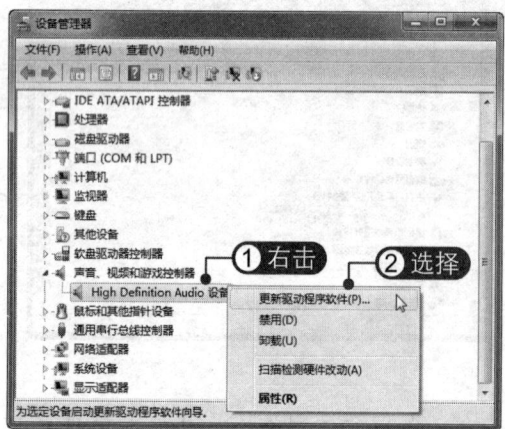

05 选择搜索方式 在弹出的对话框中选择"浏览计算机以查找驱动程序软件"选项,如下图所示。

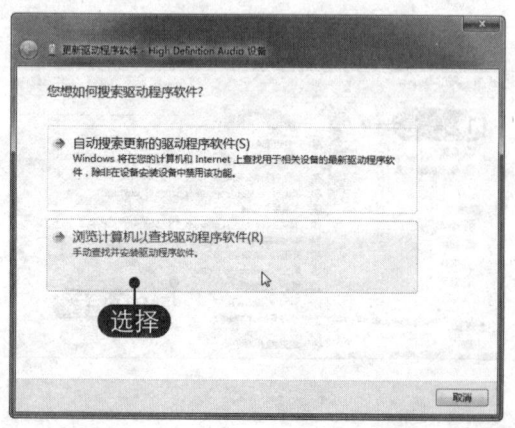

06 单击"浏览"按钮 进入"浏览计算机上的驱动程序文件"对话框,单击"浏览"按钮,如下图所示。

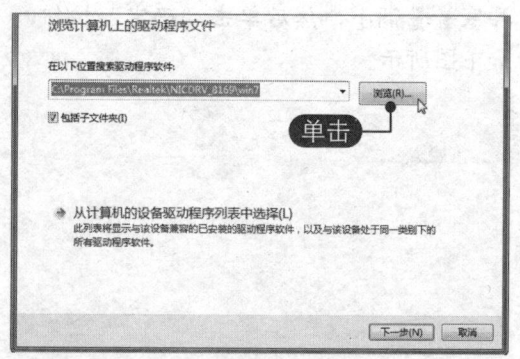

07 选择驱动文件夹 弹出"浏览文件夹"对话框,选择前面所解压的驱动文件夹,然后单击"确定"按钮,如下图所示。

08 确认设置 返回"浏览计算机上的驱动程序文件"对话框,单击"下一步"按钮,如下图所示。

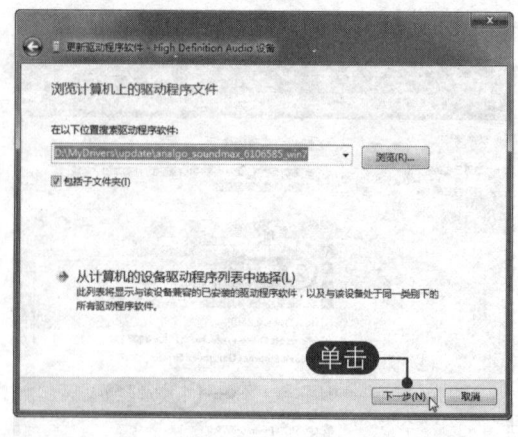

09 开始安装驱动 此时开始安装驱动程序,如下图所示。

⑩ **完成驱动安装** 驱动程序安装完成后，单击"关闭"按钮，如下图所示。

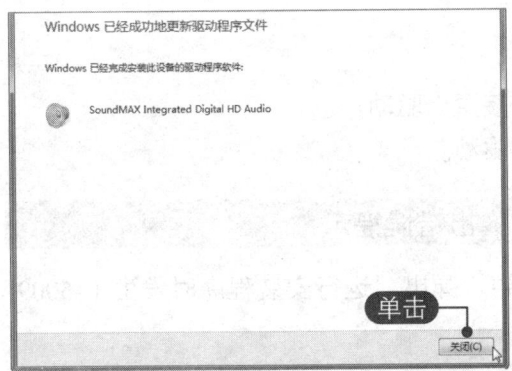

⑪ **双击声卡设备** 打开"设备管理器"窗口，可以看到声卡驱动程序中已显示出品牌名称，双击声卡设备，如下图所示。

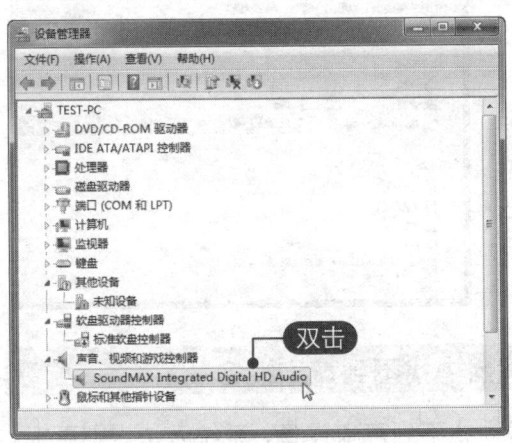

⑫ **单击"驱动程序详细信息"按钮** 弹出声卡设备属性对话框，选择"驱动程序"选项卡，单击"驱动程序详细信息"按钮，如下图所示。

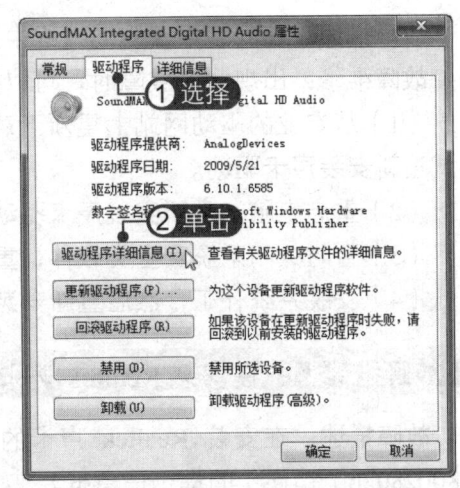

⑬ **查看驱动详细信息** 在弹出的对话框中可以查看驱动程序文件的位置、提供商、文件版本等详细信息，如下图所示。

【故障维修3】在安装声卡驱动程序时，弹出错误提示

故障描述：在安装声卡驱动程序时弹出错误提示框，提示"The contents of this file cannot be unpacked.……"，如下图所示。

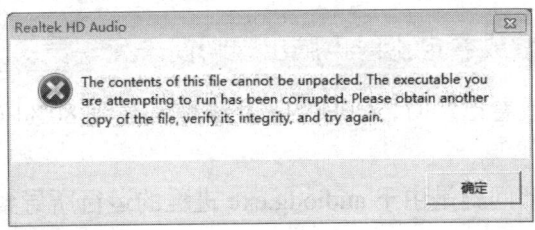

故障查找与维修：出现此问题是由于驱动包下载不完整所导致，需要重新下载该驱动程序。

【故障维修 4】在安装声卡驱动过程中进度条呈白色条块，进而卡死

故障描述：在安装声卡驱动过程中进度条呈白色条块，进而卡死无法完成安装。

故障维修：出现此类故障时，可以按照以下方法来解决：

（1）从专业的驱动网站上重新下载声卡驱动，或者使用驱动精灵下载声卡驱动，尝试重新安装声卡驱动。

（2）重启电脑，重新安装声卡驱动。

（3）暂时关闭系统安全类软件，重新安装声卡驱动。

（4）安装系统补丁，然后重新安装声卡驱动。

【故障维修 5】在安装 Realtek 声卡时，弹出错误提示

故障描述：在安装 Realtek 声卡的过程中，弹出"运行安装程序时发生（-5009：0x8002802b）错误"的提示信息框。

故障维修：可以尝试以下方法来排除故障：

（1）删除 C:\Program Files\Common Files\InstallShield 文件，然后重新安装声卡驱动。

（2）打开目录 C:\Program Files\Common Files\InstallShield，并找到 Professional 文件夹，然后重命名 Professional 文件夹，如右图所示。

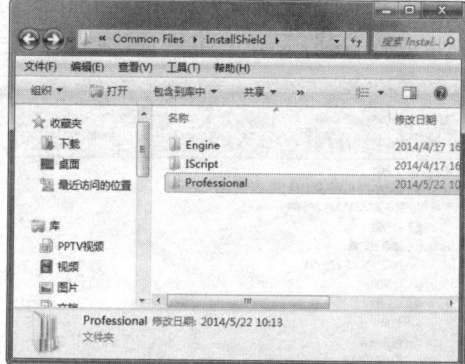

（3）打开目录 C:\Program Files\Common Files\InstallShield\Professional，重命名 RunTime 文件夹或重命名 Runtime 文件夹内的 ISProBE.tlb3 文件。

【故障维修 6】电脑无声音，在设备管理器中找不到声卡设备

故障描述：电脑没有声音，在设备管理器中找不到声卡设备，系统无法识别声卡。

故障维修：出现此问题时，可以尝试以下操作：

（1）恢复 BIOS 到默认设置。

（2）重新安装操作系统。

（3）检修主板。

【故障维修 7】听歌或看电影时电脑出现瞬间卡死现象

故障描述：点歌或看电影时，CPU 的占用率瞬间达到 80%以上，电脑出现瞬间卡死现象。

故障维修：出现此问题是由于 audiodg.exe 进程的运行所导致，解决方法如下：

01 双击"扬声器"设备　打开"声音"对话框,在"播放"选项卡下双击"扬声器"设备,如下图所示。

02 禁用所有声音效果　弹出对话框,选择"增强"选项卡,选中"禁用所有声音效果"复选框,单击"确定"按钮,如下图所示。

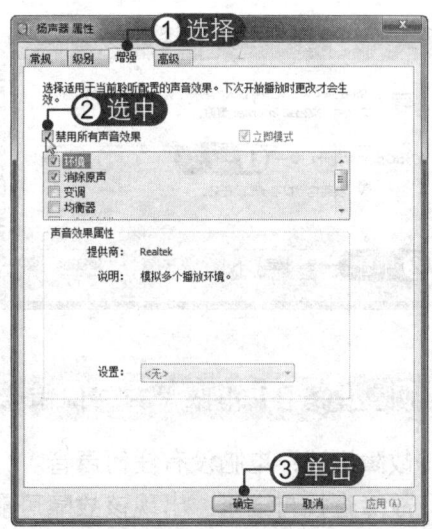

【故障维修 8】在玩游戏时,声音出现爆音

故障描述:在玩游戏时,声音出现爆音。

故障查找与维修:此问题的根源是 Multimedia Class Scheduler (mmcss) 这个服务,在进程中是 svchost.exe,这个服务是管理任务优先级的,主要针对多媒体。优先级高了对于低配置的电脑来说不是好事,那样会加重 CPU 负担,加上游戏时本身就耗用大量的 CPU 资源造成声卡爆音。

只要把这个服务关掉即可,不过关掉它也必须关掉 Windows audio 服务,这样电脑就会发不出声音。此时,可以将 Multimedia Class Scheduler 服务与 Windows audio 服务解除关联,具体操作方法如下:

01 双击键值项　打开注册表编辑器,在左窗格中展开子键 HKEY_LOCAL_MACHINE\SYSTEM\CurrentControlSet\services\Audiosrv,在右窗格中双击 DependOnService 键值项,如下图所示。

02 删除 MMCSS 选项　弹出"编辑多字符串"对话框,在"数值数据"列表中选中 MMCSS 选项并将其删除,然后重启电脑,如下图所示。

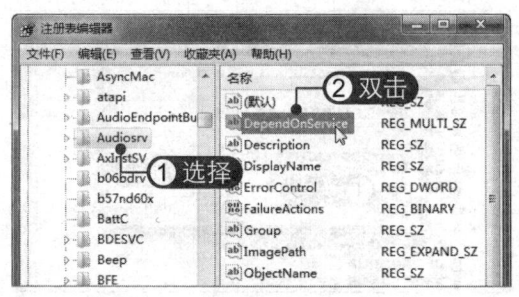

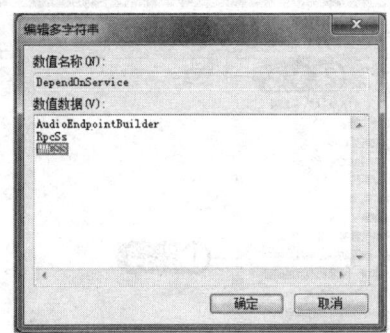

03 执行 msconfig 命令 按【Windows+R】组合键，弹出"运行"对话框，输入 msconfig 命令，然后单击"确定"按钮，如下图所示。

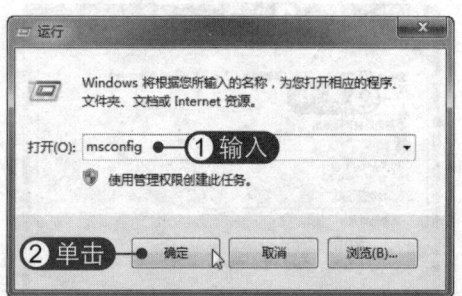

03 取消服务 弹出"系统配置"对话框，选择"服务"选项卡，取消选择 Multimedia Class Scheduler 复选框，然后单击"确定"按钮，如下图所示。

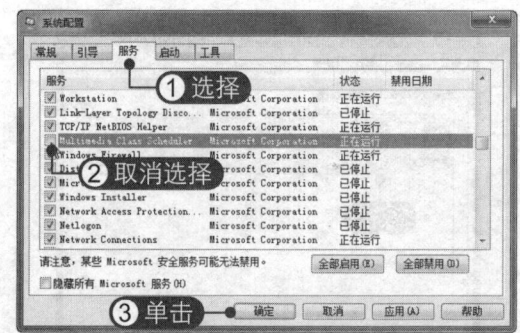

【故障维修 9】电脑没有任何声音

故障描述：电脑没有任何声音。

故障查找与维修：出现该故障可能是由于以下原因引起的：

◇ 声卡音量静音。
◇ 声卡驱动设置。
◇ 声卡设备被禁用。
◇ 音频服务关闭。

下面诊断这些故障原因，并逐一介绍其解决方法。

（1）声卡音量静音

单击任务栏右侧的扬声器图标 ，在弹出的面板中单击"取消静音"按钮即可，如右图所示。

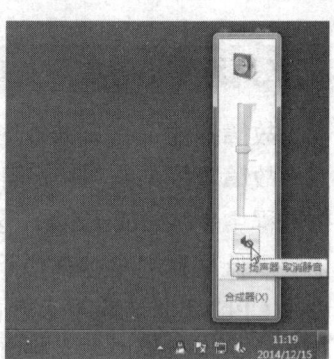

（2）声卡驱动设置问题

出现声卡驱动设置问题时，可以先将声卡驱动卸载，然后重新安装驱动程序，具体操作方法如下：

01 单击"卸载"按钮 打开"设备管理器"窗口，选择声卡设备，在工具栏中单击"卸载"按钮 ，如下图所示。

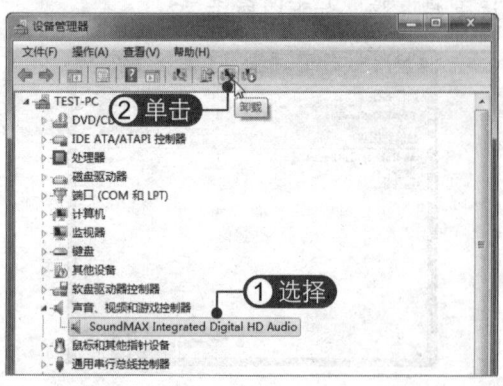

02 确认驱动卸载 弹出对话框，选中"删除此设备的驱动程序软件"复选框，单击"确定"按钮，重启电脑即可卸载声卡驱动，如下图所示。卸载完成后，重新下载声卡驱动并安装即可。

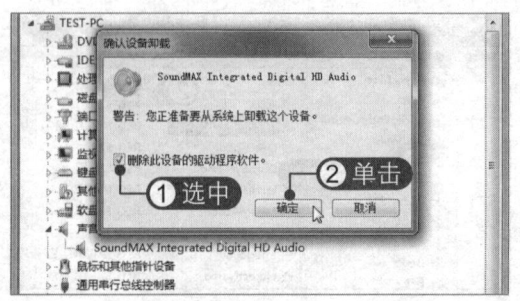

（3）声卡设备被禁用

声卡设备若被禁用，可以在"设备管理器"窗口中将其重新启用，具体操作方法如下：

打开"设备管理器"窗口，选择声卡设备，在工具栏中单击"启用"按钮即可，如下图（左）所示。也可双击声卡设备，在弹出的对话框中单击"启用设备"按钮，如下图（右）所示。

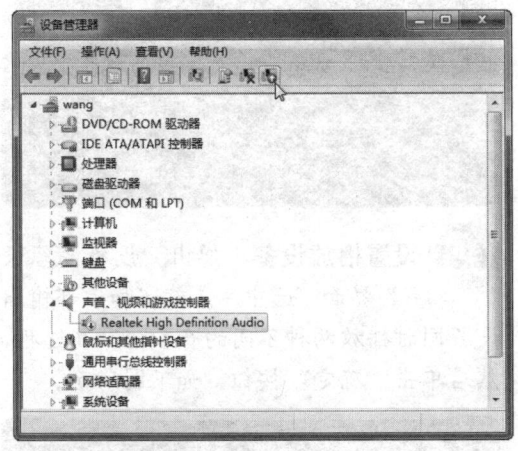
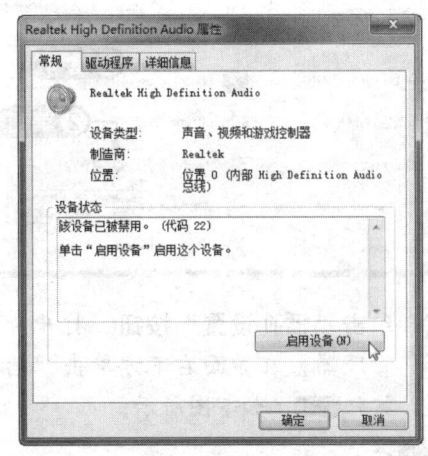

（4）音频服务关闭

对于音频服务被关闭的电脑无声故障，只需重新启用该服务即可，具体操作方法如下：

01 选择"管理"命令 在桌面上右击"计算机"图标，选择"管理"命令，如下图所示。

项，在右窗格中选择 Windows Audio 服务，在工具栏中单击"启动服务"按钮即可，如下图所示。

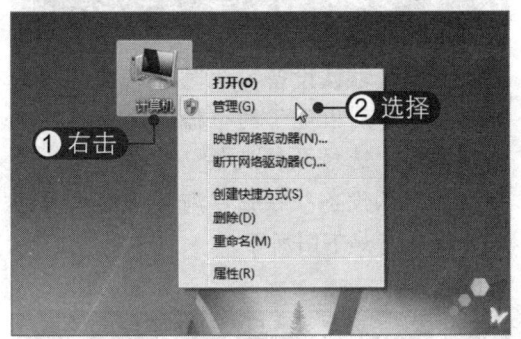

02 启动音频服务 打开"计算机管理"窗口，在左窗格中选择"服务"选

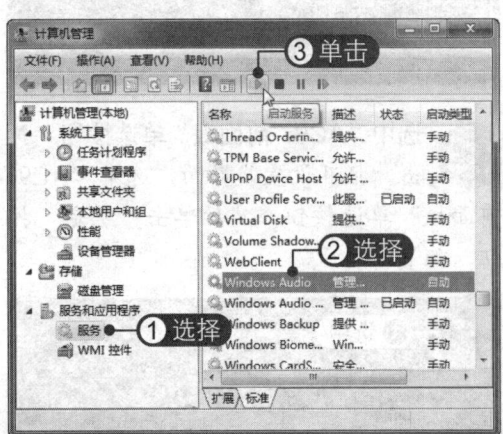

【故障维修 10】前置音频接口和后置音频接口不能同时发声

故障描述：主板集成了 Realtek 声卡，主机后置的音频插孔插入了音箱，前置音频插孔插入了耳机。在播放音乐时，只有音箱发声，耳机没有声音。

故障维修：要使耳机和音箱同时发声，只需对声卡进行一些设置即可，方法如下：

01 单击音频管理器超链接 打开"控制面板"窗口，切换到"大图标"查看方式，单击"Realtek 高清晰音频管理器"超链接，如下图所示。

02 单击"插孔设置"按钮 打开音频管理器，在界面右下方单击"插孔设置"按钮，如下图所示。

03 选中"AC97 前面板"单选按钮 弹出"插孔设置"界面，选中"AC97 前面板"单选按钮，然后单击"确定"按钮，如下图所示。

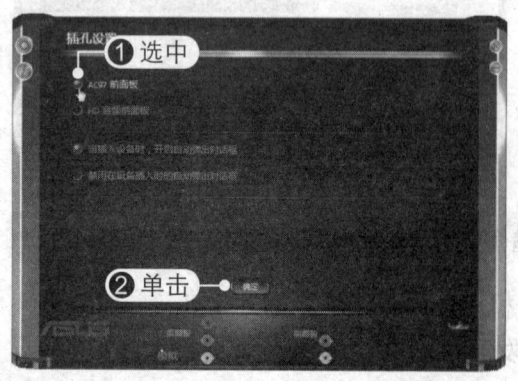

04 单击设置按钮 在音频管理器界面左侧单击设置按钮，如下图所示。

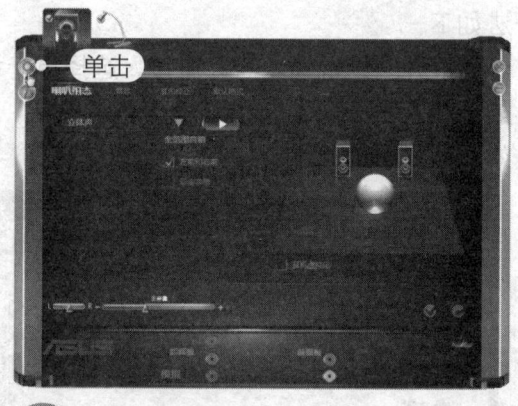

05 设置播放设备 弹出"设备高级设置"界面，选中"使前部和后部输出设备同时播放两种不同的音频流"复选框，然后单击"确定"按钮，如下图所示。

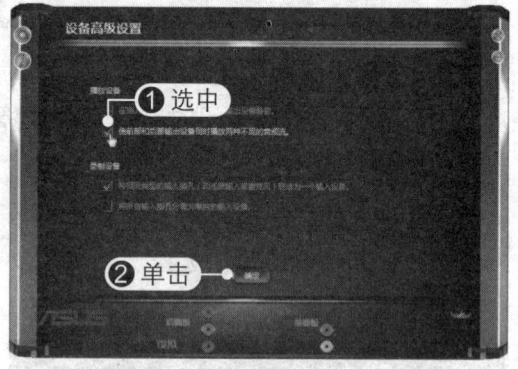

06 设置默认设备 此时可以在界面上方看到出现了两个播放设置，耳机和扬声器。选择耳机设备，单击"将此设备设为默认设备"按钮，即可将其设置为默认设备，如下图所示。

07 单击"自动检测"按钮 选择扬声器设备，单击"自动检测"按钮，以测试声音，如下图所示。

08 调整音量 此时，播放音频便能听到耳机和扬声器同时发出声音。在任务栏通知区域单击"扬声器"图标，弹出两个音量调节面板，可以对扬声器和耳机的音量分别进行调整，如下图所示。

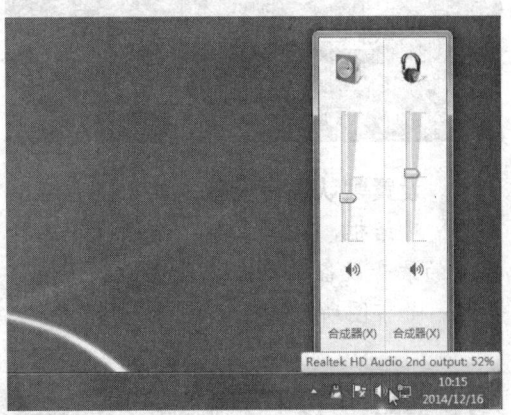

【故障维修 11】使用 QQ 语音聊天，对方听不到自己的声音

故障描述：使用 QQ 语音聊天，对方听不到自己的声音。

故障维修：无法进行 QQ 语音聊天，可能是 QQ 的语音设置问题，需要选择正确的麦克风设备，方法如下：

01 单击"打开系统设置"按钮 在 QQ 主面板的左下方单击"主菜单"按钮，在弹出的列表中选择"设置"选项，如下图所示。

02 选择麦克风设备 弹出"系统设置"对话框，在左侧选择"音视频通话"选项，在右侧单击"麦克风"下拉按钮，选择"Windows 默认设备"选项，如下图所示。

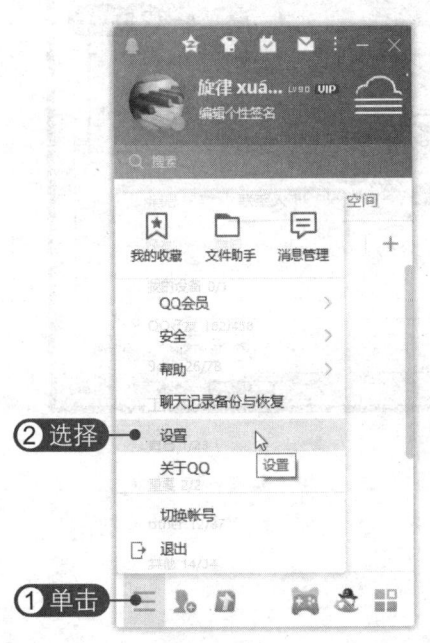

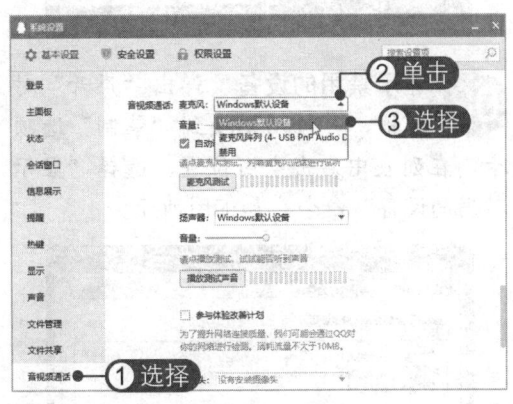

03 选择"声音"命令 在系统任务栏中右击"声音"图标，选择"声音"命令，如下图所示。

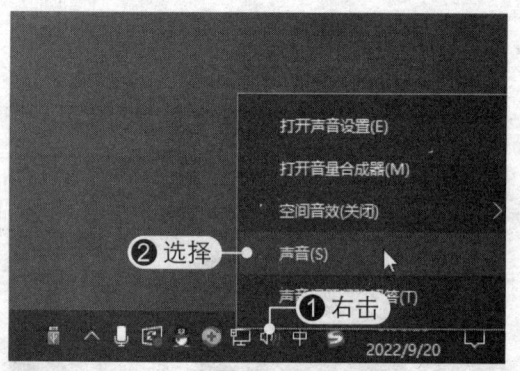
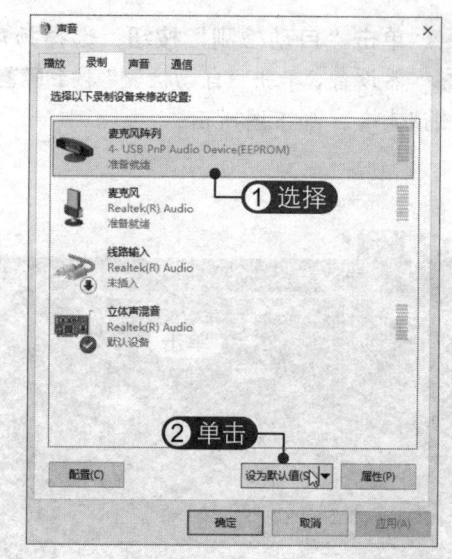

04 **设置默认录音设备** 弹出 "声音" 对话框,在 "录制" 选项卡下选择要用的录音设备,单击 "设置为默认值" 按钮,如下图所示。

【故障维修12】麦克风不小心被禁用

故障描述:不小心将麦克风禁用了,该怎么开启?

故障维修:可以通过以下方法来重新启用麦克风:

01 **选择 "录音设备" 命令** 在任务栏通知区域右击 "扬声器" 图标,选择 "录音设备" 命令,如下图所示。

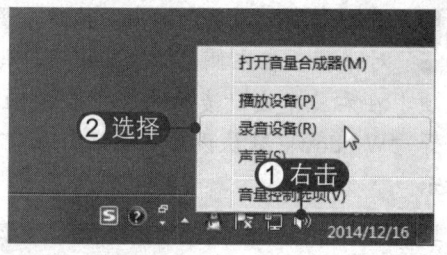

02 **显示禁用的设备** 弹出 "声音" 对话框,并自动切换到 "录制" 选项卡,在列表中右击空白位置,选择 "显示禁用的设备" 命令,如下图所示。

03 **选择 "启用" 命令** 此时,即可在设备列表中显示出 "麦克风" 设备。右击该设备,选择 "启用" 命令,如下图所示。

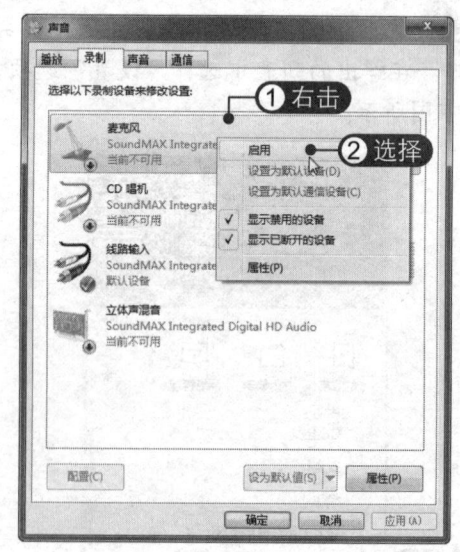

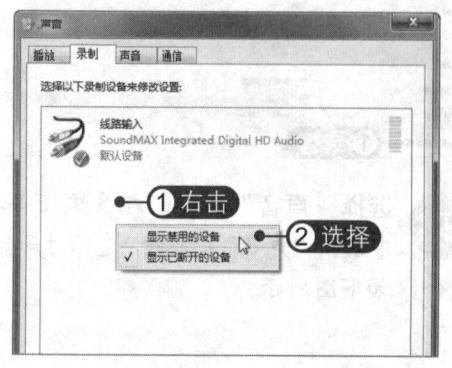

【故障维修13】使用麦克风录音时，声音较小

故障描述：使用麦克风录音时，声音较小。

故障维修：可以采用以下方法来提高麦克风的音量：

01 选择"录音设备"命令　在任务栏的通知区域右击扬声器图标，选择"录音设备"命令，如下图所示。

02 双击"麦克风"设备　弹出"声音"对话框，选择"录制"选项卡，双击"麦克风"设备，如下图所示。

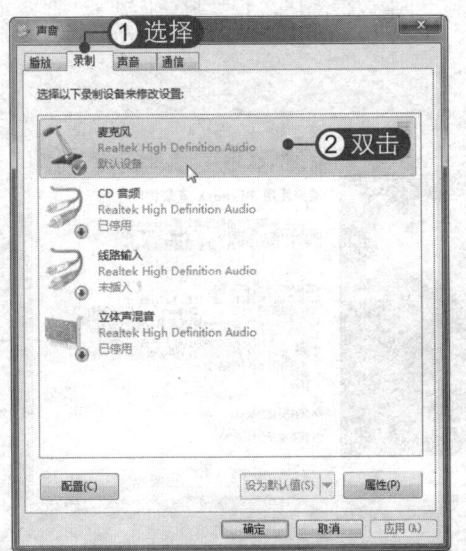

03 调整麦克风加强　弹出对话框，选择"级别"选项卡，从中调整"麦克风加强"为10dB，如下图所示。注意，10dB 的"麦克风加强"已经足够，再大就会出现噪声。

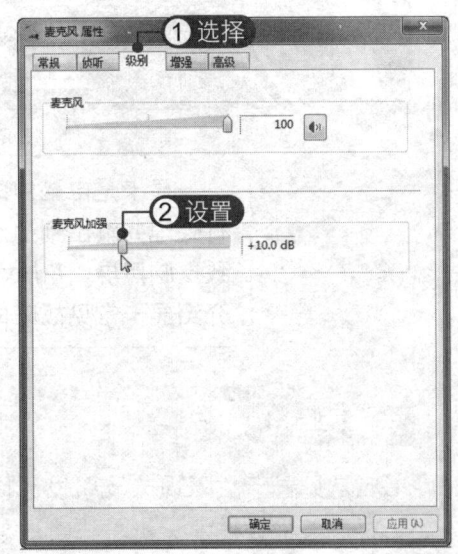

04 禁用所有声音效果　选择"增强"选项卡，选中"禁用所有声音效果"复选框，然后单击"确定"按钮，如下图所示。

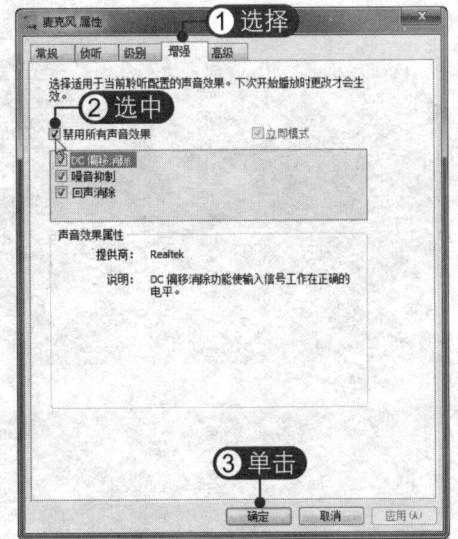

Chapter 17 快速诊断与修复显卡和显示器故障

> 显卡是电脑中的主要板卡之一，它负责将 CPU 送来的信息进行处理并输出到显示屏上形成影像。当显卡出现故障时，常常会导致电脑黑屏、花屏、无法进入系统、出现乱码等故障，本章将详细介绍显卡常见故障的诊断与修复方法。

本章要点

- 常见显卡故障现象及引发原因
- 显卡维修技术分析与排查方法
- 常见显卡故障维修实战
- 常见显示器故障现象及分类
- 显示器故障的检测与排查
- 常见显示器故障维修实战

知识等级

高级读者

建议学时

建议学习时间为 60 分钟

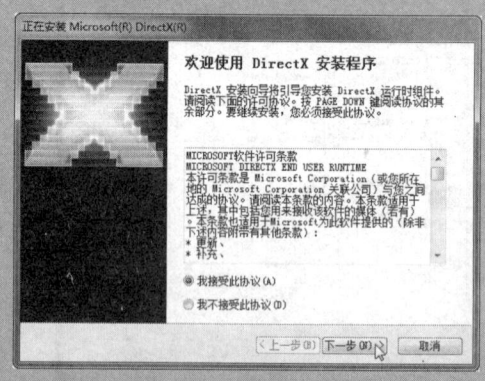

17.1 常见显卡故障现象及引发原因

下面将介绍显卡常见故障的现象及故障种类，其中常见的故障现象有开机无显示且有报警声，系统不稳定而经常死机，以及显示器花屏或蓝屏等。

17.1.1 常见的显卡故障现象

常见的显卡故障现象主要表现在以下几个方面：
- 开机无显示，有报警声。
- 系统不稳定，经常出现死机。
- 显示器花屏或黑屏。
- 屏幕出现异常杂点。
- 显示颜色不正常。

17.1.2 引发显卡故障的原因

引起显卡故障的原因主要有以下几个方面：

（1）接触不良故障

显卡与显卡插槽接触不良，显卡插槽灰尘过多或显卡金手指部分氧化引起的接触不良。

（2）BIOS 设置不当

对显卡或系统进行了错误设置造成显卡故障，一般是 BIOS 设置错误。

（3）驱动程序故障

显示颜色不正常，或不能设置分辨率，是由显卡驱动程序引起的。

（4）显卡质量故障

显卡自身的质量问题，显卡上的某些电子元器件损坏引起的故障。

（5）显卡兼容性

这类故障多发生在电脑刚装机或进行升级以后，多见于显卡与主板、操作系统或某些软件程序出现兼容性问题。

（6）散热不良

随着显示频率的飞速提高，显卡发热量也大大提高，这些热量如果不能及时散发出去，就会影响显示芯片的正常工作，出现花屏或死机，甚至烧毁显卡。

（7）超频导致的故障

有的用户为了提高显卡性能，使用软件或 BIOS 超电压对显卡进行超频，不当的超频很容易造成显卡故障。

（8）显卡工作电压不稳定性故障

显卡在工作时没有达到其正常工作电压标准，过高或过低都会造成显示故障。

17.2 显卡维修技术分析与排查方法

当显卡发生故障时,首先要根据其故障现象判断如何维修。下面将介绍显卡故障的常用维修方法、常用维修工具及排查方法。

17.2.1 显卡故障的维修方法

下面按照显卡故障的表现形式介绍其维修方法。

(1)显卡驱动程序突然丢失

此类故障主要是由于显卡本身的质量不好,或者显卡与主板不兼容,造成显卡温度过高后引起电脑死机。

维修方法:更换显卡。

(2)开机无显示,有报警声

此类故障主要是由于显卡与主板有灰尘,或显卡的金手指被氧化造成接触不良,或者主板插槽有问题造成的。

维修方法:清除内存条和主板的灰尘,并用橡皮擦拭金手指。

(3)颜色显示不正常

此类故障主要是由于显卡与显示器连接不当或者显卡损坏、显示器发生物理故障或被磁化造成的。

维修方法:连接好显卡与显示器的信号线或更换显卡,针对显示器被磁化的可采取消磁的办法处理。

(4)显示器花屏

此类故障是由于显示器或显卡不支持高分辨率造成的。有时错误地安装了某个驱动程序也会造成此类故障。

维修方法:重新设置系统分辨率为低分辨率,或者卸载引起电脑花屏的程序。

(5)系统不稳定死机

此类故障是由于主板与显卡的不兼容或者接触不良引起的,也有可能是显卡与其他扩展卡不兼容。

17.2.2 常用的显卡维修工具

常用的显卡维修工具包括橡皮擦、小毛刷、电烙铁等,以及专业的显卡维修工具,如专业显卡显存 DDR 颗粒测试、显卡主芯片测试架、显卡厂家测试软件等。

17.2.3 显卡故障排查方法

显卡故障的排查是根据故障表现的现象来判定产生故障的原因,再根据原因来找到解决故障。一般都是先拔下显卡,观察金手指是否被氧化,元器件表面有无损坏;检查显卡的驱动程序;采用替换法来判定是否存在与主板不兼容等现象。

17.3 常见显卡故障维修实战

下面将详细介绍一些常见的显卡故障分析与修复方法，其中包括显卡故障导致电脑花屏、黑屏、无法安装显卡驱动、显卡驱动程序丢失等故障。

【故障维修1】电脑显示颜色不正常，重新插拔信号线也没用

故障描述：显示器颜色不正常，重新插拔显卡 VGA 接口的信号线后能正常显示，但后来又出现故障，重新插拔信号线也没用。

故障查找与维修：使用替换法测试显示器和信号线是否存在问题，发现显示器和信号线一切正常，判断为显卡的 VGA 接口出现了问题。通过查看发现显卡配有 DVI 数字接口而显示器只有 VGA 接口，这时可以使用一个 VGA 转 DVI 接头，将显示器接头进行转换后连接在显卡的 DVI 接口上来解决该问题，如下图（左）所示。当然，还可以直接使用一个根 DVI-I 转 VGA 的视频线来连接显示器，如下图（右）所示。

【故障维修2】电脑出现字符混乱显示问题，查看图形则出现花屏

故障描述：电脑在使用一段时间后出现字符混乱，查看图形则出现花屏。

故障查找与维修：该故障可能是显卡的原因，可以用一款显卡替换进行检查，替换后显示正常，则花屏现象的原因是显卡有问题。重新换回原来的显卡，当出现字符混乱时用手触摸显卡的主控芯片，检查芯片温度是否过高。

如果显卡的主芯片温度很高，说明是由于散热不良而导致电脑无法正常工作。对于该情况，可试着在显卡上加一块散热片或散热风扇，即可排除故障，如右图所示。

【故障维修3】更换显卡后，只要玩游戏或看蓝光碟片就出现花屏死机

故障描述：在电脑中更换一块显卡后，只要一玩游戏或看蓝光碟片就出现花屏死机现象，然后更换几个版本的驱动，多次重装了系统，问题依旧。

故障分析：该故障通过更换驱动，重装系统，但问题依旧，可判断是显卡散热和显卡本身质量的问题。

　　故障维修：可以把机箱盖打开，使用电风扇对其进行散热，温度正常之后，若电脑不死机则是散热问题；若仍然死机，可能是显卡本身的问题，需要更换显卡或返厂维修。

【故障维修4】开机时显示黑屏，并发出报警声，重启电脑后故障依旧

　　故障描述：电脑开机时显示黑屏，并发出一长两短报警声，重新启动电脑后故障依旧。

　　故障查找与维修：出现此故障可能是由于显卡与主板接触不良，或是显卡金手指被氧化引起的，具体维修方法如下：

　　（1）查看显卡与显示器是否出现问题，发现一切正常。

　　（2）拆开主机箱，用插拔法将显卡、内存及硬盘重新插一遍，故障仍旧存在。

　　（3）用主板诊断法进行测试，此时提示显卡出现错误。

　　（4）拔下显卡仔细观察，发现显卡金手指已失去光泽并呈暗褐色，很明显是金手指被氧化所导致的故障。

　　（5）使用橡皮将显卡金手指擦拭干净，然后重新插好，启动电脑，故障排除。

【故障维修5】电脑在启动进入系统之前，出现不规则的字符

　　故障描述：电脑在启动进入系统之前，出现不规则的字符。

　　故障分析：由于是在进入系统前出现乱码，因此可以判断不是由病毒或软件的原因造成的，可能是显卡损坏造成的。

　　故障维修：更换一块相同显存的显卡后如果电脑能正常启动，即可排除故障。

【故障维修6】更换新显卡后，重启无法进入系统

　　故障描述：新购买了一款显卡，替换了原来的旧显卡，替换完成后再重启，结果无法进入系统。

　　故障查找与维修：该故障是由于新来硬件驱动冲突造成的问题，主要是因为老显卡的驱动程序卸载不彻底所致。

　　可能是更换硬件后直接在老硬件驱动的基础上进行覆盖安装新驱动，这样虽然电脑能正常使用，却不科学。可以进入系统安全模式，在"设备管理器"中卸载显卡驱动，再重新安装驱动。

【故障维修7】更换显卡后，电脑经常无缘无故地死机

　　故障描述：更换显卡之后，电脑经常无缘无故地死机。

　　故障分析：引发这种结果的主要是由于主板与显卡不兼容或接触不良造成的。

　　故障维修：更换显卡或主板后，即可解决故障。

【故障维修 8】启动电脑后,显示器黑屏

故障描述:启动电脑之后,显示器黑屏。

故障分析:显卡与主板显卡插槽接触不良造成启动后无反应,机箱喇叭一般会发出一长二短的报警声。

故障维修:打开机箱,取下显卡,然后用橡皮擦拭显卡金手指位置,再重新安装好显卡即可,如右图所示。

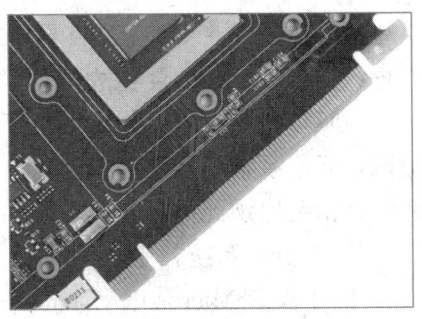

【故障维修 9】安装显卡附带驱动后屏幕分辨率反而降低,玩游戏也很卡

故障描述:显卡安装附带的驱动之后屏幕分辨率反而降低,且玩游戏也很卡。但官方网站上并未提供相应的驱动程序,无法将其更新到最新的驱动程序。

故障分析:该故障可能是驱动方面出现了问题。

故障维修:可以下载并安装催化剂官方正式纯驱动版,该软件是目前最新的支持 HD 显卡的官方正式驱动,根据操作系统选择 Windows 7、Windows 8、Windows 10 版本的显卡驱动进行下载安装,即可排除故障。

【故障维修 10】显卡驱动程序经常自动丢失

故障描述:刚安装完显卡驱动程序的一台电脑经常出现运行一段时间后驱动程序自动丢失的情况,需要再次重新安装。

故障分析:该故障一般是由于显卡质量不好或显卡与主板不兼容,致使显卡温度太高,从而导致系统运行不稳定或出现死机。

故障维修:此类故障的解决方法只能是更换显卡。

【故障维修 11】升级显卡驱动后,桌面图标变小

故障描述:升级显卡驱动后,桌面图标变小了。

故障查找与维修:在升级显卡驱动前,桌面上的图标较大是由于没有显卡驱动或显卡驱动安装不正确导致的,此时是不正常的,系统的分辨率很低。要增大桌面图标,可以右击桌面空白位置,选择"查看"|"大图标"命令,如下图所示。此外,还可以在按住【Ctrl】键的同时滚动鼠标滚轮来调整桌面图标大小。

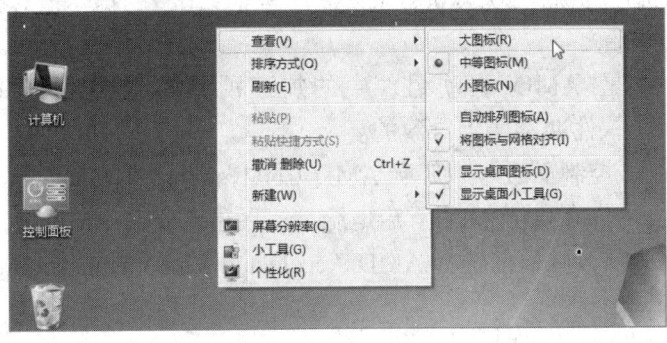

【故障维修 12】安装显卡驱动时，提示"安装软件包故障"

故障描述：在安装 AMD 显卡驱动时弹出错误提示信息框，提示"安装软件包故障"，如右图所示。

故障查找与维修：出现此故障一般并非是驱动安装包故障，而是系统环境导致的，一般对于 Ghost 系统或新装系统经常会出现此提示。此故障的解决方法如下：

（1）安装系统补丁。

（2）安装 Microsoft Visual C++、Microsoft .NET Framework 等系统相关组件。

（3）重启电脑，重新安装显卡驱动程序。

NET Framework 4 是支持生成和运行下一代应用程序和 XML Web Services 的内部 Windows 组件，很多基于此架构的程序需要它的支持才能运行，如下图（左）所示。

Microsoft Visual C++，简称 Visual C++、MSVC、VC++或 VC，是 Microsoft 公司推出的开发 Win32 环境程序，面向对象的可视化集成编程系统。它不但具有程序框架自动生成、灵活方便的类管理、代码编写和界面设计集成交互操作、可开发多种程序等优点，而且通过简单的设置就可以使其生成的程序框架支持数据库接口、OLE2、WinSock 网络、3D 控制界面。

用户可以从微软官网上下载并安装 Microsoft Visual 或 NET Framework，如下图（右）所示。

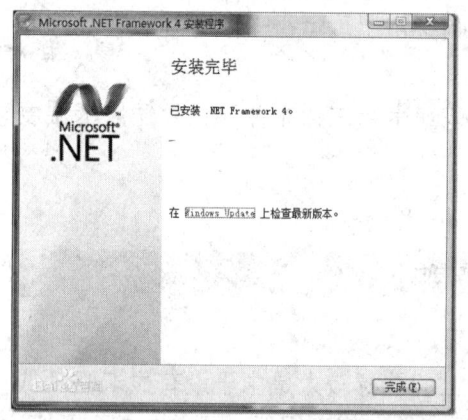 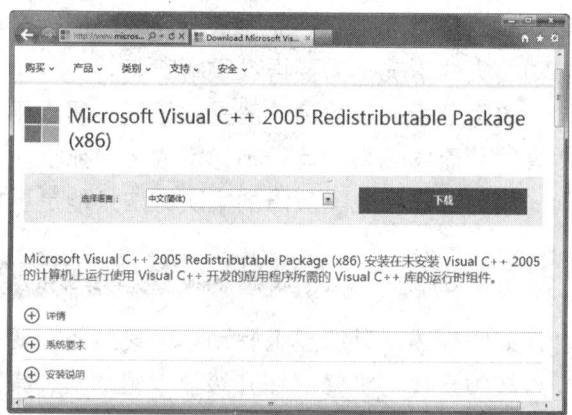

【故障维修 13】出现"kdbsync.exe 已停止工作"的提示信息框

故障描述：电脑开机后出现"kdbsync.exe 已停止工作"的提示信息框，如下图（左）所示。

故障分析：这是 AMD 驱动组件中的加速视频转码技术（Acceleated Video Trancoding）与某些软件冲突所到导致的。

故障维修：在"控制面板"中卸载 AMD Catalyst Install Manager，注意在卸载时选择"卸载所有组件"，卸载完成后重启电脑，然后重新安装 AMD 显卡驱动，在安装时选择"自定义安装"，并取消选择 AMD Acceleated Video Transcoding 复选框即可，如下图（右）所示。

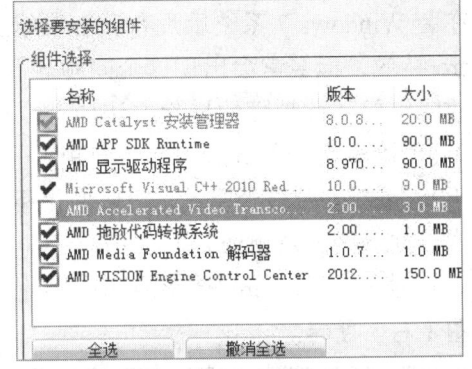

【故障维修14】玩游戏时,提示"发生了未知的directX错误"

故障描述:在玩游戏时,弹出错误提示框,提示"发生了未知的directX错误"。

故障维修:出现此故障后,可以通过以下方法来解决:

(1)将显卡的驱动程序更新为最新的版本。

(2)安装或重装Microsoft DirectX,如下图所示。

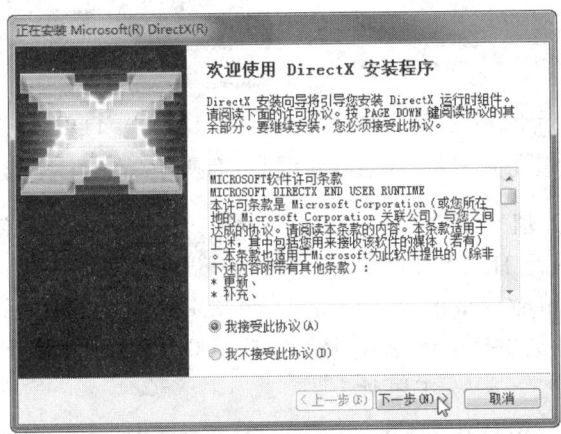

【故障维修15】显示器屏幕突然黑屏一下,然后恢复正常

故障描述:显示器屏幕突然黑屏一下然后恢复正常,并在任务栏右侧的通知区域中提示"显示器驱动程序已停止响应,并且已恢复",如下图所示。

故障分析:出现此故障的原因有以下两个方面:

(1)硬件问题。显卡的显存颗粒质量存在瑕疵,还有显卡本身设计方面有BUG。

(2)显卡驱动问题。因为没有安装或没有正确安装显卡驱动,有部分集成显卡的电脑在装 Windows 7 系统后没有安装集成显卡驱动，或者主板芯片组驱动也能正常显示 Aero 特效，但经常会出现这个问题。

故障维修：此故障的排除方法如下：

（1）检查显卡本身是否存在问题。

（2）重新安装显卡驱动。可以使用驱动精灵安装显卡驱动，并尝试选择不同的驱动版本，如下图（左）所示。

（3）尝试关闭 Aero 特效。打开"个性化"窗口，选择 Windows 7 Basic 主题即可，如下图（右）所示。

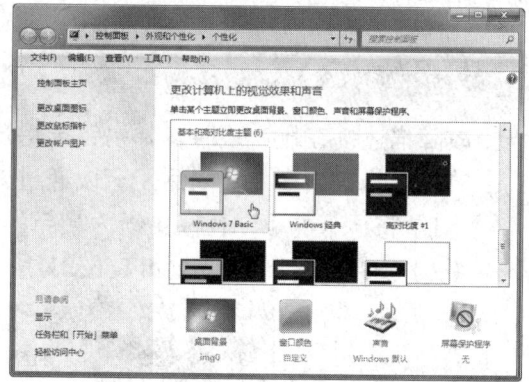

（4）关闭 Windows 7 中的超时检测和恢复（TDR）。TDR 是微软为了解决显卡挂起导致系统死机的问题而开发的，关闭它有利也有弊。关闭 TDR 的具体操作方法如下：

01 选择"DWORD 值"命令　打开注册表编辑器，展开 HKEY_LOCAL_MACHINE\SYSTEM\CurrentControlSet\Control\GraphicsDrivers 子键，在右窗格中右击，选择"新建"|"DWORD 值"命令，如下图所示。

02 设置键值项　弹出"编辑 DWORD（32 位）值"对话框，将新建的键值项重命名为 TdrLevelOff，并设置其键值项为 0，单击"确定"按钮，如下图所示。

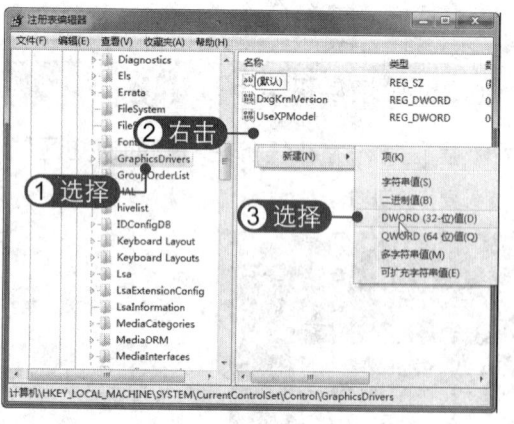

【故障维修 16】AMD 显卡驱动出现停止工作故障

故障描述：AMD 显卡驱动出现"Catalyst control center:Monitoring program 已停止工作"的故障，如下图所示。

故障查找与维修：出现这种提示是由于催化剂控制中心有问题停止工作了，可卸载这个驱动并重启电脑，然后重新安装一遍显卡驱动即可。

【故障维修 17】安装显卡后发现无论怎么设置刷新率，屏幕闪烁得都很厉害

故障描述：安装显卡后发现无论怎么设置刷新率，都感觉屏幕闪烁得厉害，但使用主板集成的显卡后电脑又一切正常。

故障查找与维修：首先查看是否正确安装了显示器驱动，然后根据使用主板集成显卡后一切正常可以判断这块独立显卡驱动安装及设置可能不正确。重新安装显卡的驱动程序，即可排除故障。

【故障维修 18】显卡驱动经常丢失，导致只能使用 16 位色

故障描述：电脑经常出现显卡驱动丢失的提示，导致只能使用 16 位色，显示效果非常差。重新安装驱动程序后恢复正常，但过一段时间后又会反复发作。

故障分析：该故障一般是由于显卡质量不好或显卡与主板不兼容所造成的。

故障维修：可先尝试更新显卡驱动程序，若问题依旧，可尝试刷新显卡和主板的 BIOS 版本。但是，刷新 BIOS 有一定的风险，需要做好备份工作。

【故障维修 19】显示器颜色显示不正常，且图像模糊

故障描述：显示器颜色显示不正常，且图像模糊。

故障查找与维修：当电脑显示器显示的颜色不正常且图像模糊时，可能是由于显示器受到周围磁场干扰、显示器信号电缆线接触不良、显示器出现问题、显卡与主板接触不良或是显卡本身存在问题引起的，具体维修方法如下：

（1）用插拔法查看显卡与显示器信号线是否接触不良，将显示器的信号接头重插一遍。

（2）用替换法检查该故障是否由显示器本身出现问题所致。将该显示器连接到另一台正常使用的电脑上，观察故障是否消失。

（3）如果故障依旧存在，接着检查主板与显卡是否接触不良。切断电源，打开主

机箱，卸下显卡，将显卡及插槽上的灰尘、氧化物清理干净；然后插好显卡，复原机箱，通电测试，观察故障是否消失。

（4）如果故障还未消失，可能是显卡出现问题，更换或维修显卡即可排除故障。

17.4 常见显示器故障现象及分类

当显示器出现故障时，首先要仔细观察故障现象，然后根据故障现象判断其属于哪类故障，进而采取相应的维修措施。下面主要介绍显示器的故障现象和故障分类。

17.4.1 常见的显示器故障现象

常见的显示器故障现象表现如下：
- ◇ 显示器开机后，电源指示灯亮，但屏幕上无任何显示。
- ◇ 显示颜色不正常。
- ◇ 屏幕上出现杂点或图案。
- ◇ 启动电脑时显示器发出"啪啪"的响声。
- ◇ 显示器不停闪烁或者显示图像模糊。
- ◇ 显示器出现黑屏、花屏等现象。
- ◇ 显示器屏幕出现亮线或暗线。
- ◇ 显示器的亮度、对比度、屏幕太小、屏幕位置不能调节或可调的范围很小。
- ◇ 屏幕参数不能设置或修改。
- ◇ 显示器出现水波纹。

17.4.2 显示器故障的分类

常见的显示器故障主要有以下几种类型：

1. 开机黑屏、屏幕有不正确的颜色或亮度出现

如果电脑正常启动后显示器屏幕不亮，而电脑自检正常或在使用的过程中显示器屏幕有不正确的颜色或者亮度出现，通常是由于显示器的电源线、信号线连接不正确或者接触不良造成的，只要重新检查与显示器连接的线路并对其进行重新连接，一般就能排除故障。特殊情况下，可以更换信号线。

2. 开机时显示器屏幕模糊或显示器内部有声音

正常启动电脑后，显示器屏幕呈现模糊状态，而且显示器内部还有声音传出，一般情况是由于显示器内部聚集的灰尘太多受潮后导致的，只要清除显示器内部的灰尘，即可排除该故障。

3. 显示器显示缺色

正常启动电脑后，彩色显示器屏幕变成了单色（如红色），一方面有可能是信号

线没有接触好，或者是某根信号线断裂导致的缺色；另一方面，也可能是显示器内部的 RGB 电路中某一电路工作不正常引起的。如果是信号线没有接触好，只要将该信号线接好即可；如果是某根信号线断裂或者显示器内部的 RGB 电路引起的，则需要送专业维修点由专门人员来进行修理。

17.5 显示器故障的检测与排查

要想维修显示器故障，必须掌握正确的检测方法。检测的方法是多种多样的，用户可以依据显示器的故障表现形式来采用相应的检测方法，然后采取合适的思路进行维修操作。在进行显示器故障维修时，应遵循基本的排查原则，这样才能快速对故障进行判断和定位。

17.5.1 显示器故障的检测

液晶显示器故障通常是由于内部某电路不能正常工作而造成的，可能产生很多种故障现象，所以液晶显示器故障的检测方法也是多种多样的。

1．观察法

观察法就是通过眼看、耳听、手摸、鼻闻等方式检查显示器比较明显的故障。观察时不仅要认真，还要全面。通常需要观察的内容包括周围环境（包括电源环境、其他高功率电器、磁场状况、温/湿度环境、环境的洁净度等）和显示器内部是否存在变形、变色、异味等异常现象，如保险管是否变黑，滤波电容有无异样，有无明显虚焊点。通过观察查找明显损坏的元器件，可以大致判断故障的大小及范围，甚至立即找到故障点。

2．直观检查法

直观检查法是指当显示器工作出现异常时，大多数的故障现象可以从显示屏等监视器上观察到，如花屏、颜色问题等。检修时，根据观察到的故障现象，结合用户提供的故障发生原因和过程，经分析后初步判断出可能发生故障的部位。

由于显示器的电路结构比较复杂，不同部位发生的故障可能会出现相同的故障现象，即一种故障现象可能是由多种原因引起的，这就需要认真仔细地观察、检查和分析，然后去粗取精、去伪存真，最后找出真正的故障部位，直至排除故障。

直观检查法主要包括外部检查、内部检查和通电检查 3 种。

（1）外部检查

检查显示器的故障应先从外部开始，根据机器工作方式检查操作面板上的按键和开关是否正常，电源连线是否接好，视频信号线是否连接正常等。

（2）内部检查

在外部检查没有发现异常的情况下，拆开显示器外壳，检查内部电路。观察元器件焊点、连接导线有无虚焊、脱焊、引脚有无霉断、插件是否松脱，印制电路板电路线条有无断裂，元器件有无烧焦、爆裂或漏液现象等。

（3）通电检查

接通电源开关，观察电源指示灯是否点亮，机内有无打火、发热、焦味及冒烟现象。

3．敲击法

敲击法非常适用于虚焊和接触不良等引起的故障。采取的方法是用绝缘体在通电或不通电的情况下，对可能出故障的部位进行轻轻敲打和按压，以此来发现虚焊和接触不良等故障。

用手指尖或绝缘小棒轻轻敲击电路板，或轻轻扭动线路板，或在线路板中央轻压，使故障尽快表现出来。与此同时注意观察故障现象的变化，当故障表现出来后，再用电压检测法等进行检测。例如，可以在黑暗条件下（关灯）振动线路板时，若发现打火点，即为故障点。

当显示器运行时好时坏，且易受振动的影响，则可能是因为元器件由虚焊、接触不良或金属氧化使接触电阻增大等原因引起的。当显示器发生该故障时，运用敲击振动法检修是行之有效的。

4．清洗补焊法

清洗补焊法先用无水酒精对显示器的电路板等进行清洗，去除电路板中的灰尘、污渍、霉斑、锈斑等物质后，再对显示器中可能被腐蚀或接触不良的地方进行补焊。因为显示器在潮湿、灰尘、高温等环境下，会导致内部电路发生短路或形成具有一定阻值的导体，从而破坏电路的正常工作。需要特别注意的是，在清洗完电路板等元器件后，要用热风吹干电路板，方可安装进行测试。

5．测电阻法

测量电阻可以分为测量显示器电路和元器件的对地电阻值和测量元器件本身的电阻值。

测量电路输出端的对地电阻值，可以判断电路的负载是否正常。当测量晶体管或集成电路块各个脚的对地电阻值时，需要测量其正反向电阻。通常情况下以负表笔接地时测得的电阻值为正向电阻，而以正表笔接地时所测得的电阻值为反向电阻。

根据所测电阻值的变化与正常情况下的电阻值进行比较，就可以判断出故障所在的位置。当无法清楚地判断故障的具体位置时，可以取下晶体管或集成电路块，测量晶体管各脚之间的正反向电阻值和集成电路块各脚与接地脚之间的正反向电阻值，也可以大概判断出晶体管或集成电路块的好坏。

6．测电流法

测量电流是维修电路的基础方法之一，是测量晶体管及IC芯片的负载电流和工作电流的一种方法，用这种方法来检测集成电路、晶体管及其电源负载是否正常等。如果晶体管或IC芯片的工作状态正常，那么所测量的负载电流应该是正常的。如果测得的电流与正常值相比变化很大，那么该电路可能有问题，就可以对其进行重点检查了。

7. 测电压法

测量电压法主要是测量电路和元器件的工作电压，以此来对故障部位和元器件进行判定。测电压又可分为测交流电压和测直流电压两种类别。测交流电压就是用万用表的交流电压挡来测量显示器电源的交流电压值。

当然，也可以在万用表上串联上一个 0.1μF 左右的耐压足够大的电容，测量场扫描输出电路、行扫描输出电路、视频放大电路等部位的交流部分。用万用表检查其交流电压，然后与正常状态下所测数值进行比较，以此来判断该电路工作是否正常。

8. 短路法

短路法主要是用来模拟晶体管的饱和与截止而采取的一种方法。具体测量方法为：用镊子将晶体管的 BE 结短路因 BE 结短路必然截止。在某些电路中，也可以将晶体管的 CE 结短路，模拟晶体管，晶体管的饱和，这种操作要求对电路熟悉。在开关电源电路中尽量不要采用该方法，如电源开关管的 CE 结是不能短路的。

9. 调整输入电压法

调整输入电压法是为了安全检修而采用的一种方法。例如，给行输出电路外接稳定的、合乎行输出电路要求的电压来判定故障。当然，其结果是光栅在正常情况下是减小的，如果能得到这个结果，就表明行输出电路基本正常。又如，给开关电源电路中的 UC3842 的第 7 脚外接 17V 电压，如果在 UC3842 本身及外围电路正常的情况下，它的第 6 脚就应该输出脉冲电压（在此必须拆下开关管，否则没有稳压调整会损坏开关管及 UC3842）。

10. 示波器观察法

在显示器的电路中，一些重要的波形在印制电路板上都没有测试点（TP）。波的形状、宽度和幅度都有严格的要求并在图样上标出，通过检测观察波形便能快速而准确地查出故障部位。

11. 参数测量法

参数测量法是指应用指针万用表或数字万用表测量元器件电压、电阻和电流参数值，然后与维修手册中的标准参数值进行比较分析，从而找到故障元器件。采用此方法进行维修时，需要准备显示器的维修手册。

12. 比较法和置换法

比较法和置换法是指利用一台同型号的正常显示器与有故障的显示器进行同部位的测量比较。两台同型号的显示器在同一种工作状态下，可以通过测量同部位的电压、在路电阻或用示波器观察信号波形来进行比较，也可以用性能良好的元器件（包括机械零部件、印制电路板组件等）对可能损坏的元器件进行置换验证。

首先应检查与可能有故障的元器件相连接的线路是否有问题，然后检查其供电是否正常，接着替换可能有故障的元器件，最后替换与之相关的其他元器件。替换时按先简单后复杂的顺序进行。

采用同部位测量比较和置换验证的方法，能够准确地验证元器件的好坏。

13．冷热法

冷热法适用于热稳定性差和发热较严重的元器件。当发现某个元器件温度异常时，可用棉花球蘸上纯酒精，敷在该元器件的表面让其迅速冷却。待冷却后再开机，若发现刚才的故障明显减轻或消失，则可以初步判断该元器件已热失效或已有问题，可将其更换。

加温法和冷却法是相辅相成的，当发现元器件热稳定性差时，用冷却法无效的情况下，可以用电烙铁或电吹风等对被怀疑的元器件进行适当的加热处理，然后开机观察，如果发现刚才不明显的故障加重了，就可对该元器件进行重点检查，甚至将其更换。

14．干扰法

用螺丝刀等工具去接触电路的输入端，输入人体感应信号或碰撞时产生的物理性杂波，用来检查视频、中频等电路，然后可以根据显示屏上的杂波反应，基本断定电路工作是否正常。其检查顺序应从后级向前级，检查到哪级无杂波反应，哪级就有问题，即可对其进行重点检测。

17.5.2 显示器故障排查方法

显示器的维修思路是先检查显示器的连接情况，保证显示器与市电电源、主机正确连接；再检查市电电压、环境温度、湿度是否正常，以及显示器周围是否有磁场干扰等环境因素，然后检查显示器参数设置有无过高或过低，BIOS 中的设置与当前使用的显卡类型或显示器连接的位置是否匹配，最后检查显示器自身。

显示器故障排查的方法如下：

1．先从简单的事情做起（先外后内）

处理故障需从最简单的事情做起，即先检查外部的环境状况（故障显像、电源、连接等），后检查显示器内部的环境（连接状态、器件的颜色、部件的形状、指示灯的状态等），这样有利于集中精力对故障进行判断与定位，必须通过认真观察后才可以进行判断与维修。

2．根据现象先想后做

根据故障现象，先想好从何处入手，怎样操作，再进行实际的维修操作。要尽可能先查阅相关的资料（维修手册等），对相应的技术要求、使用特点等进行了解后，根据实际情况，并结合自己的知识经验进行分析判断，再着手进行维修。

3．先静态后动态

所谓静态检查，就是在机器未通电之前进行的检查。当确认静态检查无误时，方可通电进行动态检查。若发现冒烟等异常情况，应立即关机，重新进行静态检查。这样可以避免因情况不明给机器通电，而造成不应有的损坏。

4．先清洗再补焊

在显示器受潮、被摔或内部灰尘较多的情况下，潮气或灰尘可能对显示器的电路板造成腐蚀。这种情况下，一般需要先对显示器内部的电路板进行清洗，再对电路板中虚焊的地方进行补焊。经过清洗和补焊后，一些故障即可自动排除。

5．先断电再检修

由于显示器内部电路采用的都是集成电路芯片，它们的工作电压只有 3V 左右，很容易被静电击穿，所以在拔插显示器内接插件或焊接电路板中的元器件时要先关闭电源，然后检修显示器的电路板。

6．先电源后电路

根据经验，电源部分的故障率在整机中占比较高，许多故障就是由电源引起的，所以先检修电源常能收到事半功倍的效果。

17.6　常见显示器故障维修实战

下面将详细介绍一些常见的显示器故障分析与修复方法，其中包括黑屏、模糊、偏色、白屏、显示屏出现波纹、屏幕无显示、不加电等故障。

【故障维修1】开机后，显示器提示"超出频率范围"

故障描述：开机后，显示器提示"超出频率范围"。

故障维修：可以尝试按照以下方法来排除故障：

（1）检查显示器的信号线是否存在问题。

（2）重写 MCU 驱动程序。

（3）更换 EPROM。

（4）重刷 EPROM 程序。EPROM 中记载了有关显示器品牌、型号、生产日期、序列号、指标参数等信息内容。

（5）更换驱动板。

【故障维修2】打开显示器电源开关后，电源指示灯不亮

故障描述：打开 LCD 显示器电源开关后，电源指示灯不亮。

故障查找与维修：出现此问题时，首先查看显示器的电源线是否接触不良，主要看电源插座是否有电，以及 LCD 显示器的电源插座是否插紧。显示器无显示且指示灯不亮，除了显示器电源线的原因外，主要的问题是显示器电源电路部分有故障。

打开显示器后盖，经检测发现保险丝已烧断，除此之外没有发现烧焦、虚焊的情况，因此只需更换保险丝就可以排除故障。

【故障维修3】显示屏亮一下就黑屏，电源指示灯绿灯常亮

故障描述：液晶显示屏开机后亮一下，然后就黑屏了，电源指示灯绿灯常亮。

故障查找与维修：此故障一般是高压异常造成的，是保护电路在起作用。在这种情况下，一般液晶屏上是有显示的，看的方法是"斜视"。

检修时可以用单灯高压板接一个灯管试验，因为现在液晶显示器高压板的设计一般都是对称设计，而两边都坏的可能性基本没有。一般较老的显示器容易出问题的是某一路的电源管升压管升压，变压器和灯管短路或空载而造成的电源管理IC负载均衡保护。

高压板接口有很多条线，看似更换起来很复杂，其实很简单，只需要4个信号接到高压板即可：电源、地、开关控制ON/OFF和ADI亮度调节。首先确定电源线正极和负极，有保险丝的一般来说是正极，负极多是接在电容的负极上。然后确定电压，可以通过查看电容的标记来确定电压，如果电容标记为6V左右，那么就是3.3V；电容标记为12V左右，那么输入电压就是5V；电容标记为24V左右或24V以上，那么就是12V，以此类推。把电容上所标的伏数除以2，最接近几伏就是几伏电压。

若故障依然存在，则找出控制脚，查看哪只脚是接到一个晶体管上的。一般是直接引接到晶体管上的，或者中间有个小电容，比较容易辨认。控制脚一般是3.3V和5V，也有的是接地的，此时可先接地试一下，若不行再接3.3V或5V。如果输入电压和控制电压是3.3V，则可以直接合并，多余的脚空置即可。

【故障维修4】液晶屏上出现亮点，影响正常使用

故障描述：液晶屏出现两个较大的亮点，影响正常使用。

故障查找与维修：一个或二个大的亮点可以尝试轻轻用指尖按压亮点，若亮点消失，说明此像素的开关管和电极虚连，重新连接好即可。若出现小的黑点和灰点，则可能是内部导光板或偏光片有灰尘造成的，可以进行清洗处理。

【故障维修5】新买的液晶显示器屏幕显示有些模糊

故障描述：新买的液晶显示器，但不知道为什么屏幕上的显示画面总是有些模糊。

故障分析：液晶显示器显示模糊一般是由于显示器的分辨率设置不当造成的。液晶显示器都有自己最合适的分辨率，需要在电脑上进行分辨率设置，将其调为最佳分辨率即可。

故障维修：打开"屏幕分辨率"窗口，单击"分辨率"下拉按钮，拖动滑块调整为系统推荐的分辨率，如右图所示。若无法调整分辨率，则是因为没有正确安装显卡驱动程序，此时重装显卡驱动程序，即可排除故障。

【故障维修6】液晶显示器屏幕出现重影，整体向右拉长

故障描述：液晶显示器开机后几分钟屏幕出现重影，整体向右拉长。

故障维修：可以尝试按照以下方法来维修故障：

（1）检查信号线的连接和质量问题。

（2）检查驱动板、屏线的连接问题。

（3）检查高压板上是否有虚焊情况。

（3）检查屏显 IC。

（4）更换通用驱动板，检查是否是液晶屏本身的问题。

【故障维修7】显示屏出现一条贯穿的亮线

故障描述：显示屏上出现一条贯穿的亮线。

故障查找与维修：显示屏出现亮线或暗线，一般是液晶屏的故障。亮线故障一般是连接液晶屏的排线出了显示屏出现一条贯穿的亮线问题，或者某行和列的驱动 IC 损坏。暗线一般是屏的本身有漏电，或者 TAB 柔性板连线开路。以上两种问题基本上就是给显示器判了"死刑"了，没有维修价值，因为一块屏的价格太高了。

【故障维修8】液晶屏亮度偏低，使用按键调整效果不明显

故障描述：液晶屏的亮度偏低，使用显示屏的按键调整亮度，效果不明显。

故障维修：可以尝试按照以下方法来维修故障：

（1）检查高压板 ADJ 亮度调节电路。

（2）更换灯管。

（3）更换高压板。

（4）调整或更换导光板。

【故障维修9】液晶屏显示颜色不正常，出现偏色现象

故障描述：液晶显示器显示的颜色不正常，出现偏色现象。

故障查找与维修：出现此故障可以进入工厂调整模式进行调整，若无法进入，可以尝试按照以下方法进行维修：

（1）更换屏线和转接板。

（2）重写驱动程序。

（3）驱动板坏了，更换驱动板（不常见）。

（4）屏背板的控制 IC 坏，更换 IC（不常见）。

（5）拔掉屏线观察背光颜色，若背光偏色，则为灯管老化，需更换灯管。

工厂模式是厂家在设计电路时预留的一些功能，这些功能并不对普通用户开放。通过特殊的方式进入，通过修改存储器数据或其他方式对显示器进行维护，如下图所示。不同品牌的显示器进入工厂模式的方法不同，如飞利浦显示器，需要在关机的状态下同时按住 AUTO 和 MENU 键然后开机，此时按 MENU 键进入 OSD 菜单，新出现的选项就是工厂菜单。

在使用显示器的过程中,若遇到图相严重变暗或变亮、扭曲变形、偏移等故障,使用显示器面板上的 OSD 菜单调整又没有明显效果,这时可使用工厂模式进行调整。

进入工厂模式可以解决的故障类型如下:

◇ 图像的亮度偏暗,即使把用户模式中的亮度和对比度都调到最大,也无法看清某些内容的细节,特别是在玩游戏时,如果遇到黑暗处时就什么也看不清楚了。

◇ 图像的左右两边无法调整为垂直,总有很明显的偏差。

◇ 水平方向的图像宽度变窄,即使把左右宽度调为最大,也不能达到满幅。也可能是上下之间的宽度不能达到满屏或过大,超出了显示器屏幕之外。

◇ 水平有变曲,上边或下边不水平,有挑角等。

◇ 图像在某一色温下颜色明显偏向某一种颜色,改变色温时有的色温下图像显示正常。

◇ 用户模式中的某一菜单功能不能使用,如消磁、锁定键盘等。

◇ 图像模糊,有时还有字符上下或左右抖动的情况。

◇ 字符或图标在屏幕上的大小不一致,在有的地方大,而在有的地方小。

◇ 显示器图像显示正常,但是某一区域有清晰可见的网纹出现。

◇ 查看显示器的主要性能参数、工作总时间等。

◇ 改变显示器的节能工作方式,是否打开老化开关,OSD 菜单功能选择等。

【故障维修 10】液晶显示器出现花屏或白屏

故障描述:液晶显示器出现花屏或白屏问题。

故障查找与维修:液晶显示器出现花屏或白屏故障,一般是显示屏的驱动电压出了问题。可以先更换驱动板和驱屏线,若不行则检查屏背板供电电路,具体维修思路如下:

(1)检查驱动板 5V 转 3.3V 的稳压块(AIC1084)是否有供电输出。

(2)检查屏体驱动板保险丝(F)。

(3)检查 3.3V 电路。

(4)检查 DC/DC 转换电路。

(5)检查-负压形成 IC(-7V)。

(6)检查行列驱动 IC。

【故障维修 11】液晶屏光线显示不均匀

故障描述：液晶屏光线显示不均匀。

故障维修：液晶屏出现漏光或光线显示不均，可重新安装灯管，然后调整导光板。

【故障维修 12】观看灰色背景的图片时，发现边缘处出现水波纹

故障描述：观看灰色背景的图片时，发现边缘处出现水波纹。

故障查找与维修：水波纹是液晶屏幕上的暗波线发生干扰的一种形式，是由荧光点的分布与图像信号之间的关系引起的干扰现象。波纹效应常常意味着聚焦水平的好坏。当使用亮灰色背景时，波纹效应会相当明显。

液晶显示器出现水波纹现象，大部分原因是由于信号线受到干扰，与其最密切的就是显示器的视频信号线了。用户应将引发水波现象的干扰源远离显示器的信号线，如手机或其他电器。由于 VGA 信号线抗干扰能力是比较弱的，建议大屏显示器采用 DVI 信号线与主机连接。选择信号线时，尽量选择原装的高品质信号线。

此外，信号线的接触是否良好、显卡插槽是否接触良好，也会有一定的关系。

【故障维修 13】液晶显示器屏幕黑屏无背光，电源灯绿灯常亮

故障描述：液晶显示器屏幕黑屏无背光，电源灯绿灯常亮。

故障查找与维修：可以"斜视"液晶屏，若显示图像，则多属于高压板供电电路问题。重点检查 12V 供电（保险丝 F）和 3V 或 5V 的开关电压是否正常。

若是 MCU 问题造成没有输出开关控制电压，则可以直接提取三端稳压块的（AIC1084）3.3V 代替。修理高压板的思路为：电源保险丝→开关控制管→电源管理 IC→推挽放大管→电源开关管→DA 转换电路（储能电感整流管）→LC 升压电路（升压变压器升压电容）→耦合电容→灯管。

【故障维修 14】显示器开机后电源指示灯亮，但屏幕上无任何显示

故障描述：液晶显示器开机后电源指示灯亮，但屏幕上无任何显示。

故障查找与维修：由于液晶显示器的电源指示灯亮，可以排除显示器电源的故障。而屏幕无任何显示，最普遍的情况是液晶显示控制模块与液晶显示板的段电极之间有接触不良的故障。具体维修方法如下：

（1）打开显示器的外壳，可以看到控制电路和电源电路两个模块的电路板。

（2）用一根普通的电线，将电线其中一头的绝缘外皮剥去一小段，然后将另外一头在台灯的电源线上绕几圈，这样该电线中就会感应产生出微弱的交流电压。虽然这个感应电压的内阻很大，且只有 50Hz 交流感应电动势，它对一般家用电器来说没什么作用，但用于驱动液晶显示器件正好适用。

（3）用左手捏住液晶显示面板的背电极引出线，用右手拿刚才有感应电压那根电线，用裸露电线头分别接触各个段电极（即 Y 电极），然后观察液晶显示器的反应。当电线接触到其中一个段电极时，发现液晶显示器无反应，说明此处导电橡胶有问题。

（4）用高纯度的无水酒精清洗发现问题的导电橡胶，然后装回原处，再将显示器装好，最后通电测试发现显示器可以正常显示，故障排除。

【故障维修15】液晶屏显示文字发虚，有严重拖尾现象

故障描述：液晶显示器显示文字发虚，有严重拖尾现象。

故障维修：可以尝试以下方法来排除故障：

（1）检查VGA信号线，重点查看RGB三色线的地线是否连接正常。

（2）更换屏线或转接板。

（3）重写驱动程序。

（4）更换驱动板。

（5）液晶屏背板信号接口IC损坏，更换该IC。

（6）调整液晶屏背板对比度电位器。

（7）LCD屏导光板错位或偏光片错位，重新调整即可。

下面对VGA接口进行简单介绍。D-sub接口俗称VGA接口，它是一种D型接口，上面共有15针孔，分成三排，每排五个。其中，除了2根NC（Not Connect）信号、3根显示数据总线和5个GND信号，比较重要的是3根RGB彩色分量信VGA号和2根扫描同步信号HSYNC和VSYNC针。VGA视频线的引脚定义如下图所示。

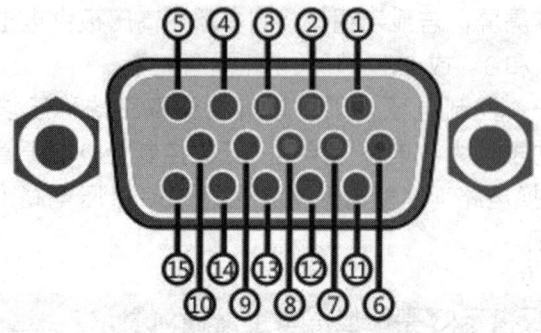

【故障维修16】通电后不按开关按键即白屏，按键后可正常显示

故障描述：通电后不按开关按键即白屏，按键后可正常显示。

故障查找与维修：高压板接口的开关信号和ADJ信号接反，造成部分属于驱动板MCU的开关信号输出不正常，可以重写MCU程序或更换MCU。

【故障维修17】液晶显示器开机无任何反应，整机无电

故障描述：液晶显示器开机无任何反应，整机无电。

故障查找与维修：造成显示器整机无电的原因主要为电源故障和驱动板故障。

（1）电源故障

开机检查显示器中一些易损的小元器件，如保险管、整流桥、300V滤波电容、电源开关管、电源管理IC整流输出二极管滤波电容等。

（2）驱动板故障

驱动板烧保险或是稳压芯片出现故障。一部分机器是把开关电源内置，输出两组电源，其中一组是 5V，供信号处理用；另一组是 12V 提供高压板点背光用。如果开关电源部分电路出现故障，有可能导致两组电源均没输出。

先检查 12V 电压是否正常，然后检查 5V 电压是否正常。因为 A/D 驱动板（即主板）的 MCU 芯片的工作电压是 5V，所以先用万用表测量 5V 电压。如果没有 5V 电压或者 5V 电压变得很低，则可能是电源电路输入级出了问题，也就是说 12V 转换到 5V 的电源部分出了问题。这种故障很常见，可进一步检查五端稳压块，如 8050SD、LM2596、AIC15-01 等。另一种可能就是 5V 的负载加重了，把 5V 电压拉得很低。也就是说，后级的信号处理电路出了问题，有部分电路损坏，引起负载加重，把 5V 电压拉得很低。逐一排查后级出现问题的元器件，替换掉出现故障的元器件后，5V 能恢复正常，故障一般就此解决。

也可能会遇到 5V 电压恢复正常后还不能正常开机的情况，这种情况也有多种原因，一方面是 MCU 的程序被破坏导致不开机，还有就是 MCU 本身损坏。例如，MCU 的 I/O 口损坏，使 MCU 扫描不了按键。遇到这种由 MCU 引起的故障，需要找到原厂的 AD 驱动板替换，或者使用通用 A/D 驱动板替换，如 151D 或 161B 等。

在实际维修过程中，遇到的液晶屏有两种供电方式：一种是由主板提供液晶屏的各种工作电压，一般情况下液晶屏所需的各种工作电压有 3.3V、10V、－6V、－18V 等几种，检修时主要是针对 10V、－18V（或－6V）两组电压；另一种是主板只提供一个 3.3V 的电压，液晶屏所需的其他各种电压是屏后面的电路板提供的，检修起来难度相当大。

Chapter 18 快速诊断与修复电源故障

ATX 电源将普通 220V 交流电转换为电脑能够使用的直流电，并专门为电脑的主板、硬盘、光驱、显卡等设备提供不同的电压，是电脑各部件供电的枢纽，是电脑正常工作的基本保证。一旦 ATX 电源发生故障，就会发生很多莫名其妙的故障，如电脑频繁重启、无法开关机、硬盘出现坏道等。本章将详细介绍 ATX 电源常见故障的分析与修复方法。

本章要点
- 常见电源故障分析与检修
- 常见电源故障维修实战

知识等级
高级读者

建议学时
建议学习时间为 50 分钟

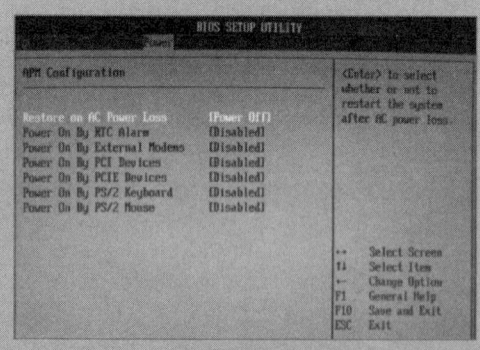
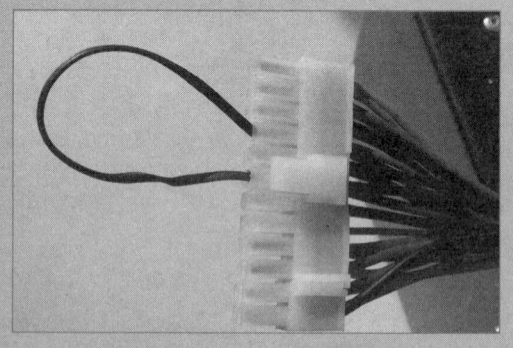

18.1 常见电源故障分析与检修

在学习对电源常见故障进行诊断与维修之前，下面先介绍电源常见故障的发生现象、分类、常用检测方法及维修思路。

18.1.1 认识各色电源线的含义

电源的外壳上一般都有一张电源的铭牌，铭牌上标注了电源的型号、相关认证和输出电压等信息，如下图所示。

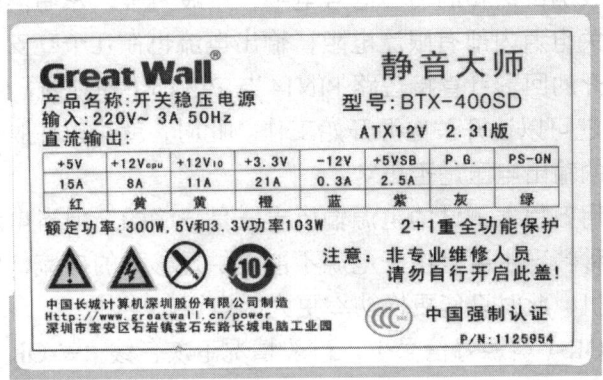

铭牌中标注的输出电压有+5V、+12V、+3.3V、-12V、+5VSB 和-5V，具体作用如下：

- **+5V（红色线）**：用于驱动除磁盘、光驱马达以外的大部分电路，包括磁盘、光盘驱动器的控制电路。
- **+12V（黄色线）**：+12V 一般为硬盘、光驱的主轴电机和寻道电机提供电源。当+12V 的电压输出不正常时，常会造成硬盘、光驱的读盘性能不稳定。当电压偏低时，表现为光驱挑盘严重，硬盘的逻辑坏道增加，经常出现坏道，系统容易死机，无法正常使用；当电压偏高时，光驱的转速过高，容易出现失控现象，硬盘表现为失速、飞转；当电压过高时，则容易烧毁光驱和硬盘。
- **+3.3V（橙色线）**：经主板的电压转换电路变换后用于驱动 CPU、内存等电路。
- **-12V（蓝色线）**：主要用于某些串口电路，其放大电路需要用到+12V 和-12V，通常输出小于 1A。
- **+5VSB（紫色线）**：+5VSB（+5V Standby）电压是指在系统关闭后保留一个+5V 的等待电压，用于系统的唤醒。因为+5VSB 是一个单独的电源电路，只要有输入电压，+5VSB 就存在。为了满足不断提高的 CPU 和主板功耗，现在 ATX 电源+5VSB 输出一般都可以达到 1A 以上，甚至 2A。
- **-5V（白色线）**：很早之前用于软驱及某些 ISA 总线板卡电路，通常输出电流小于 1A。在许多新系统中已经不再使用-5V 电压，现在的主流电源一般不再提供-5V 输出。

电源上的输出线共有 9 种颜色，与输出电压一一对应，详见下表。

红	黄	橙	蓝	紫	白	绿	灰	黑
+5V	+12V	+3.3V	-12V	+5VSB	-5V	PS-ON	PW-OK	COM

其中的紫色线即使关机后仍然提供+5V电压，供给键盘热键及网络开机使用，可依此判断电源工作是否正常。电源线中的黑色线代表地线，绿色线通过主板与机箱上的电源按键连接，和灰色线配合，提供软件开关机功能。

绿色线PS-ON端（PIN14脚）为电源开关控制端，该端口通过判断该端口的电平信号来控制开关电源的主电源的工作状态。当该端口的信号电平大于1.8V时，主电源为关；当信号电平为低于1.8V时，主电源为开。因此，在单独为开关电源加电的情况下，可以使用万用表测试该脚的输出信号电平，一般为4V左右。因为该脚输出的电压为信号电平，开关电源内部有限流电阻，输出电流也在几个毫安之内，因此可以直接使用短导线或打开的回形针直接短路PIN14与PIN15（即地线，还有3、5、7、13、15、16、17针），就可以让开关电源开始工作。此时，就可以在脱机的情况下使用万用表测试开关电源的输出电压是否正常。

有时，虽然使用万用表测试的电源输出电压是正确的，但当电源连接在系统上时仍然不能工作，这种情况主要是由于电源不能提供足够大的电流，典型的表现为系统无规律地重启或关机，此时只能更换功率更大的电源。

灰色线为PW-OK（电源好信号），一般情况下灰色线PW-OK的输出若在2V以上，那么这个电源就可以正常使用；若PW-OK的输出在1V以下，这个电源将不能保证系统的正常工作，则必须进行更换。

18.1.2 ATX电源的结构和工作原理

从外部来看，ATX电源主要包括各种输出接口、电源线接口、铭牌和散热口等。从内部来看，ATX电源主要由散热风扇和电源电路板组成，主要包括变压器、高压滤波电容、低压滤波电路、一级EMI滤波电路、二级EMI滤波电路和主动PFC电路等，如下图所示。

电流在电源内部的大致流程为：高压市电交流输入→1、2级EMI滤波电路（滤波）→全桥电路整流（整流）+大容量高压滤波电容（滤波）→高压直流→开关三极管→高

频率的脉动直流电→开关变压器（变压）→低压高频交流→低压滤波电路（整流、滤波）→稳定的低压直流输出。

ATX 电源的工作原理如下图所示。

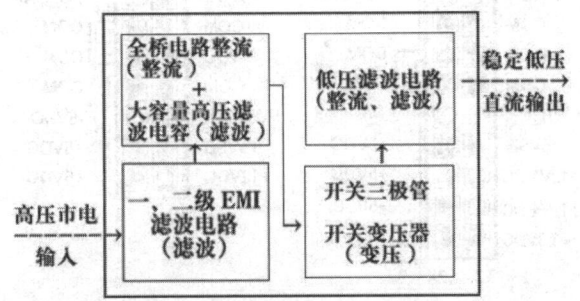

简单来说，电源的工作原理为：当市电进入电源后，先通过扼流线圈和电容滤波去除高频杂波和干扰信号，然后经过整流和滤波得到高压直流电；接着通过开关电路把高压直流电转成高频脉动直流电，再送高频开关变压器降压；最后滤除高频交流成分，这样最后输出供电脑使用的相对纯净的低压直流电。

18.1.3 认识电源各供电接口的用途

对于一款主流电源来说，它提供的接口类型和数量不仅需要满足当前主流平台的应用需求，还应为用户将来升级留出一定的扩展空间，如下图（左）所示。而目前主流电源提供的各种接口类型中，主要包括 20+4pin 主供电接口、4pin/8pin 主供电接口、6+2pin PCI-E 显卡供电接口、大 4pin D 型供电接口和 SATA 15pin 供电接口，下面将分别对其进行介绍。

1. 20+4pin 主供电接口

目前绝大多数电源的主供电接口都采用的是这种设计，因为这样可以同时满足 24pin 新主板和部分 20pin 老主板的供电需要。可以被灵活搭配的 4pin 接口主要用于给 CPU 供电，如下图（右）所示。

20pin 和 24pin 主板电源接口定义如下图所示。按标准端子来计算，主板的 24pin 接头共有 2 组+12V，每组可以传输 6A 电流，累计 12A 电流，144W 功率；+5V 有 5 组，共 30A 电流，150W 功率；+3.3V 为 4 组，共 24A 电流，79.2W 功率。不含-12V 和 5Vsb，24pin 接头累计可以传输 373.2W 功率，使用更高级别的端子则可以提高为 559.8W 及 684.2W。

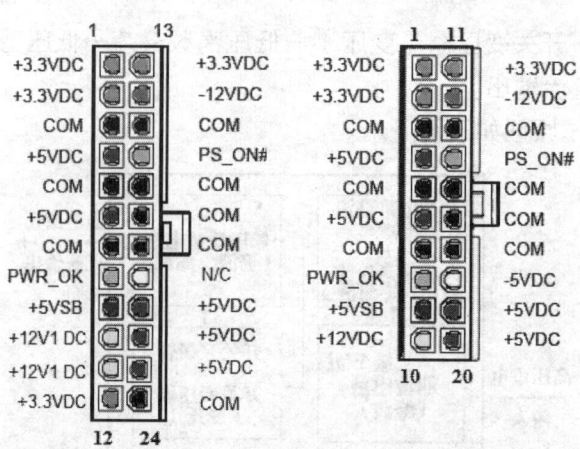

24pin 供电接口各针孔的具体定义见下表。

针脚	定义	线颜色	针脚	定义	线颜色
第 1 针	+3.3V	橙	第 13 针	+3.3V	橙
第 2 针	+3.3V	橙	第 14 针	-12V	蓝
第 3 针	地线	黑	第 15 针	地线	黑
第 4 针	+5V	红	第 16 针	+5V（PWR_ON）	绿
第 5 针	地线	黑	第 17 针	地线	黑
第 6 针	+5V	红	第 18 针	地线	黑
第 7 针	地线	黑	第 19 针	地线	黑
第 8 针	+5V（PWR_OK）	灰	第 20 针	-5V	白
第 9 针	+5V（待机电压）	紫	第 21 针	+5V	红
第 10 针	+12V	黄	第 22 针	+5V	红
第 11 针	+12V	黄	第 23 针	+5V	红
第 12 针	+3.3V	橙	第 24 针	地线	黑

2. 4pin/8pin 主供电接口

小 4pin 主供电接口和 20+4pin 主供电接口中的 4pin 接口功能相同，专门为给功率较大的 CPU 提供电力而设计，如下图（左）所示。随着多核 CPU 的出现，4pin 接口已经难以满足部分高端CPU 的供电需求，于是出现了 4+4pin 或直接固化成 8pin 的 CPU 供电接口，如下图（右）所示。

4pin 及 A4+4pin 供电接头定义如下图所示。

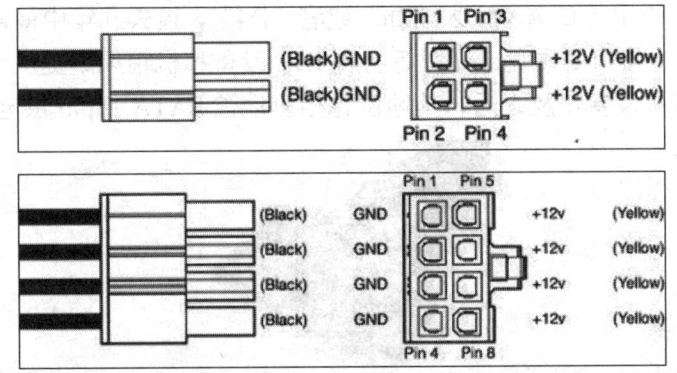

3. 6pin 和 6+2pin PCI-E 显卡供电接口

6pin PCI-E 显卡供电接口可用于目前大部分主流 PCI-E 显卡的外接供电，以弥补 PCI-E 插槽的供电不足。随着独立显卡性能的不断增强，其功耗越来越高。为了给性能强劲的高端显卡提供充足的电力保障，6+2pin 的 PCI-E 显卡供电接口也开始出现，如下图所示。

6pin PCI-E 及 6+2pin PCI-E 供电接头定义如下图所示。PCIE 电源接口的定义需要特别注意，其中 6pin 接口的第 2pin 悬空或者是接有黄色的线缆，第 5pin 作为电压监测反馈，当监测到这一针处于接地来判断接头已经接入。8pin PCIE 接口的情况类似，第 4pin 和第 6pin 也是作为电压监测，不传输电流。因此，PCI-E 6pin 接口只有 2 组接线用于传输电流，PCI-E 8pin 接口为 3 组，按照使用端子的级别不同，可以传输的功率也不同。

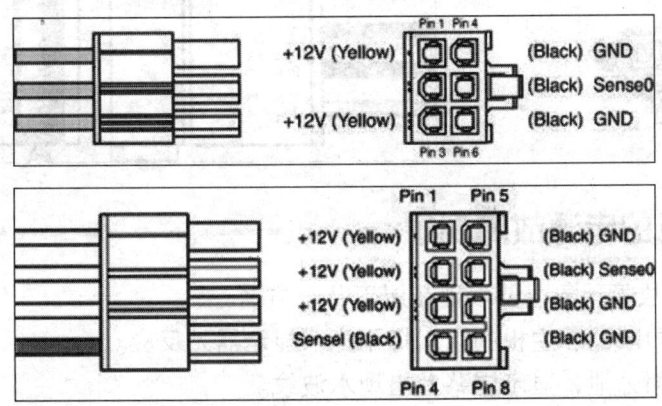

4. 大 4pin D 型供电接口

大 4pin D 型供电接口俗称 "大 4pin" 或者 "D4"，过去几年中最常见的供电接口类型，主要为并行接口的硬盘、光驱等各种 IDE 设备和机箱风扇提供电力，如下图所示。不过在 SATA 设备普及之后，其地位也相应地被 SATA 15pin 供电接口所取代。

大 4pin D 型接口定义如下图所示。其中的接口所用的端子最大能传输 13A 电流，12V 和 5V 就各可以传输 156W 和 65W 功率。但这种情况下会带来很大的压降，按最大安全电流 5A 来计算，12V 和 5V 分别可以传输 60W 和 25W 功率。

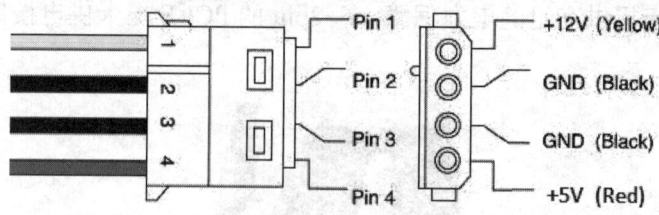

5. SATA 电源接口

SATA 15pin 供电接口是当前最常见的 L 型 15pin SATA 设备供电接口，用于串行接口的硬盘、光驱等 SATA 设备的供电，如下图（左）所示。

SATA 15pin 供电接口定义如下图（右）所示。SATA 电源接口共有 5 组电压，每组电压对应 3 针，共 15 针。使用的是 Molex 67581-0000 端子，每个端子可以传输的电流为 1.5A，所以 12V、5V 和 3.3V 各可以传输的电流都为 4.5A，功率分别为 54W、22.5W 和 14.85W。

 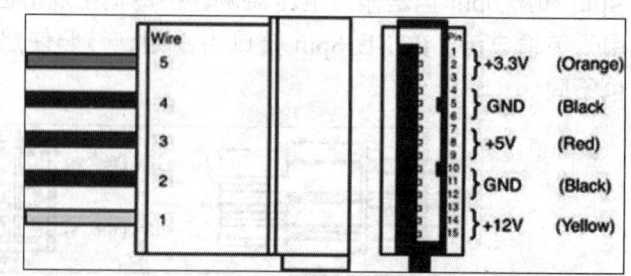

18.1.4 常见的电源故障现象

电源常见的故障现象主要表现在以下几个方面：

◇ 开机后显示器、主机的指示灯不亮，显示器无反应。
◇ 电磁辐射外泄，显示屏幕上出现水波纹。

- 主机风扇没有转动，显示屏黑屏，显示器的指示灯亮。
- 主机正常工作，显示器的电源指示灯不亮。
- 主机正常工作，显示器的电源指示灯亮了，但屏幕显示为黑屏。
- 开机后主机电源指示灯闪了下就灭了，显示器的指示灯亮。
- 光驱的读盘性能很差。
- 电源功率不足，电脑不断重启。
- 电源不稳定，硬盘出现坏道或损坏。

18.1.5 引发电源故障的原因

电源常见故障的产生主要包括以下几个方面的原因。

1．电源设置不当导致的故障

在 BIOS 或"控制面板"的"电源选项"中对电源的设置不当，就会影响电脑的正常工作，造成无法正常软关机，休眠与唤醒功能异常，通电自行开机等现象。进入 BIOS 程序，对 ACPI（高级配置与电源接口）选项进行设置，以及对电源、主板等方面进行检查，如下图所示。

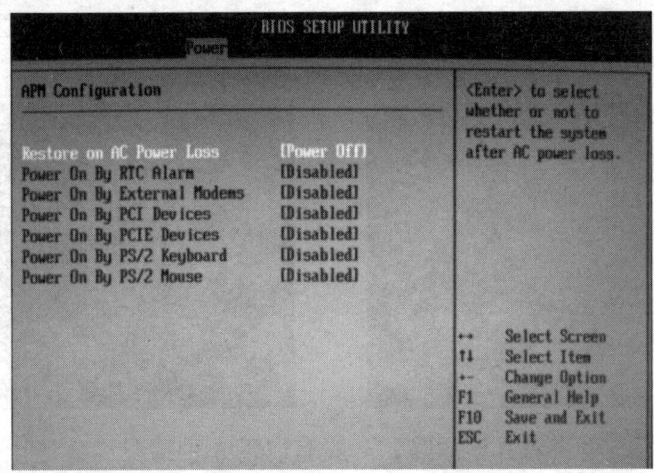

2．电源外部线路故障

电源的外部线路配置不当，影响电脑的正常工作，造成电脑的电源开关按钮损坏，电源插头变形导致接触不良，电源线损坏等现象。

3．电源内部电路故障

电源内部电路出现故障，如电源内部元器件烧坏、电路短路、断路等。此时打开电源外壳，通过观察法、测量法来确定故障的位置，然后进行处理，情况比较严重的就需要更换元器件。如果电路损坏的程度比较严重，就要考虑更换电源。

4．电源性能差导致的故障

电源性能差也会影响电脑的正常工作，造成电脑重新启动。电源质量太差将引起的电源电磁泄漏而影响显示器、内存及板卡等设备不能正常使用，需要更换优质电源。

18.1.6 电源故障的检测方法

下面将介绍电源故障常用的检测方法,包括进行 BIOS 设置、短接电源检测、观察和测量受损元器件。

1. 进行 BIOS 设置

进入 BIOS 程序,就可以对系统中的 ACPI(高级配置与电源接口)进行设置,以及对电源、主板等方面进行检查。

2. 短接电源检测

拆开主机箱,将主供电电源接口拔下来,然后给电源加电。用镊子或导线将 PS-ON 针孔(即第 16 针的绿线)与旁边的黑线孔连接,即可启动 ATX 电源,观察电源风扇是否转动,如下图(左)所示。若电源无任何反应,则说明电源损坏。

3. 观察和测量受损元器件

打开电源外壳,检查有无明显故障的元器件,如有无焦黑、爆裂或变形的元器件,以及明显的虚焊、短路等。

首先查看熔断器。开关电源损坏,熔断器烧坏的占 80%。如果发现熔断器发黑、有亮斑,则多为严重短路所致,如下图(右)所示。

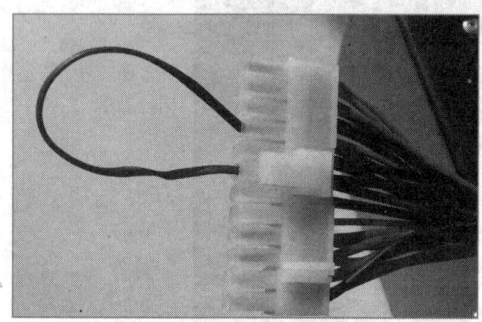

若熔断器完好,再查看其他故障,一般有以下 3 种情况:
(1)输入回路中某个桥式整流二极管被击穿。
(2)高压滤波电解电容 C5、C6 被击穿。
(3)逆变功率开关管 Q1、Q2 损坏。

直流滤波及变换振荡电路长时间工作在高压(300V)或大电流状态,特别是由于交流电压变化较大、输出负载较重时,容易出现保险丝熔断的故障。直流滤波电路由四只整流二极管、两只 100kΩ 左右限流电阻和两只 330μF 左右的电解电容组成;变换振荡电路则主要由装在同一散热片上的两只型号相同的大功率开关管组成。

交流保险丝熔断后,关机拔掉电源插头。首先仔细观察电路板上各高压元器件的外表是否有被击穿烧糊或电解液溢出的痕迹。若无异常,用万用表测量输入端的值,若小于 200kΩ,说明后端有局部短路现象。再分别测量两个大功率开关管 e、c 极间的阻值,若小于 100kΩ,则说明开关管已损坏。测量四只整流二级管正、反向电阻和两个限流电阻的阻值,用万用表测量其充放电情况,以判定是否正常。

另外，在更换开关管时，若无法找到同型号产品而选择代用品时，应注意集电极-发射极反向击穿电压 Vceo、集电极最大允许耗散功率 Pcm、集电极-基极反向击穿电压 Vcbo 的参数应大于或等于原晶体管的参数。切不可在查出某元器件损坏时，更换后便直接开机，这样很可能由于其他高压元器件仍有故障又将更换的元器件损坏。要对上述电路的所有高压元器件进行全面检查测量后，才能彻底排除保险丝熔断故障。

18.1.7　电源故障的排查与维修方法

当确定是电源故障时，可采取以下步骤找到故障所在：
（1）检查 CMOS 设置和 Windows 中的 ACPI 设置有无不当。
（2）检查电源开关按钮、电源插头、电源线等外部线路是否有损坏或接触不良等现象。
（3）通过观察法、测量法检查电源内部电路是否损坏，如保险丝是否熔断，印制电路板是否有明显的烧焦和烤糊迹象，元器件是否有明显的虚焊、脱焊以及损坏现象等。
（4）通过替换电源检测电源负载能力、电磁辐射等质量问题引起的故障。
（5）找到故障所在后，根据需要采取相应的措施，如重新设置电源、更换元器件、更换电源等。

18.2　常见电源故障维修实战

下面将详细介绍一些常见的电源故障分析与修复方法，其中包括电脑启动后工作不稳定、无法开关机、休眠和唤醒功能不正常、电脑频繁重启、电源不工作等故障。

【故障维修1】电脑启动后工作不稳定，常常发生死机

故障描述：电脑启动后开始自检光驱和硬盘，自检完后无法启动电脑，按下电脑的重启键无任何反应。有时能正常启动，但电脑工作表现不稳定，常常发生死机故障。

故障分析：出现这种故障，一般是由于电源和其他部件不匹配造成的，主要表现在以下几个方面：
（1）电源提供的启动脉冲的宽度不能满足主板的要求。
（2）主板提供的启动 ATX 开关电源的脉冲宽度不能满足电源的要求。
（3）启动主板、硬盘等设备时瞬时电流需求过大，引起电源过电流保护。

故障维修：更换一个大功率电源。如果更换电源后故障依旧，就需要考虑更换主板了。

【故障维修2】电脑无法正常关机

故障描述：电脑无法正常关机。

故障分析：首先检查 BIOS 中的电源设置，然后检查电源开关按钮，再检查主板上的电源监控电路。

故障维修：BIOS 中设定关机时有一定的延时时间（Delay Time），关机时需要按住电源按钮，保持数秒，才能将电脑关闭。不能实现瞬间关机是正常现象，不是故障。如果是电源开关按钮损坏，更换一个开关键即可；如果主板损坏，就只有更换主板了。

【故障维修 3】电脑的休眠和唤醒功能不正常，不能进入休眠状态

故障描述：电脑的休眠和唤醒功能不正常，不能进入休眠状态。

故障分析：此故障可能是由电源引起的。

故障维修：首先要检查硬件的连接（包括休眠开关的连接是否正确，开关是否失灵等）和 PS-ON 信号的电压值。进入休眠状态时，PS-ON 信号应为低电平（0.8V 以下）；唤醒后，PS-ON 信号应为高电平（2.2V 以上）。如果 PS-ON 信号正常，而休眠和唤醒功能仍不正常，则为 ATX 电源故障，更换一个新电源即可。

【故障维修 4】使用几年的电脑在升级主板后经常自动重启

故障描述：一台使用了几年的电脑，将主板升级后电脑就经常莫名其妙地重新启动。

故障分析：由于主板升级后电脑才出现故障，很明显是升级导致了硬件之间的不匹配。最大的嫌疑就是电源，因为配置较老的电源一般实际功率都很低，而现在的各主板都是耗电大户，电源的实际功率过低就无法提供足够的电源给主板。

故障维修：更换大功率电源即可。

【故障维修 5】电源负载能力差，不能正常工作

故障描述：电源在只向最小系统供电时能正常工作，当接上硬盘、光驱或插上更多内存条后，不能正常工作。

故障分析：该故障的可能原因有：晶体管工作点未选择好，高压滤波电容漏电或损坏，稳压二极管发热漏电，整流二级管损坏等。

故障维修：调换振荡回路中各晶体管，使其增益提高，或调大晶体管的工作点。用万用表检测出有问题的部件后，更换可控硅、稳压二极管、高压滤波电容或整流二极管即可。

【故障维修 6】电脑开机后频繁自动重启

故障描述：一台电脑开机后频繁自动重启。

故障分析：此故障是由于电源允许输入的电压范围太小造成的。

故障维修：查看和电脑在同一个电源插座上有没有其他耗电量大的设备，避免与耗电量大的设备用同一电源插座。

【故障维修 7】电源可以正常工作，开机后屏幕无任何显示

故障描述：电源可以正常工作，开机后屏幕无任何显示。

故障查找与维修：出现此故障的可能原因是 POWER-OK 输入的 Reset 信号延迟时间不够，或 POWER-OK 无输出。开机后用电压表测量 POWER-OK 的输出端（接主机电源插头的 8 脚），若无 5V 输出，再检查延时元器件；若有 5V 输出，则更换延时电路的延时电容即可。

【故障维修 8】开机后电源风扇转动，显示屏黑屏，主板不通电

故障描述：开机后电源风扇转动，显示屏黑屏，主板不通电。

故障查找与维修：可以按照以下方法检测故障：

用万用表测量电源的 5VSB（紫色线），如果该电压值正常且稳定，而主板反馈信号 PS-ON 始终为高电平，则可能是主板上的开机电路损坏，或电源开关按钮损坏。若上述正常，电源仍无输出，则可能是开关电源主回路损坏，或因负载存在短路或空载而进入保护状态。

【故障维修 9】电脑不能通过自检，查看发现 CPU 风扇转数很低

故障描述：一台电脑开机不能通过自检，在 BIOS 中查看发现 CPU 风扇转数只有 20r，正常应该是 4000r 左右。

故障分析：检测系统电压，本来为 5V 的电压只有 4.4V 左右，−12V 电压只有 −10V 左右，12V 电压也偏低，所以此故障是由电源引起的。

故障维修：更换一个新的电源即可。

【故障维修 10】系统运行一段时间后电源突然关闭，重启电脑后故障依旧

故障描述：系统运行一段时间后电源突然关闭，重启电脑后有时不能启动，有时可以正常启动，但故障依旧。

故障查找与维修：此故障怀疑是电源引起的故障。将电源连接到其他电脑测试，故障依旧，更换一个新电源即可。

【故障维修 11】开机后电脑显示器屏幕出现上下抖动的小条纹

故障描述：电脑开机后，显示器的屏幕上有上下抖动的小条纹，原本以为是电源干扰，将显示器接到其他电脑上却没有这种现象，而将另外一台正常的显示器接到电脑上，也出现了上下抖动的小条纹。

故障分析：出现这种情况的主要原因是主机内的电源出现了问题，主要是由于电源内部整流电路中的主滤波电容性能变差，使电源输出电压上有寄生波纹或电压不足。

故障维修：打开电源盒，用两个好的电解电容替换原来的那两个电解电容（如右图所示），并安装好电源，即可排除故障。

【故障维修12】电源不工作,无直流电压输出

故障描述:电源不工作,无直流电压输出。

故障分析:打开电源外壳,查看保险丝是否熔断。若保险丝完好,在有负载情况下各级直流电压无输出。其可能原因有电源中出现开路、短路现象,过电压、过电流保护电路出现故障,振荡电路没有工作,电源负载过重,高频整流滤波电路中整流二极管被击穿,滤波电容漏电等。

故障维修:

(1)用万用表测量主板 5V 电源的对地电阻,若大于 0.8Ω,则说明主板无短路现象。

(2)将电脑配置改为最小化,只留主板、电源、蜂鸣器,测量各输出端的直流电压,若仍无输出,说明故障出在电脑电源的控制电路中。控制电路主要由集成开关电源控制器和过压保护电路组成,控制电路工作是否正常直接关系到直流电压有无输出。过电压保护电路主要由小功率晶体管或可控硅及相关元器件组成,可用万用表测量该晶体管是否被击穿(若是可控硅,则需焊下测量),相关电阻及电容是否损坏。

(3)用万用表静态测量高频滤波电路中整流二极管及低压滤波电容是否损坏。

【故障维修13】开机后电源风扇噪声很大,但关机重启后噪声消失

故障描述:电脑开机后电源风扇发出很大的噪声,但关机重启后噪声又消失了。

故障查找与维修:这是由于电源风扇缺少润滑油造成的。拆下电源风扇,清除其内部灰尘,然后将风扇背面的封签揭开,往里面滴几滴润滑油,再将电源风扇重新安装好即可。

Chapter 19 快速诊断与修复键盘和鼠标故障

键盘与鼠标是电脑的主要输入/输出设备,如果它们出现故障,就会对电脑的使用产生非常大的影响。本章将详细介绍键盘与鼠标常见故障的诊断与修复方法,帮助读者解除这些常见故障带来的困扰。

 本章要点

- 引发键盘与鼠标故障的原因
- 常见键盘故障维修实战
- 常见鼠标故障维修实战

 知识等级

高级读者

 建议学时

建议学习时间为 60 分钟

19.1 引发键盘与鼠标故障的原因

引发键盘故障的原因有多种，如键盘接口问题、键盘线路短路等；常见鼠标故障主要包括光标移动不灵活或按键失灵，下面根据键盘与鼠标故障分类分别介绍其引发原因。

19.1.1 常见的键盘故障现象

常见的键盘故障主要包括以下几种：

（1）键盘接口故障

接口故障的主要原因有键盘没有接好，接口的插针弯曲，键盘或主板接口损坏等。

（2）键盘卡键故障

键盘卡键故障经常出现在使用很长时间的键盘上，由于使用时间长了，导致键盘下的弹簧装置出现了问题，或者按键后不能复位。

（3）键盘线路故障

线路故障主要是键盘线路出现接触不良、短路或断路的情况。

19.1.2 常见的鼠标故障现象

常见的鼠标故障主要包括以下两种：

（1）移动不灵活

鼠标内部的发光管或光敏元器件老化、光电接受系统聚焦不准、光电板偏移或磨损或外部光线影响，有时也与使用的鼠标垫有关系。

（2）按键失灵

这主要是由于鼠标的微动开关与塑料上盖长期频繁摩擦导致按键磨损，或微动开关弹簧断裂、内部接触不良引起按键失灵。

19.2 常见键盘故障维修实战

键盘是电脑最基本的部件之一，其使用频率非常高。有时按键用力过大、金属物不慎掉入键盘内，以及液体等溅入键盘等，都会造成键盘内部微型形状弹片变形或被灰尘油污锈蚀，从而出现按键不灵的现象。

【故障维修1】按键盘上的一个按键，打出来两个字符

故障描述：按键盘上的一个按键，打出来两个字符。

故障查找与维修：当键盘出现连键故障时，一般都是由于键盘进水导致电路板短路引起的，可以通过以下方法来解决：

（1）先从主机箱拔下键盘，然后将其拆开。

（2）查看故障按键下的电路板是否有污染物，如下图所示。

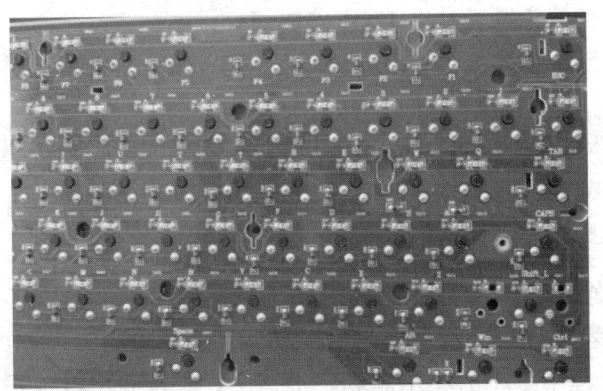

（3）用个软毛刷清楚污染物，然后用酒精擦洗干净。

（4）连接键盘，输入文字进行测试。如果键盘能正常使用，故障排除。

【故障维修2】不小心把水洒到了键盘中，导致键盘无法使用

故障描述：不小心把水洒到了键盘中，导致键盘无法使用。

故障维修：可以使用以下方法维修故障：

（1）拆开键盘，用柔软且吸水能力强的工具（如脱脂棉花）将水擦拭干净。

（2）重新安装好键盘，连接电脑后查看故障是否消失。如果故障并未消失，可能是电路板受潮，导致其无法正常工作。

（3）再次将键盘拆开，并将各层键盘电路板分开擦拭。

（4）用吹风机将电路板吹干，如下图所示，或把键盘拿到太阳下晒干也可。

（5）安装好键盘，连接电脑后键盘正常使用，故障排除。

【故障维修3】电脑插上USB接口键盘后，键盘无法正常使用

故障描述：电脑插上USB接口的键盘之后，键盘无法正常使用。

故障分析：此故障可能是键盘上的USB接口供电不足造成的。USB接口不仅是简单地连接电脑外部设备，它还要给这些外部设备提供充足的电压。一般主板上的USB接口可以提供5V左右的电流，能够满足USB设备的需求。而现在不少USB键盘都自

带 USB 接口，键盘上的 USB 接口所提供的电流可能会更小一些，所以在接口上添加一些耗电很小的设备时，如鼠标等是不会出现问题的。但若安装一些耗电量大的设备，就会超负荷，有时甚至会导致整个 USB 接口损坏。

故障维修：尽量减少多个 USB 设备同时使用，或者更换大功率电源。

【故障维修4】按键盘上的任意一个按键，电脑立刻就会死机

故障描述：开机后可以正常进入系统，鼠标可以正常使用，但只要按键盘上的任意一个按键，电脑立刻就会死机。

故障查找与维修：根据故障现象分析，可能是键盘内部出现了问题，键盘意外进水、键盘内部电路老化或短路都可能导致此类故障。

（1）若使用过程中不小心将水洒到了键盘上，应及时将键盘拔下，并将其放到通风的地方自然晾干，但不能将其放在阳光下晒干。

（2）若键盘使用太久，其内部电路会逐渐老化，容易造成死机，此时应及时更换新键盘。

（3）若长时间未清理键盘内的灰尘，在潮湿的环境中就容易造成键盘内部电路短路。需要定期清理键盘内部的灰尘，以免发生电路短路。

此外，键盘接口损坏、松动或电缆接触不良、部分断路等，可能会造成电脑黑屏，无法启动。

【故障维修5】电脑在使用过程中突然死机，重新启动后出现黑屏

故障描述：电脑在使用过程中突然死机，重新启动后出现黑屏现象。

故障分析：打开机箱后仔细观察发现通电时电源指示灯亮，风扇转动正常，据此估计电源没有问题。利用替换法逐步更换可能导致电脑黑屏的配件，如内存、显卡、CPU 等，故障依旧存在。

故障维修：经多次实验后发现该电脑偶尔可以正常启动，但屏幕上出现"键盘错误"的提示后就不能继续了。据此怀疑可能是键盘接口损坏、松动或电缆接触不良、部分断路等。更换一个新键盘后，故障消失。

【故障维修6】键盘上的一些键不起作用，有的键按后弹不起来

故障描述：电脑键盘上的一些键（如空格键、回车键）不起作用，有时需要按数次才能输入一个或两个字符，有的键（如光标键）按后弹不起来，屏幕上光标连续移动。此时，键盘其他字符不能输入，需要再按一次才能弹起来。

故障分析：此故障为键盘的"卡键"故障，不仅是使用很久的旧键盘会发生此故障，有个别很久不用的新键盘也会发生此故障。

出现卡键现象主要是由以下两个原因造成的：一是键帽下面的插柱位置偏移，使键帽按下后与键体外壳卡住，不能弹起而造成卡键，此原因多发生在新键盘或使用不久的键盘上；二是按键长久使用后复位弹簧弹性变得很差，弹片与按杆摩擦力变大，不能使按键弹起而造成卡键，这种原因多发生在长久使用的键盘上。

故障维修：当键盘出现卡键故障时，可使用拔键器将键帽拔下，然后按动按杆，如右图所示。若按杆弹不起来或乏力，则是由第二种原因造成的，否则为第一种原因所致。

若是由于键帽与键体外壳卡住的原因造成"卡键"故障，则可在键帽与键体之间放一个垫片。该垫片可用稍硬一些的塑料做成，其大小等于或略大于键体尺寸，并且在按杆通过的位置开一个可使按杆自由通过的方孔，将其套在按杆上后，插上键帽。用此垫片阻止键帽与键体卡住，即可修复故障按键。

若是由于弹簧疲劳，弹片阻力变大的原因造成卡键故障，这时可将键体打开，稍微拉伸复位弹簧使其恢复弹性，然后取下弹片将键体恢复。通过取下弹片，减少按杆弹起的阻力，从而使故障按键得到恢复。

【故障维修 7】按键盘上的某些键输入文字时，屏幕无反应

故障描述：按键盘上的某些键输入文字时，屏幕无反应。

故障分析：若只有某一个键的字符不能输入，则可能是该按键失效或焊点虚焊。

故障维修：检查时，打开键盘，用万用表电阻档测量接点的通断状态。如果按下该键时还是如此，则说明该按键簧片可能接触不良，需要修理或更换；若该键按下时有字符的输入，则说明可能是因虚焊、脱焊或金屑孔氧化所致，可沿着印刷线路逐段测量，找出故障进行重焊；若因金属孔氧化而失效，可将氧化层清洗干净，然后重新焊牢，如右图所示。

若金属孔完全脱落而造成断路，可另加焊引线进行连接。若有多个既不在同一列，也不在同一行的按键都不能输入，则可能是列线或行线某处断路，或逻辑门电路产生故障。这时可用 100 MHz 的高频示波器进行检测，找出故障器件虚焊点，然后进行修复。

19.3 常见鼠标故障维修实战

鼠标是最基本的输入设备，在使用过程中有时会出现鼠标操作无效、无法检测鼠标、光电鼠标定位不准等各种故障。下面将详细介绍鼠标的常见故障及其维修方法。

【故障维修 1】在电脑运行过程中插拔 PS/2 鼠标和键盘，关机后键盘灯仍亮

故障描述：在电脑运行过程中插拔 PS/2 键盘和鼠标，关机之后键盘灯仍亮。

故障查找与维修：该故障可能是由于 PS/2 接口带电（5V 电压）造成的。开机时插拔 PS/2 鼠标和键盘极可能烧坏主板上 PS/2 接口附近的电路。需要注意的是，虽然某些主板支持 PS/2 鼠标和键盘的热插拔，但除了 USB 等支持热插拔的设备外，其他设备最好不要带电进行插拔。

【故障维修 2】USB 鼠标插入电脑后，拖动鼠标没有任何反应

故障描述：USB 鼠标插入电脑后，拖动鼠标没有任何反应。

故障查找与维修：遇到此故障，可以从以下几个方面入手进行维修。

（1）检查 BIOS 中是否禁用了 USB 接口。

（2）检查 USB 接口是否坏了，使用 U 盘或其他 USB 设备测试。

（3）打开"设备管理器"窗口，查看是否有鼠标显示，有无黄色叹号。

（4）更新 USB 设备的驱动程序。

【故障维修 3】在使用鼠标的过程中，出现系统不能识别鼠标的情况

故障描述：在使用鼠标的过程中，出现系统不能识别鼠标的情况。

故障查找与维修：出现该故障可能是由于接触不良、鼠标模式设置错误、鼠标的硬件故障、病毒或主板故障等引起的，可以采用下面的方法进行处理：

（1）使用杀毒软件对操作系统进行杀毒。

（2）使用替换法更换相同型号的鼠标。

（3）检查鼠标是否有模式设置开关，如果存在，可以改变其位置，重启电脑，若故障依旧，则将开关拨回原位。

（4）拔下鼠标与主机的接口接头，检查接触是否良好，重新启动进行查看。

（5）判断是否是鼠标的硬件故障引起的，检查鼠标的接口插头和连线有无问题。若无问题，再检查鼠标的 X 轴和 Y 轴的移动机构和光电接收电路系统有无问题，或者更换鼠标，以解决问题。

【故障维修 4】鼠标按键出现失灵的现象，失去控制性

故障描述：启动电脑进入操作系统之后，发现鼠标按键出现失灵的现象，失去控制性能。

故障分析：当鼠标按键失灵时，一般都是由于微动开关接触不良、微动开关损坏或鼠标外壳损坏引起的。

故障维修：使用酒精棉球将一切污物清除后，鼠标的灵活程度就会恢复。鼠标按键和电路板上的微动开关距离太远，或单击开关经过一段时间的使用而使反弹能力下降。可以拆开鼠标，在鼠标按键的下面粘上一块塑料片，厚度需根据实际情况决定，合上鼠标即可正常使用。也可以为鼠标换个微动开关，如右图所示。

【故障维修 5】鼠标指针上下左右跳动，速度很快，无法指定目标

故障描述：鼠标本来稳定灵活，但使用一段时间后鼠标指针上下左右跳动，速度很快，无法指定目标。

故障查找与维修：出现该故障的原因主要有以下几种：

（1）鼠标是三键鼠标，而把它拨到两键状态，驱动程序会认为这是两键鼠标，若把它恢复到三键，驱动程序可能认不出来，造成鼠标乱动。

（2）鼠标的灵敏度设置得太低，速度太快，将它设置得高一些即可。

（3）鼠标内部很脏，拆开鼠标，用无水酒精擦一下里面的组件即可。

【故障维修 6】使用光电鼠标出现时动时停或移动不同步的现象

故障描述：在使用光电鼠标时，鼠标指针沿水平方向移动会出现时动时停与鼠标的移动不同步的现象。

故障查找与维修：该故障可能是由于鼠标的 X 轴方向的光栅计数机构出现问题所导致。首先可拆开鼠标，检查 X 轴光栅技术机构，如果发现其光栅盘较脏，部分光栅被堵塞，使计数器不能正确计数、鼠标指针无法连续移动，则应取下光栅盘，用酒精将其清洗干净，重新安装即可。

【故障维修 7】光电鼠标指针位置不定，或经常无故发生飘移

故障描述：光电鼠标指针位置不定，或经常无故发生飘移。

故障查找与维修：此故障发生可能由以下原因所致：

（1）外界的杂散光影响。现在有些鼠标为了追求漂亮、美观，外壳的透光性太好，如右图所示。如果光路屏蔽不好，再加上周围有强光干扰时，就很容易影响到鼠标内部光信号的传输，而产生的干扰脉冲便会导致鼠标的错误动作。

（2）电路中有虚焊时会使电路产生的脉冲混入造成干扰，对电路的正常工作产生影响。

（3）晶振或 IC 质量不好，受温度影响，使其工作频率不稳或产生飘移。

【故障维修 8】在使用鼠标的过程中，经常出现鼠标指针"僵死"现象

故障描述：在使用鼠标的过程中，经常出现鼠标指针"僵死"现象。

故障查找与维修：出现鼠标指针"僵死"现象，可以从以下几个方面进行处理：

（1）检查是否死机，如果没有死机，插拔鼠标与主机的接口插头，然后重启电脑。

（2）在"设备管理器"窗口中检查鼠标驱动程序是否与所安装的鼠标类型相符。

（3）检查鼠标底部是否有模式设置开关，如果有，试着改变其位置，重启电脑；如果没有解决，则把开关拨回原来的位置。

（4）检查鼠标的接口插头是否有故障，以及光电接收电路系统是否有问题。

（5）检查"设备管理器"窗口中是否存在与鼠标窗口设置及终端请求发送冲突的

资源，如果存在冲突，则重新设置中断地址。

（6）用替换法将另一只正常的相同型号的鼠标与主机相连，重启电脑查看鼠标的使用情况。

若以上方法仍然不能解决问题，则可能是主板接口电路有问题，这时只能更换主板或者找专业维修人员进行维修了。

【故障维修9】只要移动鼠标，指针就会自动跳动，更新驱动也没有作用

故障描述：只要移动鼠标，指针就会自动跳动，更新驱动程序也没有作用。

故障分析：该故障可能是鼠标的透镜通路有污物，污物附着在发光管、光敏管、透镜及反光镜表面，遮挡光线接收路径使光路不通。

故障维修：需要对其进行清理，造成这种故障的原因可能是工作环境较差。

【故障维修10】当移动光电鼠标时反应迟钝，不听指挥，灵敏度变差

故障描述：当移动光电鼠标时反应迟钝，不听指挥。

故障查找与维修：光电鼠标灵敏度低主要是由以下几种原因造成的：

（1）发光管或光敏元器件老化

光电鼠标的核心 IC 内部集成有个恒流电路，将发光管的工作电流恒定在约 50mA。高档鼠标一般采用间歇采样技术，送出的电流是间歇导通的，可以在同样功耗的前提下提高检测时发光管的功率，所以检测灵敏度高。

有些厂家为了提高光电鼠标的灵敏度，人为地加大了发光二极管的工作电流，增大发射功能，这样会导致发光二极管较早老化。在接收端如果采用了质量不高的光敏晶体管，工作时间长了也会自然老化，导致灵敏度变差。

维修方法：更换型号相同的发光管或光敏管。

（2）光电接收系统偏移，焦距没有对准

光电鼠标是利用内部两对互相垂直的光电检测器配合光电板进行工作的。从发光二极管上发出的光线照射在光电板上，反射后的光线在聚焦后经反光镜再次反射，调整其传输路径，被光敏管接收，形成脉冲信号，脉冲信号的数量及相位决定了鼠标移动的速度和方向。

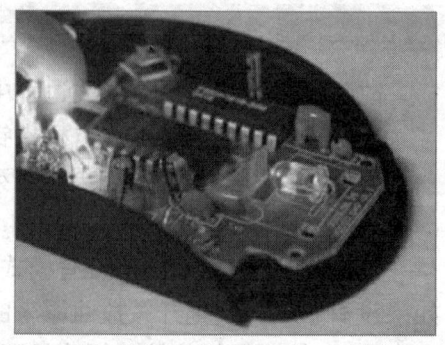

光电鼠标的发射及透镜系统组件是组合在一起的，固定在鼠标的外壳上，而光敏晶体管是固定在电路板上的，两者的位置必须相当精确。厂家是在校准了位置后，用热熔胶把发光管固定在透镜组件上的。如果在使用过程中鼠标被摔碰过或震动过大，就有可能使热熔胶脱落、发光二极管移位。如果发光二极管偏离了校准位置，从光电板反射来的光线就可能到达不了光敏管，如右图所示。

维修方法：要耐心调节发光管的位置，使其恢复原位，直到向水平与垂直方向移动时指针最灵敏为止，再用少量的 502 胶水固定发光管的位置，合上盖板即可。

（3）外界光线影响

为了防止外界光线的影响，透镜组件的裸露部分是用不透光的黑纸遮住的，使光线在暗箱中传递。如果黑纸脱落，导致外界光线照射到光敏管上，就会使光敏管饱和，数据处理电路得不到正确的信号，导致灵敏度降低。

（4）光电板磨损或位置不正

光电鼠标的光电板上印有许许多多黑白相间的小格子，光照到黑色的格子时就被黑色吸收，光敏晶体管便接收不到反射光；相反，若照到白色的格子上，光敏晶体管便可以收到反射光。

使用光电鼠标时，要注意保持光电板的清洁和良好的感光状态，同时鼠标相对于光电板的位置要正。光电板位置有偏斜或光电板磨损厉害，则会使反射后的光线脉冲变形或模糊不清，电路便无法识别，从而导致鼠标灵敏度变差，如下图所示。

【故障维修11】鼠标拖动操作释放鼠标按键后不能取消

故障描述：一台电脑单击鼠标左键并拖动选择文字，释放鼠标按键后移动鼠标还是处于拖动选取的状态。

故障分析：该故障可能是由于鼠标设置问题所造成的。

故障维修：打开"鼠标属性"对话框，取消选择"启用单击锁定"复选框，然后单击"确定"按钮，即可排除故障，如下图所示。

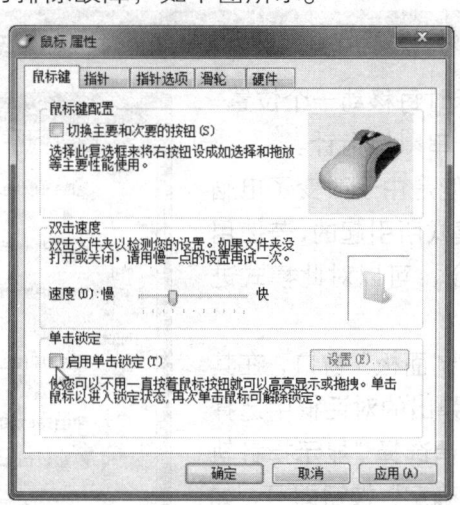

【故障维修12】单击鼠标左键没有任何反应

故障描述：单击鼠标左键没有任何反应。

故障查找与维修：鼠标左键不起作用一般是由于鼠标微动开关损坏所致。在鼠标故障中微动开关的损坏率是比较高的，特别是左键下面的微动开关，由于其使用频繁，很容易造成损坏。此时，只能更换新鼠标了。

【故障维修13】双击鼠标左键无效，系统响应与单击鼠标左键效果一样

故障描述：电脑正常工作，但双击鼠标左键总是没有效果，系统的响应与单击鼠标左键的效果一样。

故障分析：此现象是由于系统设置的双击速度过快造成的。

故障维修：可以通过下面的方法进行调整：

01 单击"鼠标"超链接 打开"控制面板"窗口，单击"鼠标"超链接，如下图所示。

02 调低双击速度 弹出"鼠标 属性"对话框，拖动"双击速度"区域滑块，调低双击速度，然后单击"确定"按钮，如下图所示。

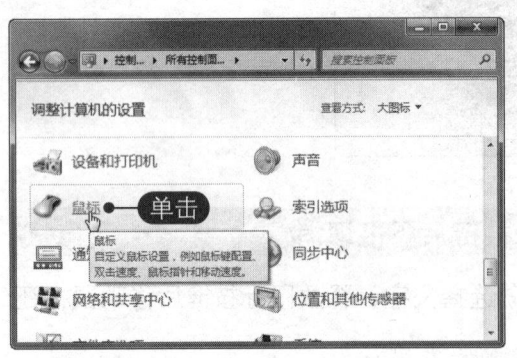

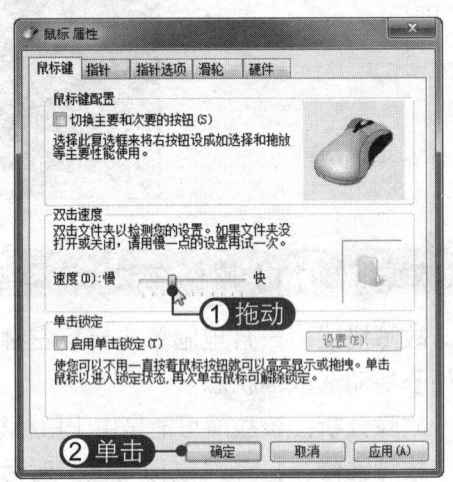

【故障维修14】使用鼠标时每移动一个位置，都出现一串鼠标指针

故障描述：使用鼠标时每移动一个位置，在移动的路径上都出现一串鼠标指针。

故障分析：该故障可能是由于改变了电脑上鼠标使用的正常显示模式所引起的，若使用此鼠标显示模式不能适应，可以对此模式进行修改。

故障维修：打开"控制面板"窗口，在其中双击"鼠标"选项，在弹出的对话框中选择"指针选项"选项卡，取消选择"显示指针轨迹"复选框，然后单击"确定"按钮即可，如右图所示。

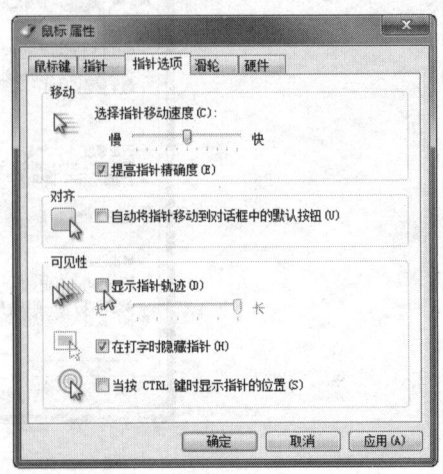

【故障维修15】开机拔下鼠标后,重新连接并重启电脑后无法识别鼠标

故障描述：鼠标失灵,在没有关机的情况下直接将 PS/2 鼠标拔下,重新连接并重新启动电脑后无法识别鼠标。

故障查找与维修：PS/2 鼠标是不支持热插拔的,不能在开机状态下插拔鼠标。很可能是 PS/2 鼠标接口、鼠标或主板被烧坏,需要更换新鼠标。

【故障维修16】只要打开"计算机"窗口,就会异常断电关闭电脑

故障描述：只要打开"计算机"窗口,就会异常断电关闭电脑,更换鼠标启动电脑后运行一切正常。

故障查找与维修：检查鼠标,如果鼠标有几条细导线的绝缘层已经严重破损,露出了里面包着的金属丝,且部分纠缠在一起,所以造成这种故障的原因是短路。重新理顺金属丝并将其进行绝缘处理,即可排除故障。

【故障维修17】每次用鼠标打开文件或文件夹时,便会异常断电关闭电脑

故障描述：每次用鼠标打开文件或文件夹时便会异常断电关闭电脑,在安全模式下也出现相同的状况。

故障分析：该故障可能是由于短路所导致。

故障维修：更换电源之后,发现依然如故,并且更换其他部件都无法发现问题,使用杀毒软件也未发现任何病毒。反复启动电脑测试,发现只有单击鼠标时电脑才会断电。拆开鼠标,发现有几条细导线的绝缘层已经严重损坏,且露出了里面包着的金属丝,有的部分纠缠在一起,这可能是短路所导致的,更换鼠标后测试即可排除故障。

Chapter 20 快速诊断与修复 U 盘故障

U 盘具有小巧便于携带、存储容量大、价格便宜、性能可靠等优点，使其成为移动办公及文件交换的理想存储设备。在日常使用 U 盘的过程中，常常会遇到 U 盘加载速度慢、无法识别、无法格式化等故障，针对这些常见的 U 盘故障，本章将详细介绍其诊断与修复方法。

本章要点

- U 盘故障分析与检修
- 常见 U 盘故障维修实战

知识等级

高级读者

建议学时

建议学习时间为 50 分钟

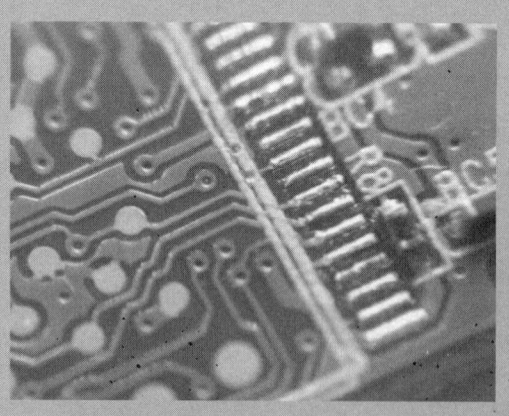

20.1　U盘故障分析与检修

要维修 U 盘故障，首先要排除电脑 USB 接口损坏、U 盘 USB 接口损坏、U 盘 PCB 虚焊及 USB 延长线的问题，然后进一步分析与判断故障。下面将介绍 U 盘故障的原因及检修方法。

20.1.1　引发 U 盘故障的原因

U 盘是用户日常经常会用到的存储设备，如果出现故障可能是由以下几种原因造成的：

（1）接触不良

U 盘使用很长时间后，USB 接口可能会出现接触不良的现象，造成无法识别移动设备，或者检测不到移动设备等故障。

（2）设置错误

BIOS 设置和系统设置不当造成无法使用和检测到 U 盘。

（3）设备冲突

一些硬件部件或软件程序也会由于系统资源不足与 U 盘发生冲突，导致 U 盘不能正常使用。

（4）质量问题

U 盘质质量不好，在使用过程中就会出现异常故障。

20.1.2　U 盘故障的检修方法

U 盘的结构比较简单，主要是由 USB 插头、主控芯片、稳压 IC（LDO）、晶振、闪存芯片、PCB 板、帖片电阻、电容和发光二极管（LED）等组成，如下图所示。

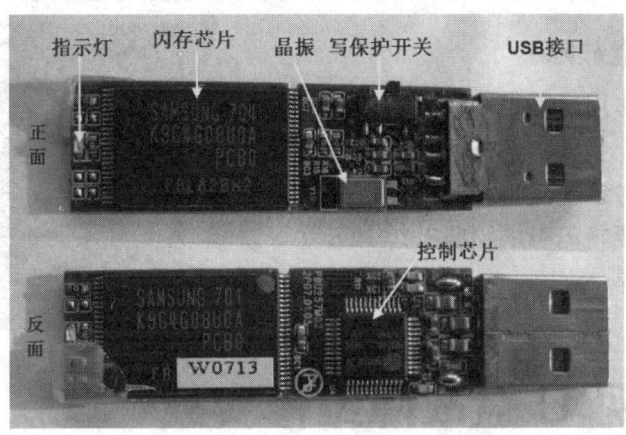

USB 接口负责连接电脑，是数据输入或输出的通道；控制芯片负责各部件的协调管理和下达各项动作指令，并使电脑将 U 盘识别为"可移动磁盘"，是 U 盘的"大脑"；闪存芯片与电脑中内存条的原理基本相同，是保存数据的实体，其特点是断电后数据不会丢失，能长期保存；晶振供应设备运作所需的 12MHz 时序信号，并且控制设备的

数据输出；PCB板是负责提供相应处理数据平台，且将各部件连接在一起。

下面将介绍当U盘发生硬件故障时的一般检修方法。

1. USB插头故障

USB插头容易出现和电路板虚焊，造成U盘无法被电脑识别。若是电源脚虚焊，会使U盘插上电脑无任何反应。有时将U盘摇动一下电脑上又可以识别，就可以判断USB插口接触不良。只要对其进行补焊，即可解决问题。

2. 稳压IC故障

稳压IC又称LDO，其输入端5V，输出3V。有些劣质U盘的稳压IC很小，容易过热而烧毁，此外USB电源接反也会造成稳压IC烧毁。维修时可以用万用表测量其输入电压和输出电压，若无3V输出，可能就是稳压IC损坏；若输出电压偏低，且主控发烫，就是主控烧毁。

还有些U盘会在USB+5V和稳压IC之间串一个0欧姆的保护电阻，若稳压IC没有5V输入电压，就是保护电阻损坏。现在许多主控都将LDO集成到主控内部，所以许多U盘都没有外置LDO，它们都是USB+5V电压直接输入，这种情况下就需要更换主控。

3. 晶振故障

早期的U盘大多采用6M晶振，现在的U盘则普遍采用12M晶振。晶振不耐摔，所以它是U盘上的易损件，维修方法就是用相同频率的晶振直接更换。

4. 主控芯片故障

主控芯片负责闪存与USB连接，是U盘的核心。一般所说的U盘方案就是指主控芯片的型号，量产工具也是与它对应的。有些主控芯片还要输入3V的电压给闪存供电，保证闪存的正常工作。若主控芯片损坏，则只能更换主控。

5. 闪存焊盘故障

闪存焊盘的作用是固定闪存，使闪存与主控连接，如右图所示。受外力挤压后，容易使闪存与焊盘接触不良，这时会造成U盘打不开，无法存储文件等。这时，只要将闪存的引脚补焊一下就可以修复，即常说的拖焊。

20.2 常见U盘故障维修实战

下面将详细介绍一些常见的U盘故障分析与修复方法，其中包括U盘加载速度慢、无法识别、没有任何反应、无法安全删除、无法格式化等故障。

【故障维修1】将 U 盘插入电脑，提示 U 盘加载速度慢

故障描述：将 U 盘插入电脑，提示 U 盘加载速度慢。

故障查找与维修：遇到此故障，可以采用以下方法进行排除：

（1）检查电脑的 USB 接口是否存在问题

检查电脑的 USB 接口是否为 USB 2.0 或 3.0，USB 接口是否松动，电脑内存是否足够等。

（2）启动 shell hardware detection 服务

01 双击服务项 打开"服务"窗口，双击 Shell Hardware Detection 服务，如下图所示。

02 设置启动类型 弹出对话框，设置"启动类型"为"自动"，单击"启动"按钮，再单击"确定"按钮，如下图所示。

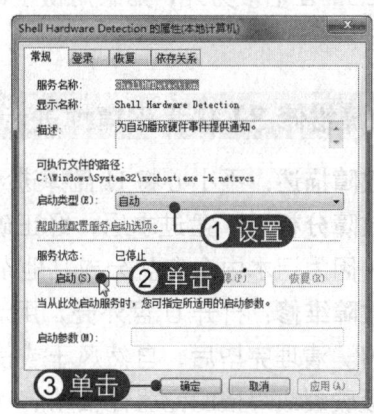

（3）更改 U 盘文件系统格式

可以将 U 盘格式化并转换为 exFAT 格式，如右图所示。exFAT 是一种现代化的文件系统，是为解决 FAT32 等不支持 4GB 及其更大的文件而推出的。分区大小和支持的单个文件大小最大可达 16EB；使用了剩余空间分配表，空间利用率更高；同一目录下最大文件数可达 65536 个；支持访问控制。exFAT 格式是一种专门针对闪存的文件系统，传统硬盘是无法格式化成 exFAT 格式的。

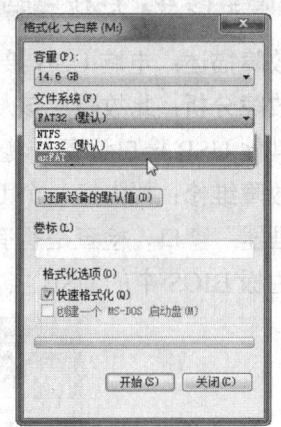

NTFS 是采用日志式的文件系统，需要记录详细的读写操作，不断地读写操作，会给闪盘或 SSD 这类储介质带来额外的负担。同时，NTFS 文件系统频繁的读写也影响到闪盘的性能，带来传输速率的下降，因此不建议将 U 盘格式转换为 NTFS 格式。

【故障维修2】摔过的 U 盘插到主机的 USB 接口后无任何反应

故障描述：U 盘被摔了一下，插到主机的 USB 接口后无任何反应。

故障查找与维修：可以尝试按照以下方法来维修故障：

（1）将一个正常的 U 盘或 USB 设备插入 USB 接口，可以正常使用，排除 USB 接口的问题，确定为 U 盘自身问题。

（2）将 U 盘拆开，测量查看内部是否有短路或断路故障，经测试电路板上的贴片电阻、电容均正常。

（3）剩下的部件就只剩下芯片和晶振了，检查芯片并无断裂和脱焊现象，将故障定位在晶振上。

（4）晃动 U 盘，能听到细微的声响，说明晶振内部已被摔坏。经查看，晶振上标有 12.000 的字样，估计其频率为 12MHz，购买一个 12MHz 的晶振并更换后，U 盘使用正常，故障排除。

晶振是一种很脆弱的元器件，当遇到 U 盘、MP3 等数码产品被摔之后不能使用的情况时，应首先检查晶振是否损坏。使用万用表可以测量晶振是否起振：用万用表测量晶振两个引脚电压是否是芯片工作电压的一半。例如，工作电压是 5V，则测出的值应是 2.5V 左右。另外，如果用镊子碰晶体另外一个脚，这个电压有明显变化，证明是起振了的。

【故障维修 3】U 盘不慎掉进污水中

故障描述：不小心将 U 盘掉进污水中了。

故障分析：U 盘进水后，经正确处理一般不影响正常使用。但切不可在处理之前使用，因为污水中含有盐分或其他杂质，附着在电路板上可能导致配件损坏。

故障维修：打开 U 盘外壳，用清水冲洗干净，最好用无水酒精擦洗，确保没有污物残留。清理完毕后，自然风干或使用电吹风的冷风吹干，不能靠得太近，避免导致电路板破裂或焊接的元器件松动。

【故障维修 4】连接电脑时 U 盘指示灯不亮，也不能正常使用

故障描述：电脑 USB 接口连接 U 盘时其指示灯不亮，U 盘也不能使用。

故障分析：此故障应该从多方面来排除，首先查看 USB 接口是否连接正常，其次使用其他 USB 接口设备看能否使用，最后检查是否是 USB 设备驱动错误造成的。

故障维修：首先换一个 USB 接口与 U 盘连接，查看连接是否正常，然后打开"设备管理器"窗口，检查是否有"通用总线设备控制器"，如下图所示。如果没有，则可能是主板 BIOS 中的 USB 接口参数关闭了。

【故障维修 5】将 U 盘插入电脑后有时会导致电脑黑屏

故障描述：将 U 盘插入电脑后有时会导致电脑黑屏，有时则不会，需要强制给电脑断电再启动才可以开机。

故障查找与维修：由于是处于冬季，空气干燥，人身上极易产生静电，当与电脑接触时，静电过强导致主板和硬盘保护，电脑出现黑屏现象。此故障是由静电引起的，非 U 盘自身故障。

【故障维修 6】将 U 盘插入电脑后，提示"无法识别的设备"

故障描述：将 U 盘插入电脑后，提示"无法识别的设备"。

故障查找与维修：出现此故障，可以判断 U 盘的电路基本正常，而只是与电脑通信方面有故障。对于通信方面的故障，可以重点检查以下几个方面：

（1）U 盘接口电路

U 盘电路接口很简单，负责通信的只有两根数据线 D 和 D-，所以在检查电路时只需测量数据线到主控之间的线路是否正常即可。一般在数据线与主控电路之间会串接两个小阻值的电阻，以起到保护的作用，因此可以检查这两个电阻的阻值是否正常。

（2）时钟电路

由于 U 盘与电脑进行通信需要在一定的频率下进行，如果 U 盘的工作频率和电脑不能同步，那么系统就会认为这是一个"无法识别的设备"了，此时更换晶振即可。

（3）主控芯片

如果上述两点检查都正常，就可以判断主控芯片损坏，更换主控芯片即可。

【故障维修 7】将 U 盘插到主机后面的 USB 口后无任何反应

故障描述：将 U 盘插到主机后面的 USB 口后，无任何反应。

故障查找与维修：根据故障现象判断为 U 盘没有工作。要想让 U 盘正常工作，需要具备以下条件，即 U 盘不工作故障维修的重点。

（1）供电

供电分为主控所需的供电和闪存所需的供电。U 盘电路非常简单，若没有供电一般都是保险电感损坏或 3.3V 稳压 IC 损坏。稳压 IC 一般有 3 个引脚，分别是电源输入脚（5V）、接地脚和电源输出脚（3.3V），其工作原理是当输入脚输入一个 5V 电压时，输出脚就会输出一个稳定的 3.3V。

（2）时钟

因为 U 盘需要在一定频率下才能工作，特别是与闪存通信时也要依赖时钟信号进行传输，所以如果没有时钟信号，主控就不会工作，也不会与闪存通信，U 盘不工作。在进行检查时，只需检查晶振及其外围电路即可。例如，可以先检测晶振两脚电压是否为 0，若是则晶振没有起振。可以检查与晶振两脚相连的两只电容是否鼓包被击穿。晶振是不经摔的，摔坏后只需更换相同的晶振即可。

（3）主控芯片

如果上述两个条件都正常，则是主控芯片损坏，只能更换主控芯片了。

【故障维修 8】用完 U 盘后，安全删除时提示"无法停止该设备"

故障描述：使用完 U 盘之后，安全删除 USB 设备时提示"无法停止该设备"信息，但并没有打开 U 盘中的任何文件和窗口。

故障查找与维修：遇到此问题，最简单的解决方法就是重启电脑，但较为费时，下面介绍几种其他的解决方法。

（1）使用杀毒软件清理病毒，然后将电脑注销后再登录，删除硬件。

（2）清空剪贴板。如果复制了 U 盘上的文件，那么这个文件就被放在系统的剪切板中，此时删除会弹出"无法停止该设备"的提示。此时应清空剪切板，方法很简单：只需在电脑上随便复制某个文件并执行粘贴操作，然后尝试删除 U 盘。如果是直接从 U 盘中读取数据而导致的无法删除，可以打开"计算机"窗口，然后多按【F5】键刷新几次，然后打开 U 盘再刷新即可。

（3）结束 explorer 进程。打开"Windows 任务管理器"窗口，选择"进程"选项卡，在"映像名称"下找到并选中 explorer.exe 进程，然后单击"结束进程"按钮，如下图（左）所示。此时，会发现桌面和任务栏都不见了。在"Windows 任务管理器"窗口中单击"文件"|"新建任务"命令，在弹出对话框的"打开"下拉列表框中输入 explorer，单击"确定"按钮，重新运行该进程，如下图（右）所示。此时桌面和任务栏会再次显示出来，然后尝试删除 U 盘。

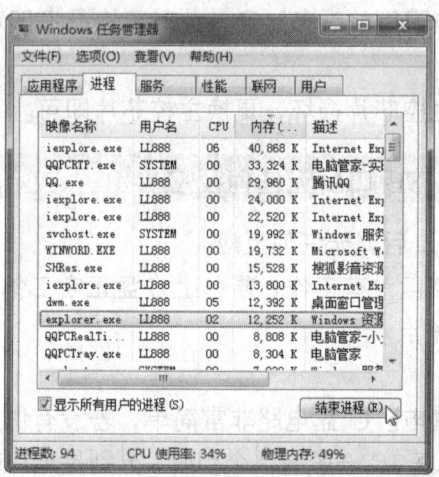 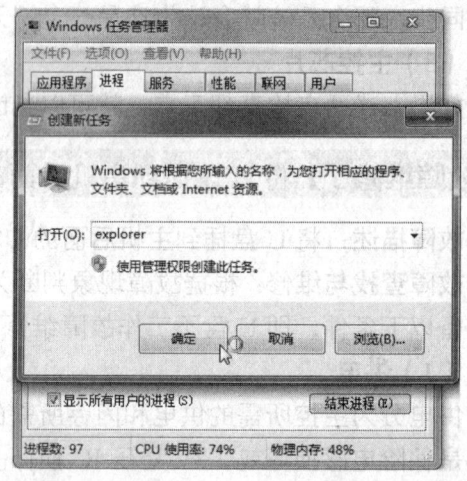

（4）结束 rundll32 进程。打开"Windows 任务管理器"窗口，在"进程"选项卡下找到并选中 rundll32 进程，然后单击"结束进程"按钮，在弹出的警告信息框中单击"是"按钮，即可结束该进程。如果有多个 rundll32 进程，需要将其全部关闭，然后尝试删除 U 盘。

【故障维修 9】将 U 盘插入主机后，系统提示"此设备可提高性能"

故障描述：将 U 盘插入主机后，系统弹出提示"此设备可提高性能"，如下图（左）所示。在传输文件时，速度较慢。

故障查找与维修：出现此故障的原因主要有两个：一是 USB 接口接触不良，此时可以使用其他 USB 接口插入 U 盘；二是在 BIOS 中禁用了 USB 2.0，进入 BIOS 程序将其开启即可,如下图(右)所示。

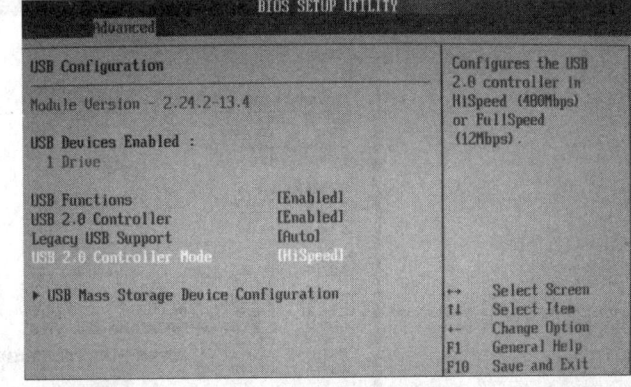

【故障维修 10】系统能够识别 U 盘,但在打开时提示"磁盘还没有格式化"

故障描述:系统能够识别 U 盘,但在打开 U 盘时提示"该磁盘还没有格式化",而系统又无法格式化 U 盘,或者提示"请插入磁盘",而打开 U 盘后里面全是乱码,且 U 盘的容量与本身不相符。

故障查找与维修:通过这种故障现象,可以判断 U 盘本身硬件没有太大的问题,应该是 U 盘的格式与当前系统格式化不符造成的。首先换一个 USB 接口试一试,如果还是无法解决问题,就需要考虑重新对 U 盘进行格式化和分区了。

【故障维修 11】U 盘无法格式化,提示"这张磁盘有写保护"

故障描述:U 盘无法进行格式化,弹出警告信息框,提示"这张磁盘有写保护",无法进行格式化,如下图所示。打开 U 盘后,其中的文件出现乱码,而且容量比自身容量大许多。

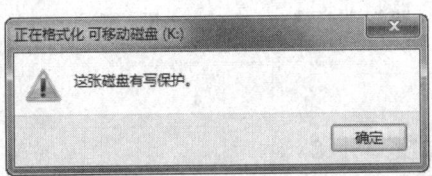

故障查找与维修:对于此类故障,可以判断为 U 盘自身没有大的问题,只是软件出了问题。可以通过以下方法来解决:

(1)关闭 U 盘上的写保护开关。
(2)查杀 U 盘病毒。
(3)U 盘主控芯片损坏,使用与其对应的量产工具刷新固件。

1. 查看 U 盘主控芯片

将 U 盘外壳拆开,在其电路板上即可查看芯片型号。此外,可以使用检测程序 ChipEasy(芯片无忧)或 ChipGenius(芯片精灵)检测 U 盘的主控芯片型号,如下图所示。对于劣质的 U 盘,使用检测程序检测出的结果可能与 U 盘的实际芯片型号不同,导致下载了错误型号的量产工具而无法使用。

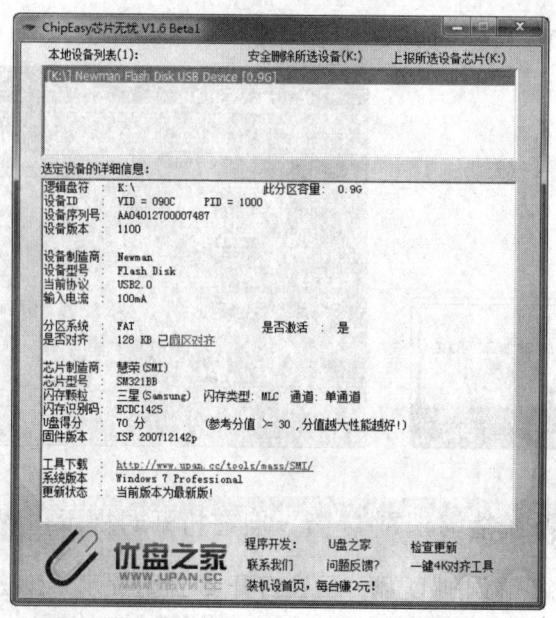

2. 使用量产工具低级格式化 U 盘

量产工具是针对 U 盘主控芯片进行操作的由厂商开发的低层软件，它向 U 盘写入相应的数据，使电脑能够正确地识别 U 盘，并使 U 盘具有某些特殊功能。使用量产工具低级格式化 U 盘，可以修复一些无法使用的 U 盘。需要注意的是，量产工具必须支持用户的 U 盘型号才能使用。

使用量产工具低级格式化 U 盘的具体操作方法如下：

（1）从网上下载与 U 盘芯片型号相对应的量产工具，然后启动该工具，将 U 盘插入电脑主机，即可在程序中检测到该 U 盘，如下图所示。

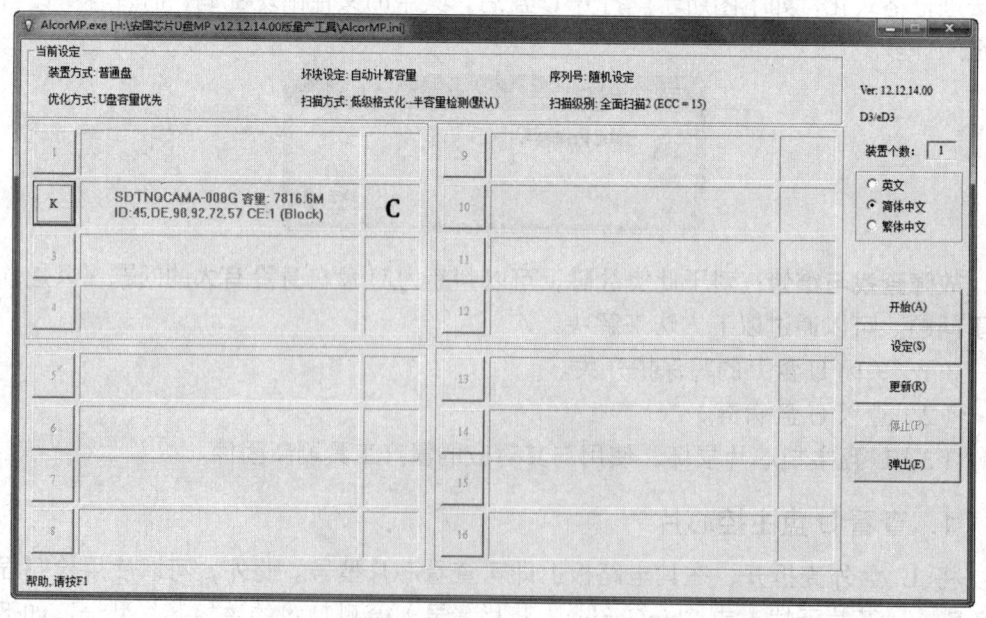

（2）单击"开始"按钮，开始低级格式化 U 盘，如下图所示。在量产过程中，需要经过 Erase、Sort、LLF、extra check 等过程，其中 LLF 过程最慢。量产完毕后，显示一定数目的坏块数，如下图所示。采用 MLC 架构的 U 盘使用一段时间后都会产生一定的坏块，在量产过程中会自动屏蔽这些坏块。

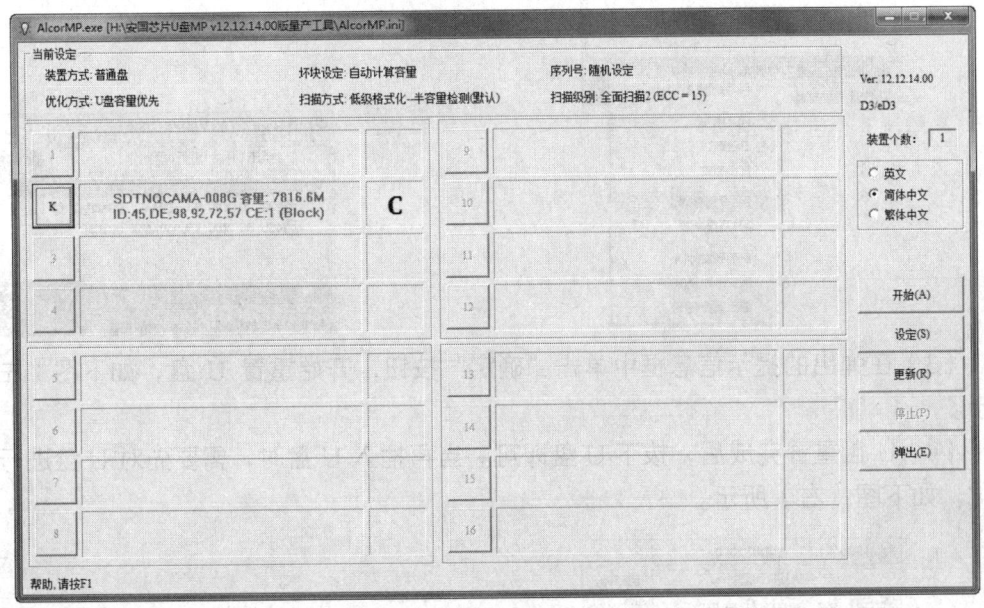

（3）若要对 U 盘进行一些详细的设置，可在程序右侧单击"设定"按钮，弹出"设定"对话框，可对 U 盘进行量产参数、装置方式、U 盘信息及坏磁区等进行详细设置。

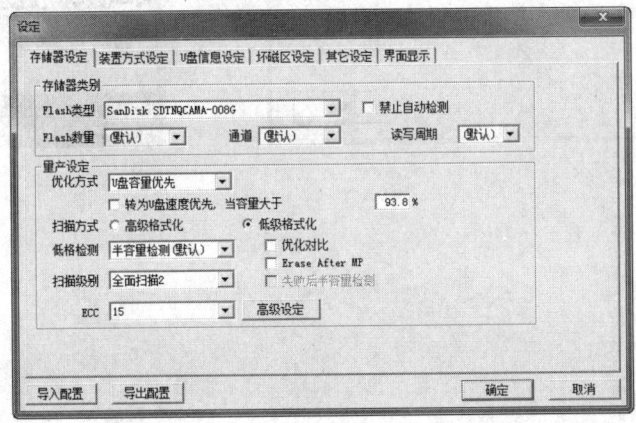

【故障维修 12】无法删除 U 盘启动盘数据

故障描述：一键制作 U 盘启动盘后会占用一定的 U 盘空间，且无法通过删除或格式化清除该数据。

故障维修：用户可以通过 U 盘启动片制作工具中的"归还 U 盘空间"功能清除数据，或者使用工具软件清除数据。使用 USBoot 工具修复 U 盘的方法如下：

（1）右击 USBoot 程序，选择"以管理员身份运行"命令，启动该程序。选择 U 盘，单击"点击此处选择工作模式"超链接，在弹出的列表中选择"用 0 重置参数"选项，如下图（左）所示。

（2）选择工作模式后，单击"开始"按钮，如下图（右）所示。

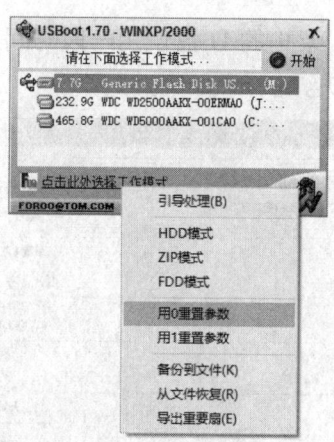
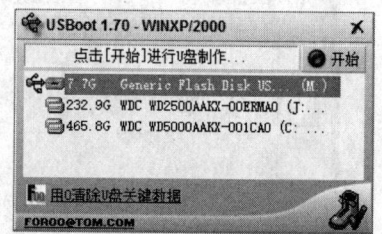

(3)在弹出的提示信息框中单击"确定"按钮,开始重置U盘,如下图(左)所示。

(4)U盘重置完成后,拔下U盘即可。当再插入U盘时,需要先对U盘进行格式化,如下图(右)所示。

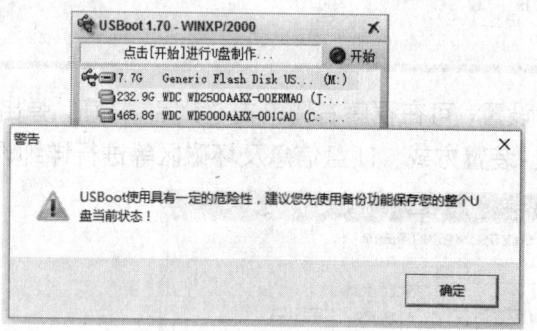
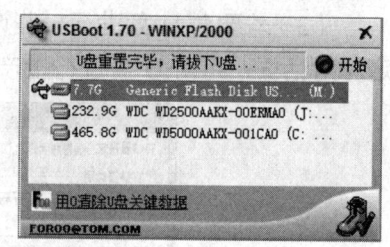

Chapter 21 快速诊断与修复打印机故障

利用打印机可以进行文字输出、多媒体制作效果输出、图像打印输出，以及其他介质输出等。无论是在单位办公，还是在家里工作，打印机都是必需的办公设备。打印机如果出现故障，就会给工作带来很大的麻烦，所以掌握一些常见打印机故障的分析与修复方法是很有必要的。

本章要点

- 常见打印机故障分析与检修
- 激光打印机故障维修实战
- 喷墨打印机故障维修实战
- 针式打印机故障维修实战

知识等级

高级读者

建议学时

建议学习时间为 90 分钟

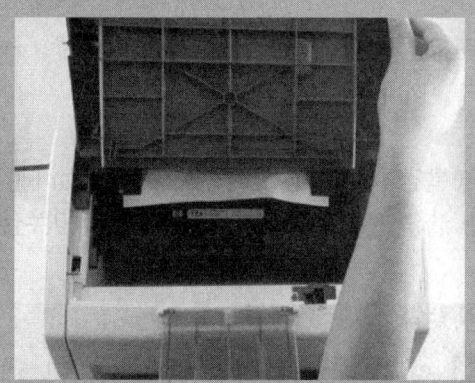

21.1 常见打印机故障分析与检修

下面将分别介绍激光打印机、喷墨打印机及针式打印机常见故障的现象和故障种类，然后逐一进行分析和检修。

21.1.1 了解激光打印机的工作原理

激光打印机是由激光器、声光调制器、高频驱动、扫描器、同步器及光偏转器等组成的，其作用是把接口电路送来的二进制点阵信息调制在激光束上，之后扫描到感光体上，感光体与照相机构组成电子照相转印系统，把射到感光鼓（即硒鼓）上的图文映像转印到打印纸上。激光打印机的工作原理如右图所示。

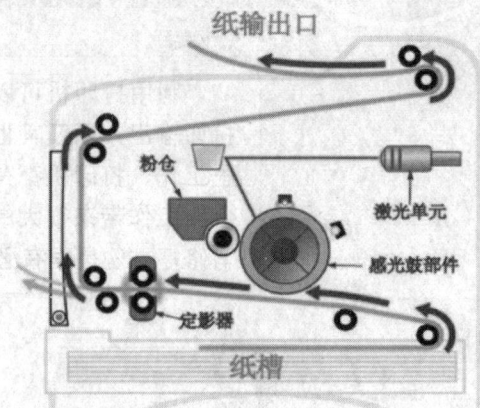

激光打印机的工作原理基本相同，都要经过充电、曝光、显影、转印、消电、清洁、定影七道工序，其中有五道工序是围绕感光鼓进行的。

21.1.2 激光打印机故障检修方法

下面将介绍激光打印机常见的故障种类及其检修方法。

1. 打印卡纸

激光打印机卡纸故障是经常发生的故障，在检修时首先观察卡纸发生的位置，一般发生在3个位置：进纸口、加热组件和出纸口，如下图（左）所示。

（1）在进纸口位置卡纸

先确定搓纸组件能否正常工作、搓纸轮搓纸是否有力，必要时予以更换，如下图（右）所示。然后确定进纸传感器是否已复位，清洗进纸传感器，必要时更换相关传感器。

（2）在加热组件位置卡纸

先确定取纸分离爪、上辊、下辊能否正常工作，清洗相关部件，必要时予以更换。观察导纸道是否变形，清洗导纸道，必要时更换导纸道。排除上述原因后依然卡纸，则更换硒鼓驱动电机。

（3）在出纸口位置卡纸

观察出纸杆是否搓纸有力，清洗出纸杆，必要时更换出纸杆。清洗出纸传感器，必要时更换出纸传感器。

2．打印样张不正常

当打印样张出现偏淡（高压板黑度控制钮已调至最大档）、变形、有回扫线、全黑或全白的故障时，可通过以下方法来解决：

（1）确保硒鼓是否正常，如右图所示。

（2）清洗激光器镜片组。

（3）若还不能解决故障，再逐步更换激光器组件、高压板和主板。

3．误报缺纸缺粉

打印机有纸、有粉的情况下报缺纸、缺粉，遇到此类故障，可以通过以下方法来解决：

（1）有纸若仍报缺纸

可清洗纸盒传感器的微型触点，清洗测纸传感器，必要时予以更换，甚至更换整个高压板。

（2）有粉仍报缺粉

检查粉仓加入的粉是否过多；清洗测粉传感器，必要时予以更换，甚至更换整个高压板。

4．误报卡纸

打印机没有卡纸却误报卡纸，可以通过以下方法来解决：

（1）检测进纸、出纸传感器是否复位。

（2）如果在复位时仍报卡纸，则清洗相关传感器，必要时予以更换。

5．打印机无法自检打印

当打印机出现无法自检打印故障时，可以通过以下方法来解决：

（1）检查打印机在选择自检菜单项时是否处于离线状态。

（2）如果正常，检查纸盒是否已经安装好，且纸盒内是否有纸张。

（3）如果上述方面均没有问题，则检查打印机顶盖是否关紧，且机内是否有夹纸现象。

（4）如果打印机的控制面板上显示有信息，可以通过信息字样解决相应的问题。

（5）如果通过上述方法都无法找到故障原因，建议送专业维修部门进行维修。

6. 激光打印机不预热

若开机后机器不预热，可以通过以下方法来解决：观察两排气风扇是否工作。在确保两风扇均能正常工作的情况下，逐步进行以下操作：

（1）电源是否有输出，输出是否正常，必要时更换电源。

（2）测量加热组件中的热敏电阻、热敏开关、加热灯管是否正常，不正常则需要更换。

进行上述操作后，故障现象若仍存在，则更换主板。

7. 从打印样张分析激光打印机故障

从纸张的打印效果可以分析出激光打印机可能出故障的部位，进而找出故障原因。

（1）出现横条故障原因

①显影器周围沾有载体以及墨粉被感光鼓吸附或洒落在纸上所致。

②显影器中搅拌装置运转不良，或墨粉受潮结块所致。

③反光镜或镜头污染，进行清洁处理即可。

（2）出现纵向黑条原因

可以按照感光鼓、清洁部件、显影部分、定影部分的顺序查找故障原因。

①感光鼓与其他部件接触划伤或因刮板压力过大，而摩擦损伤感光鼓表面。

②刮板刃口有缺陷或刃口积粉过多。

③显影辊上墨粉分布不均匀，呈条状分布或刮刀下有杂物。

④磁辊上沾有条状墨粉结物。

⑤定影器入口堵塞，转印后尚未定影的部分与定影器入口摩擦而损伤图像。

⑥加热辊表面沾有墨粉等污物。

（3）出现纵向白条原因

①感光鼓产生严重划痕，造成印不上墨粉。

②充电电极丝上有污物，造成感光鼓相应部分充不上电而出现白条。

③电源电压低造成充电电压不均匀，而产生宽窄不一和边缘不清的白条。

④转印电极丝局部太脏而无法正常转印。

⑤墨粉少且不均匀，或分离爪变形。

（4）没有图像，纸张全黑原因

可能是控制电路或扫描电路发生故障。

（5）出现全白图像原因

该故障可能涉及光学部分、充电部分和机械部分。

①激光器或激光器控制电路损坏。

②光学系统被异物遮挡；反光镜角度不对；反光镜损坏或太脏；反光镜老化。

③扫描驱动电路故障，即无扫描。

④充电电极损坏；充电电极连线断开；转印电极接触不良或电极丝断。

⑤传动齿轮轴转，而轮子不转，致使感光鼓不转。

（6）出现横向黑白条原因

①充电电极丝两端接触不良，可听到放电声音，横向出现一片空白。

②充电转印及消电电极丝过松。
③感光鼓转速不均匀,鼓轴偏离中心,造成充电或转印不均匀。
④显影辊驱动离合器摩擦或打滑。

(7) 打印图像脏的原因

有规则的图像污染,常出现在打印样张某一部位,与打印机的部件污染或损坏对应。无规则的图像污染则往往是不规则污染所致,可能的原因如下:

①感光鼓表面污染或划伤。
②显影部分:显影辊上沾有固化墨粉快,造成该处吸附能力加强。
③清洁部分:感光鼓清洁装置损坏,尤其清洁刮板位置不平衡或有缺口。
④转印电极或充电电极左右不均匀,造成左右深浅不均的带状污染。
⑤加热辊表面橡胶老化脱落或有划痕;或定影辊上的清洁刷缺损,导致加热辊局部沾有污物。
⑥定影器的热敏电阻开关和热敏电阻传感器的表面吸附灰尘结块,导致摩擦增大测量温度不准确,损坏上加热辊和热敏电阻传感器。
⑦搓纸轮被墨粉污染而造成打印图像脏。

(8) 黑色图像上出现有规律或无规律的白斑原因

①感光鼓因感光层剥落、划伤等而造成黑色部分出现有规律的白色斑点。
②显影偏压过高或墨粉中含有杂质。
③调整清洁转印电极丝。
④充电电压过高,放电时打火,击穿或半击穿感光鼓产生细密白点。

(9) 打印样张背面污染原因

①显影器或清洁器中墨粉漏出,洒在纸上致使纸背面污染。
②加热辊清洁不良,使墨粉沾于下压力辊上,致使纸背面污染。

(10) 定影不足原因

①定影灯管损坏或接触不良,加热丝断路,造成无定影温度或温度过低。
②定影加热辊磨损,表面出现凹坑,出现局部定影不牢。

21.1.3 了解喷墨打印机的工作原理

喷墨打印机属于点阵式打印的一种,其印字原理是使墨水在压力的作用下从孔径或狭缝尺寸很小的喷嘴喷出,成为飞行速度很高的墨滴,根据字符点阵的需要,对墨滴进行控制,使其在记录纸上形成文字或图形。喷墨式打印机采用随机式喷墨技术,墨水只在打印需要时才喷射。随机式喷墨技术主要有压电式和热气泡式两大类。

喷墨打印机一般多采用热气泡喷墨技术,通过墨水在短时间内的加热、膨胀、压缩,将墨水喷射到打印纸上形成墨点,增加墨滴色彩的稳定性,实现高速度、高质量打印。热泡式喷墨打印的原理是将墨水装入到一个非常微小的毛细管中,通过一个微型的加热垫迅速将墨水加热到沸点。这样就生成了一个非常微小的蒸汽泡,蒸汽泡扩张就将一滴墨水喷射到毛细管的顶端。停止加热,墨水冷却,导致蒸汽凝结收缩,从而停止墨水流动,直到下一次再产生蒸汽并生成一个墨滴。

压电式喷墨打印机喷头内装有墨水，在喷头上下两侧各装有一块压电晶体，在压电晶体上施加脉冲电压，使其变形后产生压力，从而挤压喷头喷出墨滴，每个喷头上的压电晶体通过电路连到打印机数据形成电路。喷嘴的喷墨管道连到一个墨水盒，为了避免墨水干涸及灰尘堵塞喷嘴，在喷头部装有一块挡板，不打印时盖住喷嘴，在喷嘴的头部还有一块保持恒温的喷嘴导孔板，用于保持喷嘴头部的温度不变，从而使打印出来的点阵大小不受环境温度的影响。

喷墨打印机的工作原理如下图所示。

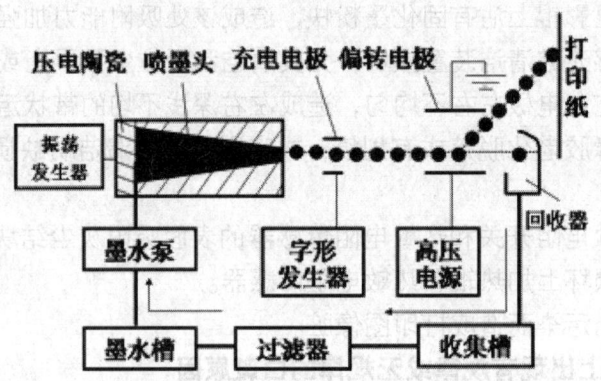

21.1.4 喷墨打印机故障检修方法

下面将介绍喷墨打印机常见的故障种类及其检修方法。

1. 更换新墨盒后打印机仍然提示"墨尽"

当给打印机更换新墨盒后，打印机仍然提示"墨尽"时，可以通过以下方法来解决：
（1）检查打印机墨盒是否正确安装，如下图所示。

（2）打开电源，将打印头移动到墨盒更换位置。
（3）将墨盒安装好后让打印机进行充墨，充墨结束后故障排除。

2. 打印机不打印

当打印机开始执行打印命令时电源灯常亮，检测墨水用量的检测灯也常亮，但不能进行正常打印。此故障在打印机的日常使用中经常出现，一般是由于墨盒已到使用寿命引起的。

解决打印机不打印故障的方法如下：

（1）使用打印机驱动程序中的"状态监视器"监测，如果"状态监视器"提示无墨，就更换墨盒。

（2）如果"状态监视器"提示有墨，但仍出现打印机不打印故障，则可能是打印机的墨盒芯片出现故障，需要将打印机送往维修点进行维修。

3. 系统提示"找不到打印机"

打印机连接电脑并安装驱动程序后，系统提示"找不到打印机"。遇到此故障，可以通过以下方法来解决：

（1）检查硬件是否有故障，例如，打印机驱动程序是否有故障，或电脑 USB 接口是否有问题等。

（2）检查打印机的数据线或电源线是否有问题，可以更换一条新的数据线或电源线，测试故障是否排除。

（3）检查打印机驱动程序属性中端口设置与实际使用端口是否不一致，打印机接口的不一致很可能导致打印机出现无法识别的情况。

4. 打印机只能打印一张纸

当打印机打印多张纸时，出现打印第一张的末尾喷墨头停止打印，且重新启动打印机后出现异响的故障。遇到此故障时，可以通过以下方法来解决：

（1）检查打印机内侧的传送带是否老化，因为传送带老化之后就会出现卡机的现象。

（2）检查打印机内是否有异物，因为异物同样会导致打印机字车不能正常运行或者被卡死。

（3）若在打印机内部没有发现明显的异物，需要将打印机送到维修中心进行维修。

5. 打印机通电后无法工作

当打印机通电后无法正常工作时，可以通过以下方法来解决：

（1）检查打印机的电源开关是否打开。

（2）检查打印机的电源线、电源插头及电源插座是否接触良好。

（3）如果上述均无异常，检查所插的电源插座是否有电，且电压是否正常。

（4）如果上述几个方面都没有问题，再检查打印机的保险丝是否已经熔断。

（5）如果更换新的保险丝后故障依旧，则是打印机的电路部分有短路故障。

（6）检查打印机内部各元器件是否有明显损坏，如果找不到损坏的元器件，需要送专业维修部门进行维修。

6. 无法打印电脑中的联机内容

当打印机出现无法打印电脑中的联机内容故障时，可以通过以下方法来解决：

（1）检查打印机是否已处于联机状态。

（2）检查打印机是否为系统默认的打印机。如果非系统默认打印机，将其设置为默认打印机即可。

（3）如果故障依旧，则检查打印机的驱动程序是否安装错误或已经损坏丢失。

（4）如果重装打印机驱动程序后故障依旧，则检查打印机的电缆接口与电脑连接是否有误，或连接数据电缆是否有故障，即对打印机执行一次自检打印，如果不能打印出来，就证明是打印机内部电路有损坏，需要送到专业维修部门进行维修；如果能打印出来，就证明是数据电缆或接口出了问题，更换一条新的连接数据电缆即可。

（5）如果上述方法都无法排除故障，可能是感染了某些打印机病毒，使用杀毒软件进行杀毒即可。

21.1.5 了解针式打印机的工作原理

针式打印机由打印头、输纸机构、色带机构及打印控制器组成，打印控制器包括字符缓冲存储器、字型发生器、时序控制电路和接口电路四部分。

针式打印机本身就是一个微型计算机系统，全机的工作都由 CPU 控制。它的控制程序存放在 ROM 中，使 CPU 开机就可以工作。CPU 可以接收面板的各种控制指令，也可以接收来自主机的指令，并对各种指令进行解释执行，这些连接都是通过计算机的接口完成的。

打印头是针式打印机的核心部件，它包括打印针、电磁铁等。这些钢针在纵向排成单列或双列构成打印头，某列钢针在电磁铁的带动下先打击色带，色带后面是同步旋转的打印纸，从而打印出字符点阵，而整个字符就是由数根钢针打印出来的点拼凑而成的。针式打印机的工作原理如下图所示。

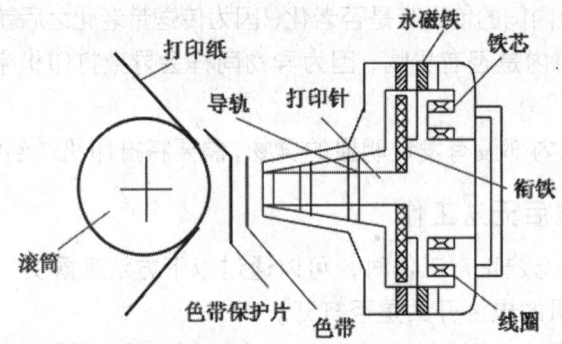

21.1.6 针式打印机故障检修方法

针式打印机相对另外两种打印机来讲，其机械成分在机器中的比重是最大的，因此它的机械问题就很多，尤其是在进行主要操作的部分，如打印头、字车机构、走纸机构等。下面将根据各种现象来介绍相应的维修方法。

1. 打印不清晰

当打印机出现打印不清晰的故障时，可以通过以下方法来解决：

（1）检查打印深度调节杆是否在合适位置。通过调节打印机的打印深度调节杆，可以增强打印效果和打印质量。

（2）检查打印色带的使用寿命是否已到。如果发现打印色带颜色变浅或发白，就应该更换打印色带。

（3）检查打印头的打印针导针孔是否堵塞。如果打印针导针孔堵塞，把打印头上的阻塞物清掉，并疏通打印头的导针孔。

（4）检查打印针是否已磨损，如果发现打印针有明显的长短不齐，则更换已磨损的打印针即可。

2. 色带不走或时动时不动

当打印机出现色带不走或时动时不动的故障时，可以通过以下方法来解决：

（1）检查打印色带的拉线是否断开，如果断开则更换色带拉线。

（2）检查打印机色带盒的位置是否安装正确。如果安装不正确，将色带盒正确地安装在色带转动轴上，如下图（左）所示。

（3）检查打印机色带是否卡在色带盒内或色带是否被拉断。打开色带盒检查色带，重新安装色带或更换色带。

（4）检查色带盒上的色带卷带旋钮转动是否灵活，如果不灵活则更换色带盒，如下图（右）所示。

 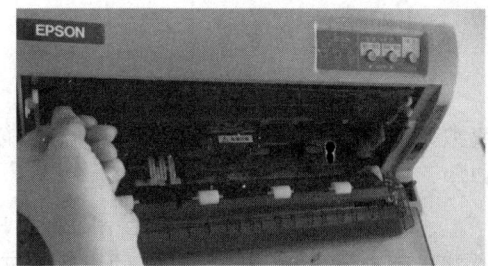

（5）检查色带盒内的色带转动齿轮是否磨损，如果已磨损则更换色带齿轮。

（6）检查驱动色带左右移动的色带传动轴是否磨损，如果是则更换传动轴。

（7）如果上述方法都无法排除故障，则可能是色带带轮单向超越离合器损坏，更换离合器即可。

3. 打印机不走纸

当打印机出现不走纸故障时，可以通过以下方法来解决：

（1）检查电机传动轴螺钉是否松动，如果松动则紧固电机传动轴螺钉。

（2）检查传动齿轮之间是否存在异物阻塞，如果是则清除异物即可。

（3）检查传动齿轮间隙是否过大，如果齿轮之间间隙过大，就无法带动齿轮，只要调小齿轮之间的间隙即可。

（4）检查打印机的连接插头是否插好，如果是则插好打印机的连接插头。

（5）如果通过以上步骤都无法解决故障，则可能是打印机的走纸电机损坏，更换走纸电机即可。

4. 打印时发出异声

当打印机在打印时发出异声时，可以通过以下方法来解决：

（1）检查打印机字车导向轴的配合是否正常，如果不正常则需要调整打印机字车导向轴的配合或更换零件。

（2）检查打印机滑动配合面是否有异物，如果有则需要清除异物，并在打印机字车导向轴的配合面上涂上润滑油。

（3）检查打印机齿皮带的张力是否够足，如果过于松弛，则需要调整齿皮带张力。

（4）检查打印机张紧轮轴承是否磨损，如果已磨损，则更换张紧轮。

（5）如果上述方法都无法解决故障，则可能是打印机的字车电机损坏，只需更换字车电机即可，如右图所示。

5. 有打印声但打印空白

当打印机出现有打印声但打印空白故障时，可以通过以下方法来解决：

（1）检查打印机色带盒是否正确安装，如果安装不正确，则重新安装色带盒。

（2）如果色带盒安装正确，则可能是打印头与字辊之间距离过大，只要调小其距离即可。

6. 打印头断针

打印头断针表现为打印的文本上每行明显地出现一条或数条摆线，或缺少某一水平笔画。可以通过以下方法来解决：

（1）取下打印头后盖，压下每根针的衔铁，看打印头前部是否有针头伸出，如果未伸出，则可判断为该针已断，更换新针即可，如右图所示。

（2）如果每根针都正常，但存在类似断针的问题，一般是由于打印头的针驱动线圈开路、短路或针驱动电路故障引起的，需要检查上述电路部分。

7. 误报缺纸

打印机加电并装好打印纸后，面板仍显示缺纸状态，无法联机打印，这时要重点检查纸张传感器及其电路。纸张传感器一般有机械开关式和光电耦合式两种。

（1）机械开关式。机械开关式在长时间使用后容易发生触点接触不良，导致检测不到纸张，此时需要清洗或更换传感器。

（2）光电耦合式。对于光电耦合式的纸张传感器，要注意是否有灰尘堵住传感器槽孔，一般清理干净即可解决问题。

21.2　激光打印机故障维修实战

下面将详细介绍一些常见的激光打印机故障分析与修复方法，其中包括无法共享打印机、无法开机、无法打印、卡纸、打印间断、输出白纸、打印效果不正常等故障。

【故障维修1】无法在网络中找到共享的打印机

故障描述： 最近办公室里增加了一批新的设备，但共享网络打印机的过程中遇到了问题，终端无法在网络上找到共享的打印机。

故障查找与维修： 要连接网络中共享的打印机，首先要将该打印机进行正确的共享设置，另外，还要保证Windows防火墙没有阻止打印机的共享。该故障的解决方法如下：

01 选择"打印机属性"命令 打开"设备和打印机"窗口，右击安装的打印机，选择"打印机属性"命令，如下图所示。

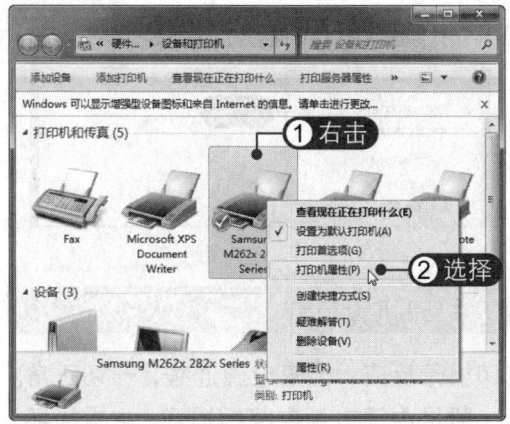

02 共享打印机 选择"共享"选项卡，选中"共享这台打印机"复选框，然后单击"确定"按钮，如下图所示。

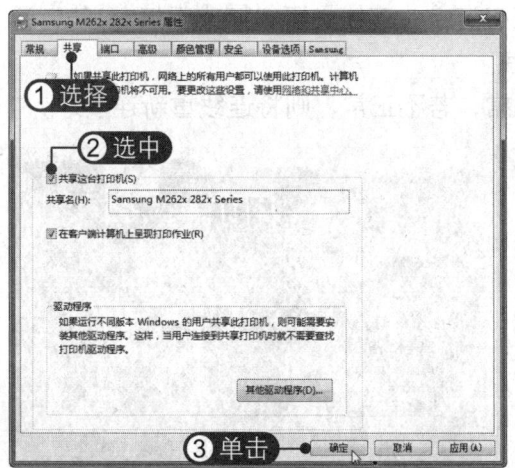

03 单击防火墙超链接 打开"Windows防火墙"窗口，在左侧单击"允许程序或功能通过Windows防火墙"超链接，如下图所示。

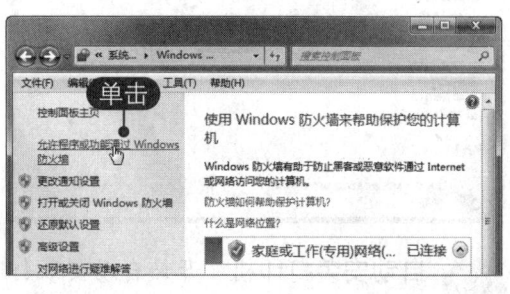

04 设置文件和打印机共享 在"允许的程序和功能"列表中选中"文件和打印机共享"复选框，在右侧选择网络，然后单击"确定"按钮，如下图所示。

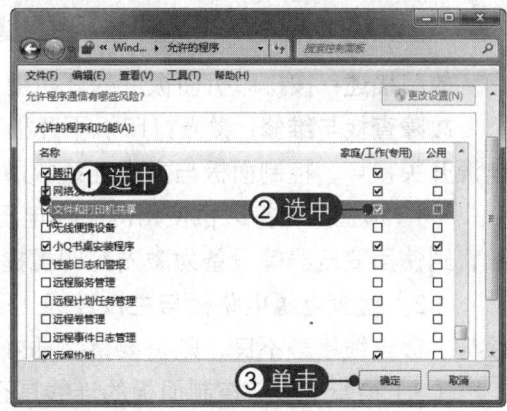

05 双击电脑图标 打印机共享完成后，在局域网的其他电脑中需要添加该打印机才能使用。打开"网络"窗口，双击打印机所在的电脑，如下图所示。

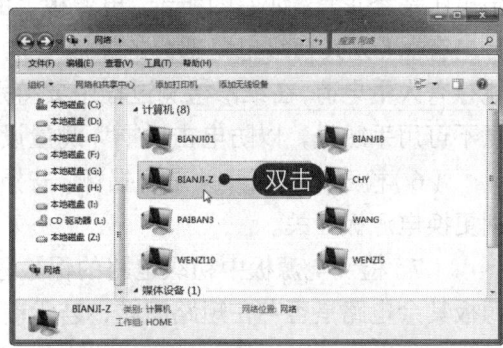

06 查看共享打印机 在打开的窗口中即可查看该电脑共享的打印机,双击该打印机图标,如下图所示。

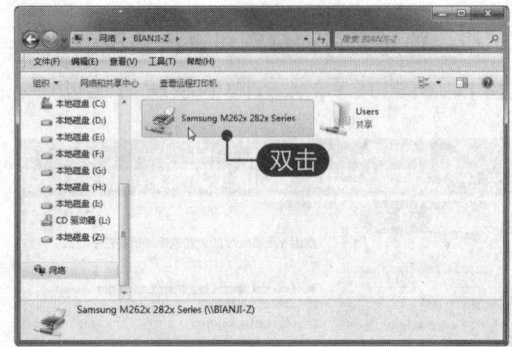

07 自动安装打印机 开始自动安装打印机,此时只需等待安装完成,如下图所示。若安装失败,可先在电脑上安装此打印机的驱动程序。

08 设置默认打印机 打印机连接完成后,将打开打印机窗口。单击"打印机"|"设置为默认打印机"命令,将此打印机设置为默认打印机,如下图所示。

【故障维修 2】按打印机面板上的开机键,打印机无反应

故障描述:按打印机面板上的开机键,打印机无反应,检查电源连线,一切正常。

故障查找与维修:激光打印机不开机故障一般是由于电源电路板损坏、主板损坏、电源开关损坏、控制面板与主板连线故障等引起,可以按以下流程检修故障:

(1)检查激光打印机使用的工作电压与打印机标注的工作电压是否一致。若不一致,则使用变压器等设备为激光打印机提供要求的工作电压。

(2)检查电源电路板与主板连线是否正确连接(连线是否斜接或虚接)。若电源板与主板连线接触不良,则需要重新插好连线。

(3)检查主板与控制面板的连线是否正常,若不正常,则将连线重新连接好。

(4)检查电源开关是否损坏,若电源开关损坏,则更换电源开关。

(5)断开电源板与主板的连接,然后接入 220V,用万用表检测电源板的+5V 直流输出电压是否正常,如右图所示。电源板上的部分电容器(尤其初级电路部分的滤波电容)可能存有大量电荷,在维修检测过程中要特别注意不可用手触摸,以防电击或损坏测量设备。

(6)检查电源板开关是否损坏,若损坏,则更换电源板开关。

(7)检测电源板中初级电路的保险管 F1 是否熔断。若保险管 F1 熔断,则检查电源板其余电路是否存在短路问题,若没有则更换 F1。

（8）检查电源板中的开关管、二极管、整流桥电路等是否正常。若不正常，则更换损坏的元器件或电源板。

（9）若电源板+5V 电压正常，在主板上只连上电源板线及控制面板线，然后接通电源，查看控制面板的电源指示灯是否亮。若控制面板电源指示灯亮，则说明主板正常，问题出在外围电气部件。

（10）检查主电机是否烧毁，若已烧毁，则更换损坏的电机。

（11）检查传感器，并更换短路的传感器。

（12）若第 9 步中打印机控制面板无显示，则可能是主板问题。检查主板中的芯片是否有被烧坏的痕迹（如开裂、发烫等），若有则检查异常的芯片。若芯片已损坏，则需要更换芯片。

（13）若没有被烧坏的芯片，接着测量主板上 5V 电源对地阻值，判断主板是否短路。若主板短路，则维修或更换主板。

（14）检查主板中的门阵列电路、CPU 及其他元器件是否损坏。若已损坏，则需要更换损坏的元器件。

（15）若主板中没有损坏的元器件，最后只能更换主板。

【故障维修 3】打印时提示被程序占用或打印端口出错，无法打印

故障描述：电脑进行打印时，提示打印机端口被 Windows 应用程序占用，再次打印则提示打印端口出错。

故障查找与维修：该故障一般是由病毒引起的，使用杀毒软件进行杀毒之后，打印机可以正常使用，但再次启动电脑之后，打印时又出现相同的故障。可能是由于病毒没有被彻底清除，进入电脑安全模式进行杀毒，即可排除故障。

【故障维修 4】执行打印操作时，总是一次送入多张打印纸

故障描述：打印机在执行打印操作时，总是一次送入多张打印纸。

故障查找与维修：可能是打印纸不符合要求；进纸口中的纸张一次装入太多；进入了厚度不同的打印纸；使用了不规范的打印纸。

【故障维修 5】激光打印机在打印时经常会卡纸

故障描述：惠普激光打印机在打印时经常会卡纸。

故障查找与维修：出现该故障时，可以通过以下方法进行处理：

（1）纸张不宜过薄或过厚。

（2）纸张的大小要合适，否则有可能会卡纸，如右图所示。

（3）在给进纸槽添纸时，务必先取出原有纸张，将其与新添的纸张一起整理整齐之后再

放回纸槽，这样可以避免打印机打印时一次抽取多张纸而造成卡纸；添纸时，应将纸张打散之后再放入纸槽，此做法是为避免纸张因潮湿或其他因素而粘在一起，造成进纸时多张纸一起卷入而卡纸。

【故障维修6】在打印时出现间断现象

故障描述：激光打印机在打印时出现间断和卡纸的现象，且打印机的操作面板上指示灯闪烁，并向主机发出报警信号。

故障查找与维修：要解决该故障，可先断开打印机电源，打开打印机盖，按进纸方向取下被卡的纸，再重新打印。

如果经常卡纸，则需要检查进纸通道。取纸辊是激光打印机最易磨损的部件，当盛纸盘内所放纸张位置正常而打印卡纸时，可能是由于取纸辊磨损或弹簧松脱或压力不够造成的，不能将纸送入打印机。如果取纸辊磨损，一时无法更换，可以采用缠绕橡皮筋的方法进行应急处理。

【故障维修7】激光打印机在打印时输出空白纸张

故障描述：激光打印机在打印时输出空白纸张。

故障查找与维修：首先要断开打印机电源，去除硒鼓盒，打开盒盖上的槽口，在感光鼓的非感光部位作上记号后重新装入打印机内，重启打印机运行一段时间再断开打印机电源，将其取出，检查记号是否移动。如果墨粉不能正常供给或激光束被挡住，也会造成输出白纸，因此应检查墨粉是否用完、墨盒是否正确装入机内，以及密封胶带是否已被取下，或激光照射通道上是否有遮挡物。

【故障维修8】激光打印机打印内容不完整，同一位置总有竖直空条

故障描述：激光打印机在添加墨粉之后，打印输出时所打印的每页打印纸的同一位置总有竖直空条。

故障查找与维修：该故障可能是由于打印机的激光镜面所造成的。若硒鼓某部位有损，相应的输出部位呈黑色，但故障呈白色，可以判断是由于激光镜面某个部位被东西挡住，使激光束无法通过此部位，从而不能形成图像。这可能是在装墨粉或安装硒鼓时使激光镜面某部位沾染了墨粉，造成输出不正常。对激光镜面进行清洁处理，即可排除故障。

【故障维修9】激光打印机打印时整体发黑，白纸几乎变成灰纸

故障描述：一台激光打印机，更换一个兼容硒鼓后，打印出来的纸张整体发黑，白纸几乎变成了灰纸。

故障分析：出现此现象说明激光打印机的激光扫描和电子成像系统出现了故障，新换的硒鼓很可能是通过手工灌粉或经过维修的产品。

故障维修：更换一个原装的硒鼓之后，即可排除故障。

【故障维修10】打印时出现白色条纹，许多内容显示不出

故障描述：一台激光打印机使用时间较长，近期打印出来的纸张都带有很宽的白色条纹，许多内容显示不出来。

故障分析：根据故障现象分析，可能是激光打印机的硒鼓内部出现了问题。激光打印机主要由激光扫描系统、电子成像系统和控制系统组成，如果激光扫描系统出现问题，则无法形成可见的打印输出。

故障维修：打印机输出的纸张有一长条部分没有内容，说明激光镜面的相应部位可能被杂物遮挡，导致无法成像。重新更换硒鼓后，故障即可排除。

【故障维修11】激光打印机输入字迹偏淡

故障描述：激光打印机输入字迹偏淡。

故障查找与维修：该故障可能会因墨粉盒内的墨粉较少、显影辊的显影电压偏低和墨粉未被极化带电而无法转移到感光鼓上所造成的。可以取出墨粉盒轻轻摇动后再装上，如果打印效果没有改善，则需要更换墨粉盒或请专业维修人员进行处理。另外，一些打印机的墨粉盒下方有一组感光开关，用于调节激光的强度，如果这些开关设置不正确，也会造成打印字迹偏淡。

【故障维修12】打印机打印时会多夹带纸张，导致卡纸

故障描述：在打印过程中，经常会出现多张纸层叠粘连在一起被打印的情况。

故障查找与维修：这常常是由于夹带的纸张过多而导致的卡纸。造成打印机夹带多张纸的原因主要有以下两方面：

（1）所用的纸张不符合要求。如果打印纸带有很多静电，容易在进纸时粘连在一起。如果放入厚度不同的纸张，也会出现粘连现象。

（2）打印机设置不当。有些打印机具有纸张厚度调节、纸张类型选择等功能，如果设置得不合适，就会出现夹带纸张的情况。可以参考说明书正确设置打印机，也可以在网上查询正确的设置方法。

21.3 喷墨打印机故障维修实战

下面将详细介绍一些常见的喷墨打印机故障分析与修复方法，其中包括打印效果不正常、堵头、误报缺纸、打印速度慢，以及打印机不上纸等故障。

【故障维修1】打印机开机后所有指示灯交替闪烁，不能正常工作

故障描述：一台惠普喷墨打印机，开机后打印机所有指示灯交替闪烁，不能正常工作。

故障查找与维修：该故障是由于有某种物体挡住了打印机滑动架初识化移动所导

致的。关闭打印机开关，并将打印机上盖板掀起，检查打印机喷嘴支架的保护带是否已被取下。此外，手动推打印机滑架，检查是否有异物阻挡，如果有则将其清除，一般问题都可以解决。

【故障维修 2】打印机打印速度很慢，实际打印速度每分钟只有十几页

故障描述：一台彩色喷墨打印机，其说明书上显示打印黑白文档的速度为每分钟 22 页，但实际打印时的速度是每分钟十几页。

故障查找与维修：经过检查确定打印速度变慢的原因是选择了"精细"打印选项，且文档中的字体和字号变化较多，这些都会导致打印速度变慢，并非打印机出现了故障。如果采用高分辨率、精细模式打印复杂的图像，打印时间就会更长。

【故障维修 3】喷墨打印机不上纸，进纸灯和电源灯同时闪烁

故障描述：惠普喷墨打印机上纸时笔架移动到左侧发出噪声，不上纸，进纸灯和电源灯同时闪烁。

故障查找与维修：经检查，打印机在上纸时笔架先移动到左侧去压滚轴上的离合器，左侧齿轮组带动滚轴转动，从而把抬纸器带动，释放抬纸板，在磨擦的作用下使纸进入。而其产生噪声的可能性有以下几种：

（1）笔架压滚轴的齿轮或左侧齿轮组没有咬合紧，发出噪声，无法上纸。

（2）抬纸滚轴和齿轮组咬合不紧，发出噪声，无法上纸，如下图所示。

（3）笔架高度或位置不正确，无法压住离合器，发出噪声，无法上纸。

经检查发现，此故障是由于左侧齿轮组老化而不能咬合。更换左侧齿轮组后开机打印，故障排除。

【故障维修 4】打印机有纸，但系统提示缺纸

故障描述：使用喷墨打印机打印文件时，纸张放好后有时系统提示缺少纸张，无法正常打印。

故障分析：如果打印机在纸张放好之后提示缺纸，则可能是检测纸张的传感机构出了问题。喷墨打印机一般都用光电传感器检测是否安装好了纸张，如果传感器部分

被杂物遮挡，或灰尘太多，就无法准确地向系统发送纸张准备好的信号，因此不能正常打印。

故障维修：关闭打印机电源，打开机盖，找到光电传感器，清除灰尘和杂物，并用无水酒精清洗光头，重新安装后故障消失。

【故障维修5】喷头硬性堵头堵塞，不能正常打印

故障描述：打印机在打印时喷头有杂质造成堵头。

故障分析：硬性堵头指的是喷头内有化学凝固物或有杂质造成的堵头，此故障排除起来比较困难，必须用人工的方法来处理。

故障维修：先要将喷头卸下来，将其浸泡在 A 液中用反抽洗加压进行清洗，如下图所示。洗通之后用纯净水过净清洗液，晾干之后就可以装机了。只要硬物没有对喷头电极造成损坏，清洗后的喷头还是不错的。

【故障维修6】喷头软性堵头堵塞，不能正常打印

故障描述：打印机打印时出现断线故障。

故障分析：软性堵头堵塞是指因种种原因造成墨水在喷头上黏度变大所致的断线故障。

故障维修：一般用原装墨水盒经过多次清洗就可以恢复，但这种方法太浪费墨水。最简单的办法是利用手中的空墨盒来进行喷头的清洗。用空墨盒清洗前，先要用针管将墨盒内残余的墨水尽量抽出，越干净越好，然后加入清洗液，如下图所示。

加注清洗液时，应在干净的环境中进行。将加好清洗液的墨盒按打印机正常的操作上机，不断按打印机的清洗键对其进行清洗。利用墨盒内的残余墨水与清洗液混合的淡颜色进行打印测试，正常之后换上好墨盒就可以使用了。

【故障维修 7】喷墨打印机打印时墨迹稀少，字迹无法辨认

故障描述： 一台喷墨打印机打印时墨迹稀少，字迹无法辨认。

故障分析： 该故障多数是由于打印机长期未用或其他原因造成墨水输送系统障碍或喷头堵塞。

故障维修： 对喷头进行清洗即可，如下图所示。

【故障维修 8】在喷墨打印机上打印照片时，出现白色条纹

故障描述： 在喷墨打印机上打印照片时，出现白色条纹。

故障查找与维修： 可以采用以下方法排除故障：

（1）对喷墨打印机的喷嘴进行检查，判断有无缺色或断线现象，如果有则需要及时对喷嘴进行清洗。

（2）检查放置在打印机上的纸张类型与在驱动程序中设置的介质类型是否相同，如果不相同，则打印时就会出现条纹。

（3）在驱动程序主窗口中单击"高级设置"按钮，取消选择"高速"复选框。

【故障维修 9】更换其他品牌墨盒后，打印总是出现断线情况

故障描述： 打印机更换其他品牌墨盒后，打印总是出现断线的情况。

故障分析： 更换其他品牌墨盒产生的断线，是因为墨盒理化性能未达到 EPSON 墨盒所要求的参数。在更换其他品牌墨盒时，有时会发现有些颜色出墨顺利，而有些颜色要经过多次清洗后才能出来，浪费了大量的墨水。这是因为这类生产厂家生产的墨盒远远达不到 EPSON 墨盒的技术要求，使用时最易发生墨水输墨不平衡的问题。

原装墨盒在墨水的化学特性和盒体气压压力调节上做了文章，而其他某些品牌的墨盒因不了解其原理，所做出的墨盒差距较大，难以达到出墨流量的平衡。更为严重的是，某些墨盒因海绵的溶出物较多，海绵遇墨膨胀系数过大，出墨口使用的不锈钢超细滤网达不到要求，这种墨盒给打印机造成故障也在情理之中。

故障维修：使用原装的墨盒，即可排除故障。

【故障维修 10】使用注墨后的墨盒后，出现断线、堵头、色度不准

故障描述：使用注墨后的墨盒后，出现断线、堵头、色度不准。

故障查找与维修：如果注入的墨水理化性能和原墨盒残留墨水基本相近，那它是完全可用的。堵头是注墨以后最容易发生的问题，因为断线喷墨打印机的超精细滤网是设计在墨盒出墨口处的，而喷头输墨口与墨盒的接口处是没有滤网的。有些人在墨盒的出墨口处向墨盒内反向注墨，容易造成灰尘及杂质进入输墨口，从而使打印机堵头。

另一种发生的化学性堵头是因为加注墨水的化学性质与原装墨盒中的残留墨水不一样，其不同墨水的化学反应过程较慢，极难用肉眼观察到。如果这种墨水停留在喷头上而产生了反应，就会对喷头造成破坏性后果。

补充墨水常见的另一类问题是颜色不太准确。彩色材料的生产会因批号不同而出现色差，这也是生产彩色材料最难的一点。EPSON 喷墨打印机的补充墨水一般出现色度偏差时，在其属性设置中进行调整即可，只要可调范围在 EPSON 软件的可设置范围内就可用。

【故障维修 11】使用喷墨打印机进行打印时，精度明显变差

故障描述：在使用喷墨打印机进行打印时，打印的精度比原来差了好多。

故障分析：喷墨打印机在使用中会因使用的次数及时间的延长而使打印精度逐渐变差。喷墨打印机的喷头也是有寿命的，一般一只新喷头从开始使用到寿命完结，如果不出什么故障，也就是 20~40 个墨盒的用量寿命。

故障维修：如果打印机已使用很久，打印精度已经变得很差，可以用更换墨盒的方法来试试。如果换了几个墨盒，其输出打印的结果都一样，那么这台打印机的喷头就需要更换了。如果更换墨盒以后有变化，则说明可能使用的墨盒中有质量较差的非原装墨水。

如果打印机是新的，打印的结果不能令人满意，经常出现打印线段不清晰、文字图形歪斜、文字图形外边界模糊、打印出墨控制同步精度差等情况，这说明可能买到的是假墨盒或使用的墨盒是非原装产品，应当立即更换。

【故障维修 12】开机时墨盒里有墨，但打印机提示墨已经用完

故障描述：开机时墨盒里有墨，但打印机提示墨已经用完。

故障分析：正常情况下，当墨水已用完时"墨尽"灯才会亮。更换新墨盒后，打印机面板上的"墨尽"灯还亮。如果发生这种故障，一种原因可能是墨盒未装好；另一种原因可能是在关机状态下自行拿下旧墨盒，更换新墨盒。

因为更换墨盒后，打印机将对墨水输送系统进行充墨，而这一过程在关机状态下将无法进行，使打印机无法检测到重新安装上的墨盒。另外，有些打印机对墨水容量的计量是使用打印机内部的电子计数器来进行计数的（特别是在对彩色墨水使用量的统计上），当该计数器达到一定值时，打印机判断墨水用尽。而在墨盒更换的过程中，打印机将对其内部的电子计数器进行复位，从而确认安装了新的墨盒。

故障维修： 打开电源之后，将打印头移动到墨盒更换位置。将墨盒安装好后，让打印机进行充墨，充墨结束后故障排除。

【故障维修13】喷墨打印机打印时精度出现偏差

故障描述： 打印机打印时精度出现偏差。

故障分析： 打印机清洗泵嘴出毛病是较多的，也是造成堵头的主要因素之一。打印机清洗泵嘴对打印机喷头的保护起决定性作用。喷头小车回位后，要由清洗泵嘴对喷头进行弱抽气处理，对喷头进行密封保护。

在打印机安装新墨盒或喷嘴有断线时，下端的抽吸泵要通过它对喷头进行抽气，此嘴的工作精度越高越好。但在实际使用中，它的性能及气密性会因时间的延长、灰尘及墨水在此嘴的残留凝固物增加而降低。如果使用者不对其经常进行检查或清洗，会使打印机喷头不断出现故障。

故障维修： 将打印机的上盖卸下移开小车，用针管吸入纯净水对其进行冲洗，特别要对嘴内镶嵌的微孔垫片充分清洗。在此要特别提醒，清洗此部件时千万不能用酒精或甲醇，否则会造成此组件中镶嵌的微孔垫片溶解变形。

此外，需要注意的是喷墨打印机要尽量远离高温及灰尘的工作环境，只有良好的工作环境才能保证机器长久、正常的使用。

21.4 针式打印机故障维修实战

下面将详细介绍一些常见的针式打印机故障分析与修复方法，其中包括断针、卡纸、出现白线、打印效果不正常、打印机无反应等故障。

【故障维修1】针式打印机在打印时没有任何反应

故障描述： 针式打印机在打印时没有任何反应。

故障分析： 如果打印时没有反应，应该检查电源线和数据线是否接好。

故障维修： 重新拔插打印机的电源线和数据线。如果是网络上的打印机，还要确定电脑是不是能和网上的打印机连上；其次，利用打印机自我打印功能检查打印机是否有反应，如果没有反应，则可能是系统板的发动机已烧毁。

【故障维修2】使用针式打印机打印文档时，经常出现断针

故障描述： 使用针式打印机打印文档时，经常出现打印断针的情况。

故障查找与维修： 出现该故障时，可以通过以下方法进行处理：

（1）使用高质量的色带盒或色带。

（2）打印机在打印的过程中，应尽量避免人为转动字辊。

（3）经常清洗打印头。打印头一般使用3个月就应该清洗一次。

（4）经常变换打印横线的方法，减轻横线打印针的负荷，不要长时间连续打印。

（5）经常检查打印头前端和字辊之间的间隙是否符合要求，按照打印机说明书设置"纸厚调整杆"的拨动方向和技术参数。

【故障维修3】使用针式打印机打印文件时，打印的文字字迹很浅

故障描述： 在使用针式打印机打印文件时，打印的文字字迹很浅。

故障查找与维修： 当使用针式打印机打印文件时，打印出的字迹很浅。解决该故障的方法如下：

（1）观察打印机的色彩是否旧了，如果是色带的问题，则更换新色带，即可解决问题。

（2）如果更换色带后打印效果还是很浅，可以调整打印纸和针头的距离，以达到调整打印质量的目的。

（3）查看打印机前面板上的指示灯，看是否处于高速打印状态，按下相应的按钮，使打印机处于正常速度。

【故障维修4】针式打印机打印文本或图片的过程中出现水平的白线

故障描述： 一台针式打印机打印文本或图片的过程中出现水平的白线。

故障分析： 此故障是打印头出现问题，通常是打印头有断针出现。

故障维修： 查看打印头的数据带和打印带是不是与打印头紧密连接，如果没有问题，则用酒精清理打印头，有时会有些打印时留下的东西使打印头产生故障。如果还是不能解决问题，就只有更换一个打印头了。

【故障维修5】针式打印机在使用过程中突然卡纸

故障描述： 针式打印机都是突然就发生卡纸现象，不会有任何征兆，一般卡纸都是一张较小的纸卡在滚轴下或送纸盒下边。另外，有时也会出现打印机"吃纸"现象。一张很大的纸在滚轴处堵住，然后卷成一团，其他的纸就无法顺利进入了。在打印标签时，打印的标签有时也会从后边分离贴在滚轴上。

故障查找与维修： 在打印机进纸时也会出现这种卡纸的情况。虽然是偶然发生，但大多数时间是因为机械故障引起的。

试着把纸取出来，按下换纸键几分钟，观察卷纸轴是不是正常运行和同步运行。有些打印机是用带子来使卷纸轴工作的，但长期使用后会使带子破旧、磨损或变得偏离方向。

新书推荐

 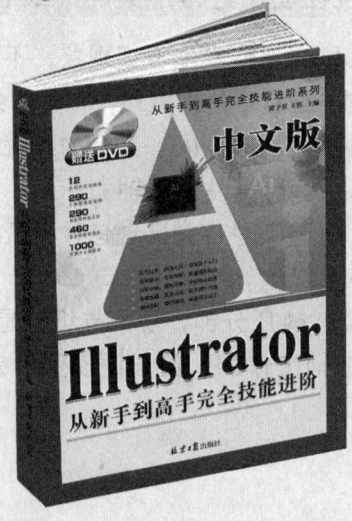

新书发布，推荐学习。阅读有益好书，能让压力减轻，能让烦恼止步，能让勇创有路，能让追求顺利，能让精神丰富，能让事业成功。快来读书吧！

（本系列丛书在各地新华书店、书城及淘宝、天猫、京东商城均有销售）

精品图书 推荐阅读

叶圣陶说过:"培育能力的事必须继续不断地去做,又必须随时改善学习方法,提高学习效率,才会成功。"北京日报出版社出版的本系列丛书就是一套致力于提高职场人员工作效率的图书。本套图书涉及到图像处理与绘图、办公自动化等多个方面,适合于设计人员、行政管理人员、文秘等多个职业人员使用。

(本系列丛书在各地新华书店、书城及淘宝、天猫、京东商城均有销售)

精品图书 推荐阅读

"善于工作讲方法，提高效率有捷径。"办公教程可以帮助人们提高工作效率，节约学习时间，提高自己的竞争力。

以下图书内容全面，功能完备，案例丰富，帮助读者步步精通，读者学习后可以融会贯通、举一反三，致力于让读者在最短时间内掌握最有用的技能，成为办公方面的行家！

（本系列丛书在各地新华书店、书城及淘宝、天猫、京东商城均有销售）